视频讲解 双色图解

王兆宇 编著

变频器ATV320工程应用入门与进阶

内 容 提 要

变频器 ATV320 是施耐德通用型变频器，有 150 多种内置的应用功能，适用于风机、水泵、起重机等设备，涵盖包装印刷、物料处理、纺织机械、木工机械等行业，应用相当广泛。变频器在工程中的应用，主要分两个方面，一方面是硬件的电气设计和变频器选型，另一方面是在不同的行业中根据工艺要求实现不同的运行功能。

本书深入浅出地介绍了变频器 ATV320 在工程中的具体应用，包括设计、选型、安装、组态等环节，为了使本书具有较强的实用性，书中尽可能地避免了大段理论知识的介绍。全书共分 6 章，内容分别为：电动机控制方式分析与变频器选型计算；ATV320 的硬件操作和常用参数的设置；ATV320 典型应用与实用案例；SoMove 调试编程与经典案例；ATV320 的网络通信；ATV320 的 EMC 和故障处理。

本书能够帮助读者深入理解变频器常规和复杂的应用，掌握同步电动机的参数设置、速度环的比例增益、加强励磁参数的调整、制动逻辑参数的输入、频率给定的方法，并能够迅速学以致用。本书配套视频讲解读者只需扫描二维码即可了解扩展的变频器的应用知识。本书可供工程技术人员培训或自学使用，也可供高等院校相关专业的师生参考阅读，还可作为广大 PLC 用户的参考读物。

图书在版编目（CIP）数据

变频器 ATV320 工程应用入门与进阶 / 王兆宇编著. —北京：中国电力出版社，2020. 7
ISBN 978-7-5198-4537-7

Ⅰ. ①变…　Ⅱ. ①王…　Ⅲ. ①变频器　Ⅳ. ①TN773

中国版本图书馆 CIP 数据核字（2020）第 050718 号

出版发行：中国电力出版社
地　　址：北京市东城区北京站西街 19 号（邮政编码 100005）
网　　址：http：//www. cepp. sgcc. com. cn
责任编辑：崔素媛（010-63412392）
责任校对：黄　蓓　郝军燕
装帧设计：王红柳
责任印制：杨晓东

印　　刷：北京雁林吉兆印刷有限公司
版　　次：2020 年 7 月第一版
印　　次：2020 年 7 月北京第一次印刷
开　　本：787 毫米×1092 毫米　16 开本
印　　张：18. 75
字　　数：392 千字
印　　数：0001—2000 册
定　　价：79. 00 元

前言

Preface

扫一扫，看视频

变频器 ATV320 是施耐德通用型变频器，有 150 多种内置的应用功能，适用于风机、水泵、起重机等设备，广泛应用于包装印刷、物料处理、纺织机械、木工机械等行业。

本书深入浅出地介绍了 ATV320 在工程中的具体应用，包括设计、选型、安装、组态等环节，为了使本书具有较强的实用性，书中尽可能地避免了大段理论知识的介绍。 全书共分 6 章，内容分别为：电动机控制方式分析与变频器选型计算；ATV320 的硬件操作和常用参数的设置；ATV320 典型应用与实用案例；SoMove 调试编程与经典案例；ATV320 的网络通信；ATV320 的 EMC 和故障处理。

第一章首先说明了同步电动机和异步电动机控制方式的原理和参数，接着深入讲解了电动机负载和变频器选型，通过两个案例分别说明了变频器选型的相关因素、相应计算和同速控制的方案设计。

第二章通过图文并茂的形式说明了 ATV320 的功率范围、安装、主电源和控制电源的接线和注意事项，在让读者完全了解变频器操作面板是如何使用的同时，给出了菜单结构和变频器常用参数的定义和设置方法，包括加减速时间的计算和设置，减速斜坡自适应、电动机高低速度的设置和限制、电动机铭牌数据的转换计算等，有助于提高读者的动手能力。

第三章通过 7 个实用的典型案例，介绍了变频器的电气设计，以及如何实现变频器的常用功能，包括点动、正反转、按钮加减速、电位计与模拟量控制速度和多段速运行等。 使得读者能够掌握变频器的本地与远程控制、参数组切换和停车方法；掌握拖动同步电动机的参数设置、速度环的比例增益、加强励磁参数的调整、制动逻辑参数的输入，频率给定和变频器 PID 控制、ATV320 在起重机应用中的参数设置等，快速精通变频器简单到复杂的应用控制功能。

第四章详细介绍了变频器调试软件 SoMove 的使用细节，之后通过 5 个典型案例强化了 ATV320 中的程序编制的要点，使读者对 ATVlogic 功能的各种应用都能得心应手。

第五章通过 7 个典型的网络通信案例，说明了 ATV320 在 CANOpen、ProFInet、Modbus、Profibus、EtherNet/IP、ENTERCAT、ModbusTCP 这些常用网络中的参数设置和硬件组态，主站和从站的 IP 地址的设置、通信编程、数据交换、调试等通信要点。

第六章着重说明了 ATV320 固件升级、检修和日常维护的方法，对干扰的产生做了相应分析并给出了对策和解决方案，简明又具参考价值。

读者在连接硬件时，对变频器的接线图中的 DC24V 电源和 AC220V～380V 电源，要以施耐德公司最新版的硬件手册中对硬件接线的描述为准。

本书在编写过程中，王锋锋、王廷怀、赵玉香、张振英、于桂芝、王根生、马威、葛晓海、袁静、王继东、张晓琳、樊占锁、龙爱梅提供了许多资料，徐燕参加了本书文稿的整理和校对工作，在此一并表示感谢。

限于作者水平和时间，书中难免有疏漏之处，希望广大读者多提宝贵意见。

王兆宇

2020 年 4 月

目录 CONTENTS

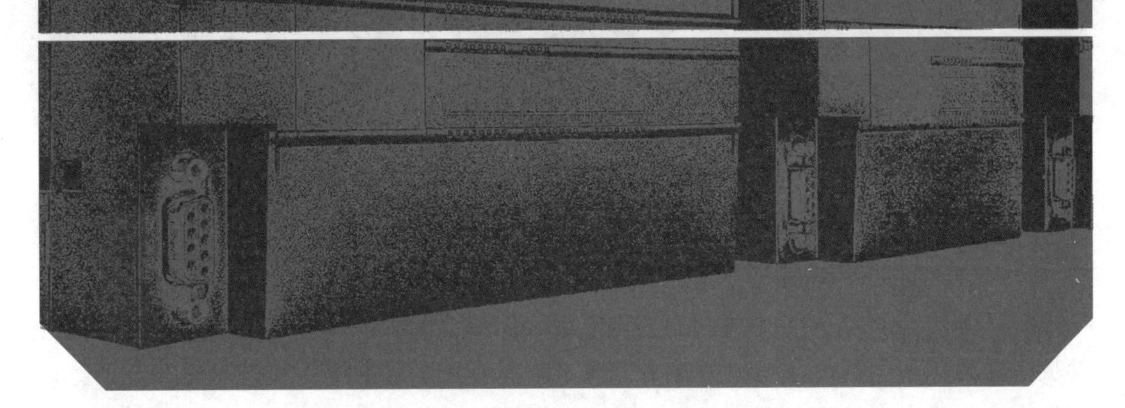

第一章 电动机控制方式分析与变频器选型计算

第一节　ATV320 的同步电动机控制方式

一、变频器的电动机控制方式

工程应用中，首先根据不同行业、不同设备和不同负载，选择异步或同步电动机，再根据行业应用和性能要求选择合适的变频器。

变频器要根据负载和电动机类型等因素进行参数的设置，其中很重要的一个方面就是选择最佳的控制方式。

变频器 ATV320（以下简称 ATV320）的电动机控制方式有标准控制方式、5 点压频比控制方式、*U/f* 二次方控制方式、矢量控制方式、开环同步电动机控制方式和节能控制方式等。扫描二维码可进一步了解。

二、ATV320 控制同步电动机的原理和参数

同步电动机和异步电动机的最大差别是同步电动机转子的速度始终与定子旋转磁场的速度相同。

1. 同步电动机的结构和特点

同步电动机由定子、转子、轴承、端盖等组成，同步电动机的定子结构和异步电动机的定子结构基本相同，定子成型绕组被嵌入定子铁心的槽内。

定子铁心由薄的硅钢片叠成，数百片硅钢片被叠在一起形成定子铁心。因为铁心内的磁场是交变的，故会产生感应电动势，叠片的目的是为了阻止铁心内流过涡流，可以减少电动机内的电磁损耗。

同步电动机定子的结构如图 1－1 所示。

同步电动机的转子和异步电动机的转子差别很大，目前同步电动机的转子主要有两大类：第一类是采用直流励磁绕组的转子；另一类是采用磁材料的转子，该类转子无须励磁。

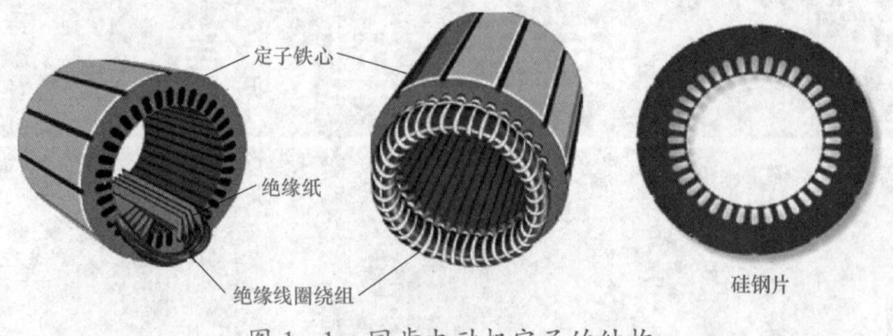

图 1–1　同步电动机定子的结构

（1）直流励磁绕组。同步电动机的转子上采用直流励磁绕组时，在转子铁心上有槽，槽内嵌有绕组。当转子绕组内通以直流电流后，形成转子磁场和磁通。这种结构的同步电动机需要滑环和电刷，并要根据转子位置来改变转子绕组的电压和电流的方向。直流励磁绕组的同步电动机主要用于大、中功率电动机，常用于发电动机（风电）或电动机（轧线等）。

（2）无须励磁。不需要滑环和电刷的无须励磁的同步电动机分为磁阻电动机和永磁同步电动机两种。其中，磁阻电动机的转子由铁磁材料构成，如步进电动机；永磁同步电动机的转子如图 1–2 所示，常见的永磁同步伺服电动机、电梯同步曳引电动机都属于永磁同步电动机，用于中、低等功率电动机，能够实现精确的转速控制。

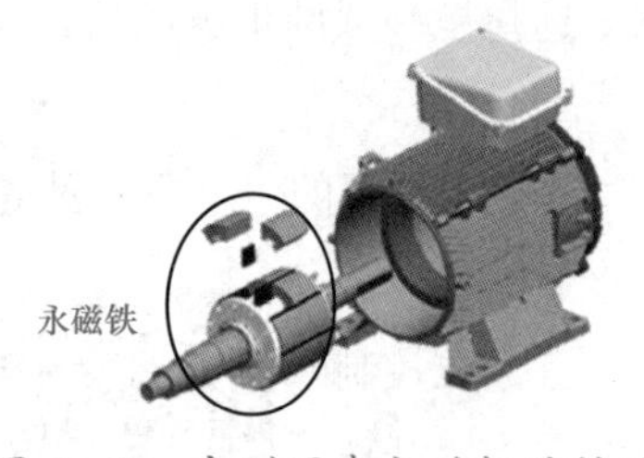

图 1–2　永磁同步电动机的转子

永磁同步电动机具有功率密度高、效率高和转矩惯量比高等特点。

1）功率密度高。永磁同步电动机的转子由永磁体构成，磁通密度高，所以其结构简单，体积紧凑。三相定子电枢绕组通常采用星形连接和短距分布绕组。相比同功率的异步电动机，永磁同步电动机的尺寸要小一到两个机座号，重量大约减少了一半。

2）效率高。永磁同步电动机的转子磁场由永磁体产生，所以永磁同步电动机的转子没有绕组，故没有转子铜耗，同等功率的永磁同步电动机需要的冷却风扇消耗的功率也小，其总体损耗比异步电动机大大降低，因而效率大大提高。永磁同步电动机的效率比异步电动机高 7%～8%，尤以小功率电动机最为突出，节能效果明显。

3）转矩惯量比高。永磁同步电动机的转子体积小，所以惯量低。由永磁同步电动机配以高分辨率编码器的交流永磁伺服电动机的转矩惯量比非常高，这样使得其动态响应性能优异，特别适用于需要快速启停、往返运动的高速机械，在包装、印刷、物料加工等设备中获得广泛的应用。目前，永磁同步电动机的价格相对异步电动机高出许多，常见的永磁同步电动机如图 1–3 所示。

图 1–3　常见的永磁同步电动机

2. 永磁同步电动机的分类

按照永久磁体在转子上的安装位置的不同，永磁同步电动机从结构上可分为贴片式、插入式和内埋式3类，其结构如图1-4所示。

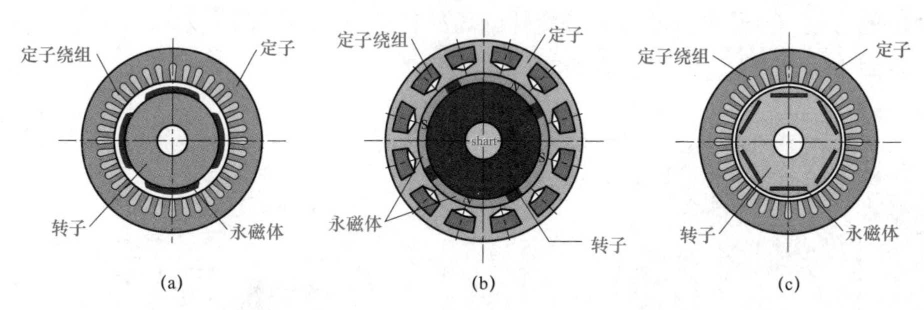

图1-4 三类永磁同步电动机转子的结构

(a) 贴片式；(b) 插入式；(c) 内埋式

从定子看，转子结构中磁体的存在改变了磁路和磁阻，改变的大小跟转子的位置有关，这就是所谓的凸极度。如果定子磁场与转子磁极的轴向方向一致（习惯被指定为d轴），定子电流产生的磁通必须通过磁体，从而经过比较大的几何气隙；如果定子磁场与转子磁极的轴向方向正交（习惯被指定为q轴），则定子电流产生的磁通经过比较小的几何气隙。

（1）贴片式永磁同步电动机（SPMPM）。磁体被贴在圆柱形转子的表面，磁体可以是预制形状的片状或者更小的贴片构成，这种设计的特点是高速时刚性稍差，但是寄生的脉动转矩分量较小。由于永久磁体本身的导磁性能与空气的导磁性能接近，贴片式永磁电动机往往没有几何上的凸极度（$L_d = L_q$），由于位于d轴的定子齿的饱和，有由轻度饱和引起的低凸极度（2.5%～5%），当转子转动时，饱和的位置也随之变化，这种效应可以通过使用高频信号注入捕捉到，从而按照内埋式永磁同步电动机（IPMSM）相同的方式获得转子的位置。

（2）插入式永磁同步电动机（SMPM）。插入式永磁同步电动机转子的磁体插入转子的槽中，磁体安装简单而坚固。这种情形从几何上看有一定的凸极性，但是比较弱。由于转子齿的存在，使得d轴电感和q轴电感基本相同，所以这类电动机的特征与贴片式永磁同步电动机（SPMSM）类似，$L_d \approx L_q$。

（3）内埋式永磁同步电动机（IPMSM）。因为永磁体的相对磁导率≈1，所以磁体本身可以被视为空气，由于磁体的厚度很大，从d轴看到的等效气隙比从q轴看到的有效气隙要大得多。这样的转子设计使得d轴直轴同步电感比q轴交轴同步电感要小得多。内埋式永磁同步电动机的转子结构中将产生明显的凸极性，也就是说，定子沿两个轴向的电感有显著的差别。对这类电动机，通常情况下，$L_q > L_d$。内埋式永磁同步电动机的转子截面如图1-5所示。

3. 同步电动机的工作原理

当永磁同步电动机的定子通入三相交流电后，同步电动机会在定子绕组内生成旋转的同步磁场，这个同步磁场转速与异步电动机的定子磁场的同步转速相同。

定子旋转磁场的北极吸引转子永磁体的南极，同时定子旋转磁场的南极吸引转子永磁体的北极，这样转子就跟定子转起来了。

稳定的时候，转子的转速与定子旋转磁场的转速完全相同，所以这个速度又称同步速度。永磁同步电动机的工作原理如图 1－6 所示。

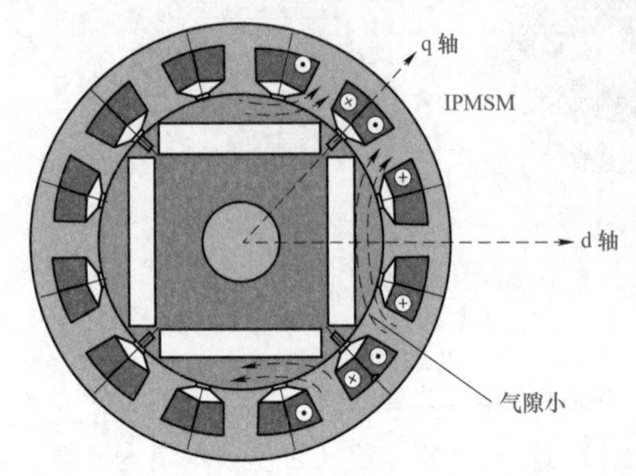

图 1－5　内埋式永磁同步电动机的转子截面

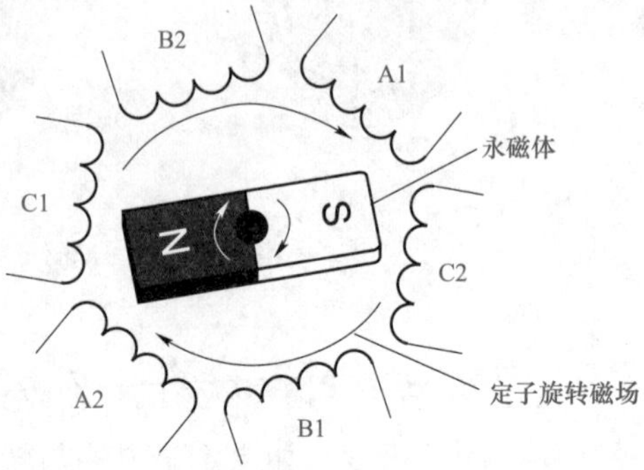

图 1－6　永磁同步电动机的工作原理

由于转子的阻力和惯性，永磁同步电动机的启动并不容易，如果定子直接输入高频电流，定子旋转磁场是不能吸住转子磁极的，会导致同步失败，故永磁同步电动机不能直接挂到工频电网上，它不是自启动电动机。

永磁同步电动机要使用变频器或伺服来拖动，在启动过程中逐渐提高频率，也就是逐步提高转速直至达到给定频率。控制上要保证同步电动机总是在同步转速附近运行，从而能够顺利启动。

4. 永磁同步电动机的力矩公式

永磁同步电动机的力矩（转矩）T 的公式为

$$T = K_1 |H_r| |H_s| \sin \xi \tag{1-1}$$

式中　K_1——转矩系数（由电动机决定）；

H_r——由永久磁体或转子绕组电流产生的转子磁场；

H_s——由定子绕组流过电流形成的定子磁场，与电流大小成正比；

ξ——转子和定子磁场的相位差（随施加在轴端的转矩而增大）。

永磁同步电动机的力矩如图 1－7 所示。

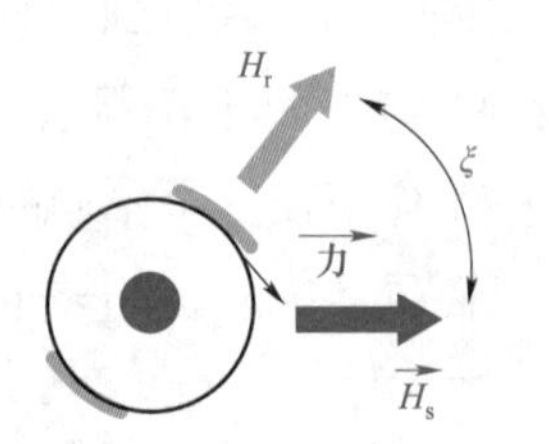

图 1－7　永磁同步电动机的力矩

5. 永磁同步电动机的失步

由式（1－1）可知，当转子和定子磁场的相位差 ξ= 90° 时，力矩（转矩）T 达到最大，如果负载扭矩继续增大，则同步电动机会因不能输出更大的扭矩而发生失步停机，同步电动机的失步原理如图 1－8 所示。

使用变频器解决同步电动机的失步时，为了避免失步，变频器需要使定子磁场与转子

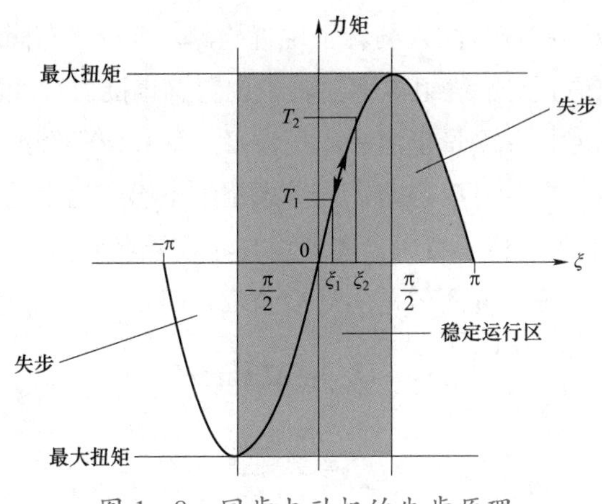

图 1-8　同步电动机的失步原理

磁场恒定保持 90° 的相位差，来获得电动机最大转矩，故变频器需要知道转子的角度位置。使变频器知道转子的角度位置有两种方法：① 在电动机轴端安装位置编码器，这是闭环方案；② 通过某种内部算法来测量（或估算）转子位置，这种是开环方案。ATV320 不能进行闭环控制，但可以进行开环控制。

使用 ATV320 采用开环方案时，变频器估算永磁同步电动机的转子位置有 ATV320 采用定子反电动势、脉冲注入、高频脉冲这 3 种方法来获得电动机转子的位置。

（1）定子反电动势法。变频器检测定子反电动势，这种方法在电动机的速度比较高的时候有效，但在低速情况下，通常在额定频率的 10%以内时，误差比较大，会有大的角度误差，如果在定子磁场零速时，还会检测不到反电势。故采用定子反电势法的优点是电动机上不需要编码器；缺点是低速下转矩特性差。

（2）脉冲注入法。脉冲注入法如图 1-9 所示。脉冲信号注入是在同步电动机的定子三相绕组上施加 3 个正负对称的电压脉冲，注入电压时间逐渐增大，直到产生相对较大的定子尖峰电流，因为电压输入信号先正后负，曲线对称，因此在脉冲注入时电动机保持静止。变频器通过测量三相响应电流来确定定子、转子磁场的方向。脉冲注入法也可用来估算同步电动机的 L_d，L_q 电感。脉冲注入法的优点是不需要电动机参数，因此适应性很广，内埋式和表面贴片式的转子都能使用；缺点是噪声相对大，低速时性能不好。

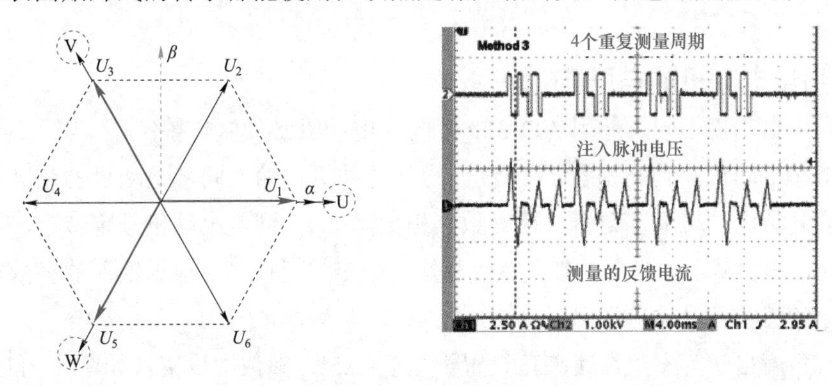

图 1-9　脉冲注入法

（3）高频脉冲法。高频信号注入的转子位置检测，可以提高同步电动机的控制性能。原理是从 d 轴或 q 轴来看，定子绕组电感与转子位置有直接关系，因此，可以在同步电动机的定子侧注入高频信号，并测量电流和电压波形来估算定子绕组的电感。

在高频下定子绕组的电阻可以忽略，只考虑绕组电感。也就是在 q 轴上最大值是 L_q 值，在 d 轴上最小值就是 L_d 值。变频器能够将高频信号叠加到电动机运行频率上，这样得出的定子电感是转子位置角度两倍角的周期函数，即

$$L=\frac{3}{2}(L_{ave}-\Delta L\sin 2\theta_r) \tag{1-2}$$

$$L_{ave}=\frac{L_d+L_q}{2} \tag{1-3}$$

式中　L_d ——d 轴电感，mH；

L_q ——q 轴电感，mH；

θ_r ——转子的位置角度；

L_{ave} 是 d 轴和 q 轴电感的平均值。

高频脉冲注入测得的波形如图 1－10 所示。

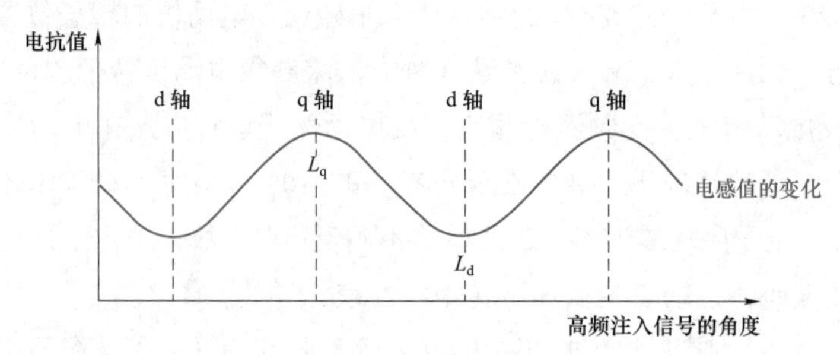

图 1－10　高频脉冲注入测得的波形

d 轴电抗和 q 轴电抗的差异大小，用凸极度来表示，其计算公式为

$$凸极度（Saliency）=1-L_d/L_q \tag{1-4}$$

从前面的介绍可知，内埋式的转子具有高凸极度，而表面贴片式转子具有中等或低的凸极度。

三、同步电动机的自整定

与带异步电动机不同，使用 ATV320 带同步电动机必须做自整定。

首先将【电动机控制类型】CTT 设为同步电动机，输入同步电动机的铭牌参数，这些参数包括同步电动机额定电流、极对数（极数除 2）、同步电动机额定转矩、同步电动机额定转速，然后从【自整定】tUn 参数开始自整定。变频器会根据输入的参数进行电动机的自整定和转子角度的自学习。

电动机角度自学习参数在【夹角设置类型】（ASt）参数中设置，如图 1－11 所示。

代码	名称 / 说明	调节范围	出厂设置
ASt ★	[夹角设置类型] 相移角度测量模式。仅在[电机控制类型](Ctt)被设置为[同步电机](SYn)时该参数可见。 [脉冲注入](PSi)与[优化脉冲](PSio)可以用于所有类型的同步电机。[永磁同步](SPMA)与[感应电机](iPMA)可以提高性能，取决于同步电机的类型。		[优化脉冲](PSio)
iPMA	[感应电机](iPMA)：感应电机 (IPM) 调整。内埋式永磁电机的调整模式（通常此类型电机具有高凸极等级）。它使用高频注入，比标准调整模式的噪声低。		
SPMA	[永磁同步](SPMA)：SPM 电机调整。明装式永磁电机的调整模式（通常此类型电机具有中等或低凸极等级）。它使用高频注入，比标准调整模式的噪声低。		
PSi	[脉冲注入](PSi)：脉冲信号注入。通过脉冲信号注入的标准调整模式。		
PSio	[优化脉冲](PSio)：脉冲信号注入 - 经过优化。通过脉冲信号注入的标准优化调整模式。第一个运行命令或整定运行后相移角度测量时间减少，即使在变频器已断电的情况下。		
no	[No](no)：不调整。		

图 1－11　夹角设置类型

其中，【感应电机】和【永磁同步】使用高频注入方式，【脉冲输入】和【优化脉冲】采用的是脉冲信号注入。

变频器拖动同步电动机时，不仅要选择合适的变频器功率值，也要选择和电动机匹配的电压值。

1. 自整定需要的电流计算公式

同步电动机的电感的整定是通过脉冲测量完成的，为了能够整定电动机电感，变频器必须有足够的电流。

这电流不仅跟电动机额定电流大小有关，也跟变频器的直流母线电压值有关，如果变频器不能提供足够的电流用于【自整定】tUn 和角度测试，则变频器将触发自整定 TNF 或角度自学习 ASF 故障。

直流母线电压、电感与电动机自整定所需电流的关系为

$$\text{自整定需要的电流}=U_{DC}/(1.5\times L_d)\times 125\mu s \tag{1-5}$$

式中　L_d——d 轴电感，mH。

比如：电动机铭牌为 I_N=2.9A，U_N=207V，L_d=4.15mH，功率为 0.8kW 时，如果采用 ATV320 是 1.5kW 400V，表面上看变频器的功率比电动机功率大，即 1.5＞0.8，可以轻松驱动 0.8kW 的电动机。但使用【自整定需要的电流】的公式计算，400V 需要 11.2A，而 200V 仅需要 6.2A。

ATV3201.5kW 400V 最大电流为 6.2A，因此电流不足，TUN 和角度测试将无法运行。

2. 电动机铭牌相关的计算公式

电动机铭牌数据是实现电动机与变频器匹配的关键，所以一定要设法获取最准确的电动机铭牌参数，有时因为永磁同步电动机给出的电动机铭牌参数与变频器铭牌数据的单位或者定义的电动机参数不同，这时需要使用公式进行转换计算，有些特殊的同步电动机还需要手动修改一些电动机参数。另外，有些伺服电动机还在电动机参数中提供了定子电阻相值 r_1，定子 d 轴（直轴）电感 L_d，定子 q 轴（交轴）电感 L_q 等。

$$T_N=9550\times\frac{P_N}{n_N} \tag{1-6}$$

$$n_{\mathrm{N}} = 60 \times \frac{f_{\mathrm{N}}}{\mathrm{PPS}} \quad (1-7)$$

$$C_{\mathrm{e}} = 1000 \times \sqrt{\frac{2}{3}} \times \frac{E_0}{n_{\mathrm{N}}} \quad (1-8)$$

式中 T_{N}——额定扭矩，N·m；

P_{N}——额定功率，kW；

n_{N}——额定转速，r/min；

f_{N}——额定频率，Hz；

PPS——极对数；

C_{e}——电子系数，mV/（r/min）；

E_0——为定子绕组反电动势线值，V。

式（1－6）是一个非常经典的机械关系，在电动机的功率 P 不变的前提下，转速越高，输出力矩越小，适用于所有的电动机和旋转机械；式（1－7）用于计算电动机的同步转速和电动机转速；式（1－8）中，由于 E_0 为定子绕组反电动势线值，而通常为星形接法，考虑到结果必须是相值，所以除以 $\sqrt{3}$，而电动势系数为峰值电压与转速之比，需要乘以 $\sqrt{2}$。

另外，ATV320 的【同步电动机电动势】PHS 参数可根据 rdAE 参数手动调整，当【rdAE】（rdAE）值低于 0%，则手动将【同步电动机电动势】（PHS）升高，当【rdAE】（rdAE）值高于 0%，则手动将【同步电动机电动势】（PHS）降低，手动调整 PHS 使 rdAE 等于 0；

$$R_{\mathrm{S_{Phase}}} = \frac{R_{\mathrm{S_{phasetophase}}}}{2} \quad (1-9)$$

$$L_{\mathrm{d_{Phase}}} = \frac{L_{\mathrm{d_{phasetophase}}}}{2} \quad (1-10)$$

$$L_{\mathrm{q_{Phase}}} = \frac{L_{\mathrm{q_{phasetophase}}}}{2} \quad (1-11)$$

式（1－9）～式（1－11）表明，$R_{\mathrm{S_{Phase}}}$ 是单相电阻值，$R_{\mathrm{S_{phasetophase}}}$ 是相对相电阻值，$L_{\mathrm{d_{Phase}}}$ 是单相 d 轴电感，$L_{\mathrm{d_{phasetophase}}}$ 是相对相 d 轴电感，$L_{\mathrm{q_{Phase}}}$ 是单相 q 轴电感，$L_{\mathrm{q_{phasetophase}}}$ 相对相 q 轴电感，电动机铭牌或制造商提供的数据，经常是相对相值，需要转换为单相值，相对相与每相值之间有 2 倍数关系。

四、同步电动机的 ATV320 的控制方式

ATV320 的同步电动机控制算法可用于永磁同步电动机，此算法是基于励磁电流约等于 0 的开环矢量算法。

转子角度估测后，变频器很容易实现 d 轴和 q 轴保持 90° 的控制。并使用内部矢量控制模型估测电动机的速度，此控制算法带有速度环的控制参数，能对速度环的比例增益、积分时间和速度环滤波系数进行调整，同步电动机的功能框图如图 1－12 所示。

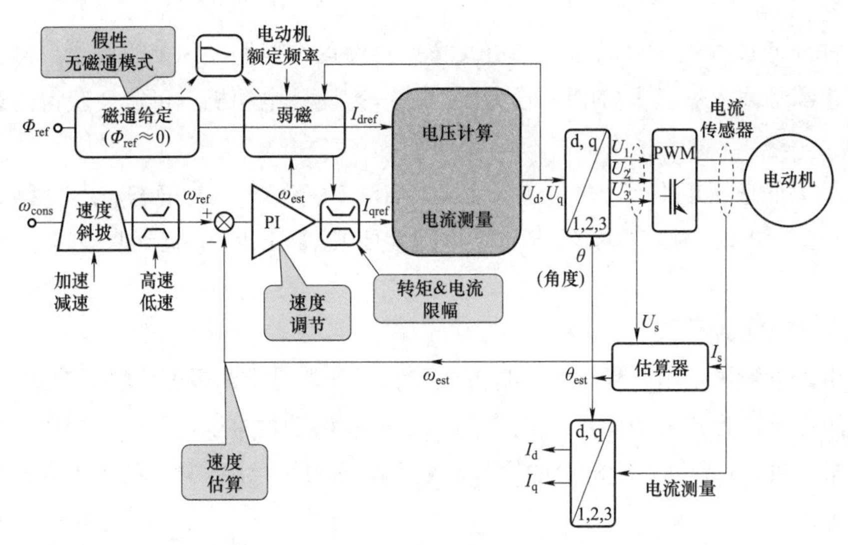

图 1-12　同步电动机的功能框图

五、ATV320 控制同步电动机的参数调试

在掌握了同步电动机的相关知识点后，就可以配置 ATV320 的参数调试同步电动机，分以下 9 步进行。

（1）将【电动机控制类型】(Ctt) 被设置为【同步电动机】(SYn)。

（2）单击【COnF】→【完整菜单（满）】(Full) →【电动机控制】drC－→【同步电动机】SYN－，按电动机铭牌输入参数【同步电动机额定电流】nCrS，【同步电动机极对数】PPnS，【同步电动机额定速度】nSPS 和【电动机转矩】tqS。

（3）在【自整定】tUn 参数中选择【进行自整定】(YES) 开始自整定，完成后进入下一步。

（4）在【凸极自整定状态】(SMOt) 检查同步电动机凸极的状态，如果此参数显示【中凸极效应】(MLS) 或【高凸极效应】(HLS)，则进入第 5 步。否则进入第 6 步。

（5）按照同步电动机的最大电流设置脉冲信号注入的最大电流【PSI 最大电流比例】(MCr)，设置后回到【自整定】tUn，重新再做一次自整定，完成后进入第 6 步。

（6）将电动机空载后以额定转速的一半运行，根据**【rdAE】**(rdAE) 值调整 PHS 参数，如果**【rdAE】**(rdAE) 值低于 0%，则升高【同步 EMF 常量】(PHS) 参数设置。如果**【rdAE】**(rdAE) 值高于 0%，则降低【同步 EMF 常量】(PHS) 参数的设置，使**【rdAE】**(rdAE) 值应接近 0%。将电动机停止下来调 PHS 参数，一般至少要调 3～4 次才能把**【rdAE】**降到零附近。

（7）将电动机带负载运行，然后根据性能的要求，调整【速度环比例增益】SPG、【速度环时间常数】SIT 和【速度环滤波器系数】SFC 这 3 个参数值，一般来说，提高刚性要增大【速度环比例增益】，或降低【速度环时间常数】参数，降低电动机噪声的操作与之相反，此处应反复调整，直到电动机的性能达到要求。

（8）如果低速性能不好，可考虑更改【夹角设置类型】（ASt）的设置，重新做自整定，或将【高频注入激活】（HFI）设为激活，在高凸极电动机上可能会获得满意的调试结果。

（9）如果低速扭矩不足，可将【增强模式启动】（bOA）设为静态，并将【强励频率】（Fab）设为5～10Hz，并根据实际情况增大【加强预磁】（bOO），直到低频扭矩满足要求。

六、其他控制方式

同步电动机除了使用开环同步矢量方式控制以外，对于凸极度比较低的同步电动机，还可以采用压频比方式来控制，压频比控制永磁同步电动机可以用于一台变频器同时控制多台同步电动机，或者同步电动机的铭牌参数不准确的场合，压频比的控制方式的动态响应效果较差。

第二节　ATV320的异步电动机控制方式

一、异步电动机的控制方式

控制异步电动机时变频器有两类控制方式，即带矢量控制的压频比算法（UF－VC）和磁通矢量控制算法（VVC）。

根据不同的应用和负载类型，ATV320可以使用不同类型的异步电动机控制类型。

1. 带矢量控制的压频比算法（UF－VC）

UF－VC基于无速度环调节的磁通矢量控制，并与传统的压频比方式相结合，根据应用和负载类型，有不同类型的控制方式，包括标准控制方式、5点压频比控制方式、U/f二次方控制方式和节能控制方式等。

2. 磁通矢量控制算法（VVC）

VVC是带速度环调节的全磁通矢量控制算法，它们主要用于重载、重型循环负载和高动态响应的应用机械上。

二、ATV320控制异步电动机的原理和参数

1. 异步电动机的工作原理

异步电动机基于电磁感应原理也叫感应电动机，当三相异步电动机通电时，会在电动机的定子绕组内部产生旋转磁场。转子由两端封闭的绕组或笼型金属导体构成，定子磁场的旋转会在转子内部产生电磁感应电动势，然后在转子内部会产生感应电动势和电流，根据楞次定律和法拉第定律中解释的现象，电动机就会旋转。

转子会跟随旋转场，但转子会比定子磁场的旋转慢一点，这个速度差产生使转子运动的转矩，此速度差会随负载的变大而增加，这就意味着异步电动机的速度随负载而略有降低。

异步电动机的工作原理如图 1－13 所示。

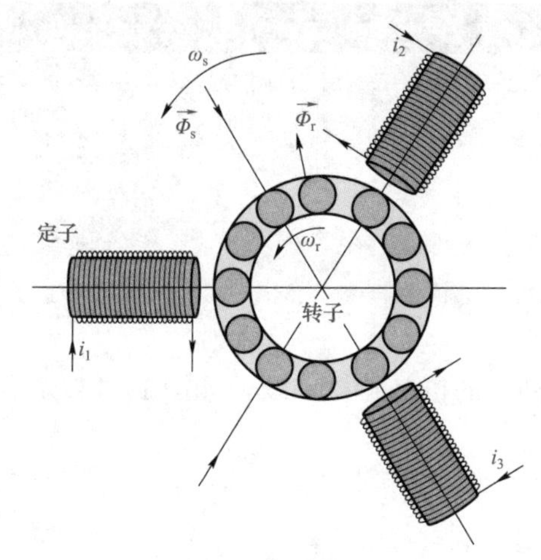

图 1－13　异步电动机的工作原理

电动机的同步转子磁场的旋转速度为

$$N = \frac{60f}{p} \tag{1-12}$$

式中　N——电动机的定子的同步转速；

f——为定子供电的频率；

p——为电动机的极对数。

异步电动机的滑差（转差率）为

$$s = \frac{N - N_1}{N} \tag{1-13}$$

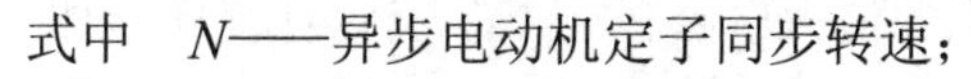

式中　N——异步电动机定子同步转速；

N_1——异步电动机转子转速。

由转差率 s 的定义可推出异步电动机的转速公式，为

$$N_1 = N(1-s) = \frac{60f}{p}(1-s) \tag{1-14}$$

当电动机刚刚开始启动时，电动机速度=0，转差率=1；

当电动机处于理想空载，电动机速度等于同步速度，转差率=0，转子与定子旋转磁场同步，所以 N_1 为同步转速。

额定负载情况下，转差率为 2%～5%，所以异步电动机的额定转速总是接近同步速度，如 2890r/min，1450r/min 等。

s<0 时，电动机处于发电状态，旋转磁场落后于电动机转速。

根据转差率的大小和正负，异步电动机有 3 种运行状态，见表 1－1。

表 1-1　　转差率与电动机的 3 种运行状态

状态	电动	电磁制动	发电
实现	定子绕组接对称电源	外力使电动机沿磁场反方向旋转	外力使电动机快速旋转
转速	$0<n<n_1$	$n<0$	$n>n_1$
转差率	$0<s<1$	$s>1$	$s<0$
电磁转矩	驱动	制动	制动
能量关系	电能转变为机械能	电能和机械能变成内能	机械能转变为电能

异步电动机的机械特性曲线，也就是电动机的机械特性曲线，如图 1-14 所示。

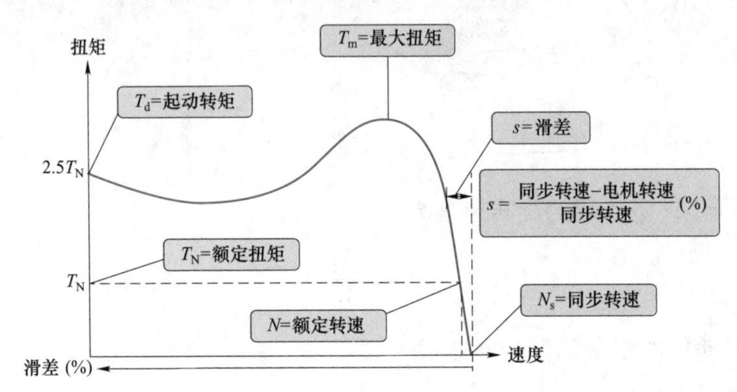

图 1-14　异步电动机的机械特性曲线

在额定条件下，曲线的形状取决于电动机的类型和功率大小。

启动扭矩是电动机在开始加速时以额定启动电流提供的转矩，起始扭矩为额定扭矩的 2～3 倍。

最大转矩又称为临界转矩，是电动机可能产生的最大电磁转矩，最大转矩仅在电动机启动过程中或在电动机堵转之前出现，是堵转前的极限扭矩，在正常情况下，电动机不会在此极限转矩附近工作。

额定转矩 T_N 是异步电动机带额定负载时，电动机轴上的输出转矩，有

$$T_N = 9550\frac{P_2}{n} \tag{1-15}$$

式中　P_2 ——动机轴上输出的机械功率，W；

n——转速，r/min；

T_N ——额定扭矩，N・m。

2. 变频器带电动机的速度相关曲线

在额定频率以下，变频器控制电动机的磁通不变，这样电动机的转矩与电动机电流成正比，在电流不变的情况下，电动机的转矩也不变，因此是恒转矩区。

功率 P 的表达式是扭矩 T 乘以角速度 ω（r/s），在额定频率以下，功率从 0 线性增加到电动机的额定功率。

在恒定转矩的情况下，当速度增加时，电动机电压会增加到电动机的额定电压，并达到额定频率。

当电动机速度超过额定频率后，变频器不能再增加电动机电压，因此，如果要增加速度，则需要减小电动机内部的磁通量。

电动机电压达到电动机的额定电压后不再增加，功率保持恒定。对于高于额定频率值的给定频率，电动机将恒功率运行。

磁通量的减少会导致转矩降低，并且电动机的转矩能力与速度成反比。变频器带异步电动机的速度扭矩曲线如图 1－15 所示。

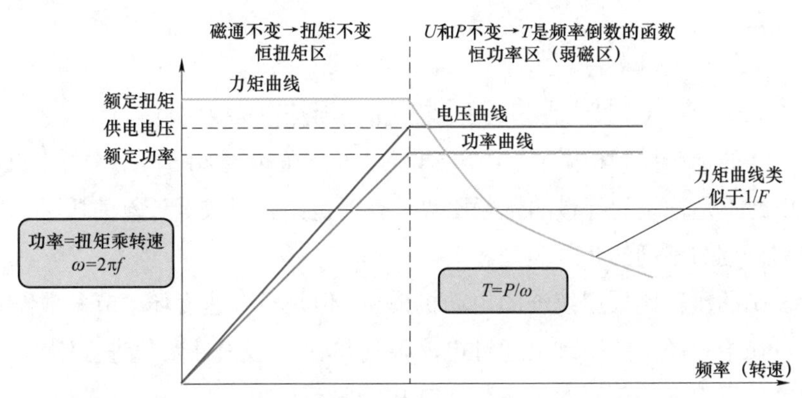

图 1－15　变频器带异步电动机的速度扭矩曲线

3. 异步电动机的等效电路图

为了描述变频器拖动异步电动机时的控制特性，这里将异步电动机的模型等效为一个 T 型等效电路图，如图 1－16 所示。

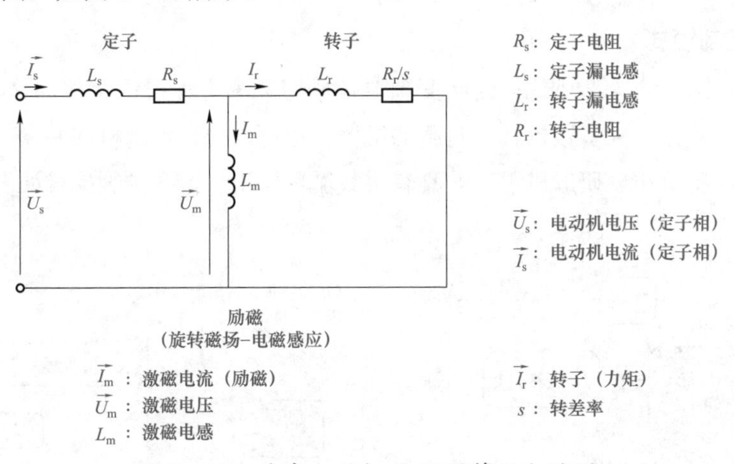

图 1－16　异步电动机的 T 型等效电路图

在等效电路图中，电动机电流 I_s 分为 I_m 和 I_r 两个分量。I_m 使电动机励磁（类似矢量控制模型中的励磁电流 I_d）；I_r 感应到转子中并提供转矩（类似矢量控制模型中转矩的 I_q）。

异步电动机输出转矩时，必须将电动机先励磁，在等效电路图中是通过定子绕组 L_m 完成的，该定子绕组的施加电压为 U_m。

供电电压 U_s（变频器输出的电压）有一部分因为定子阻抗（L_s、R_s）的原因存在电压降，当电动机速度比较低的时候，这个压降不能忽略，必须补偿，否则会使异步电动机的磁场变弱，进而降低电动机性能。

转矩由转子中的感应电流 I_r 提供，转差率与转子的电阻 R 成正比，通过增加等效的转子电阻，增加滑差 s，从而增加转矩。

当电动机通电时，如果转子由负载驱动，则功率会反向。电动机成为发电动机并将能量返回到变频器。

三、ATV320 带矢量控制的压频比控制算法的参数设置

在 ATV320 的标准控制模式（CTT = STD）、5 点压频比 UF5、二次方 UFQ 和节能控制方式，采用的不是传统的标量的压频比算法，而是结合了矢量计算的压频比算法，这 4 种算法之间的差别与不同的负载类型相关。

带矢量控制的压频比采用统一的电动机模型，但是没有速度环调节参数，仅对转子速度进行估算，在给定频率的基础上通过电流限制和/或负载惯性参数进行修正。

根据速度估算，滑差可以通过参数（SLP）进行补偿。

电动机电流分为励磁电流和力矩电流两个部分，其中励磁电流由负载类型决定，当频率高于电动机额定频率后，变频器将会弱磁。

力矩电流受电流限幅和弱磁影响，变频器会计算到达速度给定值所需的力矩电流。等详细视频介绍可扫描二维码。

1. 标准控制模式

此控制方式用于恒转矩应用，因此变频器在额定频率下保持恒定磁通，没有速度参数，这种控制方式可以用在大多数恒转矩负载的机器上也可以用在电动机的并联应用上，例如输送机，破碎机，提升机，研磨机等，并具有重载循环应用。标准控制模式如图 1－17 所示。

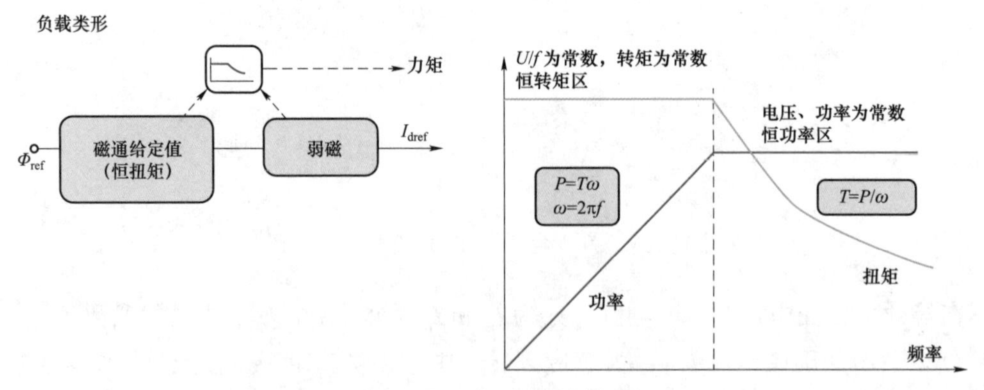

图 1－17　标准控制模式

参数设置必须设置电动机额定电压、额定频率、额定电流，然后选择根据自整定的参数选择输入电动机的额定功率或电动机的功率因数。

因为在 ATV320 的标准控制模式中也使用了一些矢量控制算法，ATV320 根据电动机矢量模型计算额定励磁电流 I_{dN}，才能在变频器内部算出准确的转矩矢量，电动机的磁通电流是变频器根据用户输入的额定电动机功率或电动机的功率因数和额定电动机电流计算出来的。

2. 5 压频比 UF5

对于既不是恒转矩负载也不是二次方转矩的负载，可以使用 5 点压频比的控制模式。这种控制方式可以通过手动调整电压曲线来适应特殊的负载，可以在 0 和额定频率之间设置 5 个电压、频率点，这种控制方式也结合了矢量控制算法的一些特点，同样没有速度环调节速度参数。5 点压频比的原理图如图 1－18 所示。扫描二维码可进一步观看视频。

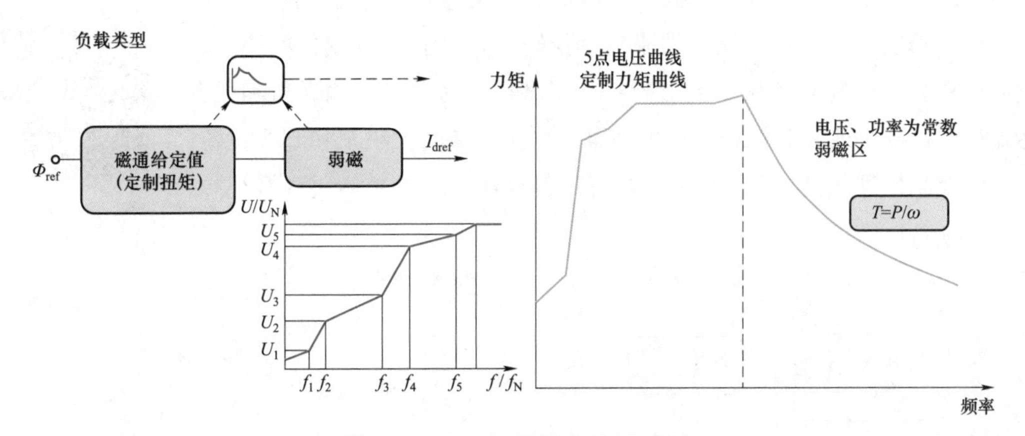

图 1－18　5 点压频比的原理图

5 点压频比的控制方式可以用在负载曲线比较特殊的场合，例如容积泵、螺杆泵或压缩机等。

3. *U*/*f* 的二次方 UFQ

可变转矩标准定律（UFQ－VC）也是基于压频比矢量控制标准，它的转速与转矩是二次方关系，低速时转矩非常低，额定速度时到达额定转矩。根据此负载规律，磁通量和磁化电流也是可变的。

二次方 UFQ 控制方式适用于可变转矩负载的应用，适用于所有离心泵和风机，还可以应用于一台变频器带多台电动机的应用当中。二次方 UFQ 控制方式的原理图如图 1－19 所示。扫描二维码可进一步观看视频。

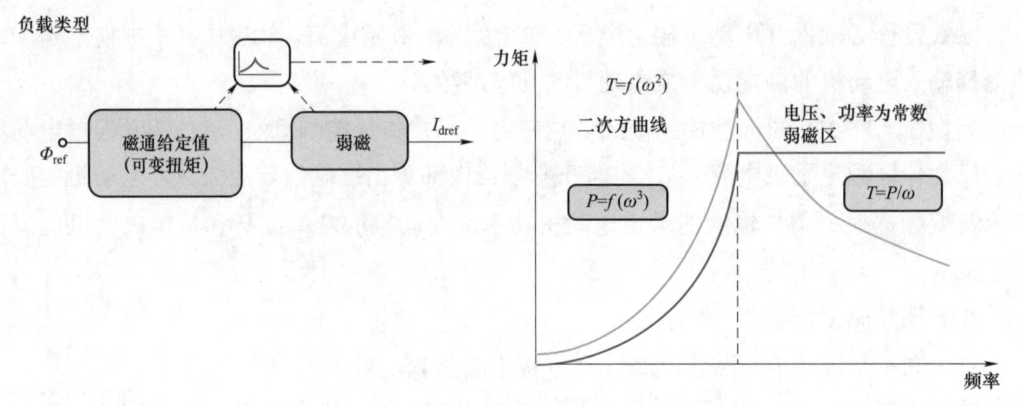

图 1-19　二次方 UFQ 控制方式的原理图

四、矢量控制方式

无传感器电压矢量控制方式（VVC）用于恒转矩负载的应用，采用传统的转子磁通矢量控制，并带速度环控制参数 SPG、SIT 和 SFC，可以在低速时实现高扭矩性能。但是必须正确输入电动机铭牌上的数据，再正确完成电动机的自整定。

矢量控制方式可以应用在要求启动扭矩大，并且负载变化的快速性较高的场合，如高启动扭矩的破碎机和研磨机、搬运机的输送机和托盘运输机，包装机或装瓶机、大惯性油泵、物流仓库的大小车和起升设备。矢量的控制原理如图 1-20 所示。更详细的介绍可扫描二维码观看视频。

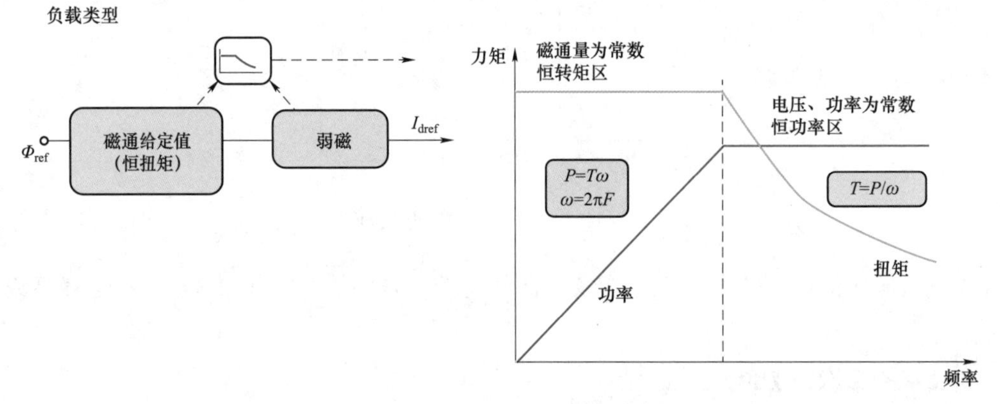

图 1-20　矢量的控制原理图

在 ATV320 矢量控制上，只有标准速度环，没有 ATV340 和 ATV930 的高性能控制环。

标准速度环包括【速度环滤波器】SFC 滤波值、【速度比例增益】SPG 和【速度时间积分】SIT 这 3 个参数。其详细对比可扫描二维码了解。

1.【速度环滤波器】SFC 滤波值

设置【速度环滤波器】SFC 滤波值参数时，当 SFC = 100%时，将完全不使用速度滤波器，一般用于对响应要求较快的应用场合，而当 SFC = 0%时，需要稳定性，如果负载惯量比较大时，需要将 SFC 设置为 0。SFC 参数的影响如图 1-21 所示。其原理可扫描二维码观看视频了解。

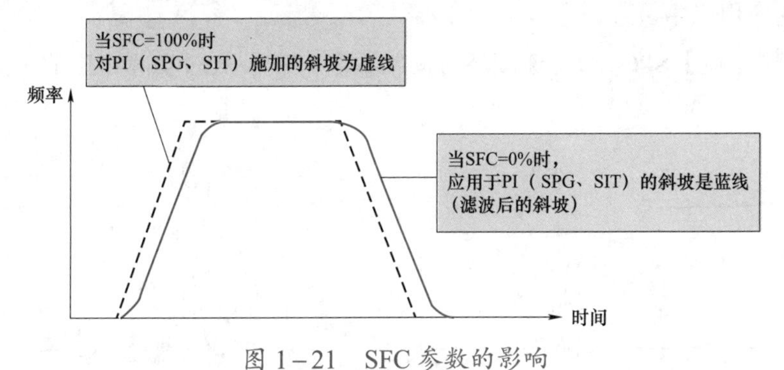

图 1-21　SFC 参数的影响

当 SFC = x%时，施加的斜坡将在虚线和蓝线之间，SFC 出厂设置为 65。

2.【速度比例增益】SPG 和【速度时间积分】SIT

【速度比例增益】SPG 和【速度时间积分】SIT 这两个参数可修改速度带宽和速度响应时间。

设置【速度环滤波器系数】（SFC）= 0 时，调节器为 IP 积分比例控制类型，更强调积分的作用，设备在启动时会有一定的延迟，但系统在启动时会比较稳定，一般在惯性比较大的系统上使用。

【速度环比例增益】SPG 和【速度环时间常数】SIT 参数对速度超调和通频带的影响如图 1-22 所示。

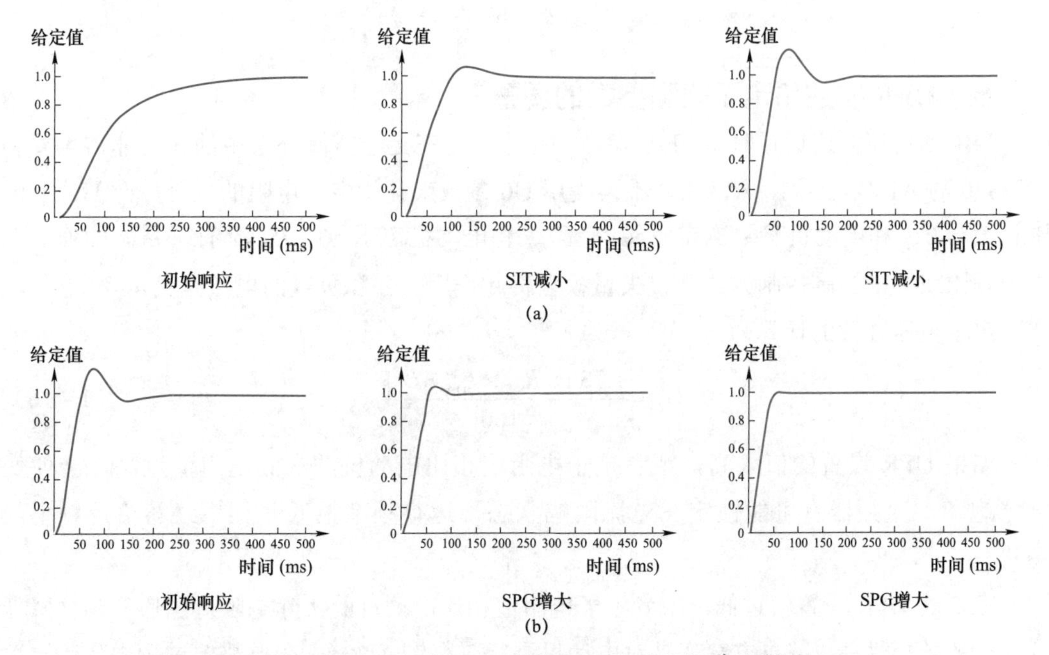

图 1-22　SPG 和 SIT 对速度超调和通频带的影响

（a）SIT 减小；（b）SPG 增大

设置【速度环滤波器系数】SFC = 100 时，调节器为 PI 比例积分控制类型，更强调比例的作用，设备在收到速度指令后，会非常快的加大电动机上的转矩，一般用于对快速响应要求较高的应用当中。

【速度环比例增益】SPG 和【速度环时间常数】SIT 参数对实际速度曲线的影响如图 1-23 所示。

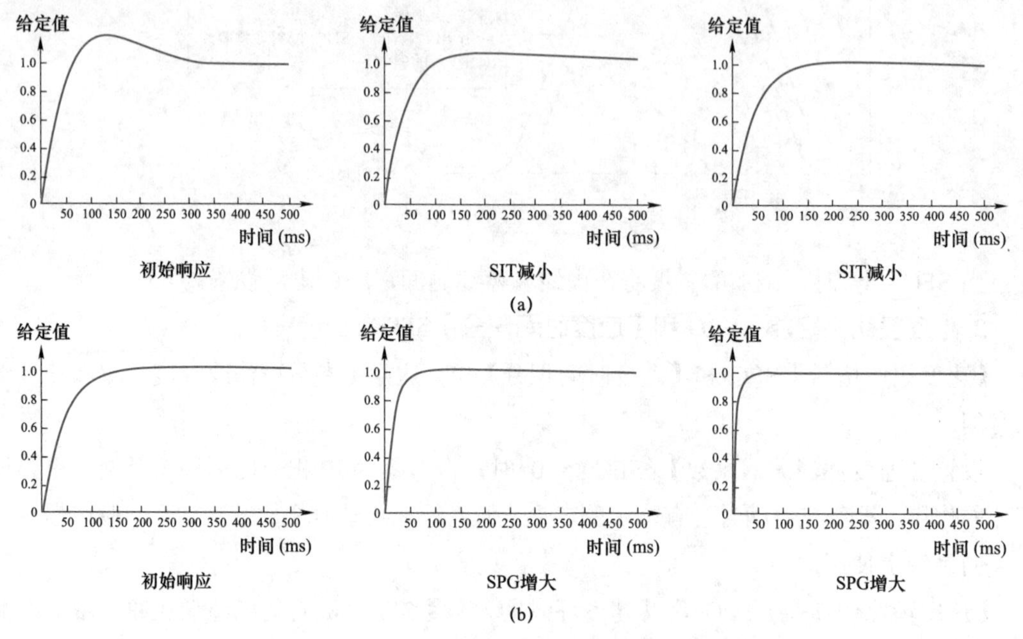

图 1-23　SPG 和 SIT 对实际速度曲线的影响

(a) SIT 减小；(b) SPG 增大

五、UFR 参数和定子电阻参数的调整

当电动机在低速运行时，UFR 参数和定子阻值在定子压降补偿中的作用非常重要，ATV320 与 ATV71 不同，ATV320 不再使用 U0 参数来补偿定子电阻的压降，此部分的电压补偿与 U_{FR} 和电动机参数额定励磁电流 I_{DA} 和电动机定子电阻 R_{SA} 都有关系。即使在 5 点压频比或标准控制控制方式下，矢量模型仍起作用，并和负载的电流有关。

定子电压补偿的计算为

$$U_0 = \frac{1.732 \times R_{SA} \times I_{DA} \times U_{FR}}{100} \tag{1-16}$$

如果 UFR 设置的值太高，或者定子电阻值相比电动机的实际电阻值过高，会使变频器饱和，变频器有可能锁定在电流限幅状态，运行频率很低并且不跟随给定频率的变化。

太低的 UFR 设置值过低，或者定子电阻值相比电动机的实际电阻值过低，则会降低低速时的转矩性能，解决方案就是对电动机进行自整定，这样，在自整定过程中变频器可以测量电动机定子电阻的阻值。

六、异步电动机的自整定

自整定启动前必须保证变频器和电动机连接完好，如果线路中安装有接触器，接触器必须保证已经吸合，并且电动机在自整定前的一段时间没有运行过，电动机必须为冷态，即电动机绕组没有温升。另外，电动机的功率与变频器相比不能太小，然后正确输入铭牌参数，将 TUN 设为 yes，这样变频器将自动完成电动机参数的辨识过程。

如果电动机的功率比变频器功率小太多或者没有连接电动机，将会出现自整定错误 TNF。

另外，异步电动机自整定时可以在参数 MPC 中，选择使用电动机功率还是电动机的功率因数，如图 1－24 所示。

代码	名称 / 说明	调节范围	出厂设置
MPC ★	[电机参数选择]		[电机功率](nPr)
nPr	[电机功率](nPr)		
CoS	[电机 COSphi](CoS)		

图 1－24　自整定时电动机参数的选择

电动机运行或环境温度的升高，都会使电动机变热，导致电动机的定子电阻增加，如对某台电动机进行测量，在不同的电动机热状态的整定下会得到不同的整定值，见表 1－2。

表 1－2　电动机热状态的整定值

电动机热状态	0%	50%	100%	110%
电动机热电阻（mΩ）	5200	5800	6200	6300

当 ATV320 上电后，变频器并不知道变频器电源关闭的时间，因此驱动器在启动后无法估计电动机的温度。但是，如果变频器知道电阻值，则可以根据变频器电动机热状态的公式进行估算，这就是为什么有 TUNU = CT 的原因。

在室温下，将变频器接好电动机后，采用 TUNU = TM 进行自整定，自整定成功后才能设置 TUNU = CT，以实现变频器断电后再上电的热补偿。

当然，也可以设置 AUT = Yes（并且 TUNU = TM），这样在变频器上电时总是会进行自整定的操作，并且电动机电阻也总是以环境温度下的定子电阻作为变频器内部计算的起点。

七、惯量系数补偿 SPGU

SPGU 是 ATV320 新加入的惯量参数，应根据负载惯量的大小进行调整，当电动机负载惯量比较大时，应增大 SPGU 的参数设置。

在 CTT=STD 时，如果将 SPGU 设置为零，可以将驱动器内部的某些调节回路关闭，这样做会降低驱动器的性能，此时 ATV320 的标准控制模式接近于 ATV312 的 UF 控制方式，有较优的电动机适应性，在电动机铭牌数据和实际的准确数据的设置差别较大时，仍能正常运行。

在电动机并联，以及小电动机和特殊电动机的应用中，要将 SPGU 和滑差补偿 SLP 都设为零，关闭动态励磁补偿 BOA，这样才能保证电动机的正常运行。

在矢量控制模式 CTT=UUC 中，SPGU 惯量系数不起作用，SPGU 设为 1 以上没有差别，但是不要把 SPGU 设为 0，这样会导致速度波动增大，矢量模式下 SPGU 设为 0 和设为 40 的比较如图 1－25 所示。

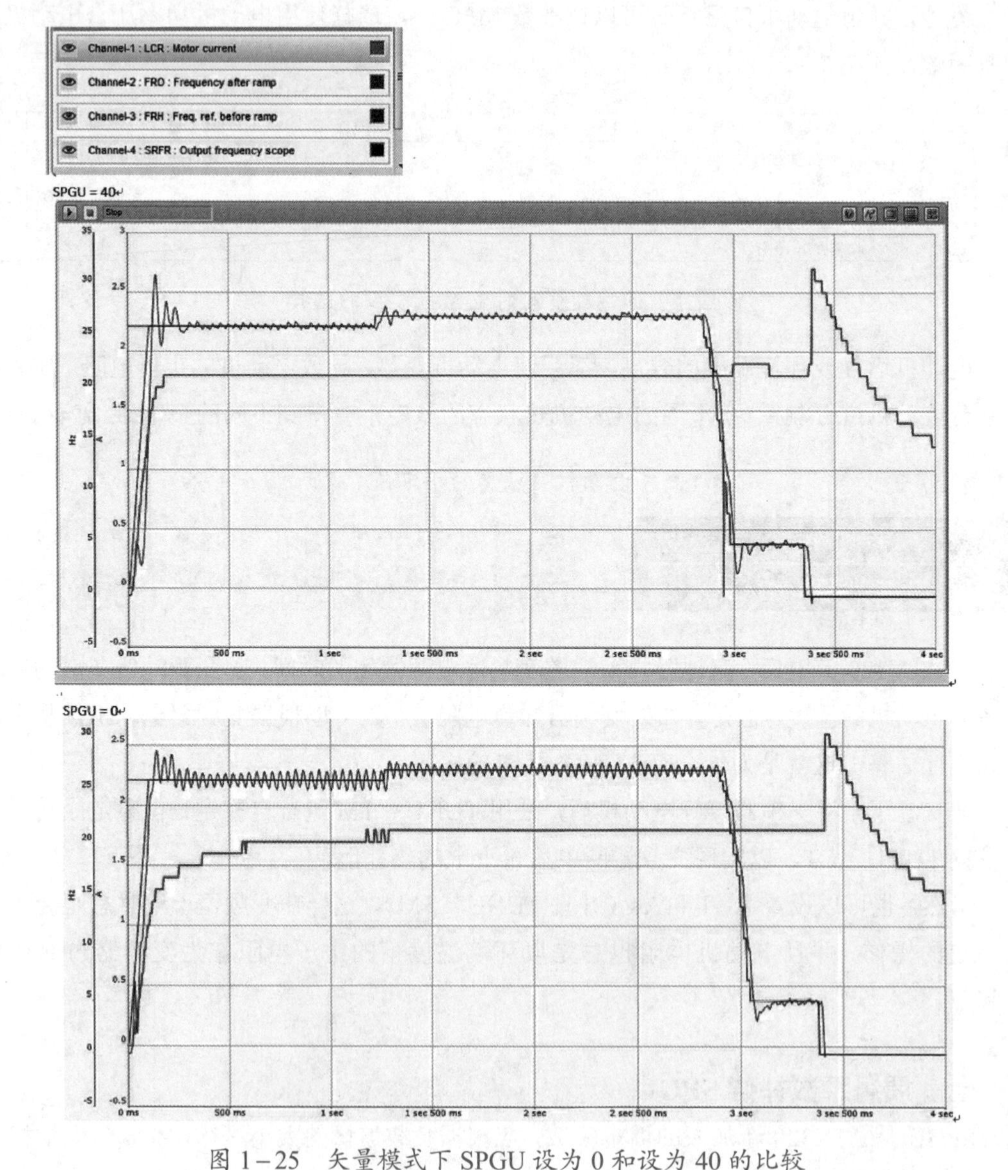

图 1－25　矢量模式下 SPGU 设为 0 和设为 40 的比较

八、动态励磁参数

励磁参数工作图如图 1－26 所示。

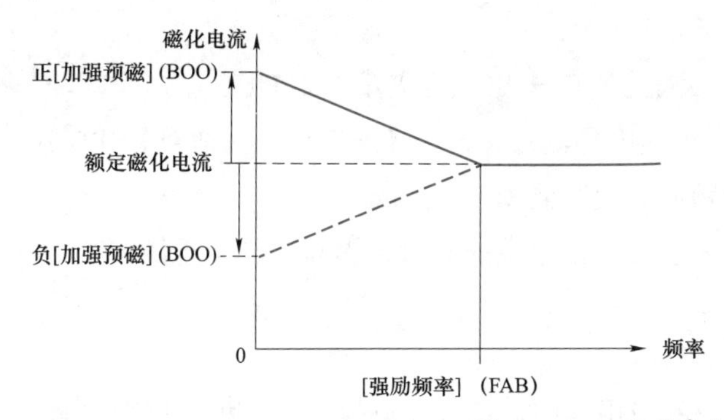

BOA增强励磁模式功能可以调节电动机启动频率到强励频率之间的励磁电流，当【加强预磁】为正的情况下，在负载较重的情况下可以自动加强励磁电流，因而可以提高电动机的启动扭矩，因为电动机电流等于励磁电流加电动机扭矩的矢量和，所以也会增大电动机在FAB频率以下的运行电流；
BOA增强励磁模式可以是动态的，也可以是静态的[StAt]，出厂设置是动态的；
动态升压会根据负载自动调整励磁电流，但是它不能超过在额定励磁电流加上加强励磁电流［BOO］（此设置可以是正值或负值，负值一般仅用作锥型转子电动机），并且仅在实际频率低于加强励磁[FAB]起作用

图 1－26　*励磁参数工作图*

【静态励磁】StAt 是在额定励磁上固定按照曲线相加生成励磁电流。存在一个例外，即如果加强励磁设置为动态 BOA = [DYN]，加强预磁 BOO = 0，强励频率 FAB = 0，以上的参数设置等效于设置了加强预磁 BOO = 25%和强励频率 FAB = 30。

九、停止位置的精度调试

ATV320 在立式包装机设备（如拉薄膜的机械）中驱动异步电动机时，在停止工作后，位置（拉膜的长度）会有变动，这就要保证设备停止时位置的精度，本例的机器速度为 50 包/min。

1. 控制架构

控制架构为 LXM32（物料填充）+M200PLC + ATV320（拉薄膜机）+制动电阻。

2. 机器操作过程

使用 LXM32 伺服控制充注食品的伺服电动机，食品填充完成后，其他机器功能（如包装纸打孔）就会启动。ATV320 用于控制拉包装膜的电动机，按照 PLC 中设置的工作周期时间拉薄膜进行包装。

工作周期为 250ms，从 PLC 发出运行命令，到 ATV320 运行后停止为 250ms，拉薄膜到位的信号由光电传感器进行检测，这个检测信号可能在 PLC 启动拉薄膜动作开始后的 200ms 时发生，PLC 在收到这个光电传感器的信号后，会立即停止 ATV320 的运行。

3. 变频器的参数设置

Fun【应用功能】→ADC【自动直流注入】→ADC 修改为否，去掉直流注入制动。

Fun【应用功能】→rPt【Ramp】→BRA【自动斜坡自适应】→修改为 No 并连接制动电阻。

Fun【应用功能】→rPt【Ramp】→Inr【斜坡增量】→0.01。

SEt【设置】→DEC【减速时间】→0.02s。

4. 提高精度的参数设置

当 ATV320 在接收到 PLC 的停止命令时，停止位置的波动范围精度在±2～±3mm，为了提高精度和性能，首先输入电动机额定电压、额定频率、额定电流、额定转速后做电动

机自整定。

drC【电动机控制】→【电动机控制类型】CTT→修改为矢量控制 UUC。

【速度环滤波器系数】SFC→100，去掉速度环滤波，再将【速度环比例增益】SPG 从 30 开始逐渐上调。当 SPG 加到 45 时，精度就提高到±1～1.5mm。

这里通过自整定和参数的优化，提高了设备稳定性的同时也提高了产品质量。

十、注意事项

用户在使用 ATV320 控制异步电动机的应用当中，都要正确输入电动机的铭牌参数，并做自整定，来提高 ATV320 工作性能。

在自整定过程中，ATV320 自动测量电动机的定子电阻和漏电感。

根据电动机自整定参数 MPC 的选择，计算电动机的励磁电流 I_{DA}，而转子时间常数的计算则是根据额定转速的设置，先计算额定滑差，然后计算出转子时间常数。

在自整定过程中，如果变频器故障显示 TNF，其可能原因如下。

（1）在电动机运行时做自整定。

（2）电动机与变频器的接线断开。

（3）电动机电流太大或不稳定，例如直流母线电源波动太大，超过 5%。

（4）电动机的功率相比变频器太小。

第三节　电动机负载和变频器选型

一、变频器选型的要素

变频器选型要考虑的因素很多，大体上可以分为电动机负载、电动机类型、工艺上的特殊要求和安装条件四大类。

一般情况下，选择变频器首先要考察电动机的种类变频器是否支持，根据电动机所拖动负载类型和生产工艺要求，比较各厂商的变频器有无所需要的应用功能，选择品牌和产品系列，再确定变频器容量。

变频器的容量选择要适当。如果偏小，会影响电动机力矩的输出，进而影响系统的正常运行；如果偏大，则会带来很大的成本压力。因此，变频器的选择不仅要考虑负载的性质和变化规律，还要考虑变频器的过载能力和容量等因素，本节以施耐德变频器为例，按照电动机所带动的负载和应用场合来确定变频器的类型。

二、电动机的负载

电动机的负载可以由动态扭矩、启动扭矩和静态扭矩 3 个部分组成。

电动机的动态扭矩是机器加减速时所需的扭矩，动态扭矩计算为

$$T = J_{\Sigma} \cdot \alpha \quad (1-17)$$

式中　T——扭矩，N·m；

J_{Σ}——总惯量，kg/m^2；

α——角加速度，rad/s^2。

动态扭矩与加减速时间和总惯量有关，总惯量=电动机惯量+电动机侧负载惯量，电动机侧负载惯量=按负载惯量除机械减速比的平方。变频器控制方式和负载类型的说明请扫二维码。

电动机负载的启动扭矩和设备应用直接相关，启动扭矩在设备启动时需要克服设备的静摩擦，还要克服启动瞬间设备造成的扭矩等，启动时扭矩较大的典型应用有金属加工机床、离心机、挤压成形机、搬运机械等。离心机的扭矩时间曲线如图 1–27 所示。

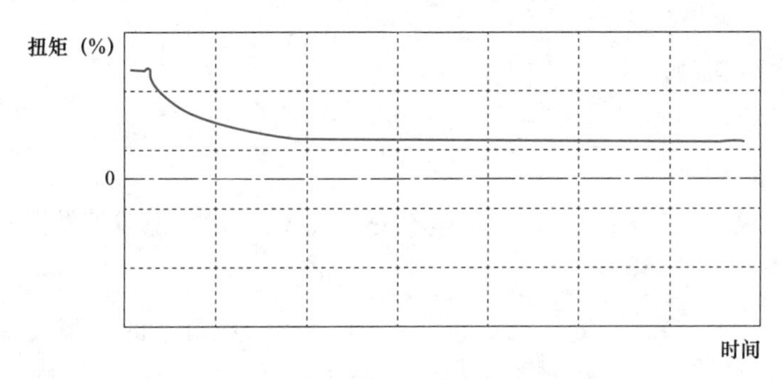

图 1–27　离心机的扭矩时间曲线

电动机的静态扭矩是电动机匀速运行时的负载，这部分负载由机械结构、机器拖动的负载和受力等因素决定。如输送带电动机的静态扭矩，是由输送带的摩擦扭矩、输送带与水平的角度、输送物料的多少和机械效率决定的，基本与速度无关。对于起升机构而言，电动机的额定起升负载由起升的最大重量和吊具的重量之和以及机械效率决定。

静态扭矩的类型有很多种，典型的有恒转矩、变转矩、恒功率等。掌握这些负载的特点有助于变频器的选择。

1. 恒转矩机械负载的特性

恒转矩机械负载是指负载转矩不随负载转速变化而变化的机械负载。这类负载可分为反抗性恒转矩负载和位能性恒转矩负载两类，如图 1–28 所示。更多介绍请扫描二维码了解。

反抗性恒转矩负载的转矩方向与机械运动方向相反，大小随负载方向而变；位能性恒转矩负载的转矩大小不随机械运动方向的改变而改变。

恒转矩负载的转矩为

$$T_L = K_1 \text{（常量，与电动机负载无关）} \quad (1-18)$$

功率表达式为

$$P_L = T_L \omega_L = K_1 \omega_L \quad (1-19)$$

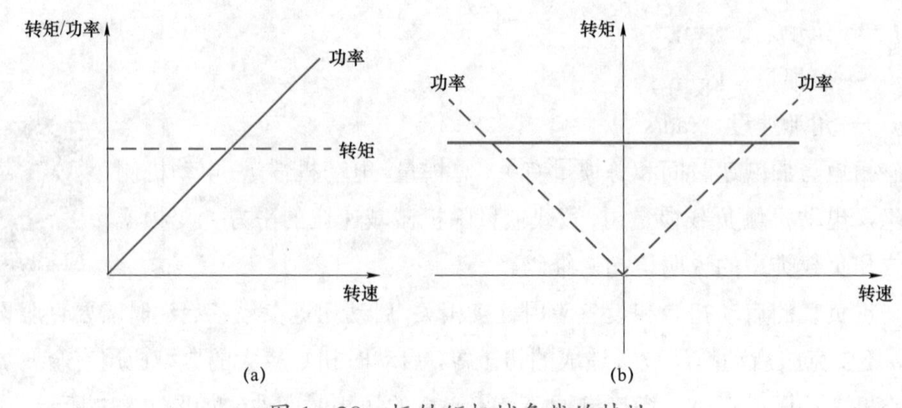

图 1－28　恒转矩机械负载的特性

（a）反抗性恒转矩负载；（b）位能性恒转矩负载

式中　T_L ——负载扭矩；

K_1 ——常数；

P_L ——负载功率。

式（1－18）说明负载不变，负载转矩不变。式（1－19）说明恒转矩负载功率与速度成正比。

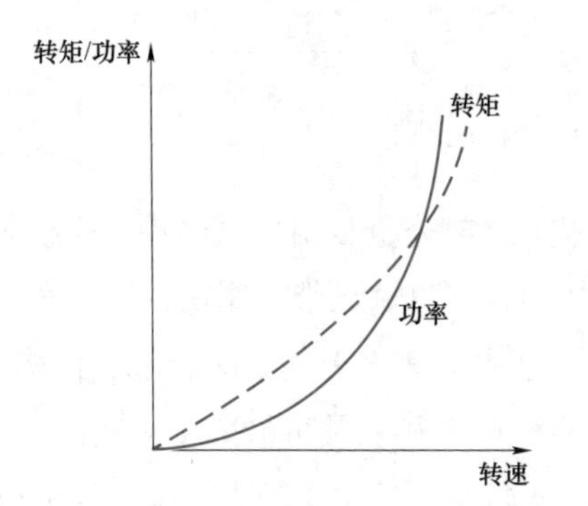

图 1－29　平方转矩负载的机械特性曲线

恒转矩负载的典型设备有输送带、起重机械、螺杆泵、活塞泵、压缩机等。

2. 平方转矩负载的特性

变转矩负载是指转矩与转速成二次方的关系，即通常讨论的风机和离心泵等机械负载。平方转矩负载的机械特性曲线如图 1－29 所示。

平方转矩负载的转矩及功率表达式分别为

$$T_L = K_2 n_L^2 \qquad (1-20)$$

$$P_L = K_3 n_L^3 \qquad (1-21)$$

式中　n_L ——转速。

平方转矩负载的典型设备包括各种风机和离心泵类，这类负载的功率与电动机的转速成 3 次方的关系。

3. 恒功率机械负载的特性

一些机械要求负载轻时高速运动，负载重时低速运动，其机械负载转矩与转速成反比。例如塑料薄膜生产线中的卷取机、开卷机等，这种负载的静扭矩大体上与转速成反比，这就是所谓的恒功率负载。恒功率负载的机械特性曲线如图 1－30 所示。

恒功率机械负载的转矩及功率表达式分别为

$$T_L = K / n_L \tag{1-22}$$

$$P_L = T_L n_L = 常数 \tag{1-23}$$

恒功率负载是对一定的速度变化范围而言的，当速度很低时，受机械强度的限制，转矩不可能无限增大，在低速下转变为恒转矩。

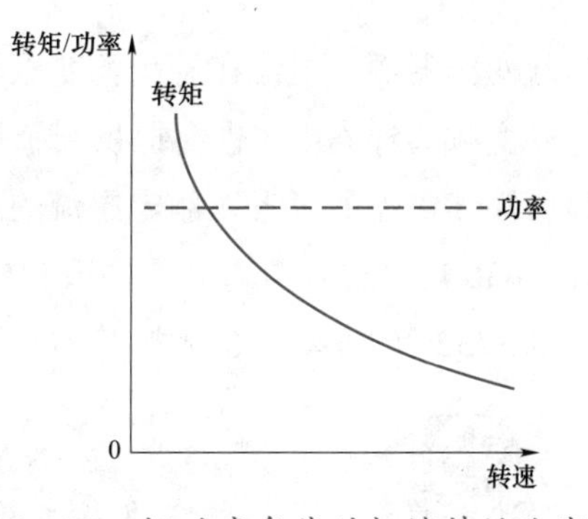

图 1－30　恒功率负载的机械特性曲线

4. 脉冲型负载

脉冲型负载的典型应用有碎石机，这种脉冲型负载属于冲击性负载。图 1－31 所示为碎石机的扭矩时间曲线。

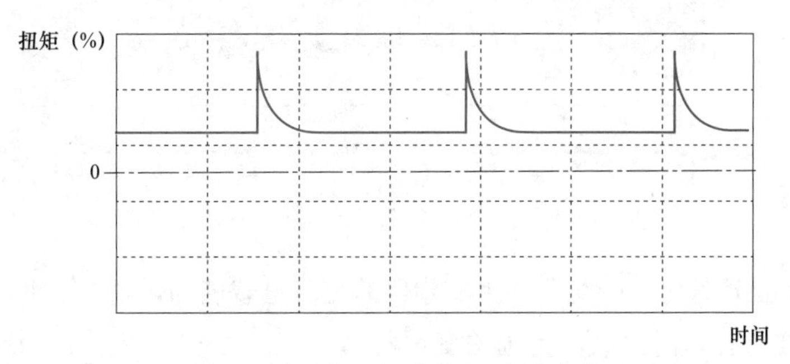

图 1－31　碎石机的扭矩时间曲线

5. 振荡型负载

振荡型负载常见的设备有油井磕头机设备中使用的杆式泵，振荡型负载属于周期性波浪形。图 1－32 所示为杆式泵的扭矩时间曲线。

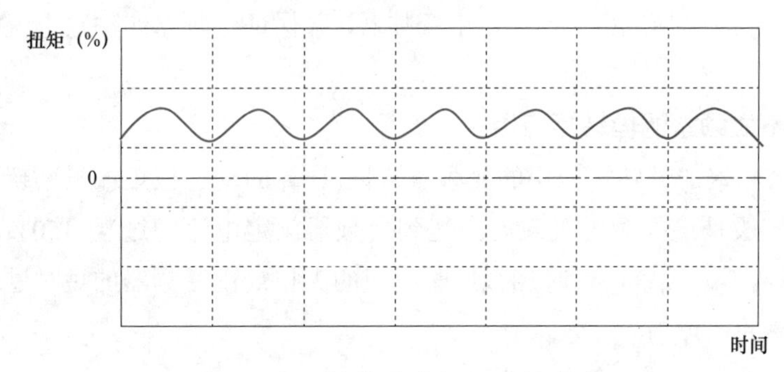

图 1－32　杆式泵的扭矩时间曲线

三、变频器选型

（一）变频器的额定电流和短时过载能力

变频器容量有额定电流、适配电动机的额定功率、额定视在功率 3 种表示方法。

无论采用什么方法选择变频器的容量，实际上就是选择变频器的额定电流。变频器的额定电流一般是按照 4 极或 6 极电动机来设计的，某些行业，如起重行业常用的是 8 极、10 极、12 极电动机，这些行业变频器的额定电流要比 8～12 极电动机的额定电流小一些。

变频器额定电流在施耐德变频器的选型样本中，被称作最大连续输出电流。

变频器样本中，也会提供一个短时间（一般是 60s）过载能力的数据，一般是以【60s 最大连续电流】或者以额定电流的百分比来表示，如 ATV320 的短时过载能力为 150%，ATV630 短时过载能力分为轻载和重载，轻载为 110%，重载为 150%，这个短时过载电流在 ATV320 的样本中由【持续 60s 最大瞬时电流】表示，如图 1－33 所示。

采用紧凑型控制板的变频器 (1)									
电机		线路电源				ATV320			
铭牌标示功率 (2)		最大线电流 (3) (4)		视在功率	最大预期线路电流 Isc (5)	最大连续输出电流 (In) (2)	持续60s最大瞬时电流	最大输出电流 (In) 下的耗散功率 (2)	型号 (2)
		在U1下	在U2下	在U2下					
kW	HP	A	A	kVA	kA	A	A		
单相电源电压：200...240 V 50/60 Hz，带集成式EMC滤波器 (4) (6) (7)									
0.18	0.25	3.4	2.8	0.7	1	1.5	2.3	21.7	ATV320U02M2C
0.37	0.5	5.9	4.9	1.2	1	3.3	5	32.2	ATV320U04M2C
0.55	0.75	7.9	6.6	1.6	1	3.7	5.6	41.7	ATV320U06M2C

图 1－33　变频器的额定电流和短时过载电流

显然，为了合理选型，应充分利用变频器的短时过载能力，对电动机启动扭矩和动态扭矩大的负载要选择短时过载能力强的变频器。

（二）变频器选择

1. 二次方转矩负载

二次方转矩负载的变频器选型，此类负载因为对加减速时间要求比较低，选择变频器时，短时（60s 的连续电流）过载能力是变频器额定电流的 110%～120%就能满足要求，在实际应用中，一般选择风机、泵类专用变频器，并保证变频器的额定电流大于电动机额定电流。

2. 加减速不太频繁的恒转矩应用

加减速不太频繁的恒转矩应用的变频器选择，计算的动态扭矩如果不超过变频器的短时过载能力（一般是选择短时过载能力达到变频器额定电流的过载 150%及以上的变频器），并且加减速不太频繁，这时加减速时出现的大扭矩由变频器的短时过载能力完成，变频器额定功率的计算为

$$P_{变频器}=\frac{T_m \times n_N}{\eta_{变频器} \times \eta_{机械}} \quad (1-24)$$

式中　T_m ——最大负载时的扭矩；

n_N ——电动机的额定转速；

$\eta_{变频器}$ ——变频器效率，一般为 0.96～0.98；

$\eta_{机械}$ ——机械效率，一般为 0.7～0.95，减速箱一般取 0.95，电动葫芦一般取 0.9～0.92，卷筒起升结构取 0.8～0.85。

选择的变频器功率要大于计算的静态扭矩功率。

3. 负载频繁加减速应用的变频器选择

对于频繁加减速或者对动态特性要求较高的应用选择变频器时，不仅要根据计算出的动态扭矩的结果加大变频器功率，还要对动态响应高的应用选择支持闭环矢量的高性能变频器（施耐德变频器支持闭环应用变频器有ATV71、ATV340、ATV930），并订购编码器和编码器卡。减速时间特别短的还需要订购制动电阻和制动单元（如果选择的变频器不集成制动单元）。

4. 不均匀负载的变频器选择

不均匀负载的变频器选择，这种生产机械的负载时轻时重，应按照重负载的情况选择变频器容量，这类负载的典型设备有轧钢机械、粉碎机械、搅拌机等。

5. 恒功率负载的变频器选择

恒功率负载的变频器选择，恒功率负载变频器容量要按照计算出来的功率选择变频器的功率，变频器的短时过载能力为150%，值得注意的是，如果是使用转矩控制来完成张力控制的收、放卷，为了保证张力控制精度，同样要选用支持闭环矢量的变频器。

6. 一拖多的变频器容量选择

一台变频器拖到多台电动机时，各台电动机均由低频低压启动，在正常启动后不要求其中某台因故障停机的电动机重新直接启动时，变频器的容量的计算公式为

$$I_{VN} \geqslant 1.1\sum I_{MN} \tag{1-25}$$

式中　I_{VN}——变频器额定电流；

$\sum I_{MN}$——所有电动机额定电流之和。

当变频器带电动机启动后达到高频时（50Hz左右），这时如果有直接投切小电动机，这种情况相当于小电动机的工频启动，对变频器来说需在原有运行电流的基础上叠加小电动机的启动电流（6～8倍的小电动机额定电流），对变频器来说是一个冲击性负载，将这个总电流除以变频器的短时过载能力，就得出了需要的变频器额定功率的最小值，即

$$I_{VN} \geqslant (\sum I_{Mst} + \sum I_{MN}) / K \tag{1-26}$$

式中　I_{VN}——变频器额定电流；

$\sum I_{Mst}$——所有直接启动电动机在额定电压额定频率下的启动电流总和；

$\sum I_{MN}$——正常的由变频器低频启动电动机额定电流之和；

K——变频器的短时过载能力。

以上是一拖多变频器容量选择的公式和方法，在实际工程应用中，还要结合具体的工作场合和机械、工艺等的特殊要求来选择变频器的容量。

7. 电动机发电能量较大时的应用

如果工艺要求变频器的减速时间必须很短，或者起升机构的重物下放过程以及放卷变频器的工作过程中，电动机都处于发电状态，发电的能量流回变频器的直流母线，导致直流母线电压的升高，如不采取措施会导致变频器因直流母线电压过高而报警停机，这时除了选择合适的变频器之外，还要采取措施将变频器直流母线上的能量消化掉，可以采取多

个变频器共直流母线、加制动单元和制动电阻、使用能量回馈单元或 AFE 的解决方案。

四、变频器支持的电动机类型

电动机的种类很多，分类的方法也很多，电动机按运动方式分，可分为直线电动机和旋转电动机。直线电动机和旋转电动机按电源性质分，又可分为直流电动机和交流电动机。交流电动机按运行速度与电源频率的关系，还可分为异步电动机和同步电动机两大类，再按照供电的相数分为单相电动机和三相电动机。异步电动机按照转子方式可分为笼型电动机和绕线转子电动机；同步电动机可分为正弦波电动机、步进电动机、无刷电动机、磁阻电动机，磁阻电动机又可以分为开关磁阻电动机和同步磁阻电动机，如图 1－34 所示。

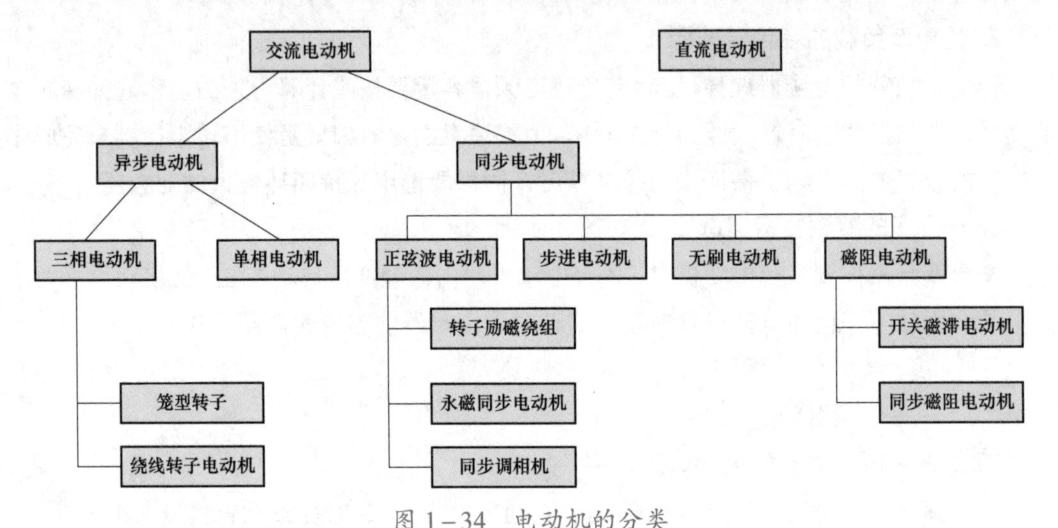

图 1－34 电动机的分类

施耐德变频器能拖动的电动机有三相异步笼型电动机、三相永磁同步电动机、三相同步磁阻电动机（目前仅 ATV340、ATV930 支持）等。

三相异步绕线转子电动机接入变频器时，需接入额定转速时的绕线电动机电阻，该电阻参数可以在电动机铭牌上找到。

五、变频器的运行条件

具体选择变频器容量时还要考虑一些特殊应用场合，如高温、高海拔，因为散热较差需要变频器降容使用。

另外，应用中使用了高开关频率也需要变频器降容使用，因为高开关频率增加了变频器功率部分的散热量和 IGBT 的损耗。

ATV320B 和 ATV320C 的运行温度在－10～+50℃之间时，可按变频器的额定功率使用，不需降低容量。

变频器工作的环境温度最高可达 60℃，但需要降低容量使用。

高海拔时除了与供电方式有关之外，1000m 以下不需要降容，1000～2000m 每升高

100m 降容 1%。

当变频器与电动机的距离较远时，要根据变频器与电动机之间的电缆长度，来确定是否添加电动机电抗、输出滤波器、正弦波滤波器等附件。

六、特殊行业使用时的安全系数

在选择变频器时必须要根据设备的工艺要求来考虑一定的余量，或者叫安全系数。

如电梯行业要求必须保证变频器的输出电流在 1.36 倍电动机额定电流时还能够长时间运行，不能报过载。对起升设备来讲，变频器溜钩、重物从空中坠落是很危险的，为保证安全性，一般也会在计算出的数据基础上综合考虑安全系数。对于 24 小时长时间运行的设备和对停机时间有严格要求的设备，安全系数也要放大一些。

七、注意事项

本节从电动机负载出发，给出了变频器的选型原则。但是很多电气人员对这部分内容并不熟悉，因为在工程实践中，往往是电动机由机械工程师来选，变频器由电气工程师来选。

如果电气工程师直接根据电动机电流或者功率来选择变频器，这就要求机械工程师必须在选型时也如此考虑。然而，因为电动机的价格相对变频器来说不高并且过载能力强，机械工程师按照实际应用要求，选型偏大，这样安全性高；或者为了充分利用电动机的过载能力和经济性选型偏小，这些情况都可能发生，且都在合理范围内。

由于变频器的过载能力与电动机相比差很多，目前市面上的变频器的过载能力一般都是变频器的 110%～185%（60s），并且变频器的价格要比电动机贵得多，选择偏大会造成成本加大，选择偏小很可能造成变频器报过载、过热、过流故障，导致变频器不能正常运行。

因此，尽管在大多数情况下，直接按照电动机电流选型是可行的，但是仍有选型不合适的风险，尤其是对设计经验不太丰富的初学者来说。比如，对于某些特殊的应用，如 550t 的铸造起重机的主起升机构，可能是按 400t 标准吊重来选取的电动机，平时极少使用 400t 以上工件，当用 550t 工件时，利用电动机的过载能力来满足需要，这时如果按电动机容量来选变频器，基本就要出问题，而按最大负载来选，虽然仍很粗略，但是出问题的风险就变得很小了。更多关于变频器的知识请扫描二维码了解。

第四节　使用 ATV320 实现一拖多的变频器选型

本章前 3 节的内容对异步和同步电动机的控制方式做了比较全面的介绍，在掌握了负载的种类和特点以后，对变频器的选型也能驾轻就熟了，本节将通过使用 ATV320 实现一拖多，对变频器选型做一个更加细致的展开，考虑的因素更多，内容更深入。

使用变频器实现一拖多能够大幅降低成本、便于控制、减少故障率、降低噪声、操作简单、维护方便。ATV320 一拖多电动机的示意图如图 1-35 所示。

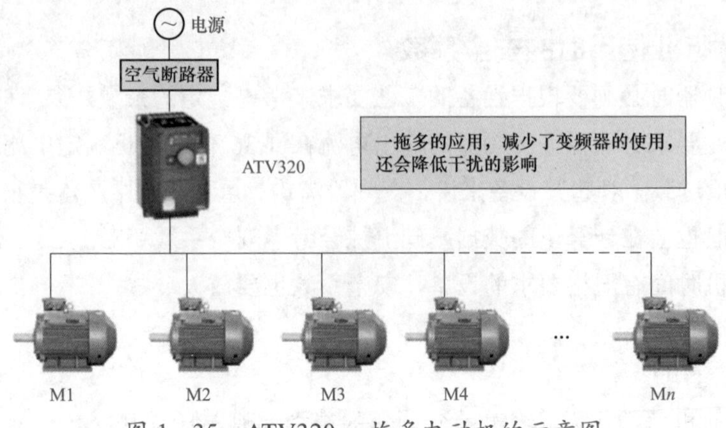

图 1-35　ATV320 一拖多电动机的示意图

一、变频器一拖多的电动机的投切形式

根据工艺的不同，ATV320 的一拖多功能有多种不同的控制形式，包括一台变频器控制两台电动机，实现电动机的一备一用功能，也可以使用变频器控制分组的多台电动机的启停和运行，实现按照功能区域分批次投切电动机，还可以一次性投切全部拖动的多台电动机。

二、变频器选型

一拖多时，ATV320 的选型要考虑运行工况，如变频器已带电动机运行到比较高的频率时，是否存在投入另一台或多台电动机的工况。

1. 变频器运行过程中无其他电动机投切或低频下投切电动机

如果在 ATV320 带动多台电动机的运行过程中，电动机不需要高频（接近工频）随时启动，只是停止或者停止都不用，那么 ATV320 的额定电流大于所有电动机的总电流，然后再放大一级选型即可。

在这种情况下，进行电气设计的时候，就必须保证一个原则，即 ATV320 处于停止状态才能切换接触器。

2. 变频器运行过程中需要高频投切电动机

在 ATV320 运行过程中，如果在运行频率较高时投切电动机，这时投切的电动机相当于直接启动，电动机启动电流可按电动机额定电流的 6～8 倍估算。

将 ATV320 拖动电动机分成两个部分：① 不需要随时启停的电动机；② 需要在变频器高频运行切入的电动机。将不需要高频投切的电动机电流相加，然后加上需要高频切入电动机 6～8 倍，这样计算得到的电流要小于变频器 60s 的短时过载电流，如果需要启停的设备很少，推荐在这个功率再放大一级，作为ATV320的选型功率。

如果需要高频切入的电动机很多，应同时考虑增加新的ATV320的方案，因为在这种情况下，增加变频器的方案可能会更加经济。

三、ATV320拖动多台电动机的设置

1. 电动机总电流

使用一台ATV320同时拖动多台电动机时，被驱动的电动机的总电流要小于变频器的额定电流。

2. 控制方式

使用一台ATV320同时拖动多台电动机时，推荐采用变频器中的电动机控制方式为压频比方式，个别同功率的电动机并联时，可以采用电压矢量方式。

3. 变频器的参数设定原则

设置ATV320的电动机参数时，额定功率和额定电流要按照总功率和总电流进行设置。

要将惯量系数SPGU设零、滑差补偿SLP设零、动态励磁补偿BOA关闭，并手动调节UFR参数，保证电动机的正常启动。

当电动机电缆比较长的情况下，降低变频器的开关频率并开启电动机电压波动限幅。

电动机热保护电流设置成总电流的1.05倍，并根据现场实际情况进行调整。

四、电缆长度的计算

使用ATV320实现一拖多台电动机时，如果线路过长，电缆之间或电缆对地之间的电容也越大，变频器的输出电压含有丰富的高次谐波，会形成高频电容的对地电流，造成因较大的对地漏电流，导致ATV320出现过流故障、接地故障。

因为漏电流的增加，要将ATV320的滤波器接地开关（如施耐德变频器的IT开关）断开，降低对地漏电流，同时降低变频器的开关频率，一般情况下都要放大ATV320的功率。

电缆的长度以接在ATV320后的所有电缆的总长度计算，如果变频器拖动的电动机较多，应先使用一根粗电缆，然后在电动机附近再接小电动机分支电缆来降低电动机的总电缆长度。

当电动机屏蔽电缆的总长度超过50m，非屏蔽电缆超过100m时要加电动机电抗器。

五、交流接触器选型

对于需要随时启停的电动机，需要配置交流接触器。交流接触器的选型，遵循一般选型原则，按照电动机启动的AC3类型选择接触器。

对于不需要频繁动作的电动机可以配不带热保护的空气断路器，当然也可以使用

接触器。

六、电动机过热保护和变频器一拖多应用附件的选型

由于变频器谐波的影响，ATV320一拖多时，为保护每台电动机以及变频器的设备安全，原则上不推荐在电动机主回路安装热过载继电器。

在实际应用中，曾发生过每个电动机都选用了热过载继电器，但是将热过载继电器的电流设定设到最大值（此时设置值已经达到电动机额定电流的130%）仍然发生误动作的情况，这是因为变频器的输出采用的是PWM脉宽调制输出，输出电流中有大量的谐波成分，从而导致热过载继电器误动作。变频器输出的电压和电流的波形如图1－36所示。

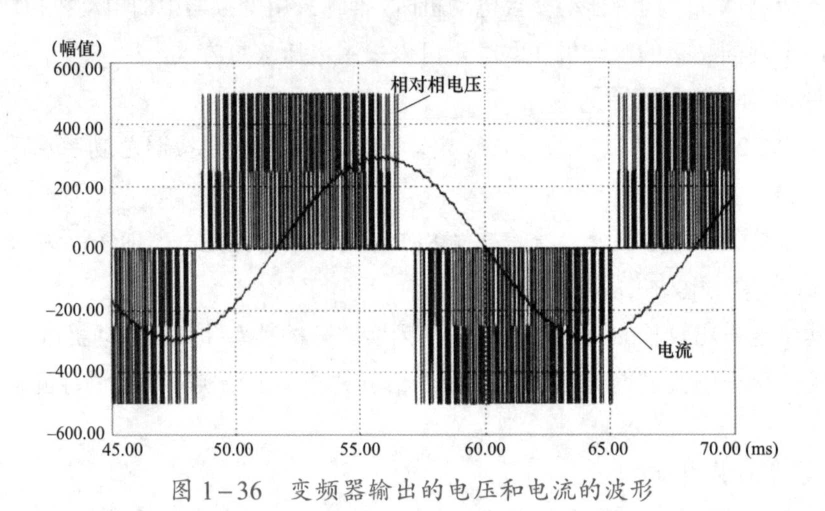

图1－36　变频器输出的电压和电流的波形

因此，推荐在电动机定子绕组上加装PTC等热传感器，这些PTC应该接入专用的电动机保护器，对电动机过热进行直接保护。

七、木工地板加工的一拖多案例

某木工机械客户，使用5.5kW的ATV320U55N4变频器拖动10台0.4kW的额定电压380V的异步电动机，电动机的额定电流是0.8A，每两个电动机一组，共3组，最后一组是4个电动机，根据工艺可选择1～4组，根据客户工艺，可以选择2个，4个或6个直接启停，现碰到的主要问题是如果6个电动机已经启动，直接切另外4个，ATV320会报电动机过流故障OCF，甚至报电动机短路SCF1故障。

ATV320报过流或电动机短路说明运行时的电流太大，6个已经升速完成时的变频器显示实际运行电流4.7A左右，加上4个的直接启动电流4×0.8×7=22.4等于27.1A，已经超出了ATV320U55N4的最大电流21.5A，因此会报电动机过流和电动机短路，根据工况，这里应至少选用11kW的ATV320。5.5kW和11kW ATV320的最大电流见表1－3。

表 1－3　　　　　　　　不同功率 ATV320 的技术参数

电动机		线路电源				ATV320				
铭牌标示功率（1）		最大线电流（2）（3）		视在功率	最大预期线路电流 I_{sc}（4）	最大连续输出电流（I_R）（1）	持续 60s 最大瞬时电流	最大输出电流（I_{rp}）下的耗散功率（1）	型号（1）	重量
		在 U1 下	在 U2 下	在 U2 下						
kW	HP	A	A	kVA	kA	A	A	W		kg/Ib
三相电源电压：380…500V 50/60Hz，带集成式 EMC 滤波器（3）（5）（6）										
4	5	13.7	10.5	9.1	5	9.5	14.3	125	ATV320U40N4B	3.000/6.614
5.5	7.5	20.7	14.5	12.6	22	14.3	21.5	233	ATV320U55N4B	7.500/16.534
7.5	10	26.5	18.7	16.2	22	17	25.5	263	ATV320U75N4B	7.500/16.534
11	15	36.6	25.6	22.2	22	27.7	41.6	403	ATV320D11N4B	8.700/19.180
15	20	47.3	33.3	28.8	22	33	49.5	480	ATV320U15N4B	8.800/19.401

由于客户受限于电控柜尺寸和成本压力，不能加大变频器功率，考虑到低频启动的电动机电流比较小，因此修改程序，在较低频率 5Hz 左右切入另外 4 个电动机，解决了变频器的报警问题。

另外，若电动机电缆较长，如长度 40m，可以采用 ATV320 的软件功能，通过软件功能（即 PWM 调制时避免在某一个瞬间一相电压由正变负，而另一相电压由负变正，导致电动机侧的电压达到直流电压的两倍，另外还可以避免在与电缆长度相关的时间常数中切换正负电压）可将规定长度内的电动机电压峰值限制在两倍的直流电压之内，从而保护电动机，即在参数设置中将【电动机电压波动限幅】设为是，并将【瞬态电压优化】设置为 6，如图 1－37 所示。

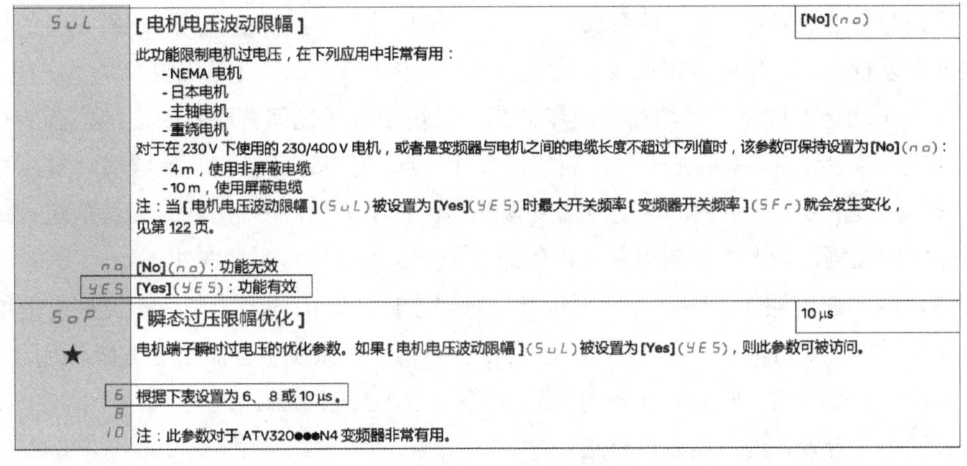

SuL　[电机电压波动限幅]　[No]（no）

此功能限制电机过电压，在下列应用中非常有用：
- NEMA 电机
- 日本电机
- 主轴电机
- 重绕电机

对于在 230V 下使用的 230/400V 电机，或者是变频器与电机之间的电缆长度不超过下列值时，该参数可保持设置为 [No]（no）：
- 4m，使用非屏蔽电缆
- 10m，使用屏蔽电缆

注：当 [电机电压波动限幅]（SuL）被设置为 [Yes]（YES）时最大开关频率 [变频器开关频率]（SFr）就会发生变化，见第 122 页。

no　[No]（no）：功能无效
YES　[Yes]（YES）：功能有效

SoP ★　[瞬态过压限幅优化]　10 μs

电机端子瞬时过电压的优化参数。如果 [电机电压波动限幅]（SuL）被设置为 [Yes]（YES），则此参数可被访问。

6　根据下表设置为 6、8 或 10 μs。
8
10　注：此参数对于 ATV320●●●N4 变频器非常有用。

图 1－37　ATV320 的参数设置

第五节 ATV320的多种同速控制方案

在交流调速系统的实际工程当中，需要用到同速运行的设备包括造纸生产线、直进式金属拉丝机、皮带运输机、印染设备、冷轧机等，这些设备都能一次完成所需的加工工艺，生产效率高、产品质量也相对稳定。

本节对同步控制进行了详细的介绍，可以根据同步控制的这些方法对实际的工程项目采取最优的控制方式。

一、同步控制的概念

1. 变频器的速度控制方法

对变频器的速度进行有效控制的方法很多，可以采用通信方式，也可以采用变频器的操作面板，或操作面板上的电位器，也可以采用外接模拟控制端子，或外接升降速数字端子这几种控制方法。其中，操作面板是不适合多台变频器的联动控制的。

2. 同速控制设备的必要性

同速控制设备的产品连续地经过各台设备，如果各台设备不能保持速度同步，就会造成产品被拉断，使设备被迫停止运行，严重的会造成很大的损失。另外，有些单机设备，有多个动力拖动，这多个动力之间也需要保持同步。

3. 同步控制的分类

根据生产工艺的需要和生产产品的不同，一般对同步的要求也不一样，通常同步分为简单同步、平均速度同步、瞬时速度同步、位置同步、收放卷控制。

（1）简单同步。简单同步方式一般用于设备之间没有直接联系的连接，如搅拌罐中2个搅拌浆的速度只需保持速度的基本一致，各个设备都是处于独立的工作模式，但由于工艺的需要，这些设备的工作速度需要保持基本一致或保持一定的比例运行，并且，各个设备需要同时升速或降速。在这种系统中，都不采集反映同步状况的信号。这种设备的特点是速度误差较大，速度的稳定性及速度精度不会对生产工艺产生任何影响。

（2）平均速度同步。平均速度同步方式一般用于设备之间有联系的连接，有的是物料连续经过各台设备，有的是靠机械装置连接在一起。这些系统的特点是设备对速度稳定性与速度精度的要求比较高，但是对速度误差的积累不敏感，并且，各台设备的运行速度是成一定的比例，如产生积累误差，可以通过调整速度的比例系数来纠正。

（3）瞬时速度同步。瞬时速度同步是一种要求比较高的同步控制，不允许有速度的积累误差，如果达到一定的误差积累，就会使产品损坏或系统报警而无法工作。因此在这样的系统中一般都用反映同步状态的信号反馈给控制系统，控制系统根据这个信号，及时地对系统中各台设备的速度做出修正。

（4）位置同步。位置同步是要求最高的同步控制系统，一般光靠变频器本身是无法完成位置同步的，位置控制系统对变频器的动态响应要求非常高，速度精度也非常高，因此一般都需要采用闭环电流矢量控制的变频器。事实上，这些系统已属于变频器控制系统，在功率比较小的场合，基本都用变频器系统来控制。

（5）收放卷控制。收放卷设备一般处于生产线的前端和后端，完成生产产品的收与放，与主设备之间也要保持同步，有的还需保持一定的收放卷张力，所以也把收放卷归到同步系统中。早期的放卷系统用的磁粉离合器，靠磁粉离合器的阻力使放卷有一定的张力；而收卷系统一般用力矩电动机控制，利用力矩电动机的挖土机特性，使收卷设备运行速度与主系统保持同步，但这两种方式的控制精度都比较低。目前在大多数应用场合都用变频器来实现收放卷，一般都用 PID 控制方式和力矩控制方式来实现。

4. 负载平衡

当电动机由变频器拖动，不使用滑差补偿时，异步电动机的机械特性如图 1－38 所示。

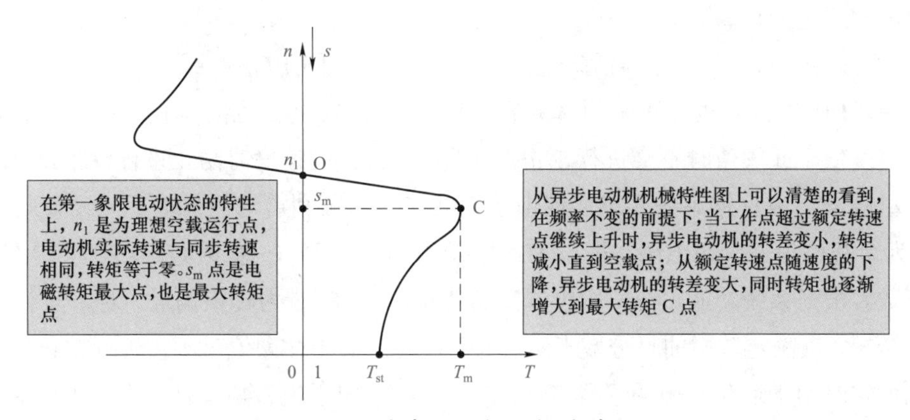

图 1－38　异步电动机的机械特性图

多台电动机驱动同一负载时，当出现速度不同步时，速度快的电动机将承受较重负载。这种情况下，自动加大转差，从而使速度变慢，而负载较轻的电动机会自动减小转差，使速度变快，从而实现负载的再分配，最终的结果是负载被均衡地分配给每台电动机。

当多个电动机拖动同一个负载，如多个电动机通过皮带或齿轮拖动同一负载时，使用 ATV320 的负荷平衡功能，此负荷平衡采用“人工滑差”动态的分配多个电动机的负载，来调整机械固定在一起的多个电动机的速度，从而实现它们之间转矩的平衡，方法是根据电动机的实际负载去修正叠加到斜坡后的速度给定值，这个方法对异步电动机的电动状态或发电状态都适用，负载平衡的原理图和功能图如图 1－39 所示。

ATV320 使用一个参数用来设置修正值：【负载修正】LBC（Hz）是对频率给定值的修正，即电动机达到额定转矩时的频率修正值。

ATV320 的访问等级只有设定为专家等级时，可以访问 LBC1、LBC2 和 LBC3 这 3 个参数，它们用于优化电动机间的转矩平衡。

校正因数取决于速度和转矩，其计算为

$$K = K_1 K_2 \tag{1-27}$$

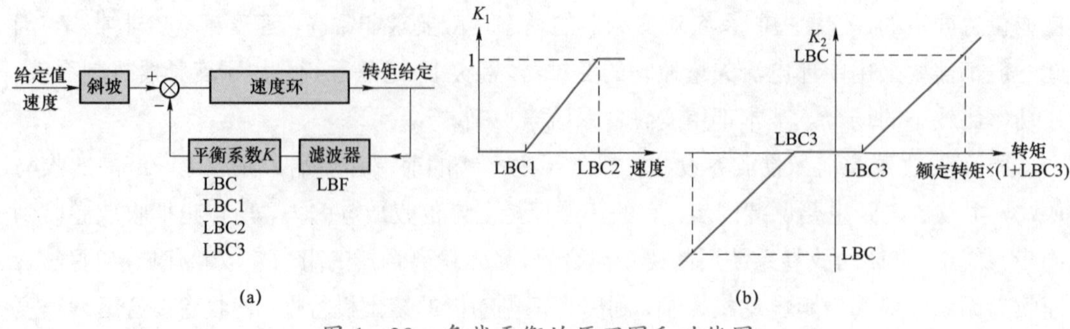

图 1–39 负载平衡的原理图和功能图

（a）原理图；（b）功能图

式中 K_1——与频率有关的系数；

K_2——与电动机转矩有关的系数。

速度修正值的计算为

$$速度修正值=K×【负载修正】LBC \quad (1-28)$$

其中，LBC1 为负载修正—频率下限，即对于以 Hz 为单位的负载校正的最小速度。电动机速度低于此阈值时不会进行校正。用于在非常低的速度时防止进行校正，因为会阻碍电动机转动。应根据系统要求，保证系统低速能够顺利启动的前提下，设置此参数。LBC2 为负载修正—频率上限，即以 Hz 为单位的速度阈值，速度大于此值时使用最大负载校正数。根据系统功能，在一般设置为高速频率。LBC3 为转矩偏置。对于负载校正数的最小转矩，以额定转矩的百分数表示。电动机转矩低于此阈值时不会进行校正。当转矩方向非恒定时用于避免转矩的不稳定性。本例中负载属于恒转矩运行，设置时可参照负载运行的最小扭矩。

校正值可由 LBF 参数进行滤波。为保证机械特性足够软，同时将滑差补偿【SLP】参数设置为 0。

实际工程中使用负荷平衡时，首先保证需同步的变频器速度给定相同，并且所有需要均衡负载的电动机都要在【电动机控制】菜单中开启这个功能。

通过主从控制实现两个电动机的力矩均衡时，变频器/电动机 A 为主机，工作在速度控制模式，开环矢量控制或闭环矢量控制都可以；变频器/电动机 B 为从机，工作在力矩控制模式。将变频器 A 的模拟输出端口设置为“有符号转矩”（AO1=Utr），并送入变频器 B 的模拟输入口作为力矩给定输入。变频器 A 和变频器 B 具有同样的速度给定，当然也可以采用通信的方法完成速度给定和扭矩给定的传递。因为 ATV320 开环扭矩性能不够好，因此建议采用带闭环控制 ATV340、ATV930，这样可以保证多台电动机的力矩平衡性能。

二、同速控制的开环和闭环介绍

开环同速是“准同步”运行，在多台变频器同速运行时不需要反馈环节，在要求不高的系统中多被采用。实现开环同步方法可以采用共电位控制、升降速端子控制和电流信号控制等。

闭环同速控制在多台 ATV320 同速运行时设计有反馈环节，用于控制精度要求比较高的场合。

三、开环的共电位的同步控制方案

共电位的同步控制，是在所控制的 ATV320 的电压模拟调速端子上加上同一个调速电压，需要将变频器功能参数里的【频率增益】和【频率偏置】进行统一设置。通过同一电位器控制 3 台 ATV320 同速运行的同步控制框图如图 1－40 所示。

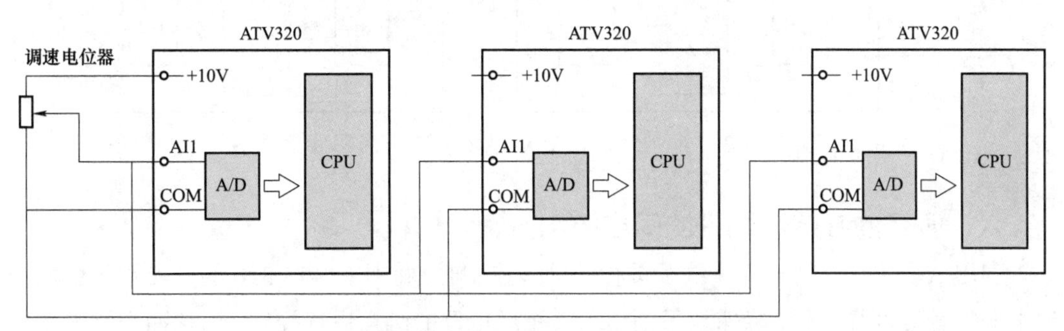

图 1－40　共电位的 3 台 ATV320 的同步控制框图

四、开环的电流信号控制的同步方案

使用电流信号对多台变频器进行同步控制，是用 ATV320 的电流模拟调速端子进行串联，输入 4～20mA 的电流信号来同步控制的，从而得到多台变频器的同速运行。开环的电流信号控制的同步方案如图 1－41 所示。

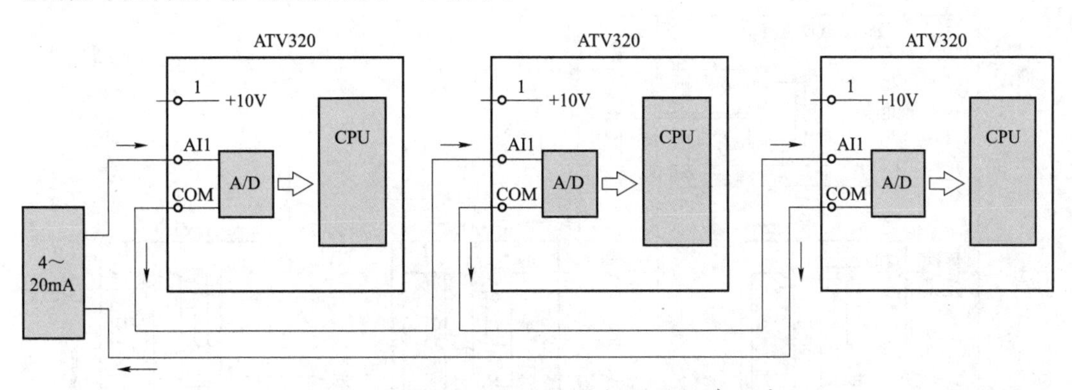

图 1－41　开环的电流信号控制的同步方案

使用电流信号对多台变频器进行同步控制的优点是构成简单，可以有较长的连接距离，抗干扰能力比较强。缺点是需要一个电流源，并且每台设备都需要有微调控制，操作比较麻烦。

五、开环的使用变频器频率输出的同步控制方案

利用上一台 ATV320 的频率输出端子作为下一步的同步控制信号，就可以使两台

ATV320 同步运行了，这种变频器的同速控制是不能准确同步的。

因为变频器的输出信号是二次信号，输出的精度、与输出频率的比率存在一定的误差，也容易引进干扰，所以建议不做多台的同步控制方案，通常为两台 ATV320 利用变频器的输出进行同步。开环的使用变频器频率输出的同步方案如图 1－42 所示。

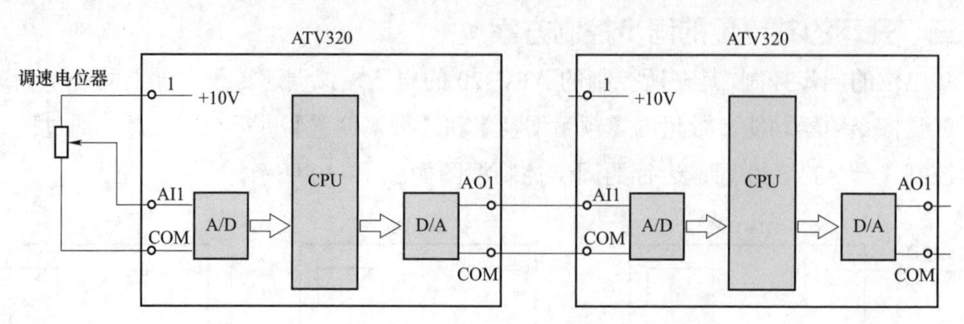

图 1－42　开环的使用变频器频率输出的同步方案

六、开环的升降速端子的同步控制方案

利用 ATV320 上的升降速端子进行的同步控制时，将所有 ATV320 的升速端子由同一继电器的触点进行控制，降速端子则由另一个继电器的触点进行控制，由这两个继电器分别控制变频器的升速和降速。

速度微调的解决方案是在每个 ATV320 的升降速端子上分别并联上一个点动开关来完成的。利用变频器上的升降速端子进行的同步控制的优点是工作稳定没有干扰，这是因为升降速端子连接的是数字控制的信号。

利用 ATV320 上的升降速端子进行的同步控制方案如图 1－43 所示。

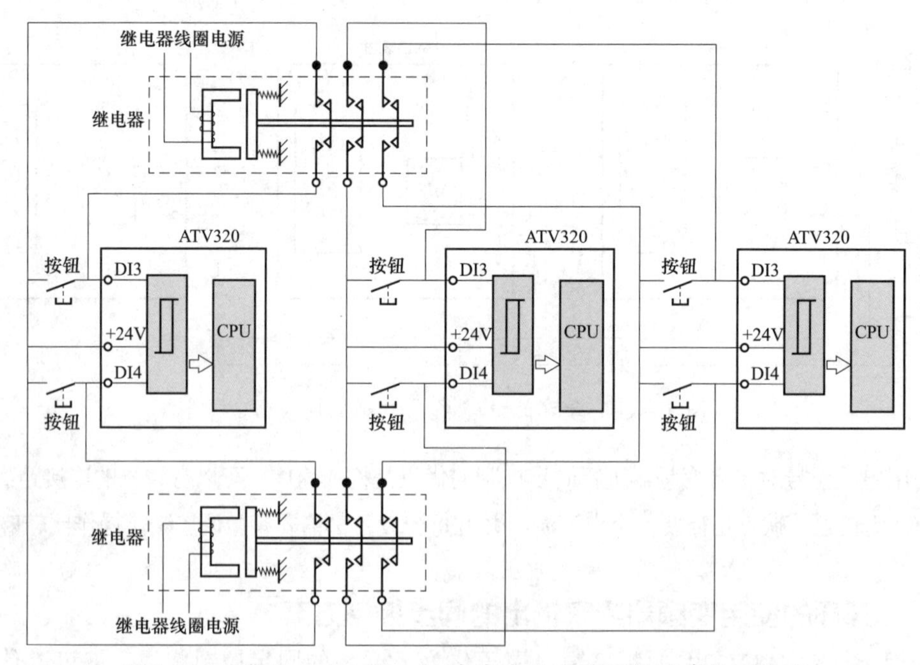

图 1－43　利用 ATV320 上的升降速端子进行的同步控制方案

ATV320 上的升降速端子可以通过 ATV320 的功能参数进行组态，来使能哪个端子是升速，哪个端子是降速，如上面的 ATV320 上的升降速端子进行的同步控制框图中，DI3 号端子使能的是升速，DI4 号端子使能的是降速。

参数设置如下：

（1）【加速分配】设为 LI3h，则 DI3 接通后加速。

（2）【减速分配】设为 LI4h，则 DI4 接通后减速。

（3）【加/减速给定保存到】设为 EEPROM 是断电保存的设置。

七、PLC 速度闭环的同速控制方案

在有 PLC 或上位机控制的闭环交流调速系统中，同速控制会有不同的构成形式。

在闭环的同速控制系统中，可以将各 ATV320 的反馈信号输入到 PLC 或上位机，由 PLC 或上位机作为总闭环控制计算，此时需使用 PLC 或 PC 机的 PID 控制功能块或指令，由 PLC 或上位机分别给出控制变频器运行的给定信号，这种闭环控制方式计算速度快，控制电路简单，但由于采用电压及电流的反馈形式，传输距离有所限制，其分布范围不能很大。PLC 闭环的变频器 ATV320 同速控制框图如图 1－44 所示。

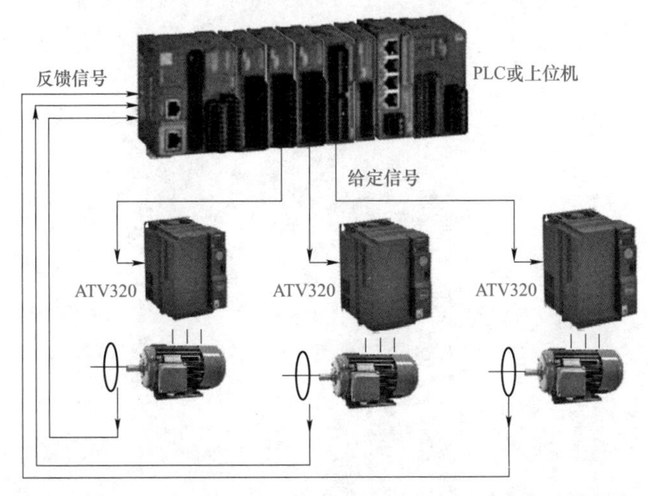

图 1－44　PLC 闭环的变频器 ATV320 同速控制框图

在闭环的同速控制的方法中还可以采用单机就地自闭环的方法，上位机输出相同的给定信号，这种闭环控制方式的优点是动态响应快，分布距离可以较远。复杂的控制由上位机来完成，一些系统监测信号直接反馈到上位机当中，采用单机就地自闭环的同速控制框图如图 1－45 所示。

在工程的实际应用当中，经常会有一些设备需要组合成生产线连续运行，并且这些设备的运行速度需要保持同步。变频器的同速控制方法就是在交流调速系统中，通过调整各台设备的运行速度，来使各台设备保持同步运行。更多关于变频器优缺点的介绍请扫描二维码了解。

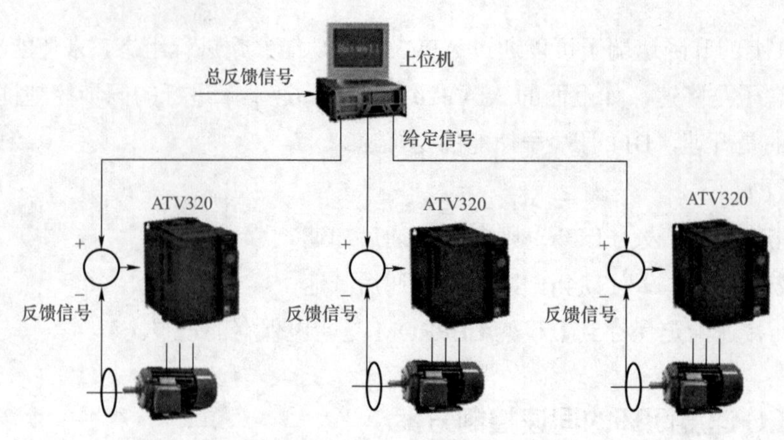

图 1-45　采用单机就地自闭环的同速控制框图

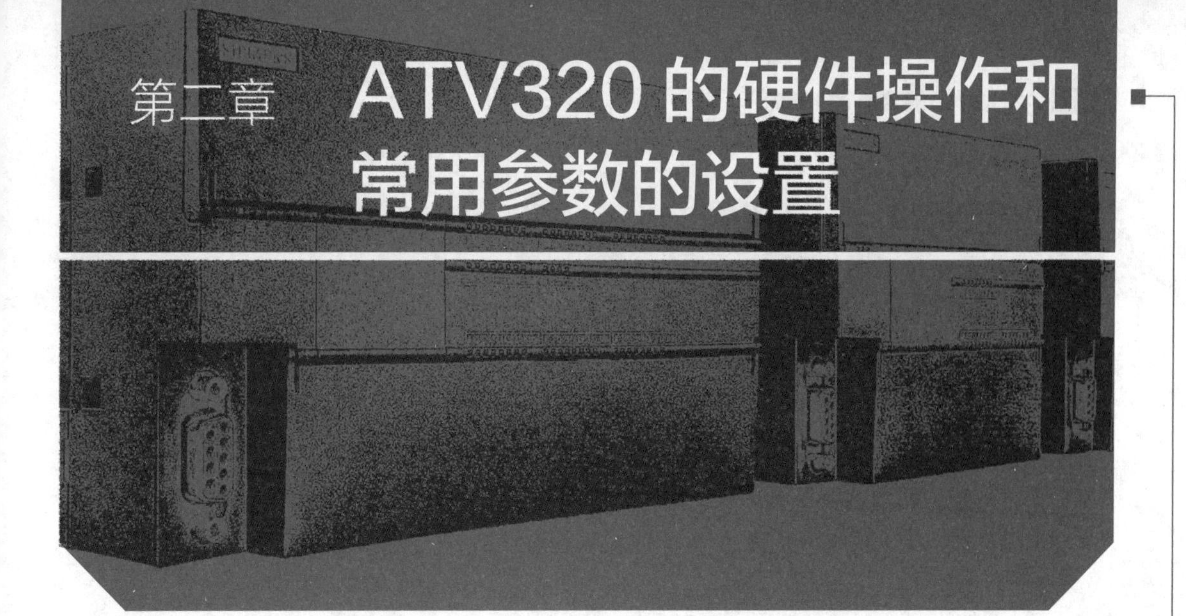

第二章 ATV320 的硬件操作和常用参数的设置

第一节 ATV320 和电动机的硬件连接和上电

一、ATV320 的分类

ATV320 有紧凑型和书本型两款，支持同步电动机、异步电动机，具有强大的安全功能，标配 STO 安全功能，取得的认证包括 CE、UL、CSA、RCM、EAC 和 ATEX。

ATV320 按照防护等级分有 IP20、IP65 和 IP66，其中，IP65 比 IP66 多了一个电源开关。ATV320 的分类如图 2－1 所示。其详细介绍请扫二维码了解。

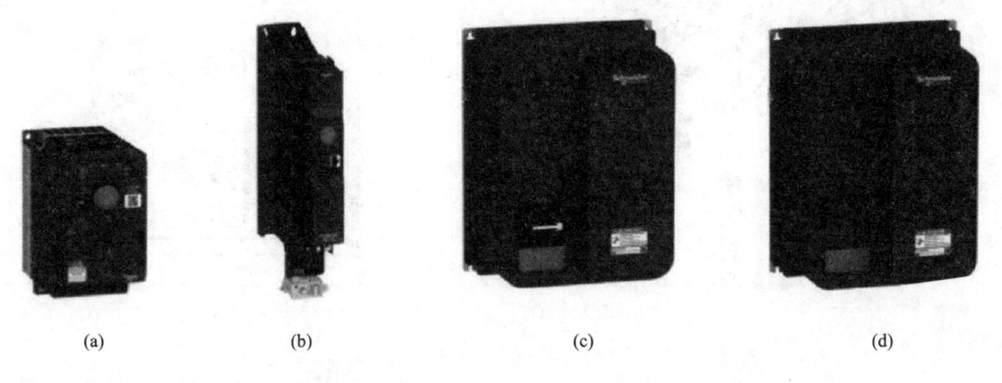

图 2－1 ATV320 的分类

（a）紧凑型 IP20；（b）书本型 IP20；（c）IP65；（d）IP66

ATV320 耐受恶劣的化学和沙尘环境，符合 IEC60721 标准 3C3、3S2，耐受 50℃高温，降容后能够在 60℃的环境温度下可靠运行。

二、ATV320 的功率

ATV320 适用电动机的额定功率为 0.18～15 kW。ATV320 的型号中，C 为紧凑型、B 为书本型。其功率范围介绍请扫二维码了解。

（1）防护等级为 IP20 的产品。

1）AC 200 V...240 V 单相，0.18 ～2.2kW（ATV 312H***M2C 或 B）；

2）AC 200 V...240 V 三相，0.18 ～15 kW（ATV 312H***M3C）；

3）AC 380 V...500 V 三相，0.37 ～15 kW（ATV 312H***N4B）；

4）AC 380 V...500 V 三相，0.37 ～15 kW（ATV 312H***N4C）；

5）AC 525 V...600 V 三相，0.75～15 kW（ATV 312H***S6C）。

（2）防护等级为 IP65 的产品。

1）AC 200 V...240 V 单相，0.18 ～2.2 kW（ATV 312H***M2WS）；

2）AC 380 V...500 V 三相，0.37 ～7.5 kW（ATV 312H***N4WS）。

（3）防护等级为 IP66 的产品。

1）AC 200 V...240 V 单相，0.18～2.2 kW（ATV 312H***M2W）；

2）AC 380 V...500 V 三相，0.37～ 7.5 kW（ATV 312H***N4W）。

三、ATV320 的供电方式与主电源的接线

1. ATV320 端子定义和电压范围

ATV320 系列变频器（1B 型）的端子如图 2－2 所示，其功率部分端子的定义见表 2－1。

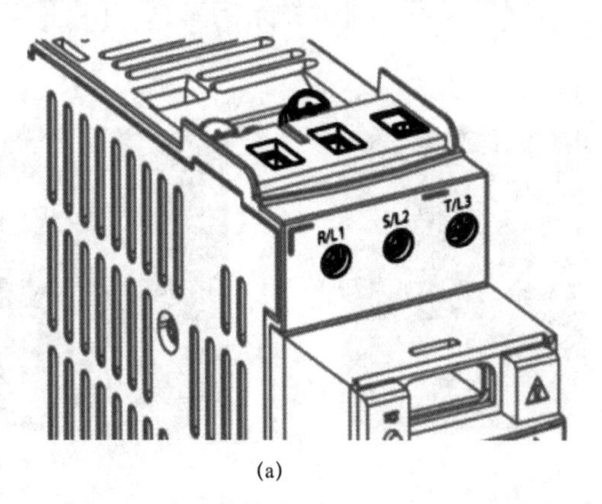

(a)

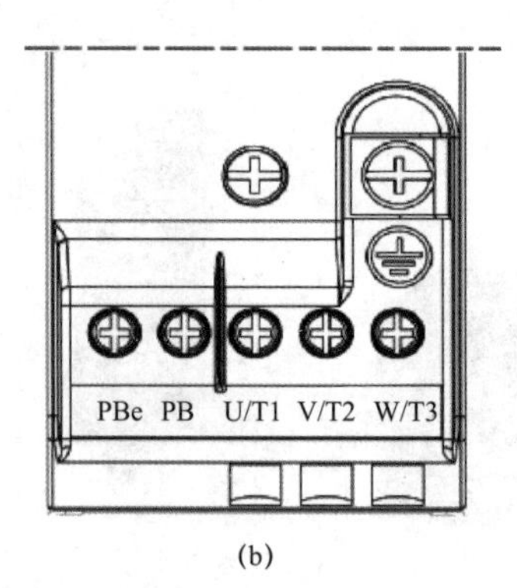

(b)

图 2－2　ATV320 系列变频器（1B 型）的端子

（a）上部；（b）下部

表 2－1　　ATV320 功率部分端子的定义

功率端子	功　能
⏚	保护地端子
R/L1，S/L2，T/L3	变频器电源输入，单相输入的 M2 没有 L3 端子
PA/+	直流母线+极和输出至制动电阻
PC/–	直流母线–极

续表

功率端子	功　能
PB	输出至制动电阻，所有型号
PBe	到制动电阻器的输入（+极性）（ATV320B）
PO	到制动电阻器的输入（+极性）（ATV320C）
U/T1，V/T2，W/T3	输出至电动机

ATV320 电源进线接入主电源之前，使用万用表测量主电源的电压值，确保与变频器的电压范围相一致，如果电压过高 ATV320 会报 OSF 故障，长时间的高电压会损坏变频器，对于供电电压质量不佳的场合，要加压敏电阻来保护变频器，在异常高压时，可以将变频器供电侧的空气开关断开，来进行保护。如果电压过低，变频器会显示状态为 NLP，即缺主电源。

ATV320 的电压范围和电源输入类型见表 2－2。

表 2－2　　ATV320 的电压范围与电源输入类型

型　号	电压范围	最大功率/kW	电源输入类型
ATV320**M2C/B	200V－15%～240V+10 %	2.2	单相电源输入
ATV320**M3C	200V－15%～240V+10 %	15	三相电源输入
ATV320**N4C/B	380－15%～500V+10 %	C 型最大 4 B 型 15	三相电源输入
ATV320**S6C	525－15%～600+10 %	15	三相电源输入

2. 供电方式

（1）AC220V 单相交流供电方式。AC220V 单相供电的 ATV320 采用变频器上部供电方式，机架尺寸为 1W 的电源端子排列如图 2－3 所示。

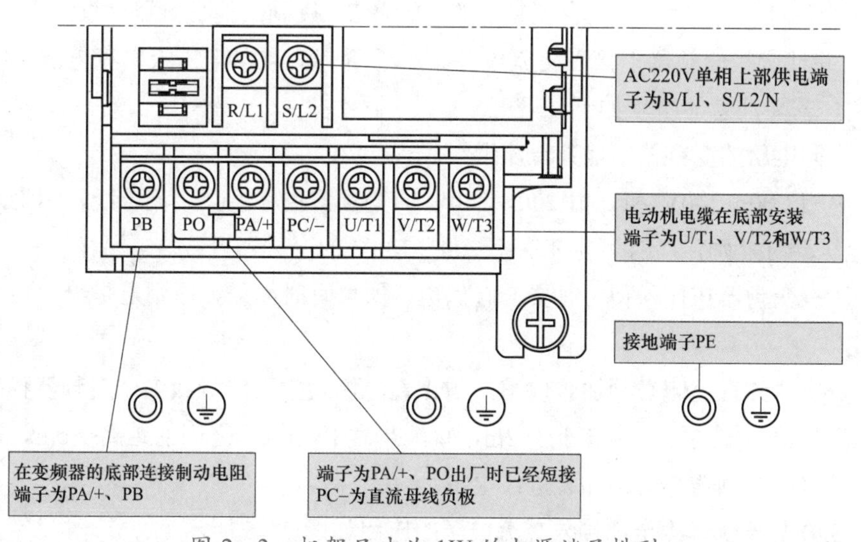

图 2－3　机架尺寸为 1W 的电源端子排列

（2）AC380V 三相交流供电方式。AC380V 三相供电的 ATV320，容量在 4kW 以下采用上部供电，端子为 R/L1、S/L2、T/L3；在变频器的底部接制动电阻，端子为 PA/+、PB；电动机电缆也在底部安装，端子为 U/T1、V/T2 和 W/T3。

容量在 4kW 以上的 ATV320 的机架尺寸为 4C 的电源端子排列如图 2－4 所示。

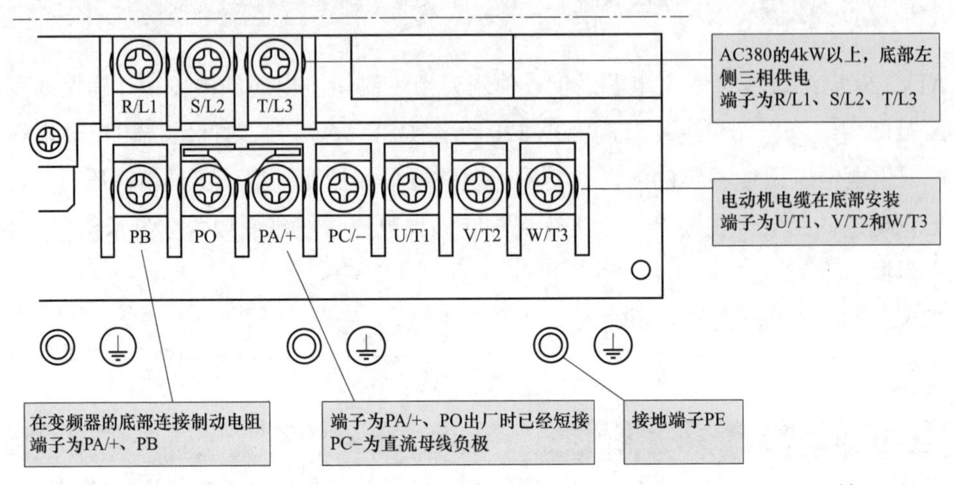

图 2－4　容量在 4kW 以上的 ATV320 的机架尺寸为 4C 的电源端子排列

（3）共直流母线连接。在卧式螺旋离心机、造纸的放卷机械等设备中，如果将处于发电状态的电动机能量使用制动电阻耗掉会造成能源的浪费，如果采用能量回馈单元将这部分能量回馈到电网虽然解决了这个问题，但是增加了设备的初次投资费用。目前，对这些设备采用的常用做法就是共直流母线方式，将电动机的再生能量提供给其他处于电动状态的设备使用，实现节能降低设备的运行费用。ATV320 的共直流母线方式主要有两种：① 变频器既接到交流电源，同时不同的变频器通过 PA+，PC－连接起来；② 第一台变频器接入交流电源，然后使用这台变频器的 PA+，PC－接到其他变频器的直流母线的 PA+，PC－端，并且这些变频器不接入交流电源。对于所有变频器都接入交流电源的共直流母线的应用，需要注意的事项如下。

1）不同电压的变频器不能共直流母线。

2）单相 200～240V 和三相 200～240V 的变频器也不能共直流母线，因为两者的直流母线电压会有差别，而有可能使三相 200～240V 的变频器过载。

3）所有变频器在投入使用时要一起供电，如果有时间差，原则上是给大功率的变频器先上电。

4）变频器的直流侧必须加装快熔，防止直流侧发生故障导致多个变频器损坏。

5）变频器的安装距离推荐小于 2m，直流母线 P+和 P－之间的距离<5cm。

6）所有的变频器都必须加装进线电抗。

ATV320 共直流母线全部接入交流电源的应用如图 2－5 所示。

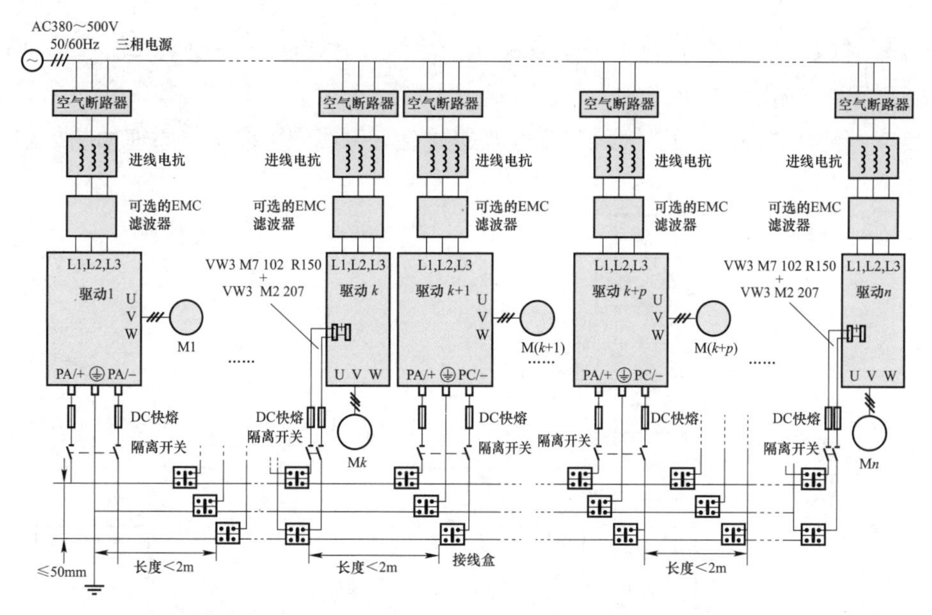

图 2－5　ATV320 共直流母线全部接入交流电源的应用

所有共直流母线的 ATV320 必须配置参数 dCCM = MAIn；dCCC = Atu。直流母线供电的参数设置如图 2－6 所示。

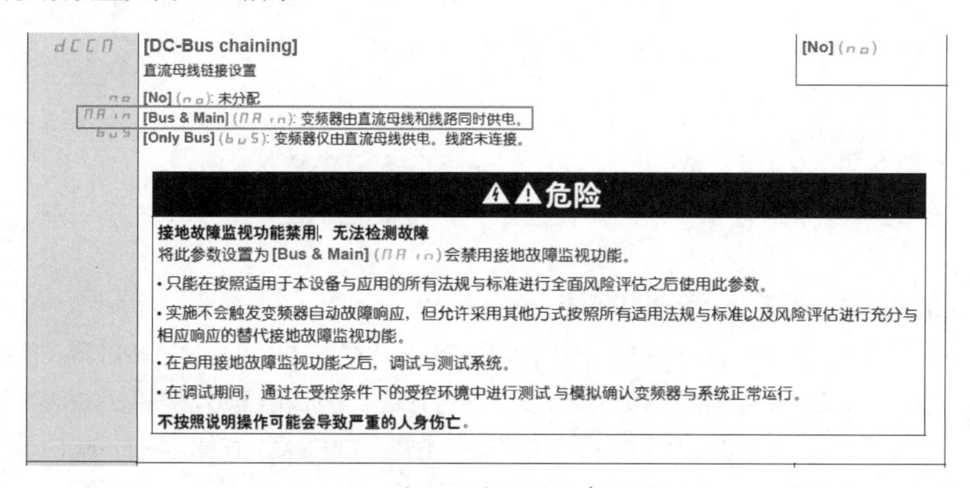

dCCM　[DC-Bus chaining]

直流母线链接设置　　[No]（no）

- no　[No]（no）：未分配
- MAin　[Bus & Main]（MAin）：变频器由直流母线和线路同时供电。
- bus　[Only Bus]（bus）：变频器仅由直流母线供电，线路未连接。

危险

接地故障监视功能禁用，无法检测故障

将此参数设置为 [Bus & Main]（MAin）会禁用接地故障监视功能。

- 只能在按照适用于本设备与应用的所有法规与标准进行全面风险评估之后使用此参数。
- 实施不会触发变频器自动故障响应，但允许采用其他方式按照所有适用法规与标准以及风险评估进行充分与相应响应的替代接地故障监视功能。
- 在启用接地故障监视功能之后，调试与测试系统。
- 在调试期间，通过在受控条件下的受控环境中进行测试与模拟确认变频器与系统正常运行。

不按照说明操作可能会导致严重的人身伤亡。

图 2－6　直流母线供电的参数设置

对于第一台 ATV320 接入交流电源，然后使用这台 ATV320 的 PA+、PC－接到其他 ATV320 的直流母线的 PA+、PC－端子的应用时，要注意以下事项。

- 第一台电动机功率要大于 1/3 的变频器功率。
- 所有电动机额定电流之和低于第一台变频器连续输出电流。
- 在进线电源侧必须配备快熔和进线电抗器。
- 单相 220V 和三相 220V 的变频器可以混用。
- 第一台变频器直流母线参数要设置 dCCM = No，输入缺相 IPL=Yes，直流母线连接设备 dCCC = Atu。

- 第二台到最后一台直流母线参数设置 dCCM = bUS，直流母线连接设备 dCCC = Atu，禁止输入缺相报警 IPL=No。

仅有一台 ATV320 变频器接入交流电源的共直流母线应用的电气原理如图 2－7 所示。

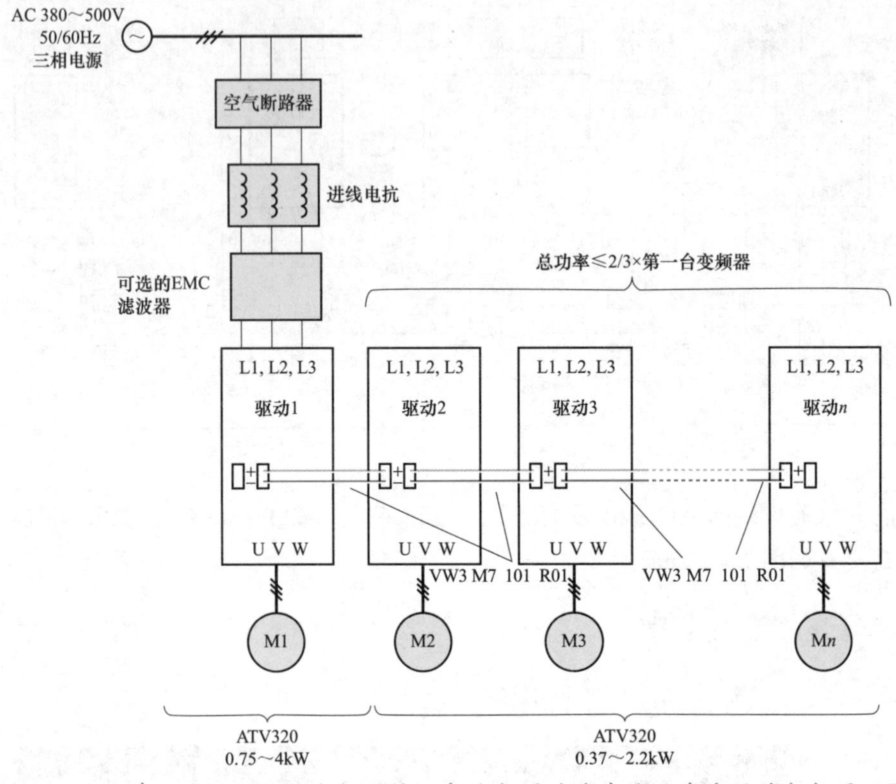

图 2－7 仅有一台 ATV320 变频器接入交流电源的共直流母线应用的电气原理图

四、ATV320 控制部分的接线

ATV320 端子连接外部输入的元件可以是按钮、选择开关、继电器、接触器、PLC 或 DCS 的继电器模块，可以替代操作器键盘上的运行键、停止键、点动键和复位键。

ATV320 控制端子接线时，打开控制部分的端盖，拧松 M3 直径为 3.8mm 的螺钉。ATV320 C 系列打开端盖的示意图如图 2－8 所示。

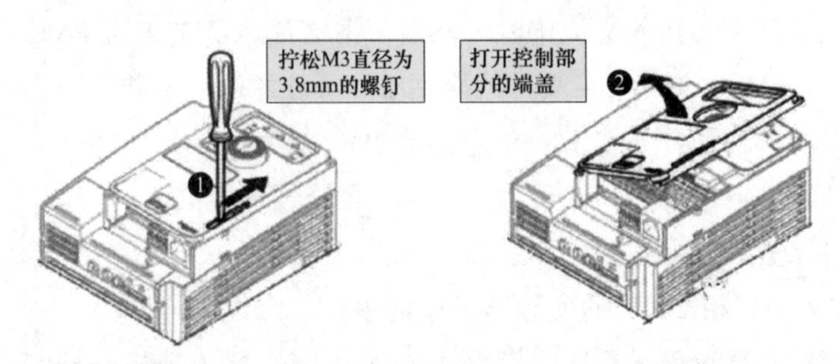

图 2－8 ATV320 C 系列打开端盖的示意图

ATV320 C 系列 PE 端子的连接示意图如图 2－9 所示。

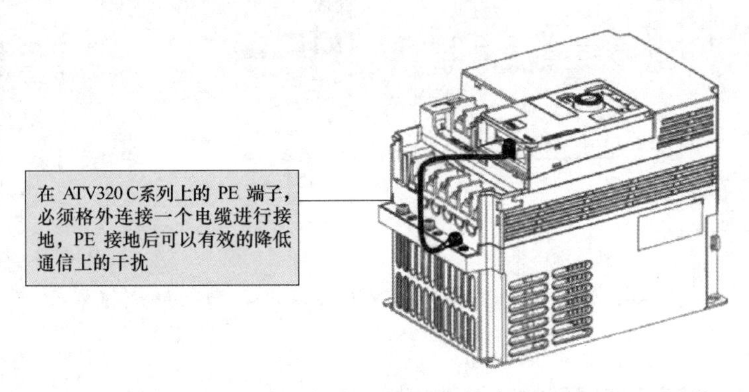

图 2－9 ATV320 C 系列 PE 端子的连接示意图

ATV320 的控制部分端子除两线制下的正转 DI1，三线制下的停止 DI1 和正转 DI2 以外，每个端子都能通过参数进行功能设置，如果使用 ATV Logic 编程功能，则所有的逻辑输入端子都可以自由定义。

ATV320 系列变频器有 6 个逻辑输入（DI5 可作为 PTI，DI6 可作为 PTC），即 DI1～DI6。其中，DI5 能够用于最高 20kHz 的高速脉冲输入；通过拨码开关 SW2 可以切换 DI6 功能，用于连接 PTC 输入，另外，DI3、DI4、DI5 及 DI6 这 4 个端子都可以用于安全输入。

ATV320 系列变频器还有 3 个模拟量输入（+/－10V；0～10V；0～20mA），1 个模拟量输出（0～10V 或 0～20mA 可编程），1 个安全转矩停止（STO）输入，2 个配置拨码开关，1 个 RJ－45 通信接口和 2 个继电器输出。拨码开关 SW1 的设置与源型接线原理图如图 2－10 所示。

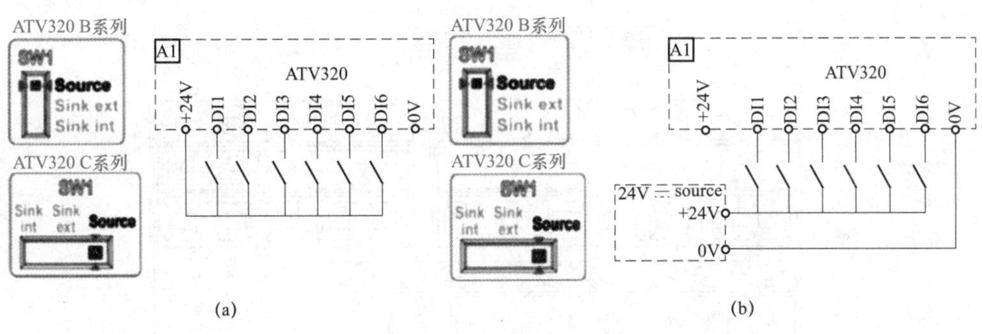

图 2－10 拨码开关 SW1 的设置与源型接线原理图

（a）使用内部电源；（b）使用外部电源

拨码开关 SW1 的设置与漏型接线原理图如图 2－11 所示。

1. STO 端子与+24V 端子的短接

STO 端子与+24V 端子的可靠连接，是保证变频器顺利启动的基础，另外，变频器运行和启动之前都不要激活断电安全功能。

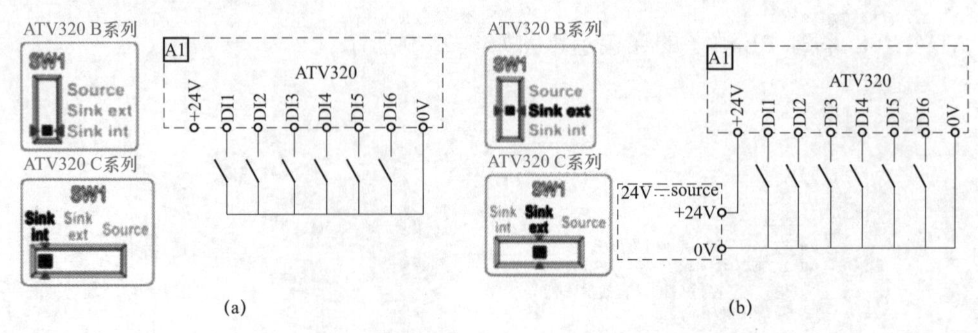

图 2–11　拨码开关 SW1 的设置与漏型接线原理图

（a）使用内部电源；（b）使用外部电源

2. ATV320 源型和漏型的开关选择

当使用 PLC 的逻辑输出端子启动和停止 ATV320 时，先将 ATV320 断电，再将拨码开关 SW1 拨到 PLC 的逻辑类型位置上。

若 PLC 的数字输出模块的逻辑输出是 PNP 晶体管输出的，使用 SW1 的出厂设置 Source。

若 PLC 的数字输出模块的逻辑是 NPN 晶体管输出的，如果使用内部电源，将 SW1 改为 Sink int，使用外部电源，则将 SW1 改为 Sink ext。

若 PLC 的数字输出模块的逻辑输出是继电器输出的，这时对 SW1 的设置没有硬性要求，可以根据接线图自由选择 SW1 的跳线。

3. DI6 跳线开关 SW2

使用 PTC 进行电动机热保护时，将 SW2 开关拨到 PTC 位置，如果 DI6 是普通逻辑输入，则不需要对 SW2 进行操作。SW1 和 SW2 在紧凑型 ATV320 的位置如图 2–12 所示。

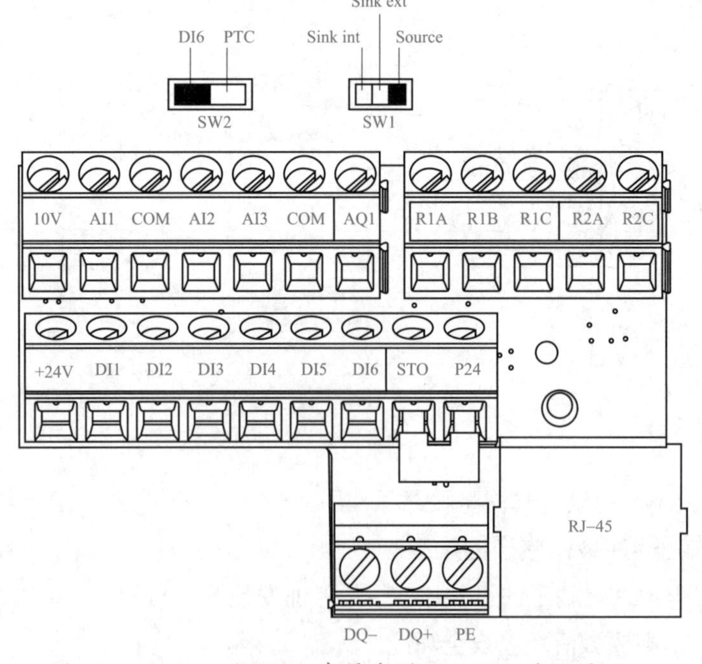

图 2–12　SW1 和 SW2 在紧凑型 ATV320 的位置

在实际项目中，有些电动机厂家将 PTC 超温信号在输出给变频器时，会直接输出开关量故障信号，此时，不要使用 SW2 的拨码开关，只要将这类信号接入变频器 DI2～DI6 中的一个逻辑输入端子上，然后将外部故障功能分配到逻辑输入上，在【外部故障】配置 LEt 参数，根据故障信号的常开或常闭选择高电平还是低电平报警，推荐使用常闭（动断）触点，如图 2－13 所示。

代码	名称/说明	出厂设置
EtF-	**[外部故障]**	
EtF	**[外部故障分配]** 如果被赋值的位为 0，没有外部故障。 如果被赋值的位为 1，出现外部故障。 如果逻辑输入已被赋值，则可通过 [**外部故障配置**] (LEt) 对逻辑进行设置。	[No] (no)
no LI1 ...	[No] (no)：功能无效 [LI1] (LI1)：逻辑输入 LI1 [...] (...)：见第 151 页的赋值条件	
LEt ★	**[外部故障配置]** 如果外部故障已被分配给一个逻辑输入，则此参数可被访问。此参数定义了分配给故障的输入的正或负逻辑。	**[高电平有效]** (HIG)
LO HIG	**[低电平有效]** (LO)：故障发生在被定义输入的下降沿（从 1 变为 0） **[高电平有效]** (HIG)：故障发生在被定义输入的上升沿（从 0 变为 1）	

图 2－13　外部电动机过热开关量的参数设置

4. ATV320 控制部分供电

ATV320 的控制部分可以使用内部电源，也可以使用外部 24V 直流电源进行供电。

若不使用外部电源，在变频器主电源断开后，变频的控制部分会断电，导致通信中断。若使用外部的 24V 连接到 P24 端子上，就不会造成通信中断的问题。

使用外部 DC24V 电源时，P24 端子即是输入也是输出，变频器自动会使用外部电源。使用外部 24V 电源为 ATV320 控制部分供电的接线图如图 2－14 所示。

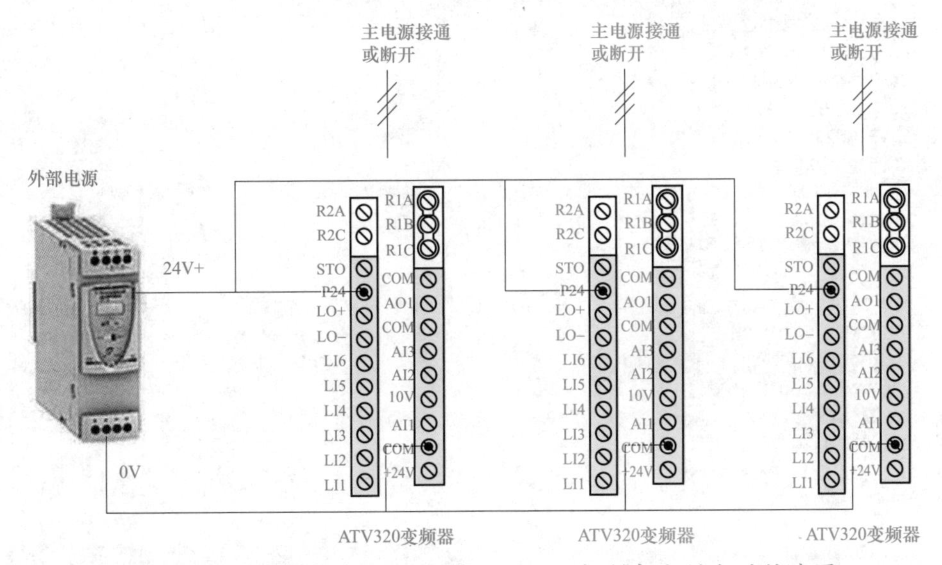

图 2－14　使用外部 24V 电源为 ATV320 控制部分供电的接线图

五、ATV320 输出侧的接线

ATV320 连接到电动机的接线端子是 U、V、W，这里再次强调的是主电源输入端子 L1、L2、L3 和电动机 U、V、W 端子的电缆不要接反。连接好后需反复核对接线，以免接通电源后损坏变频器。

变频器的输出电缆中存在着分布电容，对于载波频率较高的变频器来说，存在线对地的漏电流，处理方法是如果屏蔽电缆<50m 或非屏蔽电缆<100m，通过适当降低变频器的载波频率、开启变频器电动机电压波动限幅【SUL】功能。如果屏蔽电缆>50m 或非屏蔽电缆>100m，要加装输出电抗器等元件来补偿电动机长电缆运行时的耦合电容的充放电影响，保护电动机不会因电缆距离过长导致过电压，从而缩减电动机的寿命。

六、ATV320 的制动单元和制动电阻

ATV320 全系列集成制动单元，制动单元的工作性能如下。

（1）制动单元的连续制动功率与变频器的额定功率相同。

（2）峰值制动功率最大为 150%变频器的额定功率，最长时间为 60s。

制动电阻是连接在制动单元上的元件，需要单独购买。当选择制动电阻时，必须保证制动电阻的阻值大于制动单元所连接的制动电阻的最小值，防止损坏制动单元。ATV320 制动单元连接的制动电阻的最小值见表 2–3。

表 2–3　　ATV320 制动单元技术参数

型号					
适用变频器	需连接的制动电阻的最小值	阻值	在 50℃/122℉下可提供的平均功率（1）	连接电缆的长度	型号
	Ω	Ω	W	m/ft	
IP00 电阻器–单相电源电压：200～240V 50/60Hz					
ATV320U02M2C…U07M2C	40	100	28	—	VW3A7723
ATV320U02M2B…U07M2B					
ATV320U11M2C, U15M2C	27				
ATV320U11M2B, U15M2B					
ATV320U22M2C	25	68	28	—	VW3A7724
ATV320U22M2B					
IP20 电阻器–单相电源电压：200…240V 50/60Hz					
ATV320U22M2C	25	60	100	—	VW3A7702
ATV320U22M2B					
IP65 电阻器–单相电源电压：200…240V 50/60Hz					
ATV320U02M2C…U07M2C	40	100	25	0.75/2.46	VW3A7608R07
ATV320U02M2B…U07M2B					
ATV320U04N2C…U07N2C	80			3.0/9.84	VW3A7608R30
ATV320U04N2B…U07N2B					
ATV320U11N2C…U22N2C	54				
ATV320U11N2B…U22N2B					
ATV320U11M2C, U15M2C ATV320U11M2B, U15M2B	27	72	25	0.75/2.46	VW3A7605R07
				3.0/9.84	VW3A7605R30
ATV320U22M2C ATV320U22M2B	25	27	50	0.75/2.46	VW3A7603R07
				3.0/9.84	VW3A7603R30

AVT320 用于起升设备时，因为 ATV320 需要将物料下放（重力势能）的能量消耗掉，所以，制动电阻的功率都很大，选择制动电阻时可考虑使用一个经验系数，即制动电阻的连续功率等于 0.60～0.76 乘以变频器功率，以上的选型系数基于下面的起重电阻器的运行系数：① 100s 制动，制动转矩为 1 T_N，周期为 200 s；② 20s 制动，制动转矩为 1.6 T_N，周期为 200s。

七、电动机的星—三角连接

在工程应用中，ATV320 拖动的小功率异步电动机时，这些小功率电动机可以选择星形接法或三角形接法，在设置电动机参数时，要特别注意电动机采用的是星形接法还是三角形接法，同样的电动机这两种接法的额定参数相差很大，0.75kW 的电动机铭牌如图 2－15 所示。

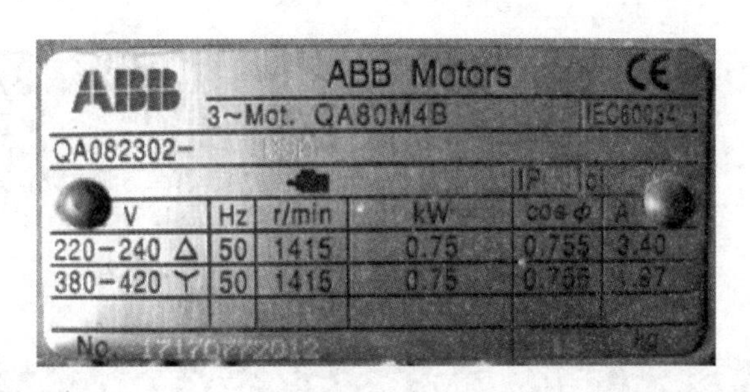

同样的0.75kW的电动机，铭牌显示星形接法电动机额定电流3.40A，三角形接法额定电流1.97A

图 2－15 0.75kW 的电动机铭牌

确定电动机接法后，可以按照相对应接法的电压等级和电动机额定电流选择变频器，星形接法选择 380V 的 ATV320U07B/C，而三角形接法要选择 ATV320U07M2B/C。

如果将本应接入三角形接法接成了星形接法，会导致电动机电压、扭矩、电流产生一系列变化，三角形接法改为星形接法的对比见表 2－4。

表 2－4 三角形接法改为星形接法的对比

接法	星形接法	三角形接法
接线图		W2 U1 W1 U2 V2 V1；W2 U2 V2 U1 V1 W1
电压	各相绕组的相电压降低，仅为三角形连接的 1/1.732	不变
电流	与负载有关，在负载不大（小于 24%额定负载）时，星形接法的定子电流要小些。当负载转矩较大时容易发生堵转，这时电流非常大。	不变
力矩	为三角形连接的 1/3	不变
转差	因电磁力矩降低，转速降低，转差增大，在同样的负载下，转差要增加到 3 倍以上。转差增大使转子电流增加。为使转子电流增加不致造成转子过热，必须限制电动机的负载，故改星形接法后的电动机要减载使用。若转差保持不变，则负载将减低到原来的 1/3	不变

由表 2－4 中的内容可知，只有当三相异步电动机负载为三角形额定扭矩的 1/3 以下时，将电动机的定子绕组从三角形接法改为星形接法才不会有问题，所以，在 ATV320 中设定电动机参数以前，要检查电动机的接法是否正确。

八、故障原因及处理

ATV320 接线时 STO 和 DC24V 的正确接线很重要，STO 端子默认的是跟 24V 短接的，端子要拧紧。

使用外部 DC24V 时，使用质量比较好的直流电源，避免变频器 SAFF 报警。SAFF 报警的原因和处理见表 2－5。

表 2－5　SAFF 报警的原因和处理

代码	描述	原因	处理
SAFF	[安全功能错误]	• 超出防反跳时间； • 超过 SS1 故障阈值； • 错误的设置； • 编码器反馈信号缺失	• 检查安全功能设置； • 查看 ATV320 集成安全功能手册（S1A45606）； • 联系 Schneider Electric 的产品支持部门

第二节　ATV320 的操作面板和菜单结构

ATV320 本体集成了一个七段码的面板，用户还可以选配外部的标准面板，既可以使用 ATV71 的中文面板，也可以使用 ATV930 的大面板，这两个面板需要另外订购，订货号为 VW3A1101 和 VW3A1111。ATV320 通信卡和人机界面说明请扫二维码了解。

一、ATV320 的标准面板

ATV320 的标准面板如图 2－16 所示。

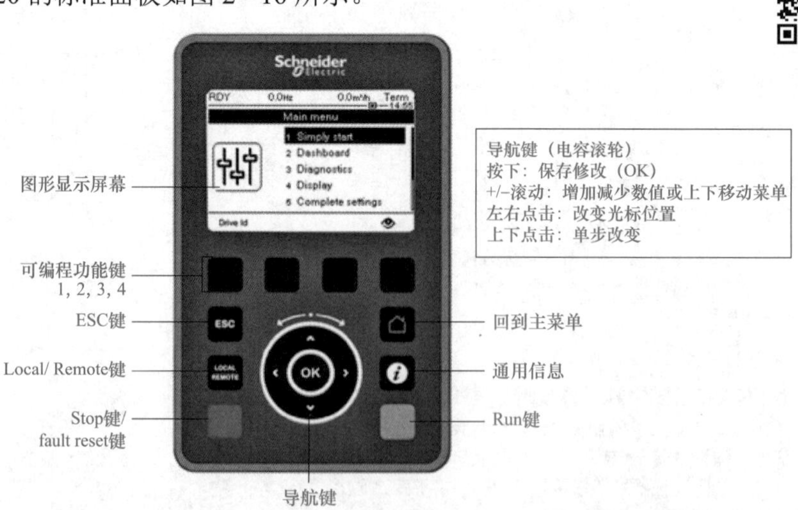

图 2－16　ATV320 的标准面板

二、ATV320 的集成面板

ATV320 集成面板上有 3 个操作键，即 ESC 键，ENTER 键和导航键，其功能和说明如图 2－17 所示。

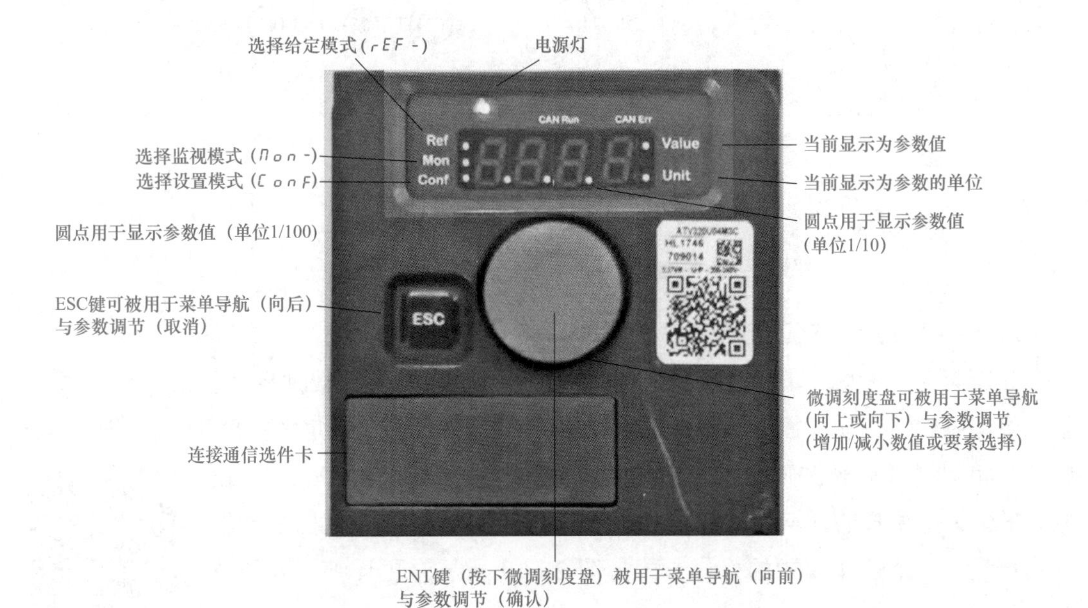

图 2－17　ATV320 集成面板的功能和说明

（1）【ESC 退出键】可被用于退到上一级菜单导航或取消参数调节值。

（2）【圆形滚盘】可被用于上下移动所选参数/菜单或增加/ 减小参数数值。

（3）【ENT 键】（按下微调刻度盘）用于菜单导航（进入菜单或参数）与参数调节（确认所做参数修改）。

（4）【电源 LED 灯】用于显示变频器动力部分是否有电。

（5）【三角形 LED 灯】显示变频器故障。

（6）2 个 CANOpen LED 用于 CANOpen 通信的故障诊断，【CANRun】用于显示是否 CANOpen 运行状态，【CANErr】用于判断是否有故障和故障类型。

（7）在集成屏幕左侧有 3 个灯：【Ref】灯—给定模式，用于变频器运行速度、PID 给定值的设置；【Mon 灯】—监视模式，监视变频器的输入、输出、电流、运行程序等；【Conf】灯—配置模式，用于对变频器的参数进行设置。

（8）屏幕的正中间是 4 位 7 段码显示，用于显示工作模式、菜单、参数或参数值。

三、ATV320 的菜单结构

1. 集成面板通电后的菜单结构

集成面板通电后的菜单结构和说明如图 2－18 所示。

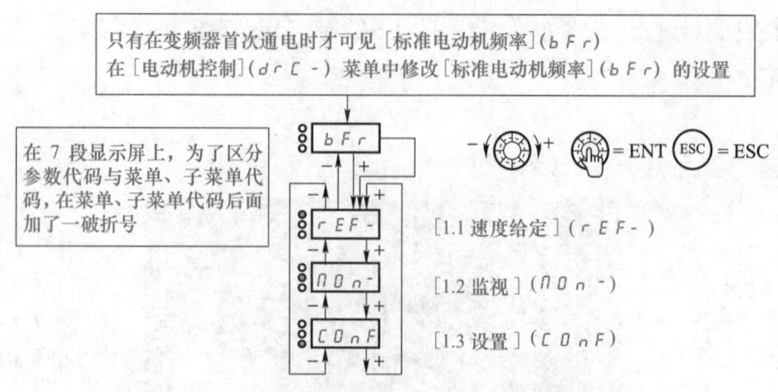

图 2－18　集成面板通电后的菜单结构和说明

2. ATV320 的 3 个工作模式

在变频器上电后，集成面板将显示变频器的当前状态，正常时将显示 rdy，代表变频器已经准备就绪。如果按下圆形滚盘 ENT，变频器进入速度给定（Ref）模式，进入 Ref 模式后可以通过旋转圆形滚盘进入监视（Mon）模式或配置（Conf）模式，在这 3 个模式的任何一个模式中，只要按下 ESC 键都会返回变频器状态显示。3 个工作模式的操作方式如图 2－19 所示。更详细的介绍请扫二维码。

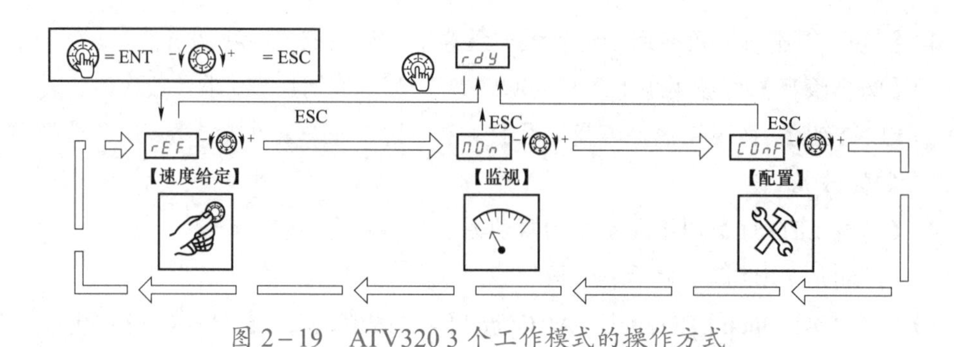

图 2－19　ATV320 3 个工作模式的操作方式

（1）速度给定（Ref）模式的菜单结构。Ref 模式的参数包括使用集成面板给定、远程面板给定、PID 内部给定值等。进入 Ref 模式的参数显示取决于用户的参数设置，如只有设置了给定通道 1 为【虚拟 AI1】（AIU1），在 Ref 模式菜单下会出现 A1U1，类似的如果将给定通道 1 设置为【图形终端】（LCC），则 Ref 模式菜单下会出现图形终端频率给定 LFr。速度给定（Ref）模式的菜单结构如图 2－20 所示。

（2）监控（Mon）模式的菜单结构。Mon 模式于监视变频器的实际运行频率、进线、电流、频率给定、数字量输入、数字量输出、模拟输入、模拟输出的当前值等运行信息，是了解变频器运行状况以及故障分析判断的重要窗口。监控（Mon）模式的菜单结构如图 2－21 所示。

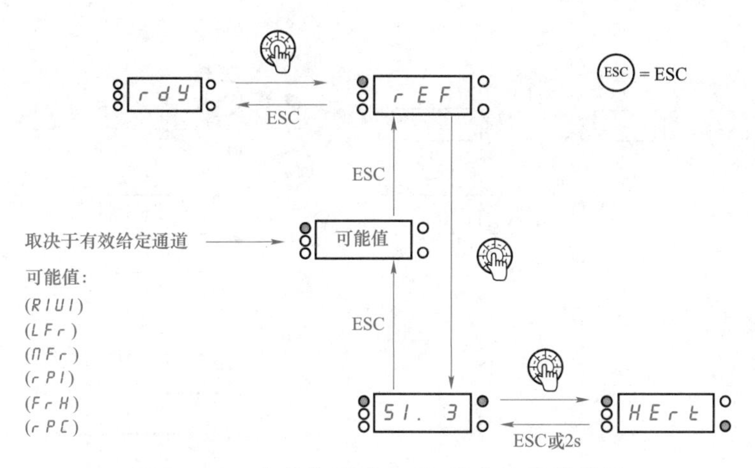

图 2－20　速度给定（Ref）模式的菜单结构

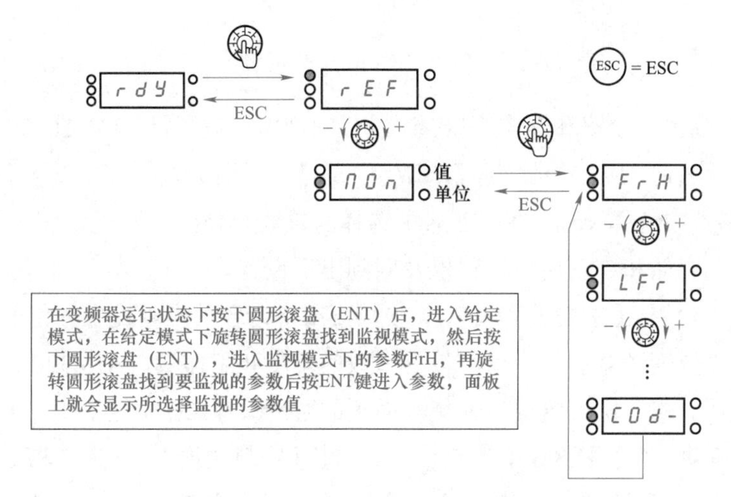

图 2－21　监控（Mon）模式的菜单结构

常用的监视变量如下。

1）FrH：变频器给定频率值，用于检查给定值是否正确。

2）rFr：变频器实际运行频率值，用于检查变频器的实际运行频率。

3）ULn：由直流母线电压折算的进线电压值，变频器的直流母线电压是否正常，常用于变频器故障的辅助判断。

4）tHr：电动机热状态，用于电动机热保护故障的辅助判断。

5）tHd：变频器热状态，用于变频器过热和风扇运行的状态监视。

6）LCr：电动机运行电流，检查负载情况和电动机运行情况的一个关键参数。

7）LIS1：DI1～DI6 接通和断开状态，用于检查逻辑输入接线的有力工具。

（3）配置（Conf）模式的菜单结构。配置（Conf）模式的菜单结构如图 2－22 所示。

1）我的菜单。由用户使用中文面板或 SoMove 软件在【3.4 显示设置】（dCF－）的菜单中，选择在【我的菜单】中要选择的参数。【我的菜单】中包含用户定制的参数，最多可达 25 个，用户可使用图形显示终端或 SoMove 软件进行定制。

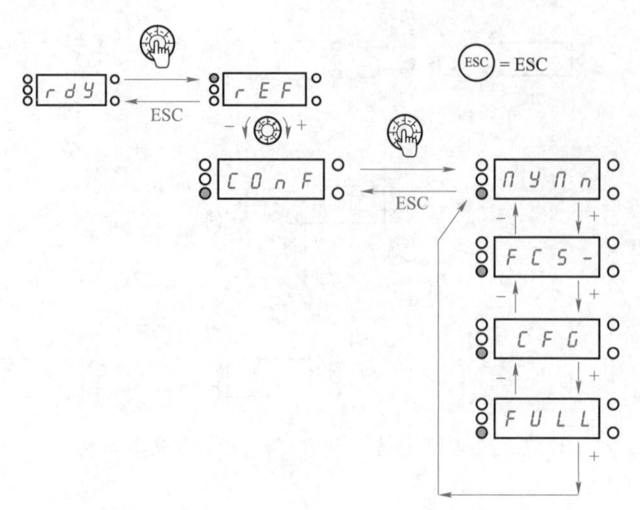

图 2-22 配置（Conf）模式的菜单结构

2）FCS回到出厂设置和存储/恢复参数组。回到出厂设置是ATV320最常用到的功能，在回到出厂设置之前，应在参数Fry【参数组列表】中选择是哪一部分参数回到出厂设置，然后在GFS参数中选择yes，将在Fry中选择的参数回到出厂设置。存储/恢复参数组这两个功能可用于存储和恢复用户设置以及回到出厂设置。

3）CFG宏设置。【宏设置】（CFG）参数可用于为各种应用提供方便的预设值，为方便用户快速的设置变频器参数，减小设置参数的难度和工作量，ATV320提供了6组宏，供用户选择使用。修改宏设置要按住集成面板的圆形滚盘2s才能生效。ATV320提供的宏包括：①【启动/停车】（StS），启动/停车；②【物料输送】（HdG），搬运设备；③【起重提升】（HSt），提升设备；④【一般应用】（GEn），一般应用；⑤【PID调节】（PId），PID调节；⑥【网络通信】（nEt），通信总线。

4）Full完整菜单。Full完整菜单包含了用户进行调试时可能用到的所有参数，此菜单包括：①【简单启动】（SIM-）菜单用于快速启动，此菜单中的参数适用于简单应用；②【设置】（SEt-）菜单用于变频器的一些基本设置，包括加减速、高低频率、热保护电流等很多参数，这些参数大都可以在运行时修改；③【电动机控制】（drC-）用于电动机控制模式的选择、电动机参数的自学习等等，多用于复杂控制，使变频器的运行性能达到工艺的要求；④【输入/输出设置】（I_O-）对逻辑输入输出、模拟量输入输出进行设置；⑤【命令】（CtL-）对如何启停变频器和如何给出变频器的运行频率等参数进行设置；⑥【功能块】（FbM-）用于ATV320内部功能块的编程；⑦【应用功能】（FUn-）此菜单包括在很多行业中使用的功能，典型的功能是起重、PID等；⑧【故障管理】（FLt-）用于变频器运行时故障的处理；⑨【通信】（COM-）用于变频器与PLC等通信时的参数设置；⑩【访问等级】（LAC）用于设置用户能访问的参数范围。Full完整菜单的目录树结构如图2-23所示。

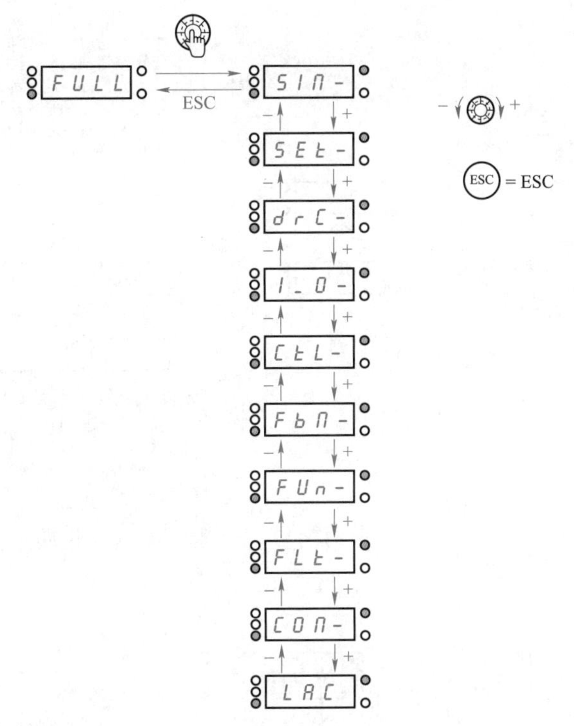

图 2－23　Full 完整菜单的目录树结构

第三节　回到出厂设置和自整定

一、变频器回到出厂设置

1.【回到出厂设置】的操作

【回到出厂设置】是初次调试中推荐使用的重要步骤，所以本书在所有配置了变频器的应用案例中，只要项目中的功能要求需要【回到出厂设置】，就都会予以操作，以此来强化加深认识。

【回到出厂设置】的具体操作是在设置用户参数之前，先将 ATV320 的参数设置【回到出厂设置】，这样就能保证用户所做的参数设置是从出厂设置开始的。变频器回到出厂设置的操作和说明如图 2－24 所示。更详细的介绍请扫二维码。

2. 设置电动机启动前的参数

回到出厂设置之后，再设置电动机启动前的参数，使用 ATV320 的集成面板进行设置，进入【简单启动】菜单，此菜单包括变频器调试中最常使用的参数，【简单启动】菜单如图 2－25 所示。

电动机启动前的参数设置包括 2/3 线控制、宏配置、加、减速时间、最大频率设置、高低速度频率、电动机热保护电流等。

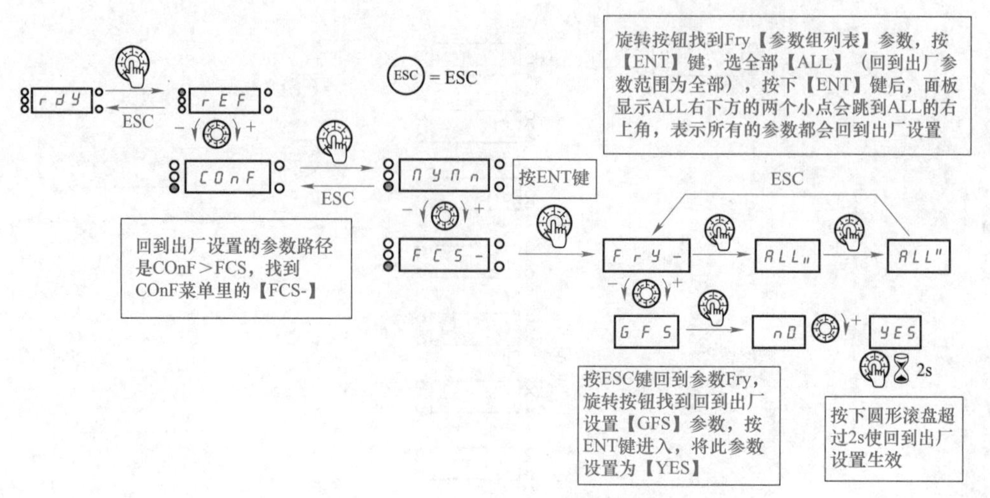

图 2－24　变频器回到出厂设置的操作和说明

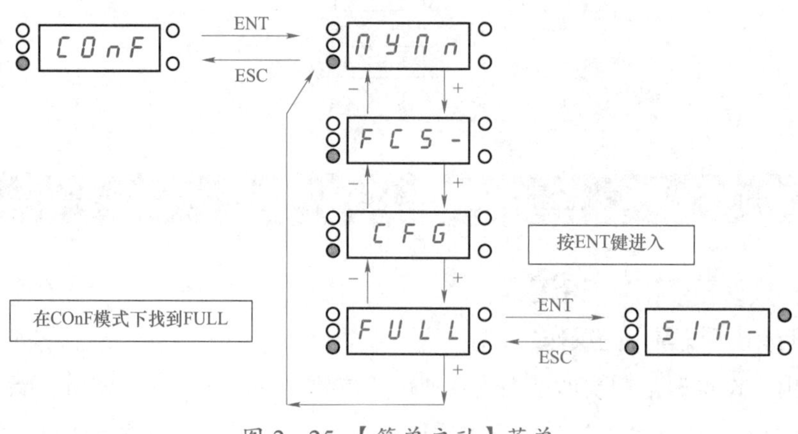

图 2－25 【简单启动】菜单

可以根据应用，在电动机控制菜单中修改电动机控制类型，在命令菜单中修改变频器的启动和给定频率的方式。

二、自整定

自整定参数用来进行电动机参数的在线辨识。在自整定期间，电动机会通以额定电流但不会旋转。在【简单启动】→【自整定】子菜单里可对自整定进行参数修改。

在【简单启动】菜单中按照电动机铭牌数据设置电动机参数，电动机铭牌数据可以在电动机上找到，设置完成后，找到【自动调整】按 OK 键进入，选择【应用自整定】后，再按【OK】键做自整定。详细介绍请扫二维码。

第四节 常用参数的设置方法

一、电动机铭牌数据的参数设置

1. 异步电动机的铭牌参数

额定功率 P_N：表示电动机在额定工作状态下运行时允许输出的机械功率，单位为 W 或 kW。

额定电流 I_N：表示电动机在额定工作状况下运行时定子电路输入的线电流，单位为 A。

额定电压 U_N：表示电动机在额定工作状况下运行时的线电压，单位为 V。

额定转速 n_N：表示电动机在额定工作状况运行时的转速，单位为 r/min。

接法：表示电动机定子三相绕组与交流电源的连接方法，有星形接法和三角形接法两种，对国产 J02 系列及 Y 系列电动机而言，国家规定凡 3kW 及以下者大多采用星形接法，4kW 及以上者采用三角形接法。

额定频率 f_N：表示电动机使用的交流电源的频率，国产的电动机频率为 50Hz。

防护等级：表示电动机外壳防护的型式。

功率因数 $\cos\varphi$：异步电动机的功率因数，是衡量在异步电动机输入的视在功率（即容量等于 3 倍相电流与相电压的乘积）中，真正消耗的有功功率所占比重大小的，其值为输入的有功功率 P_1 与视在功率 S 之比，用 $\cos\varphi$ 来表示。电动机在运行中，功率因数是变化的，其变化大小与负载大小有关，电动机空载运行时，定子绕组的电流基本上是产生旋转磁场的无功电流分量，有功电流分量很小。当电动机带上负载运行时，要输出机械功率，定子绕组电流中的有功电流分量增加，功率因数也随之提高。当电动机在额定负载下运行时，功率因数达到最大值，一般为 0.7～0.9。

额定效率：等于输出额定电动机功率与输入电动机功率之比。

铭牌参数的关系为

$$P_N = 1.732 U_N I_N \eta_N \cos\varphi_N$$

式中 $\cos\varphi_N$——额定功率因数。

2. ATV320 的铭牌数据参数的设置

在启动 ATV320 前，应该在【简单启动】菜单下修改标准电动机频率和电动机参数，即在【简单启动】菜单中按照电动机铭牌数据设置电动机参数。

设定电动机参数是用好 ATV320 很重要的一个环节，对于矢量控制尤其重要。设定标准电动机频率后，要将电动机铭牌上的参数输入 ATV320 中，包括电动机额定功率、额定电压、额定电流、额定频率和额定速度等参数。

在【COnF】→【Full】→【drC】里，按电动机铭牌设置，电动机额定电流的设置如图 2－26 所示。

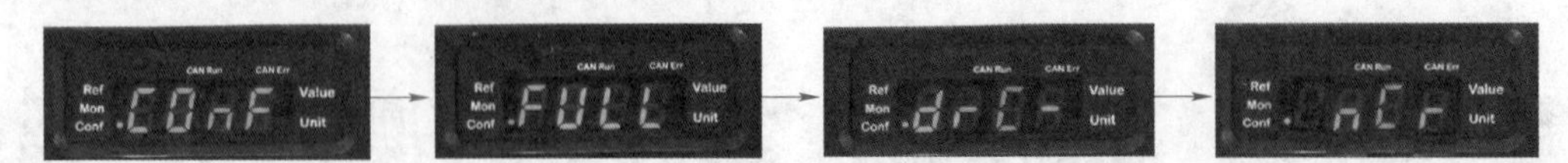

图 2–26　电动机额定电流的设置

二、电动机最高、最低速度（频率）设置

1. 最大输出频率

ATV320 出厂设置的【最大输出频率】参数是用来限制【高速频率】上限的，如果高速频率达到最大输出频率后还需要再提高，那么要首先提高最大输出频率，才能提高高速频率。

在【简单启动】→【最大输出频率】中进行参数的修改。

如果将高速频率也就是 ATV320 实际输出的最大频率修改为 110Hz，要先将【最大输出频率】修改为 110Hz，否则【高速频率】是修改不到 110Hz 的，在出厂设置的条件下，【高速频率】最大只能到 60Hz。

2. 高低速频率

ATV320 的高低速频率是 ATV320 输出频率的限幅，高速频率的最大值受到最大输出频率限制，低速频率要小于高速频率。

ATV320 的高速频率是最大速度给定值时的电动机频率。低速频率是最小速度给定值时的电动机频率。

在增大高速频率时，一定要考虑电动机和设备的承受能力。如果高速频率超过电动机或设备允许的上限，将会导致设备损坏和人身伤害。

如果在工程实践中，希望启动时 ATV320 速度达到 35Hz，并且最高速度不超过 45Hz 时，将低速频率设为 35Hz 和高速频率设为 45Hz 即可。

在【COnF】→【Full】→【drC】里设置高低速频率 HSP 和 LSP，高速频率的设置如图 2–27 所示。

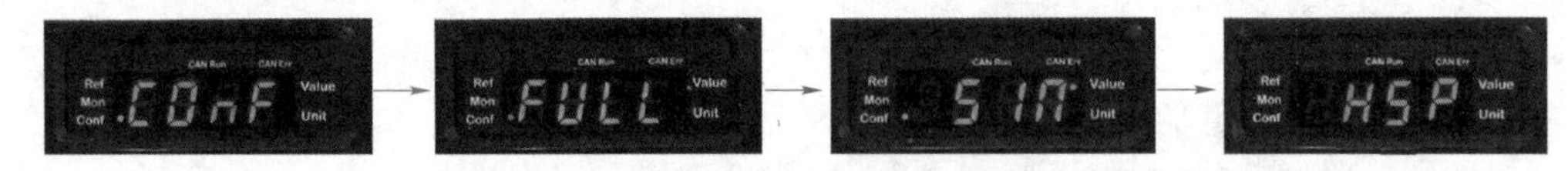

图 2–27　高速频率的设置

第五节　ATV320 的加减速时间和减速斜坡自适应的参数设置

一、变频器的加速时间

变频器的加速时间，是指频率从 0Hz 上升到电动机额定频率所需要的时间。

如果加速时间长，意味着频率上升较慢，则电动机的转子转速能够跟得上同步转速的上升，在启动过程中转差也较小，从而启动电流也较小。反之，加速时间短，意味着频率上升较快，如果拖动系统的惯性较大，则电动机转子的转速将跟不上同步转速的上升，结果使转差增大，导致电动机电流急剧上升。所以加速时间的设置要考虑电动机拖动负载的惯量，如果惯量比较大，则加速时间应适当设置得长一些。

加速时间的设置同时要考虑工艺的要求，加速时间设置的大小要根据现场的情况来制定，如果电动机拖动的负载是风机或水泵，因为这类负载对启动时间并无严格要求，可将加速时间设置的长一些。在【COnF】→【Full】→【SIM】里设置加减速时间，加速时间的设置如图 2－28 所示。

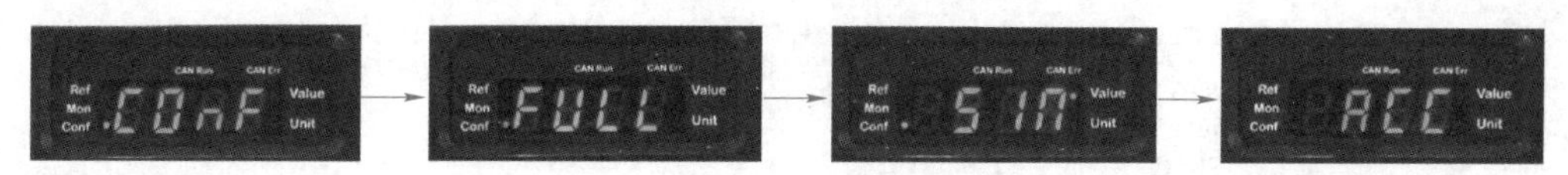

图 2－28　加速时间的设置

二、变频器的减速时间

变频器的减速时间，是指频率从电动机额定频率下降到 0Hz 所需要的时间。

变频器所带电动机在频率刚下降的瞬间，由于惯性原因，转子的转速不变，定子的旋转磁场的转速却已经下降了，这就导致转子绕组的转子电动势和电流等都与原来相反，电动机变成了发电动机，电动机处于再生制动状态。

电动机在再生状态下发出的电能，经逆变管旁边的反并联二极管全波整流后，回馈至直流电路，使直流电压上升，称为泵升电压。如果直流电压过高，将会损坏整流和逆变模块。因此，当直流电压升高超过制动过速电压限值时，会使变频器跳闸并且变频器将报制动过速（OBF）。

ATV320 出厂时开启了减速斜坡自适应功能，如果出现直流母线电压比较高的情况，变频器会自动延长减速时间来防止变频器出现制动过速 OBF。

解决 OBF 问题的另一个方法是手动直接加长减速时间，减速时间长，意味着频率下降较慢，则电动机在下降过程中的能量被摩擦等方式消耗的能量就多，回馈至直流电路的能量就小，从而使直流电压上升的幅度也较小，这样就避免了 OBF 故障的出现。

三、减速斜坡自适应

如果使用了制动电阻，或者变频器对停车过程有严格的时间要求，或者工艺设备对电动机动态性能有高要求，这时要将减速斜坡自适应参数设置为 No，如图 2－29 所示。如果开启了制动逻辑功能，减速斜坡自适应将被强制设置为 No。详细介绍请扫二维码。

四、加减速时间的设置和计算方法

有两种方法设置变频器的加减速时间，即简易试验的方法和最短加减速时间的计算方法。

此页上描述的参数可通过如下方式访问： DRI- > CONF > FULL > FUN- > RTP-

代码	名称 / 说明	调节范围	出厂设置
brA	[减速斜坡自适应] **注意** **电机损坏** • 仅当连接的电机为永磁同步电机时，才能将此参数设置为 [Yes]（YES）或 [No]（no）。 其他设置会将永磁同步电机消磁。 **不遵循上述说明可能导致设备损坏。** 如果对于负载惯量而言设置了一过低的减速时间，就会自动激活此功能以适应减速斜坡，这会引起过压故障。 如果制动逻辑控制 [制动分配]（bLC）被赋值（第 192 页），[减速斜坡自适应]（brA）就会被强制为 [No]（no）。 此功能与应用所需并不兼容： - 在斜坡上定位 - 使用制动电阻器（电阻器不能正常工作）。		[Yes]（YES）
no	[No]（no）：功能无效		
YES	[Yes]（YES）：功能有效，对于不需要猛烈减速的应用 下列选项的出现取决于变频器的额定值以及第 103 页的 [电机控制类型]（Ctt）。可以获得比使用 [Yes]（YES）更大的减速。 应进行比较测试来确定选项。		
dYnA	[高转矩 A]（dYnA）：增加一个恒定电流分量。 当 [减速斜坡自适应]（brA）配置为 [高转矩 x]（dYnx）时，可通过增加一个电流分量来提高制动动态性能。目的是增加电机的铁损和储存在电机中的磁场能量。		

图 2－29　将减速斜坡自适应设为 No

1. 简易试验的方法

正确设置加减速时间很重要，因为变频器设置的加速时间要和电动机负载的惯量相匹配，同时还应兼顾工艺的要求，一般是将电流限制在过电流范围内，运行时不应使变频器的过电流保护装置动作。设置加减速分辨率的流程如图 2－30 所示。

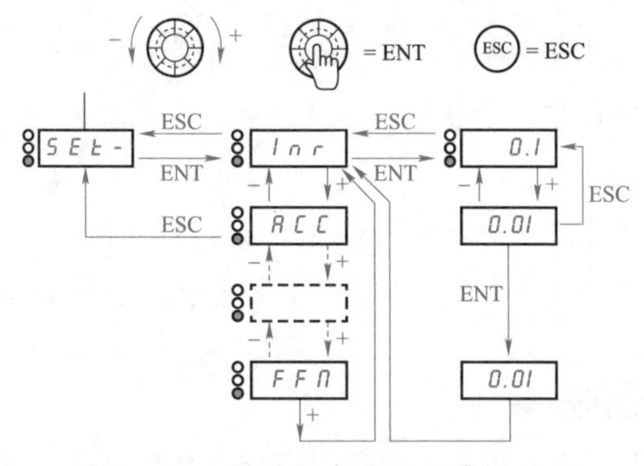

图 2－30　设置加减速分辨率的流程

设定加速时间的要求是将加速电流限制在变频器过电流容量以下，不使过流失速而引起变频器的跳闸，故加速时间的设置应在保证工艺要求的前提下尽量设长。加速时间 ACC 可以在【简单启动】和【设置菜单】里进行设置，先将此参数设为 10s，按【ENT】键确认，然后再逐步设小，满足工艺要求即可停止。

减速时间设定要点是防止平滑电路电压过大，不使再生过压失速而使变频器跳闸。在【简单启动】菜单里，找到减速时间 DEC，如 10s，按【ENT】键确认即可。可以通过简易试验的方法来设置减速时间，首先，使拖动系统以额定转速运行（工频运行），然后切断电源，使拖动系统处于自由制动状态，用秒表计算其转速从额定转速下降到停止所需要的时间。减速时间可以首先按自由制动时间的 1/2 进行预置。通过启、停电动机观察有无过电流、过电压报警，调整加减速时间设定值，以运转中不发生报警为原则，重复操作几次，便可确定出最佳的加减速时间了。

2. 最短加减速时间的计算方法

ATV320 的最短加减速时间的计算为

$$\text{加速时间} t_{\mathrm{S}} = \frac{(J_{\mathrm{L}} + J_{\mathrm{M}}) \times n_{\mathrm{M}}}{9.55 \times (T_{\mathrm{S}} - T_{\mathrm{L}})}$$

$$\text{减速时间} t_{\mathrm{B}} = \frac{(J_{\mathrm{L}} + J_{\mathrm{M}}) \times n_{\mathrm{M}}}{9.55 \times (T_{\mathrm{B}} + T_{\mathrm{L}})}$$

式中 J_{L} ——换算成电动机轴的负载的 J，kg • m²；

J_{M} ——电动机的 J，kg • m²；

n_{M} ——电动机转速，r/min；

T_{S} ——变频器驱动时的最大加速转矩，N • m；

T_{B} ——变频器驱动时的最大减速转矩，N • m；

T_{L} ——所需运行转矩，N • m。

无论加减速时间设定得有多短，电动机的实际加减速时间都不会短于由机械系统的惯性作用 J 及电动机转矩决定的最短加减速时间。这就给出了一个加减速的最小值，应在这个最小加减速上加 1～2s 开始进行调试，满足工艺要求即可。

五、面板给定频率端子启动变频器的参数设置

ATV320 的启停的控制方式被称作命令通道，变频器运行频率的给定方式则被称作给定通道，两者在出厂设置时合在一起称为组合通道。

如果变频器的启停方式和频率给定值不同，用户可以在组合模式参数【CHCF】中采用隔离通道或 IO 模式这两种模式，选择这两种模式后，在控制菜单【Ctl－】中将会出现命令通道 1（Cd1）这个参数，用户可以设置这个参数。

ATV320 的出厂设置已经将变频器启停方式和变频器运行频率给定方式合在一起，通过逻辑输入端子 DI1 启动变频器，断开 DI1 端子停止变频器，变频器运行频率由模拟量输入 AI1 测量到的电压值决定。

下例可以实现通过端子来启动变频器，给定频率通过集成面板 A1U1。

首先设置组合模式【CHCF】为隔离通道，如图 2－31 所示。

设置给定 1 通道为【A1U1】，如图 2－32 所示。

设置完成后进入【REF】模式下的【A1U1】设置运行频率，A1U1 参数设置为 100，如图 2－33 所示。变频器的用户需注意两点：① 更改给定后不需要按回车；②【A1U1】

参数的设置值是高速频率参数的百分比，在出厂设置下设置值100对应HSP高速频率，也就是50Hz。

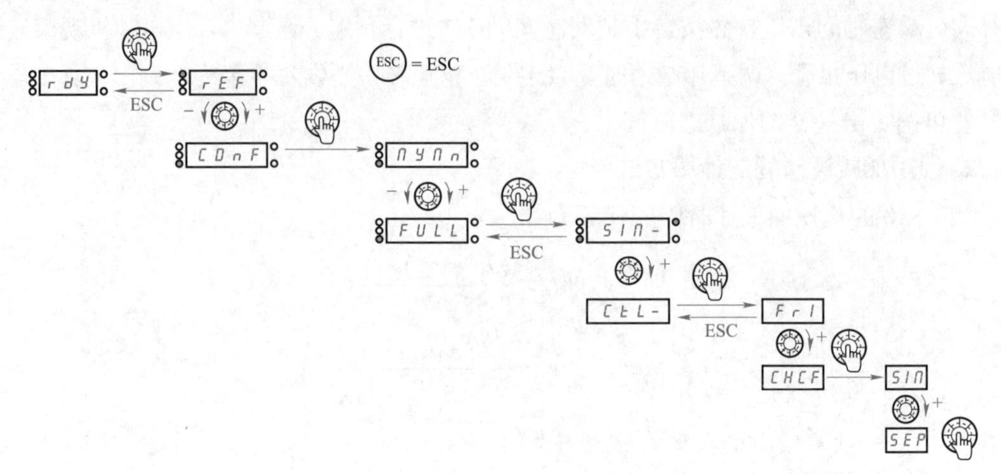

图2-31　设置组合模式【CHCF】为隔离通道

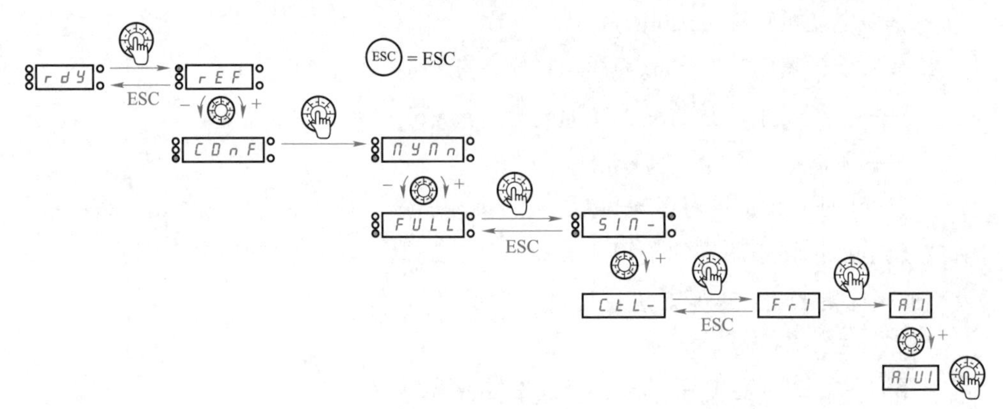

图2-32　设置给定1通道为【A1U1】

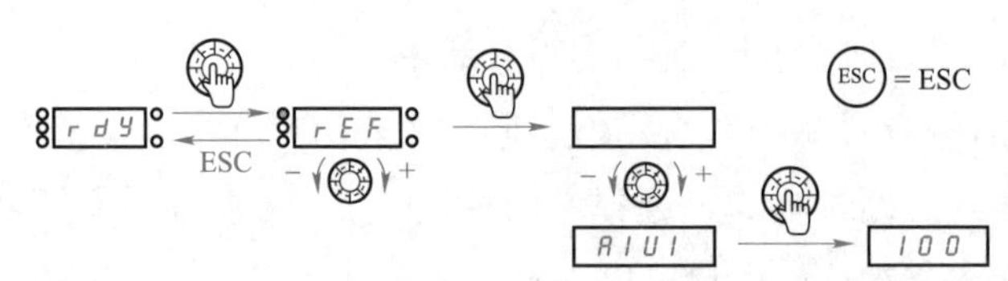

图2-33　进入【REF】模式下的【A1U1】设置运行频率

启动变频器是通过DI1端子，在DI1端子和24V短接后，变频器将会启动运行，此时，在监视菜单中的实际运行频率【rFr】会达到50Hz。

六、注意事项

在工程实践中，用户若将ATV320的加减速时间设定值小于变频器允许最短加减速时间，可能引发过电流（OCF）或过电压（OBF）异常。这时应考虑延长加减速时间参数的设置，如果工艺不允许，要考虑增大变频器功率、增加制动电阻、在变频器上增加能量回馈单元或者共直流母线将电动机发出来的电给别的电动机使用，这样不仅不用加制动电阻还可以实现节能，从而保证机器设备的正常高质量运行。

另外，如果用户对电动机制动要求比较高，又不希望加制动电阻，可以考虑尝试将【减速斜坡自适应】设置为【高转矩】dyNa，这种停车方式是将电动机的能量消耗到电动机和电动机电缆上，但是这种停车方式的制动扭矩比加制动电阻要低，并且不能在永磁同步电动机上使用，所以，应用的场合受到限制。

第三章　ATV320 典型应用与实用案例

第一节　ATV320 的本地与远程切换的工程应用

一、任务引入

任何变频器在投入生产前，都需要进行参数的设置和调试，本节以 ATV320 为例，在本地控制时使用端子启停变频器，用变频器旋转刻度盘作为速度给定，而在远程控制时使用 Modbus 控制，逻辑输入 DI4 作为本地和远程的切换。

二、ATV320 的宏设置

ATV320 系列变频器的宏设置参数是针对特定的应用场合而提供的典型配置，可以根据实际工程的应用场合来选择其中的一个宏，可以直接使用宏设置或在宏设置的基础上做少量的参数修改后再使用。

如变频器应用在起重机、高架起重机、龙门起重机（垂直升降、平移、快速定向）和提升平台的工作场合时，就可以选择提升宏，然后在这个宏设置的基础上修改就可以加快参数的设置时间。

在【简单启动】菜单中的【宏设置】里来修改参数，修改后需要按住【ENT】键 2s，使修改后的新设置生效。在【COnF】→【Full】→【SIM】→【CFG】里对宏进行设置。宏设置如图 3－1 所示。

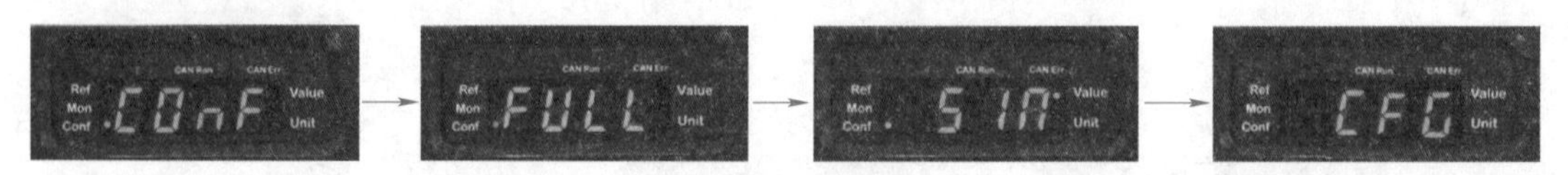

图 3－1　宏设置

ATV320 提供的宏包括：①【启动/停车】(StS)，启动/ 停车；②【物料输送】(HdG)，搬运设备；③【起重提升】(HSt)，提升设备；④【一般应用】(GEn)，一般应用；⑤【PID

调节】(PId)，PID 调节；⑥【网络通信】(nEt)，通信总线。

三、修改 2/3 控制

变频器的启动可以选择 2 线制和 3 线制控制，ATV320 出厂设置为 2 线制。

1. 修改 2/3 控制

可以使用图形终端或集成面板进行修改，使用图形终端修改 2/3 控制时，在【简单启动】的菜单中的【2/3 控制】修改此参数，需要按住【ENT】键 2s 使新设置生效。修改 2/3 线制如图 3－2 所示。

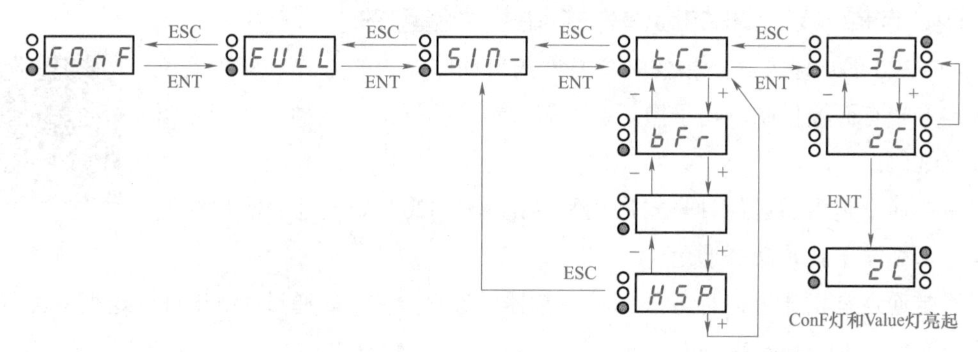

图 3－2　修改 2/3 线制

2. 2 线制和 3 线制控制的应用

（1）两线制。由输入点的上升沿（0→1）启动 ATV320，下降沿（1→0）停止 ATV320（出厂设置），或输入点接通（状态 1）启动变频器，断开（状态 0）停止变频器。ATV320 源型 2 线制接线如图 3－3 所示。

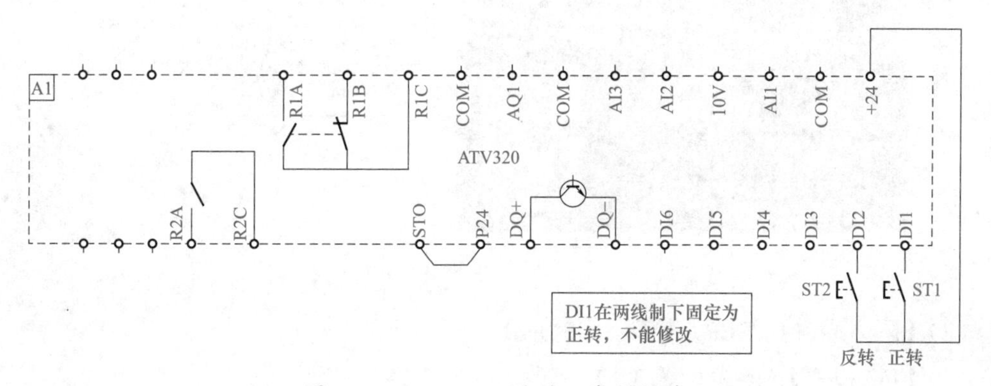

图 3－3　ATV320 源型 2 线制接线

（2）3 线制。停止输入信号接通（状态 1）时，使用正转或反转脉冲启动 ATV320。ATV320 3 线制接线如图 3－4 所示。

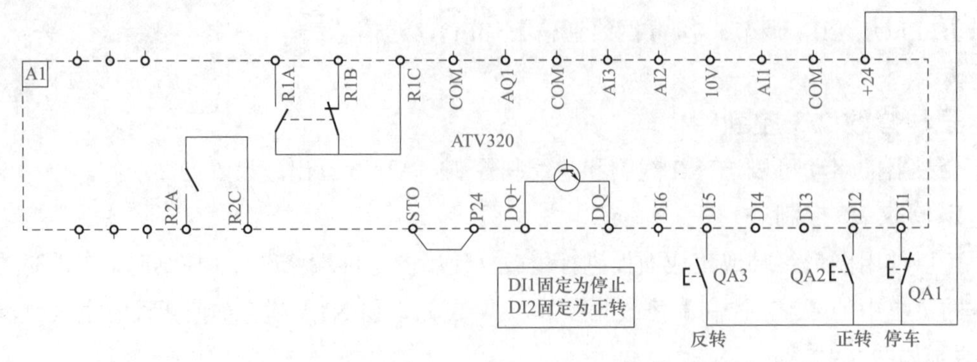

图 3-4　ATV320 3 线制接线

四、选择 ATV320 的启停方式和速度给定方式

ATV320 的启停方式是指控制变频器的启动、停止的方式。变频器速度给定方式有面板控制、端子控制、通信控制和编程给定 4 种。详细介绍请扫二维码。

命令通道是指通过何种方式启动和停止 ATV320。如通过 DI1 启动变频器，那么端子就是命令通道。

给定通道是指通过何种方式调节变频器的速度给定。如通过 Modbus 传送变频器的速度给定，那么 Modbus 就是给定通道。

ATV320 系列变频器的出厂设置都是端子 2 线制启动，由模拟输入 AI1 来给定变频器的速度。ATV320 系列变频器有 SIM、SEP 和 IO 3 个组合模式。

（1）【组合通道】（SIM）如图 3-5 所示。

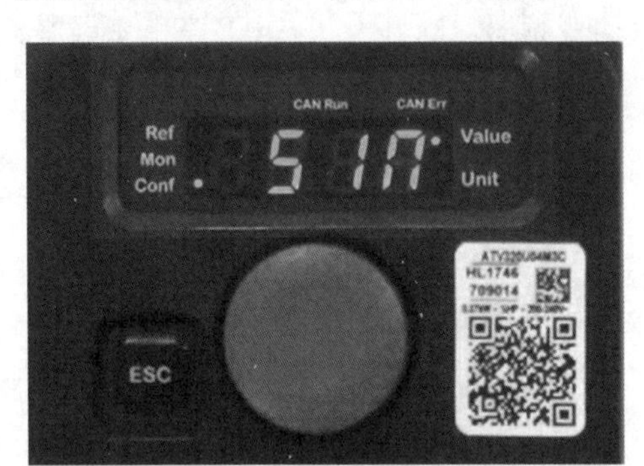

【组合通道】(SIM)：可以通过相同的通道来启动停止变频器ATV320与给定变频器的速度值。如在组合模式下，选择了速度给定是模拟输入AI1，就代表选择了启动ATV320是输入端子

图 3-5 【组合通道】(SIM)

（2）【隔离通道】（SEP）如图 3-6 所示。

（3）【I/O 模式】（IO）如图 3-7 所示。

使用在 COnF 模式→【CtL-】下的参数来设置命令通道和给定通道。设置组合模式为隔离通道或 IO 模式，将给定通道 1 设为图形终端，命令通道 1 为端子；给定 2 切换设为 DI4；命令通道切换设为 DI4，给定 2 通道和命令 2 通道都设为 Modbus。

在本地控制时，设置频率给定值如图 3-8 所示。

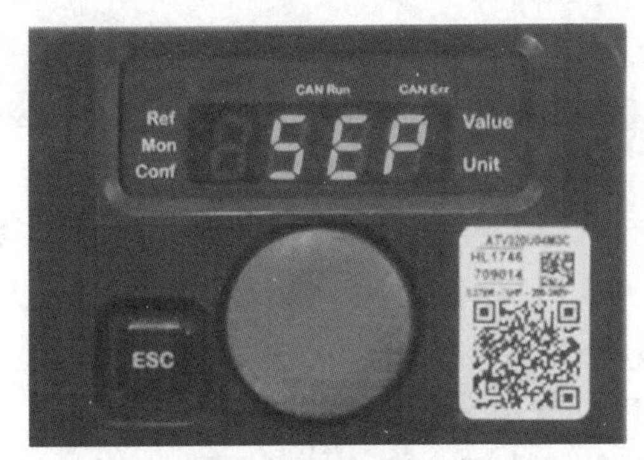

【隔离通道】(SEP)：启动停止变频器ATV320的通道和给定变频器速度值通道可以相同也可以不同，两者分离。如启动停止变频器通过Modbus总线而速度给定值来自于AI2

图 3-6 【隔离通道】(SEP)

【I/O 模式】(IO)：和隔离通道类似，可以通过不同的通道来发送命令与给定值。同时这个设置还能简化通信接口的使用。当通过通信总线发送命令时，命令将以字的形式获得，其命令字除固定的位（此固定的位与【输入输出设置】中的2/3 线控制参数有关）以外，其余的位的作用相当于逻辑输入的虚拟端子。可以给此字中的各个位分配应用功能，一位可以包含多个赋值

图 3-7 【I/O 模式】(IO)

在本地控制时，设置频率值需要进入【1.1速度给定REF】中的【A1U1】来设置频率值，此参数值0~100%对应0~50Hz

图 3-8 设置频率给定值

五、加减速设置

加速时间的输入是在【简单菜单】里，找到加速时间 ACC 参数进行设置，如 3s，按【ENT】键确认即可。

减速时间的输入是在【简单菜单】里，找到减速时间 DEC 参数进行设置，如 5s，按【ENT】键确认即可。

六、ATV320 的逻辑输出和模拟量输出功能

1. ATV320 逻辑输出的设置

ATV320 有集电极开路和继电器两种类型的逻辑输出形式，变频器本体只有 2 个继电器输出 R1 和 R2。

下面以 R1 为例说明继电器的设置。

（1）【继电器 R1 分配】(r1)：可分配给 R1 继电器的功能，工厂默认设置为【变频器

故障】(FLt)。

(2)【继电器 R1 延时】(r1d):当信息为真时，一旦设定的时间结束，状态改变就会起作用。不能给【变频器故障】(FLt)赋值设置延时，应保持为 0。

(3)【继电器 R1 有效条件】(r1S):【1】代表当信息为真时状态为 1;【0】代表当信息为真时状态为 0。对于【变频器故障】(FLt)赋值，应保持设置为【1】。

(4)【继电器 R1 保持时间】(r1H):当信息为假时，一旦设定时间结束，状态改变就会起作用。不能给【变频器故障】(FLt)赋值设置保持时间，应保持为 0。

(5)当 R1 继电器设置为【变频器故障】(FLt)时，变频器无故障的情况下继电器线圈会吸合，动合触点也会闭合，动断触点此时会断开；当变频器有故障或变频器断电时继电器的线圈断开。

2. 模拟量输出作为逻辑输出

尽管模拟量输出作为逻辑输出的应用比较少，但是模拟量输出可以通过参数设置变成一个逻辑输出，这种应用方法还是比较实用的，通过定义 DO1 的参数设置可以对模拟量输出的功能进行分配，但模拟量输出的电气特性是不会改变的，输出为 0 时，是 0V(0mA)；输出为 1 时，是 10V(20mA)。

3. ATV320 模拟量输出的设置

ATV320 的模拟量输出的最小输出值 UoLI(AoLI)等于被赋值参数的下限，而最大输出值 UoHI(AoHI)则等于其上限，单位为 V 或 mA。最小值可能会大于最大值。功能图如图 3-9 所示。

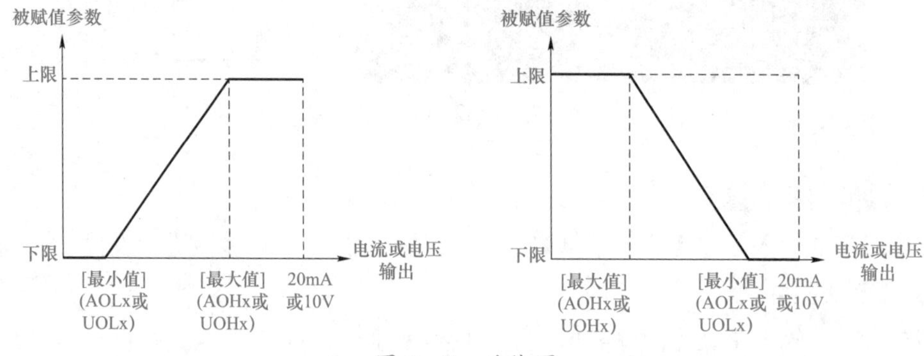

图 3-9　功能图

4. ATV320 模拟量输出 AO1 的参数设置

(1)【AO1 分配】(AO1):设置 AO1 的功能，可分配为【电动机电流】(Ocr)、【电动机频率】(OFr)、【电动机转矩】(trq)等。(1)当 AO1 分配为电动机频率 OFr 时，要注意模拟量输出的最大值对应的是最大输出频率 tFr，而不是高速频率，也就是说，对应的是 0～60Hz，而不是 0～50Hz，这时要把最大输出频率 tFr 由出厂设置的 60Hz 修改为 50Hz。

(2)【AO1 类型】(AO1t):设置 AO1 的输出模拟量的类型，可设置为【10V 电压】(10U)或【电流】(0A)。

（3）【AO1 最小输出值】（AOL1）：当 AO1 类型为电流时，AO1 的最小值，单位为 mA。

（4）【AO1 最大输出值】（AOH1）：当 AO1 类型为电流时，AO1 的最大值，单位为 mA。

（5）【AO1 最小输出值】（UOL1）：当 AO1 类型为电压时，AO1 的最小值，单位为 V。

（6）【AO1 最大输出值】（UOH1）：当 AO1 类型为电压时，AO1 的最大值，单位为 V。

（7）【AO1 滤波器】（AO1F）：用于滤除干扰，单位为 s。

（8）【AO2 类型】（AO2t）和【AO3 类型】（AO3t）与 AO1 的设置相同，唯一不同的参数是可以设置的类型为【10V 电压】（10U）、【电流】（0A）或【双极性电压】（n10U）。

七、注意事项

在远程控制时使用 Modbus 控制的波特率和从站的通信的相关设置会在后续的 Modbus 通信章节中详细介绍。

在本地端子启动时，如果上电之前，就将 DI1 给高电平，这时，变频器会锁定在自由停车 NST 状态，要将两线类型改为 0/1 电平 LEL，这样当变频器上电时，就可以直接启动了。

第二节　多按钮控制 ATV320 的点动与正反转运行的工程应用

一、任务引入

本案例中，变频器的参数由中文面板进行设置，端子上连接自锁 QA1 和 QA2 实现 ATV320 的正反转运行，按钮 QA3 和 QA4 实现正反转的点动运行。

二、设计多按钮控制 ATV320 正反转的电路

多按钮控制 ATV320 正反转运行的电气原理图如图 3－10 所示。

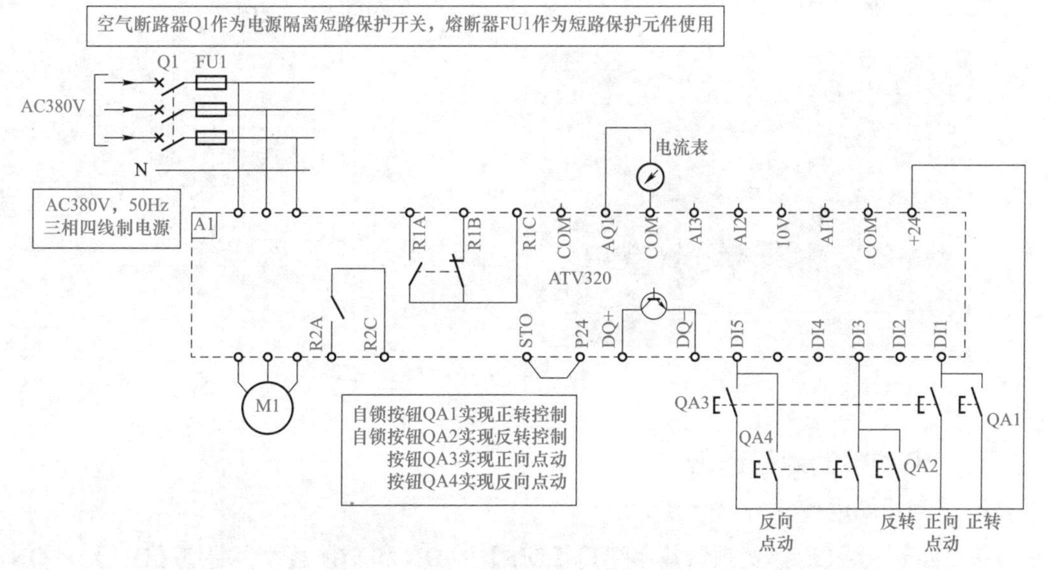

图 3－10　多按钮控制 ATV320 正反转运行的电气原理图

三、设置 ATV320 的加减速和模拟量 AO1 参数

使用变频器的中文面板设置 ATV320 加减速时间。【CONF】→【FULL】→【简单启动】→【ACC】设置加速时间为 5s。【CONF】→【FULL】→【SIM】→【DEC】设置减速时间为 5s。

本示例模拟量输出 AO1 连接的是电流表，所以 AO1 的参数设置如下。

（1）【AO1 分配】（AO1）：设置 AO1 的功能，分配为【电动机频率】（OFr）等。

（2）最大输出频率 tFr：设置 50Hz。

（3）【AO1 类型】（AO1t）：设置 AO1 的输出模拟量的类型，设置为【电流】（0A）。

（4）【AO1 最小输出值】（AOL1）：当 AO1 类型为电流时，设置 AO1 的最小值为 4，单位为 mA。

（5）【AO1 最大输出值】（AOH1）：当 AO1 类型为电流时，设置 AO1 的最大值为 20，单位为 mA。

四、ATV320 的正、反向运行

当按下自锁按钮 QA1 时，ATV320 数字端口【DI1】为 ON，电动机按 ACC 所设置的 5s 斜坡上升时间正向启动运行，经 5s 后稳定运行在 AI1 模拟量对应的转速给定值。放开按钮 QA1，变频器数字端口【DI1】为 OFF，电动机按 DEC 所设置的 5s 斜坡下降时间停止运行。

当按下自锁按钮 QA2 时，变频器数字端口【DI3】为 ON，电动机按 ACC 所设置的 5s 斜坡上升时间正向启动运行，经 5s 后稳定运行在模拟量 AI1 对应的转速给定值。放开按钮 QA2，变频器数字端口【DI3】为 OFF，电动机按 DEC 所设置的 5s 斜坡下降时间停止运行。

使用变频器的中文面板设置 DI3 的反转功能，设置如图 3－11 所示。

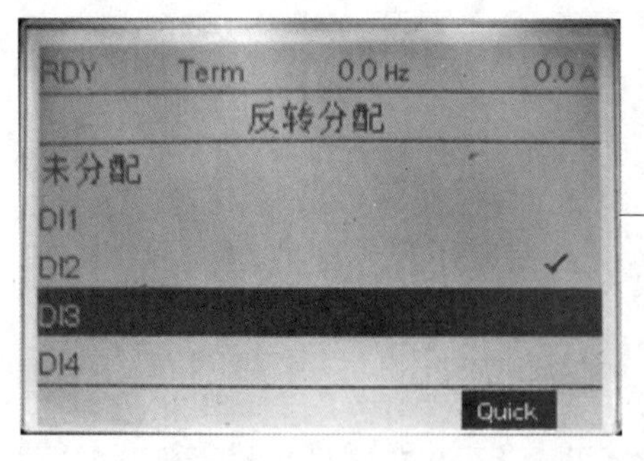

因为ATV320出厂设置为2线制，DI1逻辑输入被固定用做正转信号，因此只需设置反转信号就可以了，具体参数设置时，将【输入/输出设置】（I_O_）→【反转】（rrs）设置为逻辑输入DI3，这样就完成了逻辑输入DI1正转，逻辑输入DI3反转的功能设置了

图 3－11　DI3 反转的功能设置图示

五、电动机的点动运行

1. 正向点动运行

按下按钮 QA3 时，变频器数字端口【DI5】为 ON 和变频器数字端口【DI1】为 ON，

则变频器按照 0.1s 上升时间正向启动运行，直到达到设置的点动频率 10Hz 为止，此转速与参数【寸动频率】所设置的 10Hz 对应。放开按钮 QA3，变频器按 0.1S 点动斜坡下降时间停止运行。

2. 反向点动运行

按下按钮 QA4 时，ATV320 数字端口【DI5】为 ON 和数字端口【DI3】为 ON，则 ATV320 按照 0.1s 上升时间反向启动运行，直到达到设置的点动频率 –10Hz 为止，此转速与参数【寸动频率】所设置的 10Hz 对应。放开按钮 QA4，ATV320 会按 0.1S 点动斜坡下降时间停止运行。

使用变频器的中文面板设置点动延时参数，在【应用功能】(FUN) 菜单下，【寸动】→【寸动频率】→【寸动重复延时】，设置参数为 0.4。

六、注意事项

在工程中 ATV320 如果不使用 AI1 模拟量，可以在【设置】(SET) 菜单中直接设置【低速频率】(LSP)，给运行命令以后就会按照低速频率运行。

使用变频器的中文面板设置点动的运行速度，如图 3–12 所示。

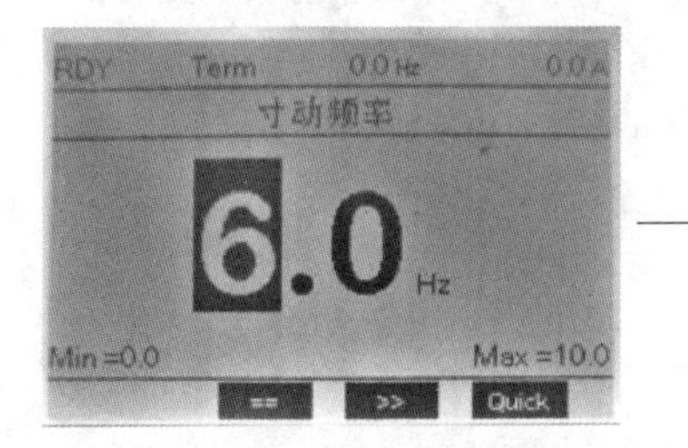

在【应用功能】→【寸动】→【寸动频率】中设置点动的运行速度6Hz

图 3–12 点动的运行速度

第三节 ATV320 的三段速运行实例

一、ATV320 的多段速功能

多段速是通过逻辑输入的接通和断开来切换变频器的几个固定速度，也被称为预置速度。在机床、堆垛机、输送机、起重、包装等行业中得到广泛应用。

ATV320 的多段速功能就是用开关量端子选择固定频率的组合，ATV320 的多段速功能可以实现最多 16 段速的频率控制，8 段速速度的预置速度输入组合表如图 3–13 所示。

8个速度 LI(PS8)	4个速度 LI(PS4)	2个速度 LI(PS2)	速度给定值
0	0	0	给定值(1)
0	0	1	SP2
0	1	0	SP3
0	1	1	SP4
1	0	0	SP5
1	0	1	SP6
1	1	0	SP7
1	1	1	SP8

图 3–13 8 段速速度的预置速度输入组合

二、任务引入

变频器的控制方式有速度控制、转矩控制等，本案例采用的就是速度控制，实现的是使用 ATV320 控制电动机 M1 进行 3 段速的运转。

多段速控制是根据现场工艺上的要求，速度给定值不需要连续调节，而是运行在几个固定的速度上，对这种设备，可以使用 ATV320 的多段速功能。通过几个开关的通、断组合来选择几个不同的固定运行频率，实现变频器在不同转速下运行的目的。

三、ATV320 的电气设计

ATV320 控制电动机 M1 进行 3 段速的频率运转。其中，DI1 端口连接 ST1，并设置为电动机的启停控制，DI6 和 DI3 端口设为 3 段速频率的输入选择，ATV320 的 3 段速控制电路如图 3－14 所示。

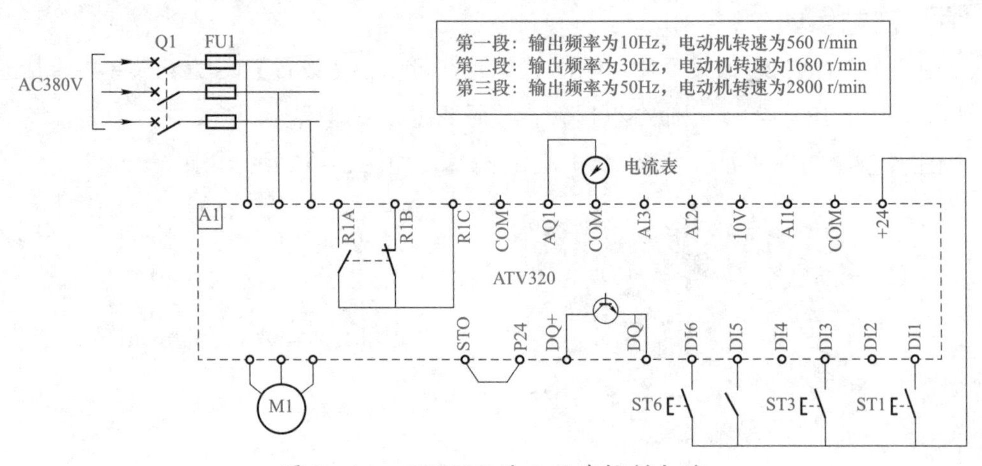

图 3－14　ATV320 的 3 段速控制电路

四、3 段速频率的参数设定

本案例中要实现的是电动机 M1 的 3 段速运行，根据多段速速度的预置速度输入组合表，3 段速要设置参数 PS2【2 个预置速度】和参数 PS4【4 个预置速度】。

按参数路径【DRI】→【CONF】→【FULL】→【FUN】→【PSS】修改 ATV320 参数预置速度 PS2【2 个预置速度】为 DI6，即 DI6 用于切换第一个速度频率。

在参数 PS4【4 个预置速度】下选择端子排输入 DI3。

设置完成后，SP2【预置速度 2】为 10Hz，SP3【预置速度 3】为 30Hz，SP4【预置速度 4】为 50Hz。

五、ATV320 的运行动作分析

按照上面的方法设置好电动机 M1 的参数后，就可以实现 3 段速的运行了。

ATV320 上电后，连接在端子 DI1 上的选择开关 ST1 接通后，如果 DI3 和 DI6 未接通，那么 ATV320 将按照模拟输入 AI1 的输入频率进行运转。本案例没有为 AI1 连接输入端，所以，没有这个频率段的运行，即 ST1 接通后，变频器启动，频率为 0，电动机 M1 没有运行。

ATV320 运行时的频率显示如图 3－15 所示。

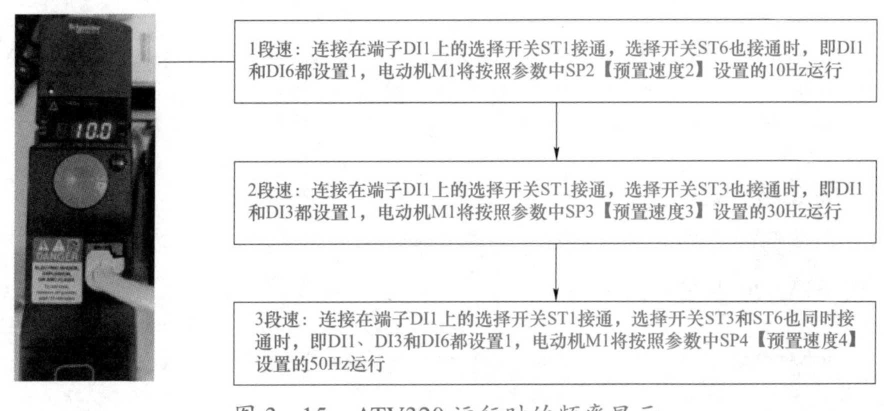

图 3－15　ATV320 运行时的频率显示

六、ATV320 多段速控制的总结和拓展

在实际的工程应用中，ATV320 的多段速端子都不接通时，变频器的速度给定使用的是 AI1 模拟量速度，因此，可以将 AI1 与 10V 短接，这样除了多段速这几个固定的频率给定值之外，变频器的速度控制还增加了一个 50Hz 或者一个高速频率 HSP 的速度给定。

另外，还有一个控制技巧，在变频器的输入端子上连接 3 个开关，每一个开关控制一个运行速度，设置【2 个预置速度】为 DI2，【4 个预置速度】为 DI4，【8 个预置速度】为 DI5，SP2【预置速度 2】设置为 15Hz，SP3【预置速度 3】设置为 20Hz，SP5【预置速度 5】设置为 30Hz。这样 DI3 接通时，速度为 15Hz，DI4 接通时，速度为 20Hz，DI5 接通时，速度为 30Hz。

第四节　ATV320 物料输送设备的速度升降控制应用

本节描述的是 ATV320 的电动电位计功能，这个功能可以通过简单的 2 个按钮控制，就可以达到升降速的目的，这种控制方法常使用在物料输送、流量或风量控制等应用场合。

一、通过端子的加减速控制 ATV320 的升降速

1. 使用单击按钮时

使用单击按钮时，除了运行方向外，还需要 2 个逻辑输入来增加速度给定，如 DI5 分配了加速度功能，DI6 分配了减速功能。那么按下 DI5 将使速度给定增加，按下 DI6 将使速度给定减小。使用单击按钮时的 ATV320 电路如图 3－16 所示。

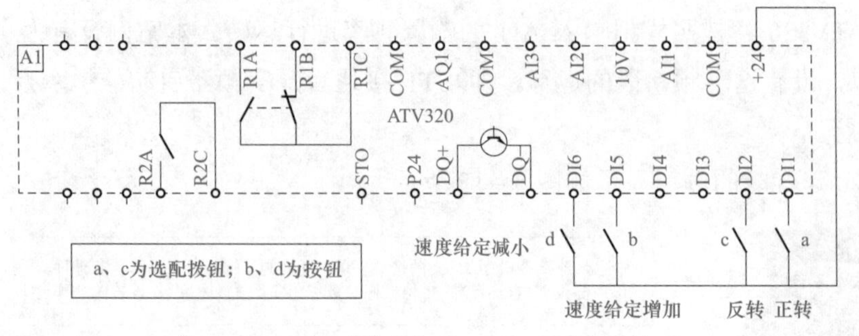

图 3－16　使用单击按钮时的 ATV320 电路

2. 使用双击按钮时

使用双击按钮的操作方法只需要一个逻辑输入被分配给“+速度”，例如 DI5。使用双击按钮时的 ATV320 电路如图 3－17 所示。

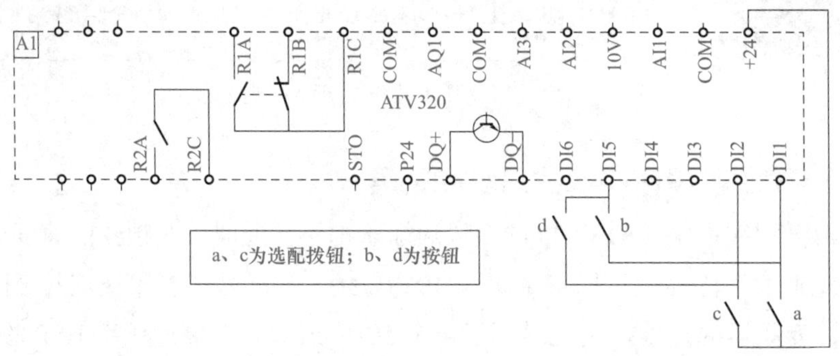

图 3－17　使用双击按钮时的 ATV320 电路

使用双击按钮加减速度，以正向为例，接通 DI1，也就是合上按钮 a 时，变频器正转运行后，再按下 a 和“+速度”按钮 b（即使用两个按钮来加速），速度给定将增加，断开“+速度”按钮 b，保持 a 接通，速度值将保持。如果断开 a 一段时间再接通（断开正转运行按钮减速），速度给定值和实际速度也将会下降。

如果接通反转按钮 c，ATV320 将反转，再按下“+速度”按钮 d 并保持 b 接通，速度给定将增加，断开“+速度”按钮 d，保持按钮 c 接通，速度值将保持。如果断开按钮 c 一段时间再接通，速度给定值和实际速度也将会下降。双击按钮加减速度操作表见表 3－1。

表 3－1　双击按钮加减速度操作表

	松开（－速度）	第 1 次按下（速度保持）	第 2 次按下（+速度）
正向按钮	—	a	a 与 b
反向按钮	—	c	c 与 d

注：a、c 为选配按钮；b、d 为按钮。

二、电动电位计控制加减速

电动电位计的概念就是按住上升键时，频率变化上升，松开后频率保持不变；按住下降键时，频率下降，松开后频率保持不变。可以理解为面板上的频率增减按钮。

电动电位计的功能时序图如图 3-18 所示。

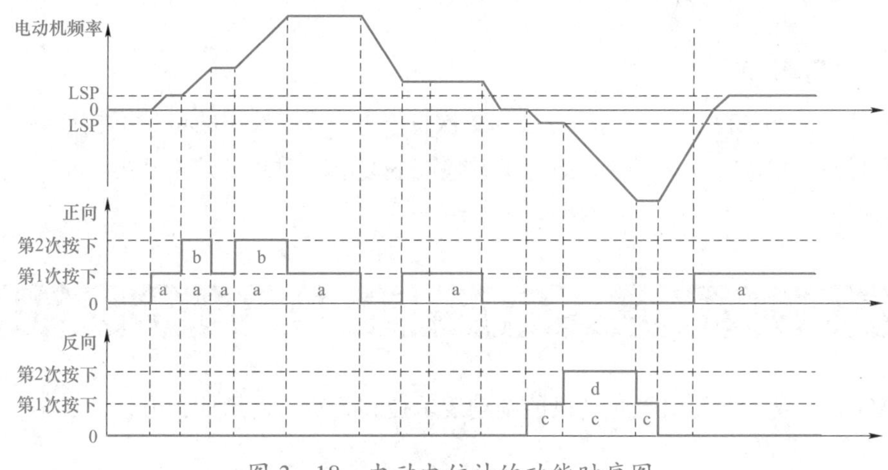

图 3-18 电动电位计的功能时序图

三、设置电动电位计的最高频率

无论使用单击按钮方式还是使用双击按钮方式，ATV320 最大速度都被【高速频率】（HSP）参数的设定值限制，速度给定的最大值不能超过高速频率，是一个限制值的设置。

四、变频器设置 2 线制

使用电动电位计进行 ATV320 的速度控制时，要将【输入输出设置】菜单下的【2/3 线控制】设置成 2 线制，因为设置为 3 线制时，不能使用此+/-速度类型。

五、变频器给定通道 2 的设置

ATV320 使用端子加减速的前提是要将【给定通道 2】设为端子加减速，并将【给定 2 切换】设为逻辑输入点，如 DI6 等。如果遇到只需要使用端子进行加减速的情况，可将【给定 2 切换】设为通道 2 有效。

六、ATV320 的参数设置

ATV320 只有在【命令】（CtL-）中，将【给定 2 通道】（Fr2）设为【加减速】（UPdt）时，才能在【应用功能】（Fun-）下设置【加减速】（UPd-）中的参数。

【加速设置】（USP）：分配带有“+速度”功能的逻辑输入端子或位。当已被赋值的输入位为 1 时，ATV320 才能激活这个加速功能。

【减速设置】（dSP）：分配带有“-速度”功能的逻辑输入端子或位。当已被赋值的输入位为 1 时，ATV320 才能激活这个减速功能。

保存速度的给定值时，用户在停车后如果要保存速度的给定值，将【加减速给定保存】

（Str）设为【RAM】（rAM）即可。

如果需要将 ATV320 电源断电和停车后保存速度的给定值，将【加减速给定保存】（Str）设为【EEPROM】（EEP）即可。

七、注意事项

值得注意的是 ATV320 的电动电位计每次按下加、减速按钮的步长不能直接设置，但是可以通过加、减速时间来调整，即如果感觉按下按钮时加速或减速过快，可以相应地调整加减速时间。

第五节　ATV320 在小型起重设备中的制动逻辑控制参数调整

ATV320 开发了专门用于起重机的制动逻辑控制参数，使用非常方便。

一、ATV320 的在起重行业中的应用示例的工艺

起重机是指在一定范围内垂直提升和水平搬运重物的多动作起重机械，又称吊车，属于物料搬运机械设备。其工作特点是做间歇性运动，即在一个工作循环中取料、运移、卸载等动作的相应机构是交替工作的。

起重机械根据其构造和性能的不同，一般可分为轻小型起重设备、桥式类型起重机械、臂架类型起重机和缆索式起重机四大类。

电动葫芦是一种特种起重设备，安装于天车、龙门吊之上，电动葫芦具有体积小，自重轻，操作简单，使用方便等特点，多用于工矿企业，仓储码头等场所。

本节通过对 ATV320 在电动葫芦（起升）项目中的参数设置，介绍 ATV320 在起重行业中的简单应用。其详细设置请扫描二维码。

二、ATV320 控制电动葫芦的相关数据

为确保电动葫芦的安全运行，电动葫芦减速器的控制箱的设计为能够在紧急情况下切断主电路，并带有上下行程限位器保护的控制装置。ATV320 控制电动葫芦的示意图如图 3－19 所示。

另外，钢丝绳可以采用 GB1102—1974（6×37+1）X 型起重钢丝绳。

本案例中的电动葫芦的参数如下：① 起重量为 0.25～80t；② 起升高度为 3～30m；③ 工作级别为 M3、M4；④ 运行速度为 20（30）m/min；⑤ 起升速度为 8m/min。

电动葫芦的运行条件：① 环境温度为－20～+40℃；② 工作制度为中级 JC25%，重级：JC40%。

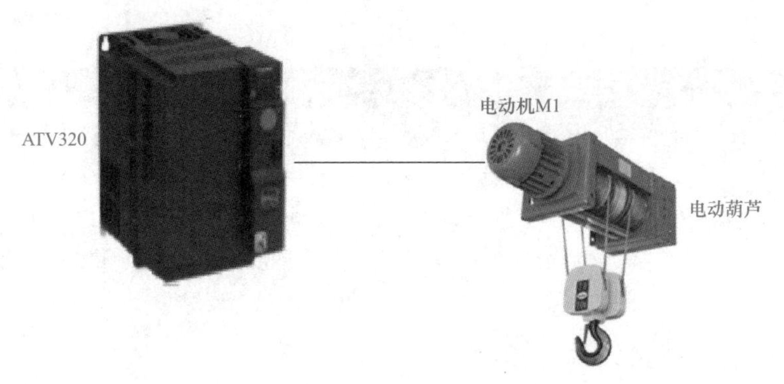

图 3－19　ATV320 控制电动葫芦的示意图

三、ATV320 回到出厂设置和电动机参数的设置

参照第一章第二节的内容对 ATV320 的参数进行【回到出厂设置】。

这里电动机以冶金 11kW 六极专用电动机为例，设置电动机的参数。

在集成面板上的电动机控制菜单中，依次按铭牌设置电动机参数即可。【COnF】下的【Full】然后找到【drC】菜单，按电动机铭牌进行设置即可。

（1）【电动机额定电压】（UnS）：设置为 380V。

（2）【电动机额定电流　】（nCr）：设置为 27.6A。

（3）【电动机额定速度】（nSP）：设置为 945r/min。

四、自整定

在开始自整定前，需要确保【电动机额定电压】（UnS）、【电动机额定频率】（FrS）、【电动机额定电流】（nCr）、【电动机额定速度】（nSP）、【电动机 1 功率因数】（COS）等参数与电动机上的铭牌配置正确。

在自整定参数 tUn 中，设置 Yes 进行电动机参数的学习，这对提高性能，减少调试中出现性能问题是非常重要的一步，自整定完成后，将电动机的控制类型设为矢量方式 UUC。同时适当调整 IR 补偿 UFR，直到电动机能够正常启动。

电动机的 IR 补偿设置为 110。

详细的电动机参数和自整定参数设置见表 3－2。

表 3－2　　电动机参数和自整定参数设置表

代码	描述	设置值	说明
drC 电动机控制菜单			
bFr	标准电动机频率	50	
UnS	铭牌给出的电动机额定电压	380	根据电动机铭牌
FrS	铭牌给出的电动机额定频率	50	
nCr	铭牌给出的电动机额定电流	27.6	
nSP	铭牌给出的电动机额定速度	945	

续表

代码	描述	设置值	说明
COS	铭牌给出的电动机功率因数	0.85	根据电动机铭牌
tUn	电动机控制自动整定	Yes	进行 1 次自动整定
Ctt	电动机控制类型	UUC	选择为矢量控制方式
UFR	电动机的 IR 补偿	110	保证顺利启动

五、逻辑输入/输出的设置

ATV320 的逻辑输入/输出，必须按照电气原理图来调整变频器逻辑输入输出的功能。

在本例中的数字量端子的设置为：① DI1 为正转；② DI2 为反转；③ DI3 为故障复位按钮的输入端子，用于复位不太严重的变频器故障；④ DI4 端子功能为 4 个预置速度；⑤ DI5 端子功能为 2 个预置速度；⑥ DI6 接外部机械安全机构，通过此逻辑输入，当外部安全输入断开时实现变频器的自由停车。

速度的设置为：① 1 挡速度为 15Hz；② 2 挡速度为 40Hz；③ 3 挡速度为 50Hz，也就是高速频率。

高速频率设为 50Hz 的设置为：将 ATV320 的 10V 与 AI1 短接，这样在 DI4 和 DI5 都没接通的情况下，ATV320 的给定值即为 50Hz。

I/O 点的参数设置见表 3-3。R1 继电器输出设置为变频器无故障，R2 继电器设置为制动逻辑输出。ATV320 的制动逻辑控制功能请扫二维码了解。

表 3-3　　I/O 点的参数设置

代码	描述	设置值	说明
IO 输入输出设置菜单			
tCC	两线控制	2C	DI1 正转
rrS	反向分配	380	DI2 反转
R1	变频器无故障	FLt	没有检测到变频器故障
FUN 应用功能菜单			
PS2	2 个预置速度	DI5	预置速度选择输入 1
PS4	4 个预置速度	DI4	预置速度选择输入 2
SP2	预置速度 2	15Hz	1 挡速度
SP3	预置速度 3	40Hz	2 挡速度
bLC	制动逻辑	R2	因为锥形转子电动机没有抱闸，所以，仅设置参数不接线
Flt 故障管理菜单			
rSF	故障复位	DI3	连接故障复位按钮

六、加减速时间

在【SET】中设置起重机的加速时间【ACC】为 5.0，减速时间【DEC】为 3.5。

ATV320 的加速时间是指从静止加速到电动机额定频率的时间，在工艺允许的范围内，应将加速时间尽量延长，否则有可能导致启动过程中电动机电流过大。将加速时间设置为 5s，如图 3－20 所示。

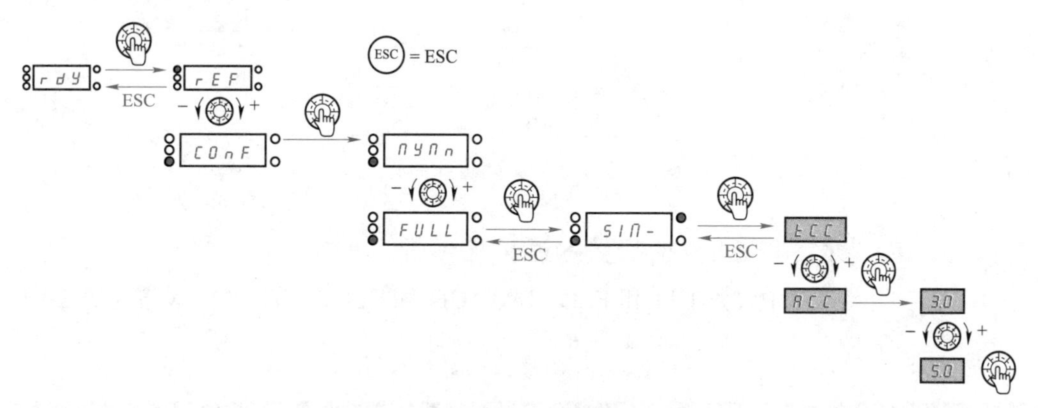

图 3－20　将加速时间设置为 5s

减速时间是指从电动机额定频率降速到电动机静止所需的时间，在工艺允许的范围内，应将减速时间尽量延长，否则有可能触发制动过速报警或需要加装制动电阻，减速时间的设置如图 3－21 所示。

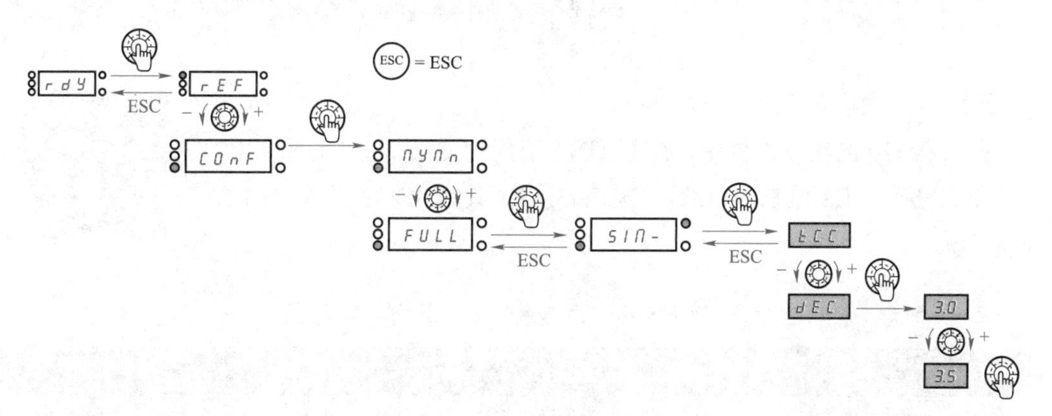

图 3－21　减速时间的设置

七、高低速频率和热保护电流的设置

低速频率 LSP 是电动机运行的最低速度，调节范围是 0～HSP 设定的值，出厂设置为 0，但必须高于等于制动器抱紧频率，设置为 10Hz。

高速频率 HSP 参数的调节范围是 LSP～tFr 设定的值，出厂设置为 bFr。

如果不是小电动机或无电动机测试，必须将电动机热电流设成电动机铭牌上标示的电动机额定电流，用于防止电动机运行时过热，热保护电流的设置如图 3－22 所示。

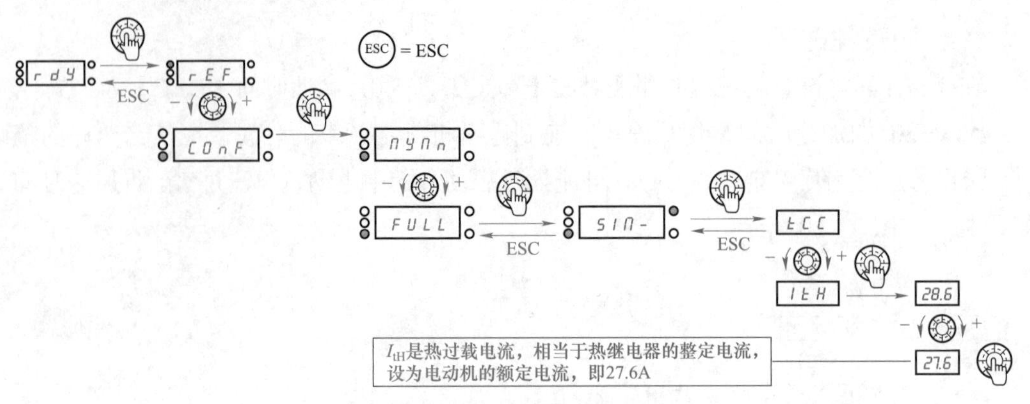

图 3－22　热保护电流的设置

八、UFr 参数和制动逻辑参数的调试和设置

在 SET 设置菜单中设置 UFr 和 FLG 参数。UFr 和 FLG 参数的详细设置见表 3－4。

表 3－4　　UFr 和 FLG 参数的详细设置

代码	描述	设置值	说　明
UFr	IR 补偿/ 电压提升	110	锥形电动机配合 brL（制动器释放频率，在功能菜单设置）调整到电动机制动器能可靠释放，配合制动器抱闸频率 bEn 参数调整到电动机制动器能可靠抱紧
FLG	速度环比例增益	45	出厂设定动态特性稍慢，所以，反复调试后设为 40，读者应根据实际运行情况结合 StA 速度环稳定性参数进行设置

速度环比例增益 FLG 设置为 45。

在 ATV320 的集成面板中，在【FUN】应用功能菜单中，设置 bIP、brL、Ibr、brt、bEn、bEt 的参数，见表 3－5。其制动频率设置请扫二维码了解。

表 3－5　　bIP、brL、Ibr、brt、bEn、bEt 的参数设置

代码	描述	设置值	说　明
bIP	制动器松开脉冲	Yes	ATV320 用于起升机构必须设置为 Yes，保证起升释放抱闸时扭矩向上
brL	制动器松开频率	5.5	起升运动时为 1～5 倍电动机额定滑差。应用必须调节该参数配合保证制动器顺利打开
Ibr	制动器松开时的电动机电流阈值	29	需要在满载和空载状态反复试验。预置力矩过大则空载可能倒提，预置力矩过小则满载可能溜钩
brt	制动器松开时间	0.5	根据实际制动器打开时间调整，可从 Somove 跟踪曲线分析
bEn	制动器抱紧频率	5.5	提升运行时 1～5 倍电动机滑差。频率设置较高时抱闸冲击较大，频率设置较低时抱闸过程中可能会溜钩
bEt	制动器抱紧时间	0.4	根据实际制动器动作时间调整，可从 Somove 跟踪曲线分析

九、注意事项

对于起升应用，变频器选型时比电动机功率要至少放大一挡；在有些负载比较重的应用场合，或者机械工程师对电动机选型时所留裕量较小时，ATV320 要比电动机功率放大两挡才能满足要求。另外，起重的电动葫芦一定要安装起重制动电阻，阻值在大于制动单元最小阻值的前提下尽量小，制动功率可以按经验变频器功率的 0.7～0.8 选取。

第六节　ATV320 拖动同步电动机

一、ATV320 拖动同步电动机在行业中的应用工艺

生活中常用的中空玻璃的表面上有一层镀膜，是为了保证透光率和隔热特性，但现在非常流行的 LOW－E 玻璃（低辐射镀膜玻璃），是将金属银离子溅射到玻璃表面，而银离子的活跃性比较强，在空气中很快会氧化，发黑，如果用 LOW－E 玻璃做中空玻璃不除膜，那么空气中的水分会通过玻璃的边部向中空内层渗透，使中空内部氧化、变花。因为中空玻璃的密封胶，其水密性性能比较佳，但其气密性能较弱，无法阻隔气体侵蚀，所以 LOW－E 中空玻璃边缘必须除膜，而且必须除膜干净。

本例通过全自动立式除膜机来说明 ATV320 在拖动变频器同步电动机时的参数设置。全自动立式除膜机的安装图如图 3－23 所示。

图 3－23　全自动立式除膜机的安装图

二、同步电动机的相关知识

1. 永磁同步电动机（PMSM）

永磁同步电动机是由永磁体励磁产生同步旋转磁场的同步电动机，永磁体作为转子产生旋转磁场，三相定子绕组在旋转磁场作用下通过电枢反应，感应三相对称电流。

永磁同步电动机具有体积小、效率高、功率因数高，启动力矩大，温升小等特点。

永磁同步电动机的结构由定子和转子组成，定子绕组一般做成多相，常用的是三相绕组，三相绕组沿定子铁心对称分布，在空间差 120° 电角度，通入三相交流电时，由三相逆变器给电动机的三相绕组供电。定子绕组中的电流大小是由负载决定的，定子绕组中三相电流的频率和相位随转子位置的变化而变化，使三相电流合成一个与转子同步的旋转磁场，通过电力电子器件构成的逆变电路的开关变化实现三相电流的换相，永磁同步电动机的结构如图 3－24 所示。

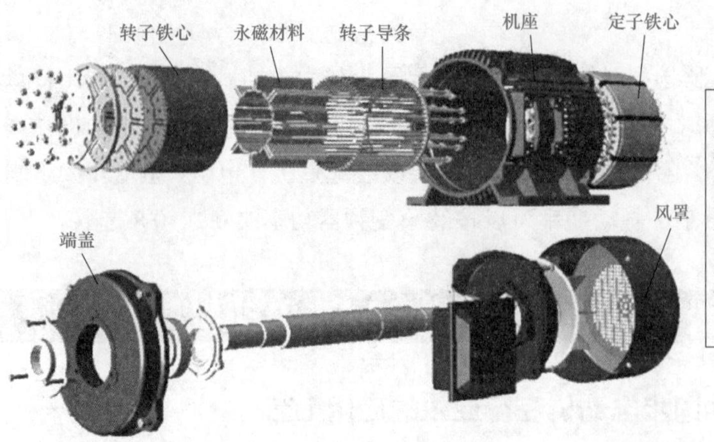

图 3－24　永磁同步电动机的结构

2. ATV320 系列变频器的同步电动机控制方式

目前，永磁同步电动机已经被广泛用在高精度的伺服定位系统和高精度定位的设备上。ATV320 专门针对同步电动机控制方式时，可在电动机控制模式中将【ctt】设为【syn】，目前仅支持开环的同步电动机控制。

3. 永磁同步电动机 BCH0802 的特点

由于永磁同步电动机的磁场是由永磁体产生的，故可以避免通过励磁电流来产生磁场而导致的励磁损耗（铜耗）。由于永磁同步电动机功率因数高，这样相比异步电动机其电动机电流更小，效率也更高。

通常电动机在驱动负载时，很少情况是在满功率运行。一方面，在电动机选型时，一般是依据负载的极限工况来确定电动机功率，而极限工况出现的机会是很少的，同时为防止在异常工况时烧电动机，也会进一步给电动机的功率留出裕量；另一方面，设计者在选择电动机时，为保证电动机的可靠性，通常会在用户要求的功率基础上，进一步留一定的功率裕量。因此，在实际场合中运行的电动机，90%以上是工作在额定功率的 70%以下，特别是在驱动风机或泵类负载时，更是基本工作在轻载区。

从永磁同步电动机的外特性效率曲线可以看出，相比异步电动机，永磁同步电动机在轻载时效率值要高很多（20%以上），具有节能优势。

三、除膜机的系统架构

全自动立式除膜机采用 5 台变频器用于控制玻璃的传动及磨头的旋转，ATV320 开环带 BCH0802 交流变频器电动机。ATV320 对同步电动机的支持比较好，刚性强，除膜机的系统架构如图 3－25 所示。

当使用一般压力时，电动机电流一般在 4.8A 以下（变频器额定电流以下），但当提高除膜厚度时，需要加大磨轮与玻璃之间的压力，运行电流经常在 4～7.5A（750W 变频器的限幅电流为 7.2A）左右，偶尔瞬时电流可以达到 9.2A。

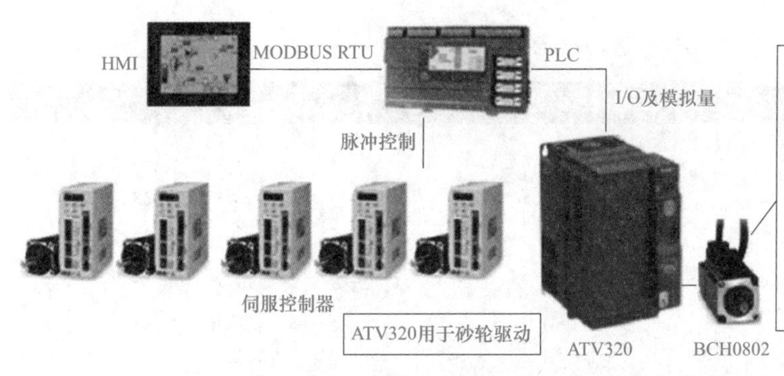

交流变频器电动机BCH0802体积小，开环控制又不受编码器影响，因为全自动立式除膜机的磨头在加工过程中需要360° 旋转，在除膜的过程中砂轮电动机的负载变化也非常大，随时变化的驱动电流就产生了强力磁场，为避免驱动磨头的变频电动机损坏，在配线的时候将变频器电动机的动力电缆经过一个滑环，同时也解决了强电干扰弱电造成驱动器损坏的隐患

图 3－25　除膜机的系统架构

由于变频器的过载能力不如电动机，所以在采用 ATV320 时不但要考虑到额定电流及功率，还要通过实验的方式来确认变频器的过载能力能否满足实际应用的需要。本示例中的变频器选定为 ATV320U11M2C，其峰值电流输出能力可以到达 10.4A，所以 ATV320U11M2C 与变频器 BCH0802 是可以满足工艺需求的，ATV320U11M2C 的最大连续电流和持续 60s 的最大瞬时电流见表 3－6。

表 3－6　　采用紧凑型控制板的 ATV320 技术参数

ATV320_63440_OPF16002

ATV320_63440_OPF16016

电动机		线路电源				ATV320			
铭牌标示功率		最大线电流		视在功率	最大预期线路电流 I_{SC}	最大连续输出电流（I_m）	持续 60s 最大瞬时电流	最大输出电流（I_m）下的耗散功率	型号
		在 U1 下	在 U2 下	在 U2 下					
kW	HP	A	A	kVA	kA	A	A		
单相电源电压：200…240V 50/60Hz，带集成式 EMC 滤波器									
0.18	0.25	3.4	2.8	0.7	1	1.5	2.3	21.7	ATV320U02M2C
0.37	0.5	5.9	4.9	1.2	1	3.3	5	32.2	ATV320U04M2C
0.55	0.75	7.9	6.6	1.6	1	3.7	5.6	41.7	ATV320U06M2C
0.75	1	10	8.4	2	1	4.8	7.2	48.3	ATV320U07M2C
1.1	1.5	13.8	11.6	2.8	1	6.9	10.4	65.6	ATV320U11M2C
1.5	2	17.8	14.9	3.6	1	8	12	82.4	ATV320U15M2C
2.2	3	24	20.2	4.8	1	11	16.5	109.6	ATV320U22M2C

BCH0802 电动机额定电动机为 220V，额定电流为 5.1A，最大电流为 15A，极对数为 5。BCH 电动机的常规属性见表 3－7，BCH0802 变频器同步电动机现场安装图如图 3－26 所示。

表 3-7　　BCH 电动机的常规属性

电动机型号	交流同步伺服电动机	
电极对的数目	5	
电动机外壳的防护级	IP65	按照 IEC 60034-5
无密封的轴的防护等级	IP54	按照 IEC 60034-5
有密封的轴的防护等级	IP65	按照 IEC 60034-6
IP67 套件防护等级	IP67	按照 IEC 60034-6
耐热等级	F（155℃）	按照 IEC 60034-1
振荡大小等级	A	按照 IEC 60034-14
测试电压	＞2400U_{ac}	按照 IEC 60034-1

图 3-26　BCH0802 变频器同步电动机现场安装图

四、设置访问权限

设置电动机控制类型为同步电动机并设置访问权限为专家，在【电动机控制】（drC）菜单中设置【电动机控制类型】（Ctt）为同步电动机，如图 3-27 所示。

Ctt	[电机控制类型]	[标准](Std)
	注：输入参数值之前的选择规则。	
SYn	[同步电机](SYn)：仅用于具有正弦电动势 (EMF) 的同步永磁电机。此选项会使异步电机参数不能被访问，但可访问同步电机参数。	
uFq	[U/F 二次方](uFq)：转矩可变。适用于泵与风机应用。	
nLd	[节能](nLd)：节能。适用于不需要高动态性能的应用场合。	

图 3-27　设置 Ctt【电动机控制类型】为同步电动机

还要在【访问等级】（LAC）菜单中，设置访问权限为【专家】（Epr）权限。

五、速度给定通道设置

本例中设置速度给定通道为电流 AI3，电流范围 4～20mA。

在 IO 菜单中【AI3 设置】（AI3）参数组下，找到【AI3 类型】（AI3t），选择为 0A，然后按 ENT 键确认。再设置【AI3 最小值】（CrL3）为 4，按 ENT 键确认。

六、设置加减速时间和电动机参数及整定

在本例中加速时间为 0.5s，减速时间为 0.6s，在【简单启动】（SIM）中设置【加速度】（ACC）为 0.5s，设置【减速度】（DEC）为 0.6s。

在 ATV320 的变频器中，参数 nCrS 是用来设定同步电动机额定电流的，调节范围是 0.25 ～ 1.5 In（1），出厂设置由变频器额定值决定。

参数 PPnS 是用来设定同步电动机极对数的，调节范围是 1 ～50，出厂设置由变频器额定值决定。

参数 nSPS 是用来设定同步电动机额定速度的，调节范围是 0～48 000 r/min，出厂设置由变频器额定值决定。

本例根据 BCH0802O11A1A 参数设置电动机参数，在【电动机控制】（drC）→【同步电动机】（Syn）参数组，设置【同步电动机额定电流】（nCrS）→5.1A，【同步电动机极对数】（PPnS）→5，【同步电动机】（nSPS）→3000r/min，【电动机转矩】（tqS）→2.39N・m。

同时设置【夹角设置类型】（ASt）为【永磁同步】（SPnA）。

电动机整定时，将【电动机控制】（drC）→【自动整定】（tUn）选择为 Yes，进行同步电动机的自学习，这是非常重要的一步。

不要在自整定期间维修电动机，如果需要重新整定电动机，需要等到电动机完全停止并变冷。然后将【自整定】（tUn）设置为【清除自整定 】（CLr），再重新整定电动机。【擦除自整定】（CLr）的设置如图 3－28 所示。

此页上描述的参数可通过如下方式访问：　DRI-> CONF > FULL > DRC-> ASY-

代码	名称 / 说明	调节范围	出厂设置
tun () 2s	[自整定] **▲警告** **意外运动** 自调节会让电机发生运动以调整控制环。 • 仅当操作区域内无人或无障碍物时才能启动系统。 **不按照说明操作可能导致人身伤亡或设备损坏。** 自调节过程中，电机会小幅运动，系统发出噪音和振动是正常的。		[No]（no）
	- 仅在没有激活停车命令时才执行自整定。如果已经给一个逻辑输入分配了"自由停车"或"快速停车"功能，则此输入必须被设置为 1(设置为 0 被激活)。 - 自整定比任何运行命令或预磁命令具有优先权，这些命令只有在自整定序列完成后才会被考虑。 - 如果自整定检测到故障，变频器就会显示 [无动作]（no），并且可能会切换到 [自整定故障]（tnL）故障模式，取决于第 265 页的 [自整定故障设置]（tnF）设置。 - 自整定可能会持续 1 至 2 秒。不要中断自整定过程，等待显示变为 [无动作]（no）。 注，电机热态对于整定结果有较大影响。要求在电机停车且变冷后执行整定。 如果需要重新整定电机，需要等到电机完全停止并变冷。首先将 [自整定]（tun）设置为 [清除自整定]（CLr），然后重新整定电机。 如果进行电机整定之前没有首先将 [自整定]（tun）设置为 [清除自整定]（CLr），则这种方法可用于获得电机热态估算。 无论如何，在执行整定之前电机必须停车。 电缆长度对于整定结果也具有一定影响，如果电缆长度发生变化，必须重新进行整定。		
no	[无动作]（no）：没有执行自整定		
YES	[进行自整定]（YES）：如有可能，立即执行自整定，然后参数自动变为 [无动作]（no）。如果变频器状态不允许立即进行整定，参数将会变为 [No]（no）且必须再次进行整定。		
CLr	[清除自整定]（CLr）：被自整定功能测量的电机参数复位。缺省电机参数值被用于控制电机。[自整定状态]（tuS）被设置为 [电阻未整定]（tAb）。		

图 3－28 【擦除自整定】（CLr）的设置

用户如果进行电动机整定之前，没有将【自整定】(tUn)设置为【清除自整定 】(CLr)，那么这种操作的结果可以用来估算电动机热态。

七、手动设置同步电动机电动势

在本例中为 BCH0802O11A1C 的电压常数为 17.2，PHS 参数对电动机电流影响的曲线如图 3－29 所示。

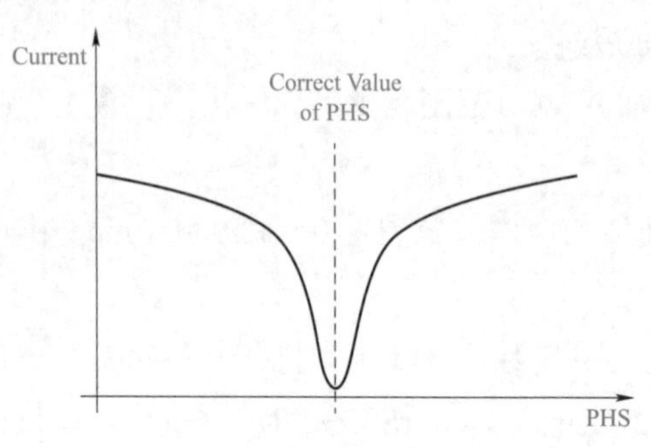

在ATV320变频器中，PHS调节允许减小有负载运行时的电流，调节范围是0～6553.5mV/(r·min^{-1})，出厂设置是0mV/(r·min^{-1})。同步电机的EMF常数，以mV/(r·min^{-1})进行表示（每一相的峰值电压）；
整定完成后，要根据rdAe参数值要不断调整PHS参数，当rdAe小于0，则增大PHS参数，rdAe大于0，则增大PHS参数，当直到空载时电动机运行电流最小，这样就找到PHS【同步电动机电动势】的最佳值

图 3－29　PHS 参数对电动机电流影响的曲线

八、速度环的比例增益

根据动态特性调整速度环的比例增益，为降低电动机的噪声，设置【速度环比例增益】(SPG）为 25%。比例增益与时间的响应图如图 3－30 所示。

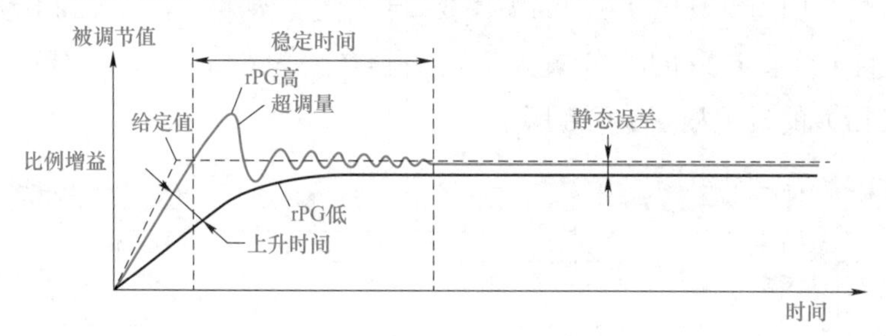

图 3－30　比例增益与时间的响应图

九、加强励磁参数的调整

调整加强励磁参数可以加强低频电动机力矩刚性，设置【电动机控制】(drC）→【增强模式启动】(bOA）设置为【静态】(StAt)，设置【电动机控制】(drC）→【强励频率】(FAb）为 5Hz，【加强预磁】(bOO）参数经反复调整设置为 20%。【强励频率】(FAb）设置为 5Hz。

ATV320 可在基本不增加成本的情况下解决了砂轮电动机信号线过滑环造成变频器报警的问题，为我们提出了一种新的应用思路。

十、BCH 系列伺服电动机参数

本例中使用的是 ATV320HU11M2 拖动变频器电动机(永磁同步电动机)BCH0802O11A1C。

BCH 系列电动机技术参数见表 3－8。

表 3－8　　BCH 系列电动机技术参数

BCH 系列	BCH 04010	BCH 06010	BCH 06020	BCH 08010	BCH 08020	BCH 10010	BCH 10020
额定功率/kW	0.1	0.2	0.4	0.4	0.75	1.0	2.0
额定扭矩/N · m	0.32	0.64	1.27	1.27	2.39	3.18	6.37
最大扭矩/N · m	0.96	1.92	3.82	3.82	7.16	9.54	19.11
额定转速（r/min）	3000						
最高转速（r/min）	5000						
额定电流（A）	0.9	1.55	2.6	2.6	5.1	7.3	12.05
瞬时最大电流（A）	2.7	4.65	7.8	7.8	15.3	21.9	36.15
每秒最大功率/（kW/s）	27.7	22.4	57.6	24.0	50.4	38.1	90.6
转子惯量/（kg · cm^2）	0.037	0.177	0.277	0.68	1.13	2.65	4.45
机械常数（ms）	0.75	0.80	0.53	0.74	0.63	0.74	0.61
扭矩常数-KT/（Nm/A）	0.36	0.41	0.49	0.49	0.47	0.43	0.53
电压常数-KE（mV/（r · min^{-1}））	13.6	16	17.4	18.5	17.2	16.8	19.2
电机阻抗（Ω）	9.3	2.79	1.55	0.93	0.42	0.20	0.13
电机感抗（mH）	24	12.07	6.71	7.39	3.53	1.81	1.50
电气常数（ms）	2.58	4.3	4.3	7.96	8.37	9.3	11.4

十一、注意事项

ATV320 与以往施耐德电气变频器相比，突出了开环控制永磁同步电动机的功能，在驱动永磁同步电动机时电动机刚性强，运行平稳，速度波动小，完全可以满足连续大扭矩输出的工况。

另外，ATV320 拖动同步电动机时，必须正确设置同步电动机的参数，自整定后要根据 rdAE 参数调整 PHS 参数值，优化电动机的运行电流，当低频下电动机的性能不能满足应用要求时，可通过低频励磁来提高同步电动机在低频下的性能。

第七节　压缩机中 ATV320 的 PID 控制

一、任务引入

工业生产中压缩机的控制，可以采用 PID 的恒压控制系统。本示例以 ATV320 为例，在 PID 控制系统中使用 ATV320 的端子 DI1 进行启停操作。其中，PID 给定是通过中文面板给定的，PID 的反馈信号使用 4～20mA，所对应的工程量为 0～160kg/cm^2，设定的压力范围是 50～120 kg/cm²，并且，使用端子 DI6 做手/自动切换，在实例操作中给出了 PID 的设置流程，这个流程里所用到的功能对大多数的 PID 应用都是适用的。

二、PID 控制原理

PID 是非常重要的一种控制器，在工业生产过程中得到了广泛的应用。一方面，由于 PID 控制器能在各种不同的工作条件下都能保持较好的工作性能；另一方面，由于 PID 的控制器功能相对简单，使用方便，如可以利用 PID 的控制原理控制风门的开度来控制风量的大小。

PID 控制器在实际应用中常常采用比例、积分、微分等基本控制规律，或者采用这些基本控制规律的某些组合，如比例—积分、比例—微分、比例—积分—微分等组合控制规律。

PID 控制器必须确定比例增益、积分增益和微分增益这 3 个参数。PID 中的 P 代表比例（Proportional）控制，I 代表积分（Integral）控制，D 代表微分（Derivative）控制。图 3－31 所示为 PID 控制原理图。

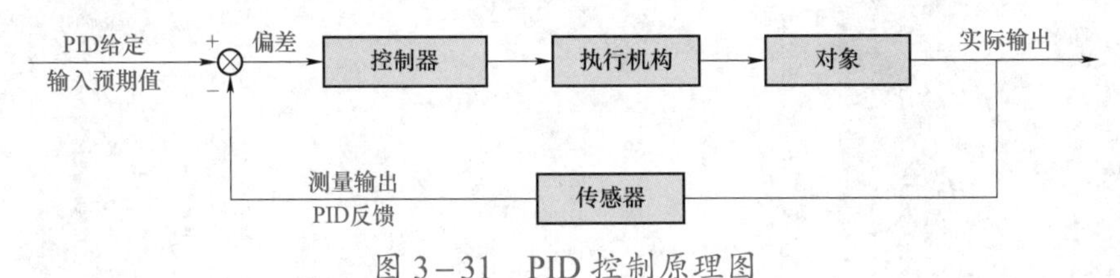

图 3－31　PID 控制原理图

三、ATV320 系列变频器启动 PID 调节器的方法

在过程控制领域的工程应用中，既可以使用 PLC 的 PID 功能，也可以使用变频器中内置的 PID 控制器。使用变频器内置的 PID 或 PI 控制器的调节功能，在降低了设备投入成本的同时，还大大提高了生产效率。

ATV320 的 PID 功能出厂设置为不使用状态，如果要启动 PID 功能，在【简单启动】（SIM－）→PID 调节宏，或者在【应用功能】（FUn－）→【PID 调节器】（PId－）中，将【PID 反馈】（PIF）设为除 No 外的其他设定来启动 PID 功能。

（1）简单启动中的 PID 宏。在 COnF 模式→Full 下，旋转导航键找到【简单启动】（SIM－），按【ENT】键进入，选择【宏配置参数】（CFG）→【PID 调节】（PId－），按住【ENT】键 2s，即启用了 PID 功能，配置后，在 PID 调节宏后将出现一个勾来确认所做选择。PID 调节宏的输入/输出端子定义如图 3－32 所示。

（2）PID 比例增益、积分增益和微分增益。PID 比例增益、积分增益和微分增益是在【应用功能】（FUn－）下的【PID 调节器】（PId－）里面找到【PID 比例增益】（rPG）、【PID 微分增益】（rdG）和【PID 积分增益】（rIG）的，根据现场的工艺情况调节这 3 个参数，微分一般不使用（出厂设定）。

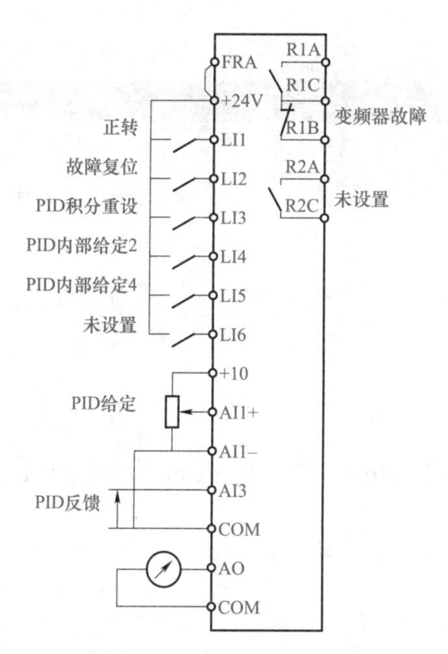

输入/输出	PID调节宏
AI1	给定1通道(PID给定)
AI2	PID反馈
AO	电动机频率
LI1	正转
LI2	故障复位
LI3	PID积分重设
LI4	两个PID内部给定
LI5	四个PID内部给定
LI6	未设置
R1	变频器故障
R2	未设置

图 3－32　PID 调节宏的输入/输出端子定义

四、恢复出厂设置和设置权限

【回到出厂设置】十分重要，在 COnF 模式下找到 FCS，按【ENT】键进入。首先设置 Fry 为 ALL，然后进入 GFS 参数选 Yes，按住【ENT】键 2s 以上即可回到出厂设置。

在【访问等级】中设为专家权限，再按下确认【OK】键即可。

五、设置电动机参数，做自整定

按照电动机铭牌上的标示来设置【电动机额定电压】(UnS)、【电动机额定频率　】(FrS)、【电动机额定电流　】(nCr)、【电动机额定速度】(nSP)、【电动机 1 功率因数】(COS)等参数。

在开始自整定前，用户需要确保【电动机额定电压】(UnS)、【电动机额定频率　】(FrS)、【电动机额定电流　】(nCr)、【电动机额定速度】(nSP)、【电动机 1 功率因数】(COS)等参数配置正确。

在自整定参数 tUn 中设置 Yes 进行电动机参数的学习，这对提高性能，减少调试中出现性能问题是非常重要的一步，详细的电动机参数和自整定参数设置见表 3－9。

表 3－9　　电动机参数和自整定参数设置

代码	描述	设置值	说明
drC 电动机控制菜单			
bFr	标准电动机频率	50	
UnS	铭牌给出的电动机额定电压	380	根据电动机铭牌
FrS	铭牌给出的电动机额定频率	50	

续表

代码	描述	设置值	说明
nCr	铭牌给出的电动机额定电流	27.6	根据电动机铭牌
nSP	铭牌给出的电动机额定速度	945	
COS	铭牌给出的电动机功率因数	0.85	
tUn	电动机控制自动整定	Yes	进行 1 次自动整定
UFt	电动机控制类型	n	选择为矢量控制方式

六、启动 PID 功能

在【应用功能】(FUn–)→【PID 调节器】(PId–)中，设置【PID 反馈】(PIF)→AI1，启动 PID 功能。

七、AI3 的配置

配置 PID 反馈信号为 AI1，直接按 F4 功能键将进入【输入/输出】菜单，选择【AI/AQ】→【OK】键进入后，选择【AI1 的设置】，先修改【AI1 类型】为电流，修改【AI1 最小值】(CrL3)里的电流最小值为 4mA。

八、PID 反馈和给定的设置

本例中，对应的工程量为 0～160kg/cm^2，所以要在【PID 反馈最大值】(PIF2)里设置 PID 反馈的最大值为 16000，同时在【PID 反馈最小值】(PIF1)里设置 PID 反馈最小值为 0。

根据系统中设定的压力范围是 50～120 kg/cm^2，要在【PID 给定最大值】(PIP2)里将 PID 给定最大值设为 12000，在【PID 给定最小值】(PIP1)里将 PID 给定最小值设为 5000。

PID 内部给定值设为 Yes，在【监视】(SUP–)→【内部 PID 给定】(rPI)中调整 PID 的给定值。

选择 Yes 后，PID 给定值由【内部 PID 给定】(rPI)的参数给出，这样就使内部参数的对应关系与反馈值和实际工程量的对应关系相同了。

九、PID 比例增益和积分增益的调整

PID 的比例增益、积分增益应分别逐渐调整，调整的同时要观察实际反馈值。比例增益对 PID 反馈的影响如图 3–33 所示，实线代表比例增益大，点线代表比例增益小。

积分增益的影响如图 3–34 所示，实线代表积分增益大，点线代表积分增益小。

微分增益对 PID 反馈的影响如图 3–35 所示。增大微分增益减小超调量的作用见图 3–35 中的虚线。

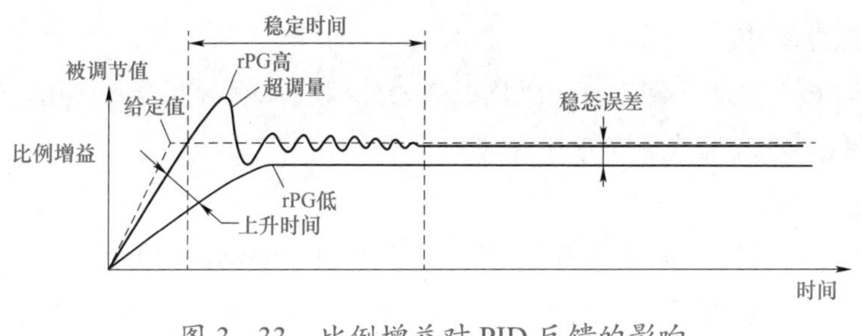

图 3－33 比例增益对 PID 反馈的影响

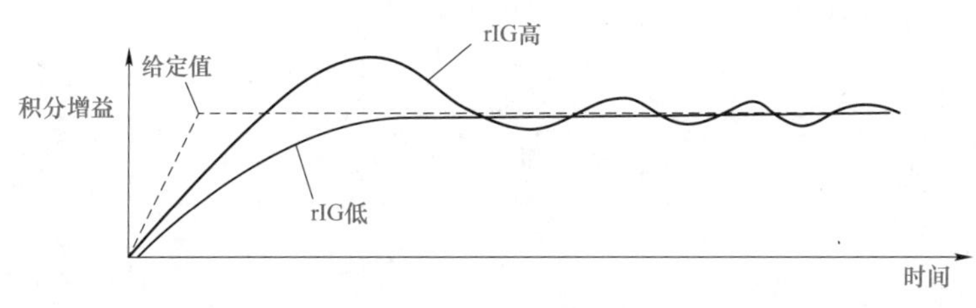

图 3－34 积分增益对 PID 反馈的影响

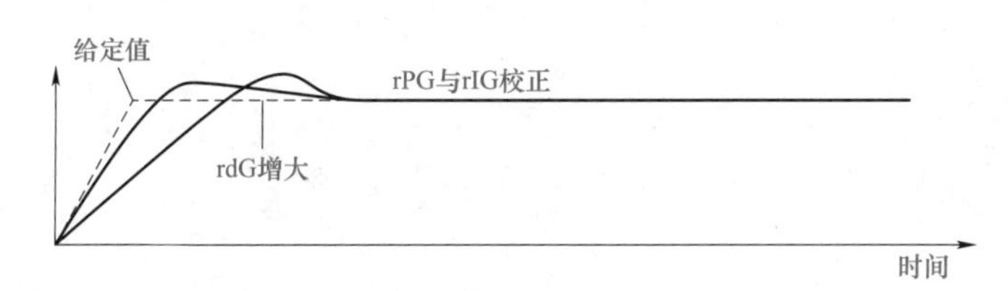

图 3－35 微分增益对 PID 反馈的影响

比例增益、积分增益的调整方法是先将积分增益调至最小，微分增益设为 0，观察 PID 反馈值并调整 PID 比例增益，以获得快速性和稳定性的一个最佳结合点，然后慢慢增大积分增益，根据 PID 实际反馈值的响应反复调整比例增益和积分增益这两个参数，在 PID 给定范围内多次改变 PID 给定值，对比例增益和积分增益进行调整，直到在整个工作范围内达到满意的性能为止。

微分增益可根据需要来调整超调量，在大多数情况下微分环节一般不用。

按照上面的方法调整 PID 比例增益和积分增益，直到在整个工作范围内达到满意的性能为止，这里微分增益不用。

十、故障管理

将【故障管理】（FLt－）→【4－20mA 缺失】（LFL－）→【AI1 4－20mA 缺失】（LFL3）设置为【自由停车】（Yes）。

十一、手/自动分配的设置

在这个应用的例子中变频器是使用端子 DI6 做手/自动切换的，所以在实际操作中还需要在【应用功能】（FUn－）→【PID 调节器】（PId－）→【手/自动分配】（PAU）设置为 DI6，【手动给定】（PIn）设置为 AI2。

十二、注意事项

ATV320 的 PID 功能非常丰富，而且不需要外部选件就可以投入使用，有专用的菜单来设置 PID 功能，在【监视】菜单中还可以显示 PID 调节器反馈、给定、误差和 PID 输出频率等参数。

ATV320 的 PID 调试也非常简单方便，在大多数应用场合可使用变频器的 PID 宏，只需经过较少的改动就能够满足工艺上的要求。

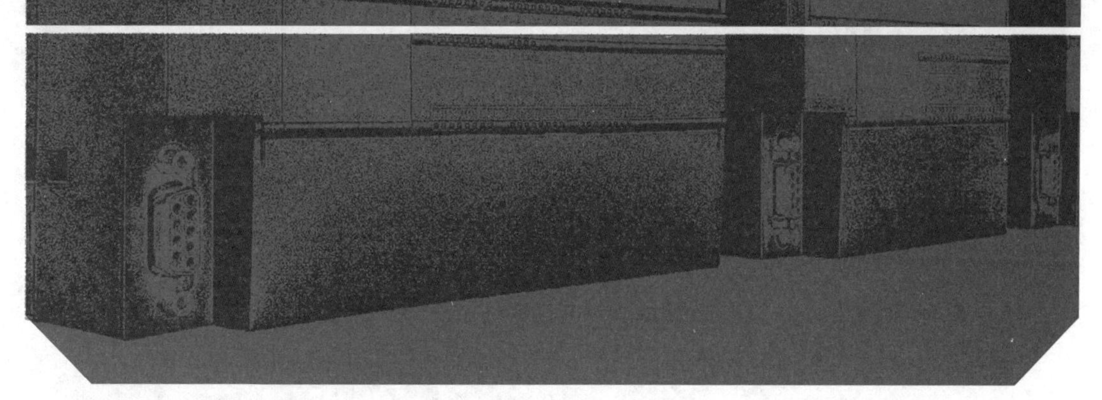

第四章 SoMove 调试编程与经典案例

第一节 SoMove 软件和变频器的调试

一、SoMove 软件的简介和软件下载

SoMove 是施耐德变频器、伺服、电动机保护器在电脑上使用的调试软件，SoMove 软件可以在离线状态下，提前准备设备配置文件，节约调试的时间，提高效率。SoMove 软件可以启动、调试变频器、使用示波器功能抓取运动曲线，读取设备详细的故障信息，另外，ATV320 的 ATVlogic 功能和安全功能也必须要使用 SoMove 软件。本节简单介绍 SoMove 软件下载、安装、注册和最基本的串口连接和配置功能，来帮助初学者入门。

SoMove 软件安装分为两个部分：① 通用的软件接口文件；② 与设备有关的 DTM 文件。通用的接口文件是必须安装的，与设备有关的 DTM 文件可根据需要下载，如项目中用到 ATV320，就需要下载 ATV320 的 DTM 文件。

目前 SoMove 最新的版本 V2.7.1，SoMove 通用接口安装文件下载链接如下：

https://download.schneider-electric.com/files?p_enDocType=Software+-+Released&p_File_Name=SoMove_V2.7.6.exe&p_Doc_Ref=SoMove_FDT

SoMove 软件目前支持的变频器包括 Altivar 12、Altivar 31、Altivar 32、Altivar 61、Altivar 71、Altivar 212、Altivar 312、Altivar Machine ATV320、Altivar Machine ATV340、Altivar Process ATV600、Altivar Process ATV900。

SoMove 软件目前支持 Altistart 22 和 Altistart 48 的软启动器，Lexium16、Lexium26/28、Lexium 32、Lexium 32i 伺服驱动器，电动机启动器 Tesys U 和 Tesys T 电动机管理系统。

ATV320 的 DTM 文件下载地址链接如下：

https://download.schneider-electric.com/files?p_Archive_Name=ATV320_DTM_Library.

zip&p_enDocType=DTM%20files&p_Doc_Ref=ATV320_DTM_Library

二、软件和硬件安装要求

（1）操作系统：Microsoft Windows 7，Microsoft Windows 8.1 和 Microsoft Windows 10（如果使用虚拟机安装 SoMove，操作系统建议选 Window7 或 Windows10）。

（2）处理器：64 位（x86）处理器。

（3）可用硬盘空间：2 GB。

（4）内存：4 GB RAM。

（5）具有 WDDM 1.0 或更高版本驱动程序的 Direct X9 图形设备。

（6）显示：1024 × 768、1366 × 768、1600 × 1900 和 1920 × 1080 像素。

三、SoMove 支持的连接方式及硬件

SoMove 支持通过串口、以太网、CANopen 或蓝牙连接变频器。

1. 串口连接方式

SoMove 软件串口的连接方式支持的产品范围最广，推荐 USB 转串口 RJ－45 接口的通信线 TCSMCNAM3M002P，如图 4－1 所示。

图 4－1　USB 转串口 RJ－45 接口的通信线 TCSMCNAM3M002P

2. 以太网

以太网的连接方式，PC 使用以太网线连接到变频器。

ATV320 选配以太网卡、Profinet 卡、EtherCAT（要求 V1.12ie03 以上，支持 EoE）、ATV340 以太网版本或 ATV340 非以太网版本选配 Profinet 通信口，ATV600/900 全系列，都可以使用 SoMove 软件通过 ModbusTCP 通信与这些变频器建立连接，进行调试，参数配置和故障读取与诊断。

3. CANopen

CANopen 的连接方式推荐使用 IXXAT 的 USB 转 CANopen 的转换器。

变频器本体支持的 CANopen 或选配 CANopen 通信卡后，PC 通过 USB 转 CANopen 的转换器连接到变频器的 CANopen 口。当连接变频器时要断开和 PLC 的 CANopen 主站连接，因为 CAN open 网络上不允许有两个主站。

4. 蓝牙

使用蓝牙连接时，除 ATV32 外的施耐德所有变频器，均需采购 Modbus 转蓝牙的转

换器 TCSWAAC13FB，如图 4－2 所示。

PC 如果不支持蓝牙，可选购 VW3A8115 以支持蓝牙功能，这样可以通过蓝牙连接到变频器，进行调试。

图 4－2　Modbus 转蓝牙的转换器 TCSWAAC13FB

四、SoMove 的注册

应在安装软件后的 21 天内注册软件，SoMove 注册是免费的。SoMove 软件的注册有通过网页注册、打电话和发送邮件 3 种方式。

通过网页注册需要 PC 可以联网（因特网），注册有两种方法，一般使用方法一；如果 PC 不能上网，可以选择使用能上网的手机或电脑按方法二完成注册。

1. 方法一

（1）打开 SoMove－注册向导。

（2）选择 By Web。

（3）填写带*的信息。

（4）注册成功。

2. 方法二

（1）打开 SoMove－注册向导。

（2）选择第三项“索取授权码”。

（3）在弹出界面中记录【代码条目号】和【计算机标识符】，如图 4－3 所示。

图 4－3　记录【代码条目号】和【计算机标识符】

（4）用浏览器打开下面的链接：

http：//www2.schneider－electric.com/SITes/corporate/en/products－services/software－registration/customers/software－registration.page

（5）在产品信息中填入代码条目号和计算机 ID，即步骤 3 中的【代码条目号】和【计算机标识符】，如图 4－4 所示，然后填写带*内容，产品选择 SoMove，填写完毕后提交注册。

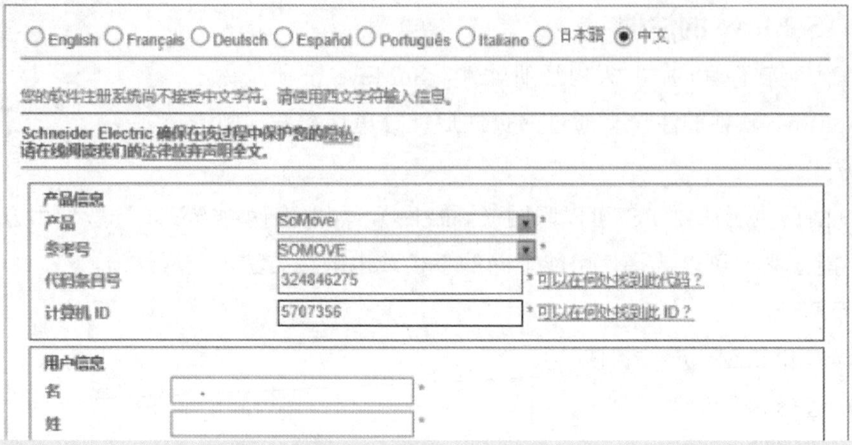

English Français Deutsch Español Português Italiano 日本語 中文

您的软件注册系统尚不接受中文字符。请使用西文字符输入信息。

Schneider Electric 确保在该过程中保护您的隐私。
请在线阅读我们的法律放弃声明全文。

产品信息
产品 SoMove *
参考号 SOMOVE *
代码条目号 324846275 * 可以在何处找到此代码？
计算机 ID 5707356 * 可以在何处找到此 ID？

用户信息
名 *
姓 *

图 4－4　填写信息

五、SoMove 的主界面

SoMove 的起始画面即主界面，分为左中右 3 个区域，如图 4－5 所示。左侧的工具栏有 4 个子功能区，分别是项目、传输、工具、语言 4 部分。

图 4－5　SoMove 的主界面

主界面的中间区域的顶部显示了上次 SoMove 连接的设备的相关信息，这些信息包括设备类型，连接方式等信息。在中间区域的中部显示了常问问题（FAQ），这些 FAQ 包含了使用 SoMove 常见问题的答案，如果使用 SoMove 时碰到问题，可先在这里查找一下相关信息。

在右侧区域，【List device software installed on this PC】用于显示电脑上已经安装的 DTM 文件，【Download device software and documents】用于打开下载 DTM 文件的网页，在【Motor Control Solutions】用于打开施耐德官方网站上关于网上 Ecostruxure 电动机控制相关配置工具、变频器、伺服、电动机保护器的画面，在支持的图标下面，可通过【Customer Care Center】访问网络的客户支持页面，里面有非常丰富的英文文档和资料，【field Services】可访问现场服务的英文网站页面，也可以通过右侧区域的最下端的【新闻】，访问施耐德的博客网站 https://blog.se.com/和施耐德官方网站 https://www.se.com/。

1. 语言

第一次打开 SoMove，语言默认选择是英文，可以在【language】中选择【中文】，关闭 SoMove 再重新打开，SoMove 界面语言即修改为中文。

2. 离线创建项目

（1）【离线创建项目】用于在项目执行前设置变频器的参数，可以提高项目的执行时间，并可以对一些参数设置细节进行离线的模拟，选择离线创建的 ATV320 后，单击下一步，如图 4－6 所示。

图 4－6 选择离线创建的变频器

（2）在【创建拓扑结构】对话框，按图 4－7 所示选择变频器的防护等级、变频器型号、固件卡、选件卡，设备名称可以选填，设置完毕单击【创建】。

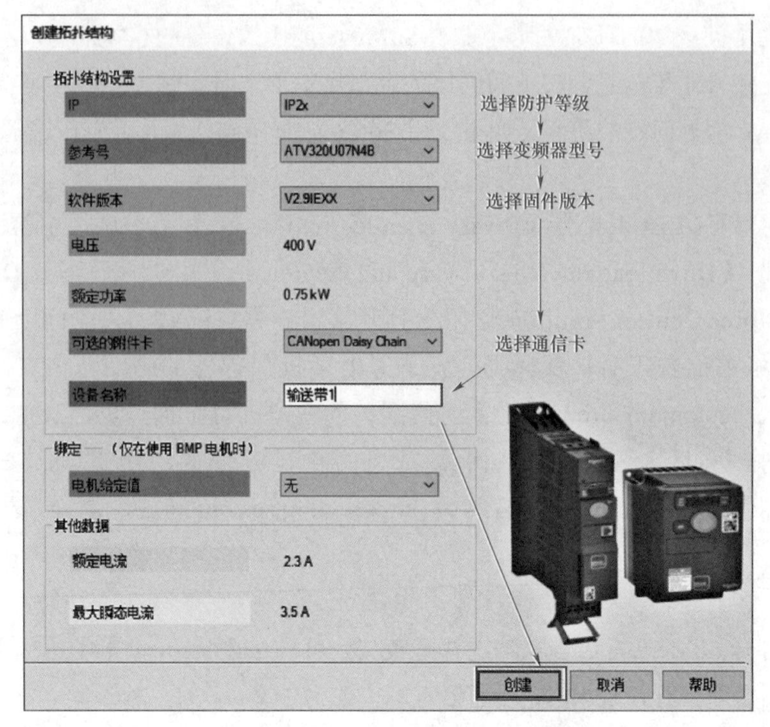

图 4-7 【创建拓扑结构】对话框

（3）单击【参数列表】选项卡，选择【满】完整菜单，根据需要在【conf0】中修改参数值，回车确认，如图 4-8 所示。所有要参数修改完成后，单击保存将修改保存。

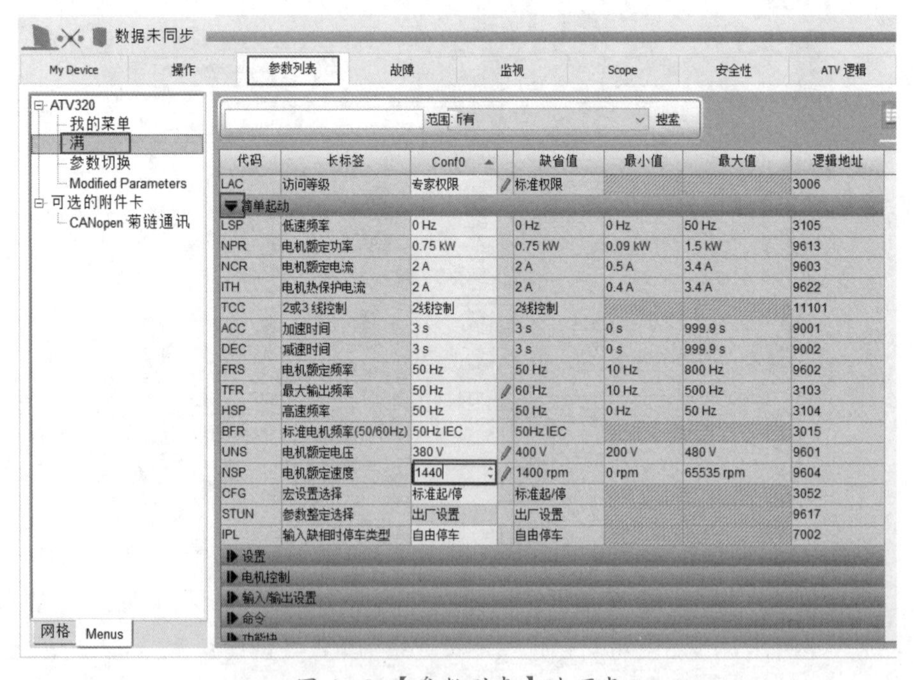

图 4-8 【参数列表】选项卡

3. 打开项目工具栏

用于打开电脑中 SoMove 的项目文件、PCsoft 文件和 Powersuite 使用的项目文件。

4. 编辑连接/扫描

此功能是在线最频繁使用的功能，应根据实际应用选择连接方式，再单击高级配置图标进行配置，如图 4－9 所示。

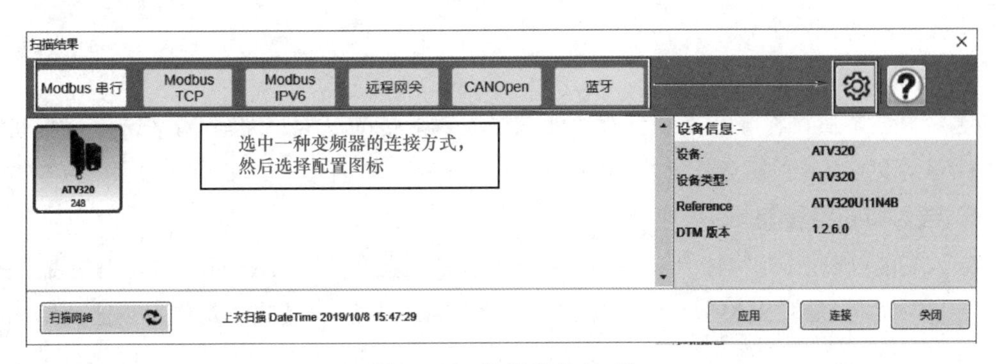

图 4－9　编辑连接/扫描

变频器默认的串口通信方式是 Modbus RTU，通信格式是 8E1，通信波特率为 19 200bit/s，COM 端口的串口号要使用 USB 转串口转换器映射的串口号，这个串口号可以在下拉列表中选择，也可以在设备管理器中查到。

如果变频器的串口数据已经被修改，并且找不到串口修改的配置信息，可以勾选【自动适配】，这样 SoMove 会自动查找正确的串口配置，但是搜索的时间会比较久，串口的高级配置如图 4－10 所示。设置后单击【确定】。

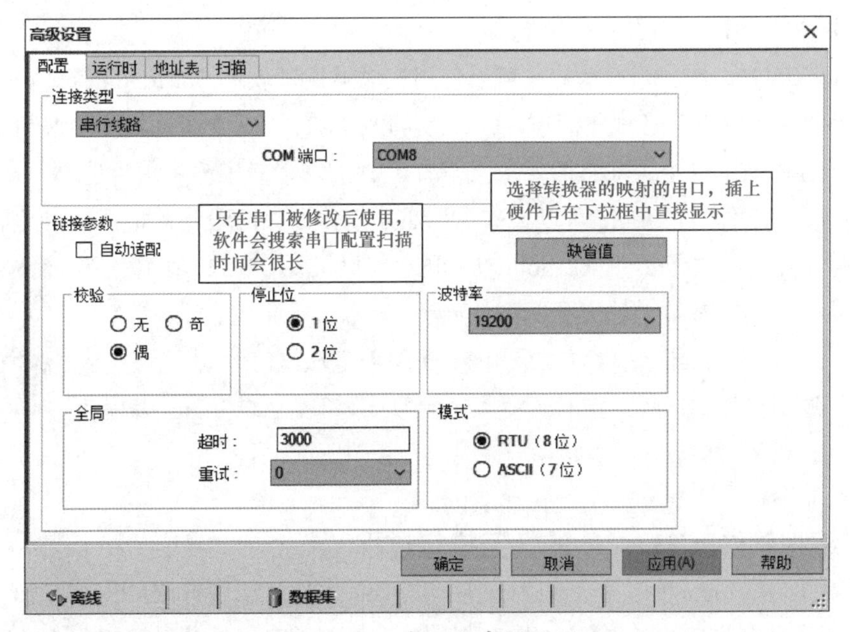

图 4－10　串口的高级配置

配置后，可以单击【扫描网络】，如果硬件连接和配置都正确，在软件上会显示出变频器的图标。

5. 连接

在上一步的基础上，单击【连接】，软件会自动连上，并自动将变频器的参数上传。

6. 从设备加载

将变频器的配置上传，并存为一个文件。

7. 存储到设备

连接上设备后，将配置下载，没有变频器配置上传的过程，编写 ATVlogic 或将离线配置保存的文件下载到变频器时，应使用此功能。

8. 导入和导出功能

导入功能可以把高级面板存储或多功能下载器的配置文件转为SoMove使用的配置文件。

导出功能可以将 SoMove 的变频器配置文件转为高级面板或多功能下载器使用的配置文件。

9. 设备转换功能

能将 ATV312、32 配置文件转换为 ATV320 的配置文件。

10. 帮助

SoMove 的帮助，为英文版。

第二节 ATV320 的 ATVlogic 编程软件

一、编程软件 ATVlogic 的功能

施耐德 ATV320 具有编程功能，可以使用变频器调试软件 SoMove 的 ATVlogic 进行编程。如果项目比较小并且程序简单，那么就可以在 ATV320 中通过程序的编制来实现简单工艺了，这样既可以达到项目的要求又节省了 PLC，降低了整个项目造价。

另外，编程软件 ATVlogic 可以突破 ATV320 本体参数的限制，根据项目的需要编制产品的新功能，使用编程软件 ATVlogic 还可以全部解决 ATV320 在替代第三方变频器时，功能参数无法完全匹配的问题。

Somove 的 ATVlogic 编程方式采用 FBD 编程方法，FBD 功能块包含数学运行、逻辑操作、比较、定时、变频器参数读写等。ATVlogic 编程功能介绍请扫二维码了解。

二、编程软件 ATVlogic 的任务执行过程

编程软件 ATVlogic 有 3 个不同的任务，其中 2 个为同步任务，1 个为附加任务。

（1）同步任务。同步任务的扫描时间固定为 2ms，同步任务的程序大小有限制，其执行时间不能超过 200μs。

（2）附加任务。根据程序的大小，执行的时间可变，附加任务的最大执行时间是 1s。

ATV320 首先更新 IO 映像，执行 PRE 同步任务，同步任务完成后执行变频器应用任务，包括给定值的计算、电动机控制、应用功能等变频器的核心控制功能，变频器应用任务执行完成后执行 post 同步任务，最后再进行 IO 映像更新。

变频器的后台任务包括面板操作、通信等任务，AUX 任务是优先级最低的任务，它在后台任务中执行，AUX 任务的运行可以被变频器任务打断。

AUX 任务执行可以占用多个变频器周期，它的优先级最低，执行的时间取决于程序的长度，适用于对时间要求不严格或程序比较大的应用。ATVlogic 的执行示意图如图 4－11 所示。

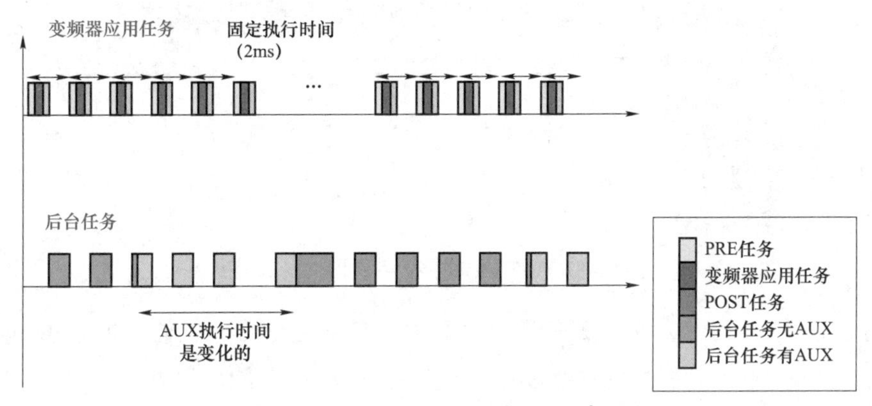

图 4－11 ATVlogic 的执行示意图

三、ATVlogic 的编程环境与配置

ATVlogic 的编程必须在离线下才能进行，首先进入【ATV 逻辑】属性页，然后选择任务类别，如图 4－12 所示。

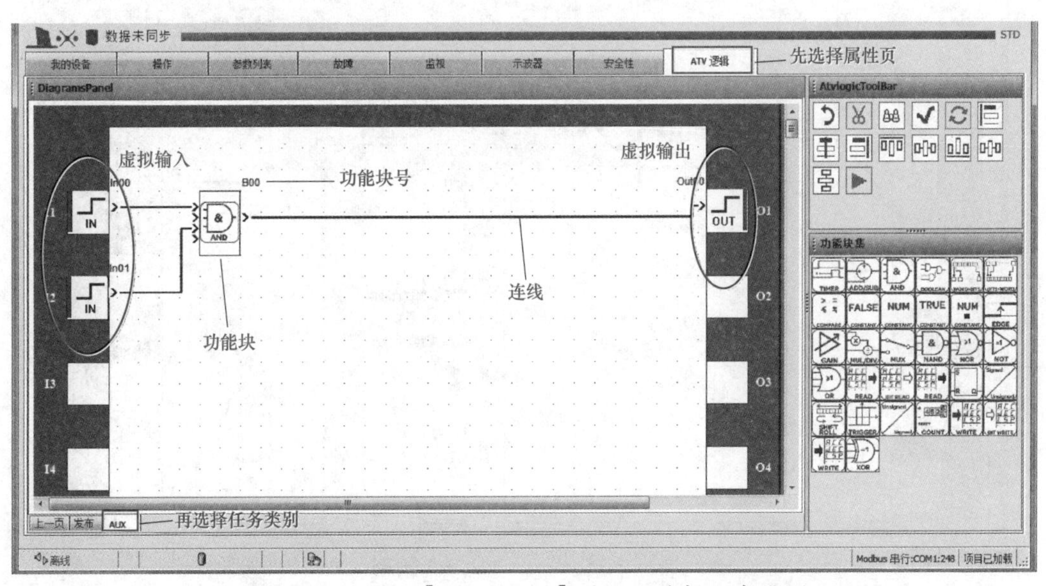

图 4－12 进入【ATV 逻辑】属性页选择任务类别

单击【设备】→【ATV 逻辑】→【导入/导出】，可以将当前的程序导出到 PC，也可以导入以前存储的程序，如图 4-13 所示。

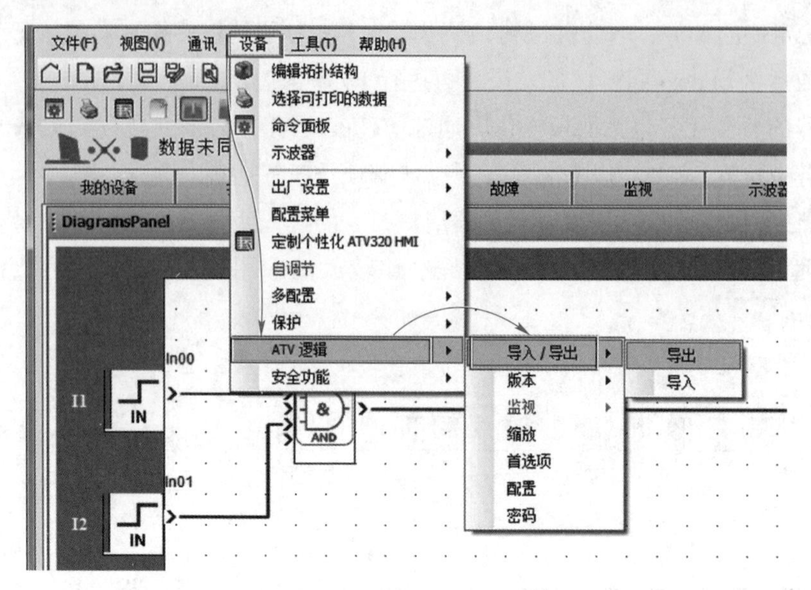

图 4-13 ATVlogic 程序的导入和导出

在【设备】→【ATV 逻辑】→【编辑】中，有一些在编程中非常重要的功能，如复制、粘贴、查找、设置功能块的执行顺序、检查应用程序、功能块的对齐方式等。ATVlogic 的编辑菜单栏的内容如图 4-14 所示。

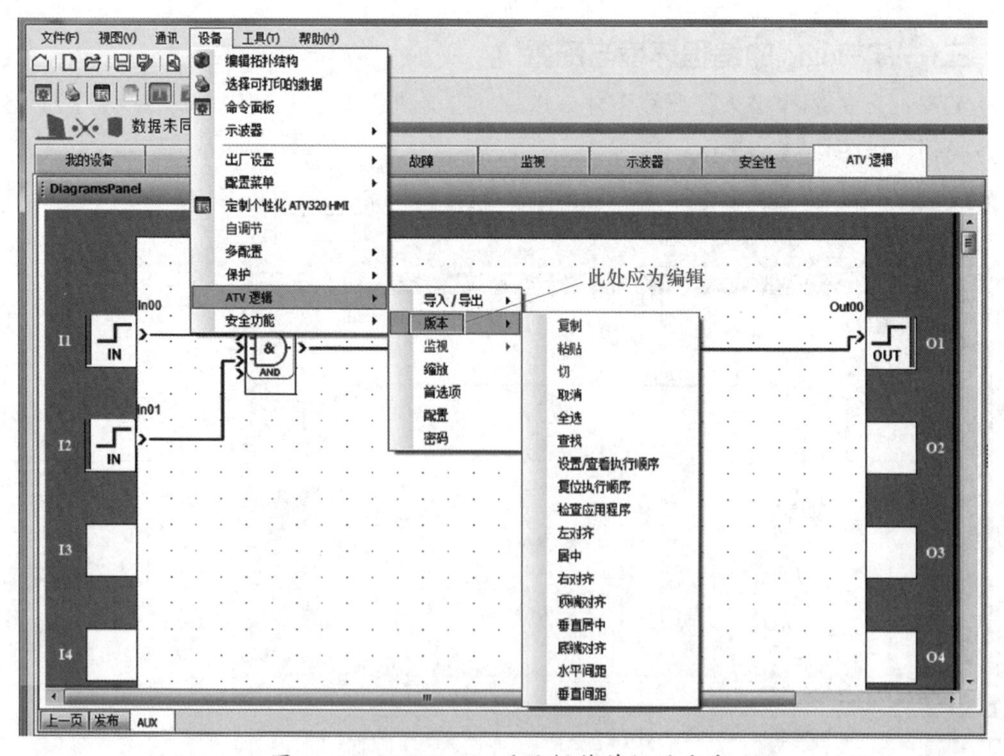

图 4-14 ATVlogic 的编辑菜单栏的内容

单击【设备】→【ATV 逻辑】→【首选项】，在【用户首选项配置】对话框中可以勾选【自动刷新】并设置刷新时间，这里设置为 1。在【工作空间】中会显示网格的大小，可以设置缩放。【用户首选项配置】对话框如图 4–15 所示。

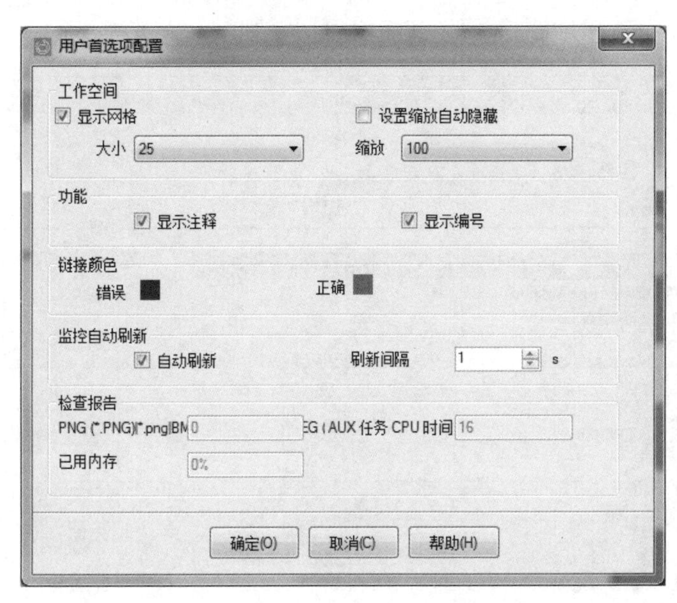

图 4–15 【用户首选项配置】对话框

四、ATVlogic 的虚拟输入和虚拟输出

ATVlogic 编程使用虚拟输入和虚拟输出，这些虚拟的输入和输出可以是逻辑量也可以是模拟量，像 ATV 的其他标准功能一样，这些虚拟输入/输出必须分配给实际的逻辑输入或输出点、或模拟量输入/输出点，或者是变频器的速度、电流、频率等参数。

ATV320 的虚拟输入/输出如图 4–16 所示。

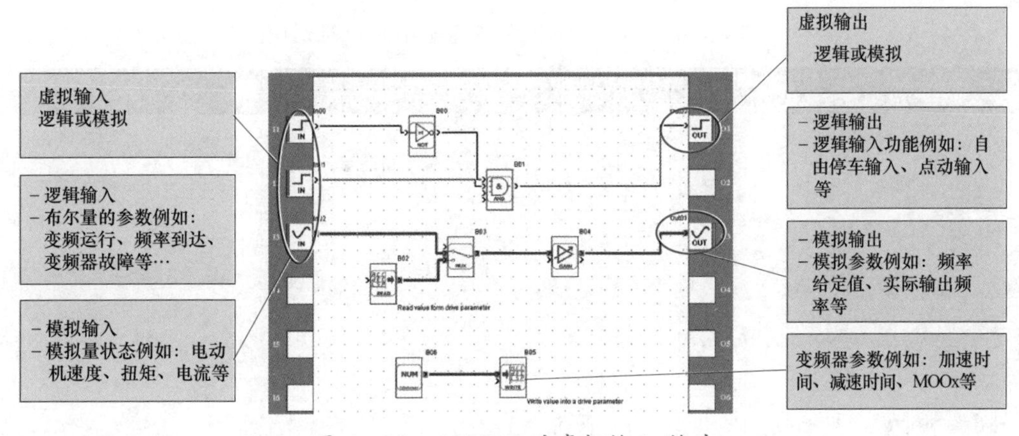

图 4–16　ATV320 的虚拟输入/输出

ATV320 在编程时可以使用 8 个内部字（%MW）以及系统字（%S），即定时器，保存设置等。

五、编译

程序编制完成，单击【ATV 逻辑】→【Logictoolbar】→【检查应用程序】,【编译报告】对话框如图 4-17 所示，将列出已使用的程序大小、任务的执行时间、使用的内存，这些值都不能超过右侧的可用数值，如果没有问题则显示无故障。

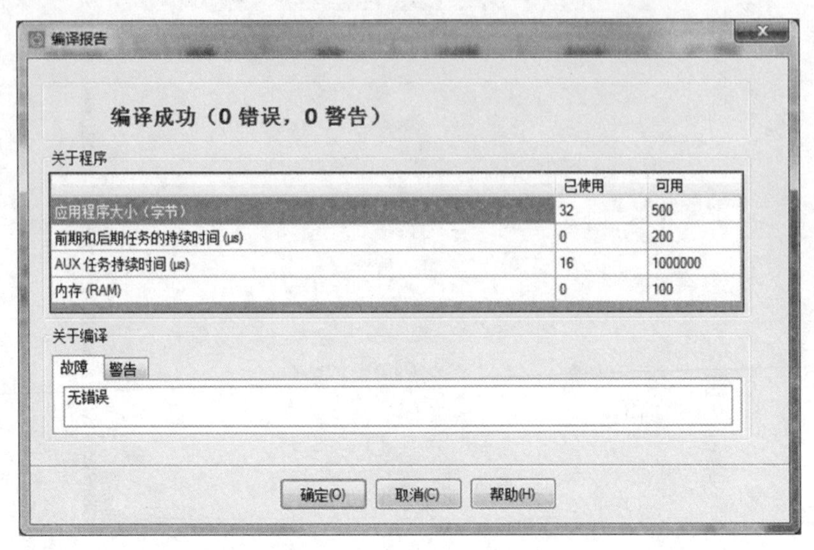

图 4-17 【编译报告】对话框

六、ATVlogic 的功能块

在编程软件 ATVlogic 中共有 32 个功能块，可以对变频器 AVT320 的输入进行读取，还可以对输出进行读写。编程软件 ATVlogic 在集成面板或中文面板中可以定制 15 个参数。ATVlogic 的功能块和内部存储字的功能说明见表 4-1。更详细的 ATVlogic 编程功能块介绍请扫二维码。

表 4-1　　ATVlogic 的功能块和内部存储字的功能说明

功能块名称	图例	说　明
与	AND	可实现最多 4 个位的与
与非	NAND	可实现最多 4 个位的与非
非	NOT	对运算结果取反
或、或非、异或	OR　NOR　XOR	Or—可对最多 4 个逻辑输入进行或操作，只要其中一个变量为真则结果为真； NOR—或非； XOR—异或，当输入变量不相同时结果为真

续表

功能块名称	图例	说　明
比较功能块		比较两个 16 位带符号数据： 大于>，小于<，等于=，不等于
逻辑运算	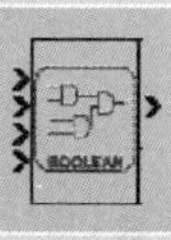	根据输入点的状态得出运算的，输入点有 4 个，运算组合有 16 个
置复位	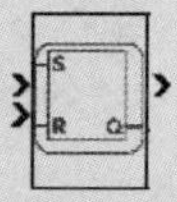	S 输入为真时，输出 Q 为真； R 输入为真时，输出 Q 为假
计数器		加计数、减计数、复位计数器、计数器预设值（带符号）、功能块输出、计数器的实际值
选择器		根据逻辑输入的 0 或 1，分别选择两路数值中的一路
触发器	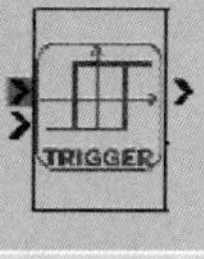	用两个门槛值比较一个模拟量，当下列情况发生时输出状态改变： ● 输入值低于最小值； ● 输入值大于最大值
比例值计算		将 16 位有符号的模拟量值按下面的公式进行运算：输出 =(输入值 × $(A/B)) + C$
定时器	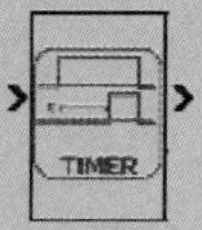	定时器用延迟、延长控制动作一段预先设置的时间： A 功能—延时闭合 timer on – delay，or timer active； C 功能—延时断开 timer off – delay，or timer idle； A/C 功能—混合 A 和 C
加减运算		对 3 个变量进行加减运算
乘除	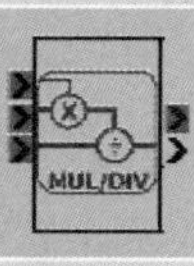	对 3 个输入进行乘除运算
沿检测	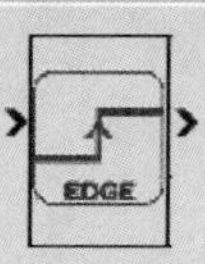	可设成上升沿或下降沿检测
有符号和无符号数据的转换	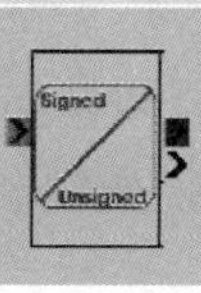 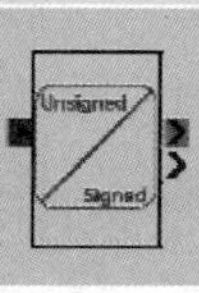	有符号和无符号数据的相互转换

续表

功能块名称	图例	说　明
读取、写入变频器参数参数	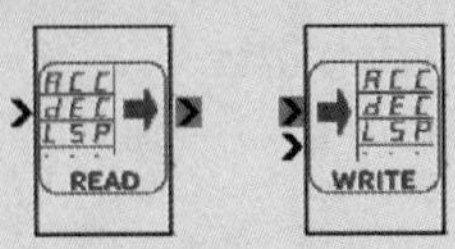	读取、写入变频器参数，如变频器的加速时间，这些变量地址可以在 ATV320 的变量手册中查到，加速时间的地址是 9001，减速时间是 9002
读取、写入变频器位参数	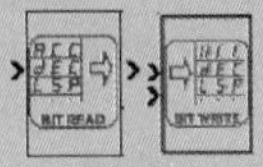	读取、写入变频器参数中的位，如变频器的状态字中的故障位
移位或循环移位		可对变量进行左右移位或循环移位若干个位
字和位的相互转换	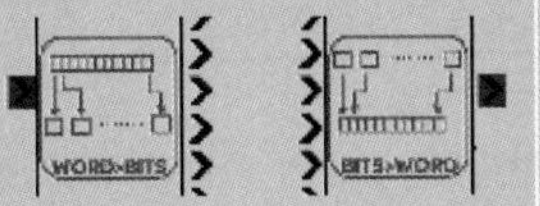	字转位和位换字的操作
内部存储字	8 M00x（%MW） M001－4 M008	ATV320 共有 8 个内部存储字，M001～M004 这 4 个字断电保持，值存在 EEprom 里；M005～M008，值保存在 RAM 中，断电不保存
系统字	S00x（%Sx）	S001 的方波周期 bit5 100ms，bit6 方波周期 1s，bit7 方波周期 1min； S002 的 bit11 是通信卡通信丢失，bit12 是 CANopen 出错，bit12 是 Modbus 通信出错； S006 的 bit14 用于存储用户参数
常量	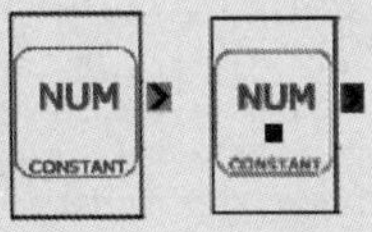	编程中用的常数，有符号数值常数 NUM 是一个模拟整数，值域为－32768～+32767； 无符号数值常数 NUM 是一个值域为 0～65535 的寄存器整数； 常数的值可以在“参数”窗口中设置； 在此功能块中设置数值，如 2356
常数位	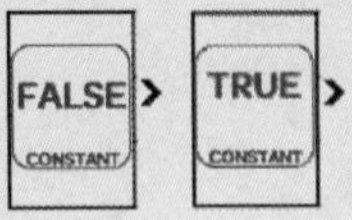	常数位，TRUE 或 FALSE

七、注意事项

ATV logic 的编程必须在离线下才能进行，当与实际 ATV320 编程连接下载程序时，建议先把程序导出备份，因为连接后如果选择上传的话，将会把变频器内部的程序上传上来并覆盖本地程序。

另外，目前的 ATVlogic 还不能像 PLC 一样支持仿真的操作，当 ATV logic 的程序运行时，即使变频器没有运行，有很多运行时才能修改的参数就变得不能修改了，此时，需要用 SoMmove 调试线先连接变频器，停止程序的运行，修改完参数后，在运行 ATV logic 的程序。

第三节　ATV320 模拟量 AI1 的 ATVlogic 编程

一、电位计控制 ATV320 速度的电气设计

电动机采用 AC380V，50Hz 三相四线制电源供电，3P 的空气断路器 Q1 作为设备主电源的分断开关，能够起到短路保护的作用。电位计控制 ATV320 速度的电气原理如图 4－18 所示。

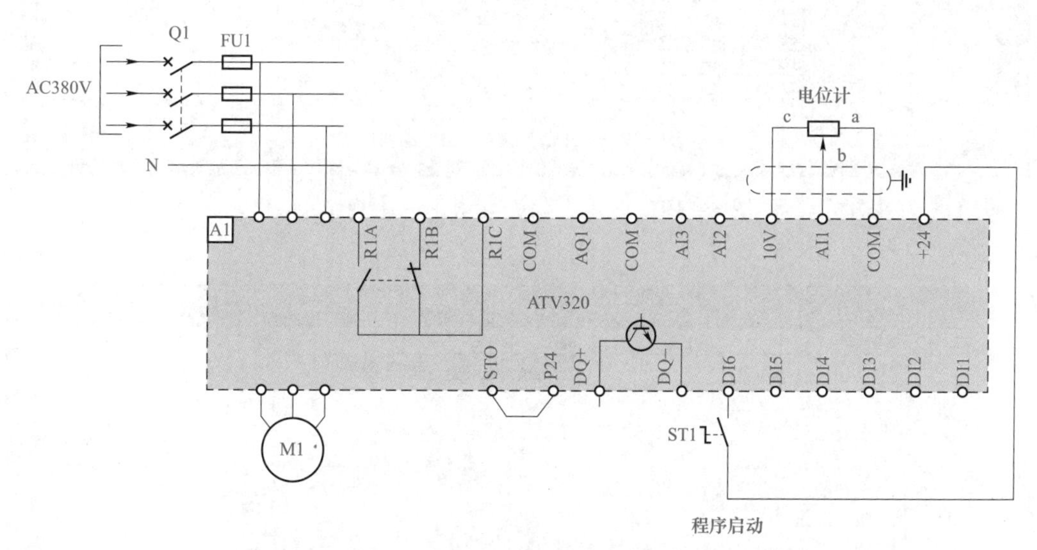

图 4－18　电位计控制 ATV320 速度的电气原理图

在工程项目中，将电位计接入到 ATV320 的 AI1 端子上，通过旋转电位计来控制变频器的运行速度，同时调整 ATV320 的减速时间，范围最小减速时间为 1s，最大为 11s。程序启动由端子 DI6 进行使能。

二、建立 ATVlogic 编程的内部输入连接

打开编程软件 ATVlogic，选择 AUX 任务，双击 ATVlogic 编程的虚拟输入 I1，在【虚拟端口配置】对话框选择【数据类型】→【模拟】，如图 4－19 所示。

建立程序中的虚拟输入与变频器参数之间的连接，单击【参数】，在对话框的右侧选择将模拟量输入 AI1 给定，双击 AI1 给定，单击【确定】，这样就完成了将虚拟输入与 AI1 给定值连接，如图 4－20 所示。

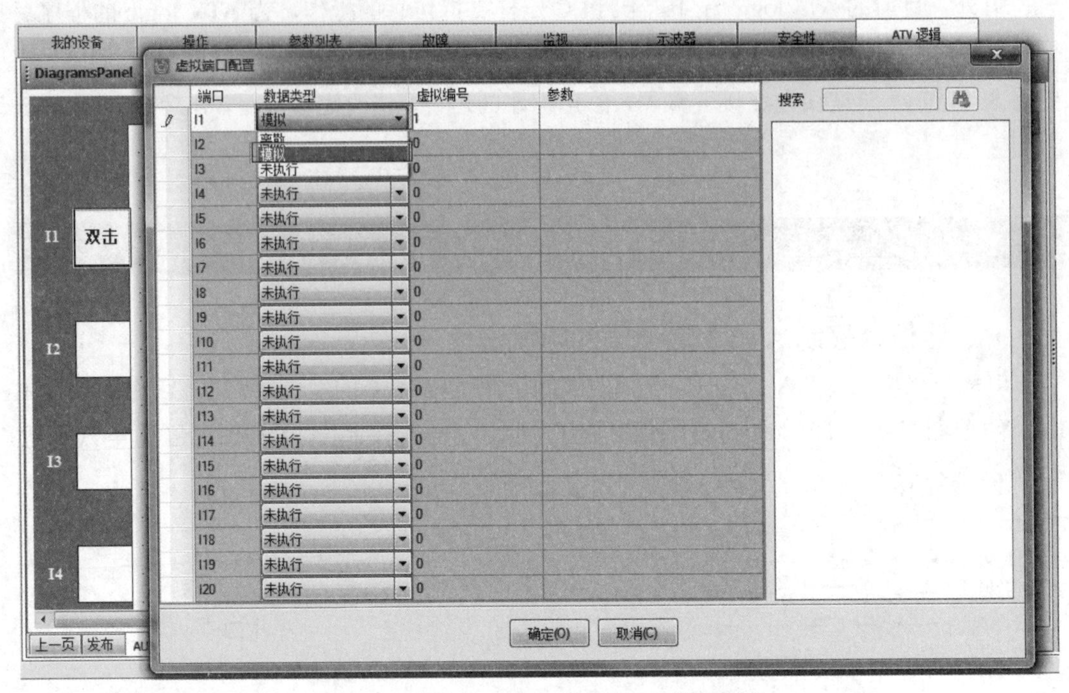

图 4-19 选择【数据类型】→【模拟】

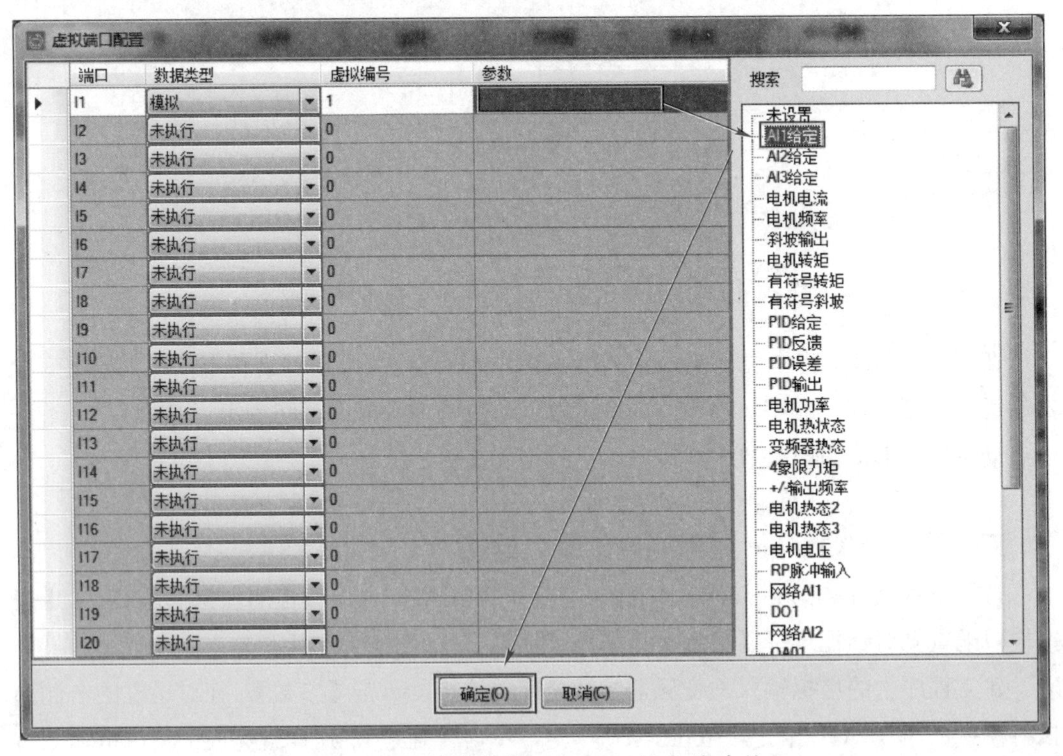

图 4-20 将虚拟输入与 AI1 给定值连接

三、编程建立 ATVlogic 输入与 FBD 块的连接

编程时，首先加入一个比例运算模块，方法是先左键选择 GAIN 功能块，拖曳到需要的位置松开左键。添加 Gain 功能块的操作如图 4－21 所示。

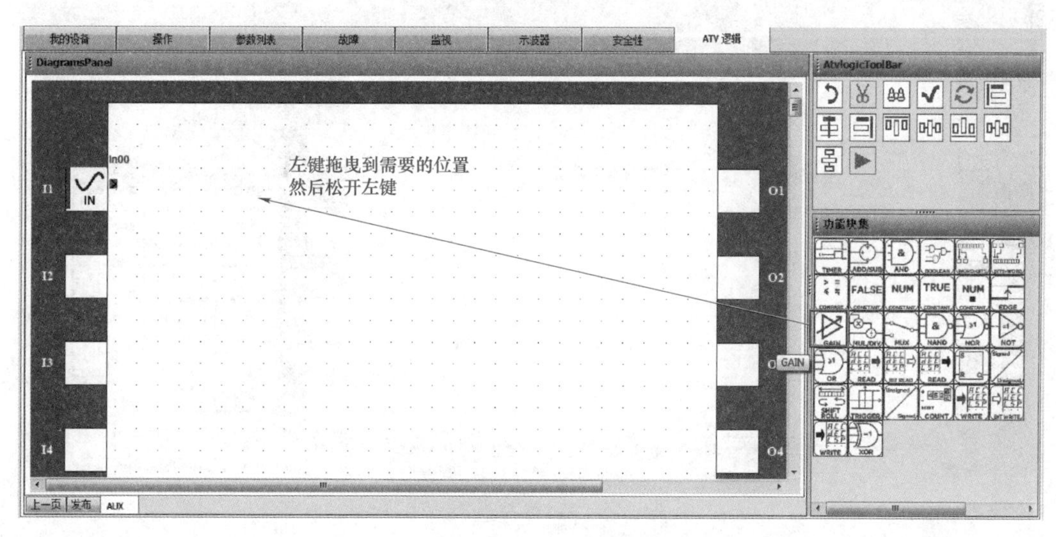

图 4－21　添加 Gain 功能块的操作

使用鼠标将 ATVlogic 输入与比例计算功能块连接起来，双击 GAIN 功能块进行编辑，设置该功能块的各个系数，如图 4－22 所示。AI1 的模拟量将会转换为 0～8192 的值并将此运算值放到 I1 中，项目要求将模拟量转换为 1～11s，对应的减速时间的设置为 10～110，所以，将 GAIN 功能块的 A 设为 100，B 设为 8192，偏置值 offset 设为 10。AI1 的值先转换为 0～8192 的值，然后乘 100 再除以 8192，再加上偏置值得到结果。

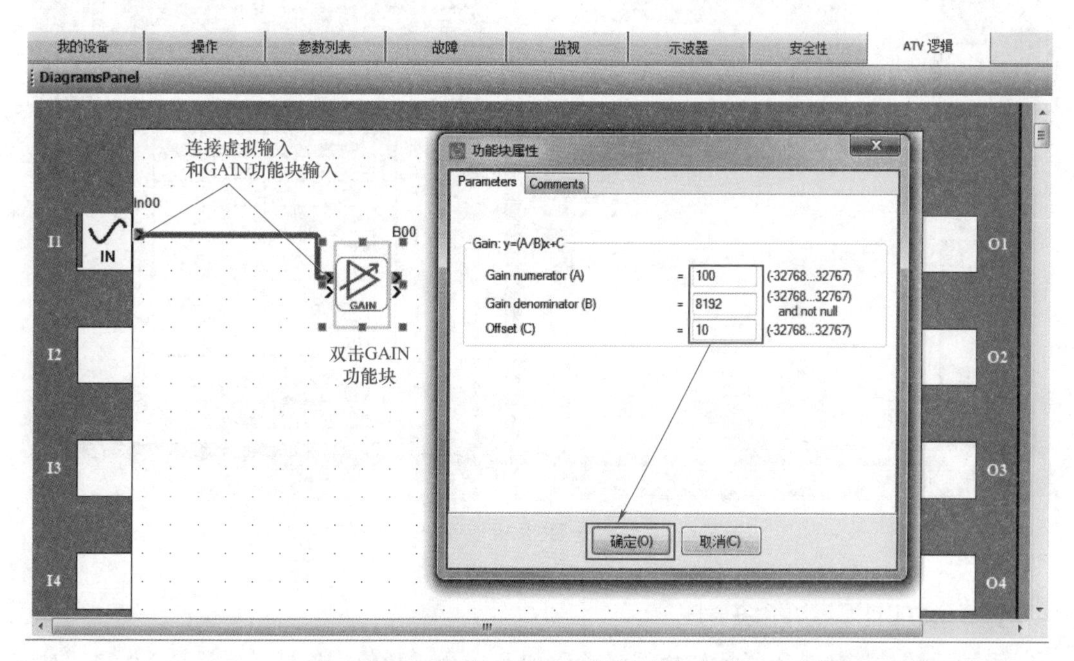

图 4－22　设置 GAIN 功能块的各个系数

四、添加新的写参数功能块的设置

添加写参数功能块，如图 4－23 所示。

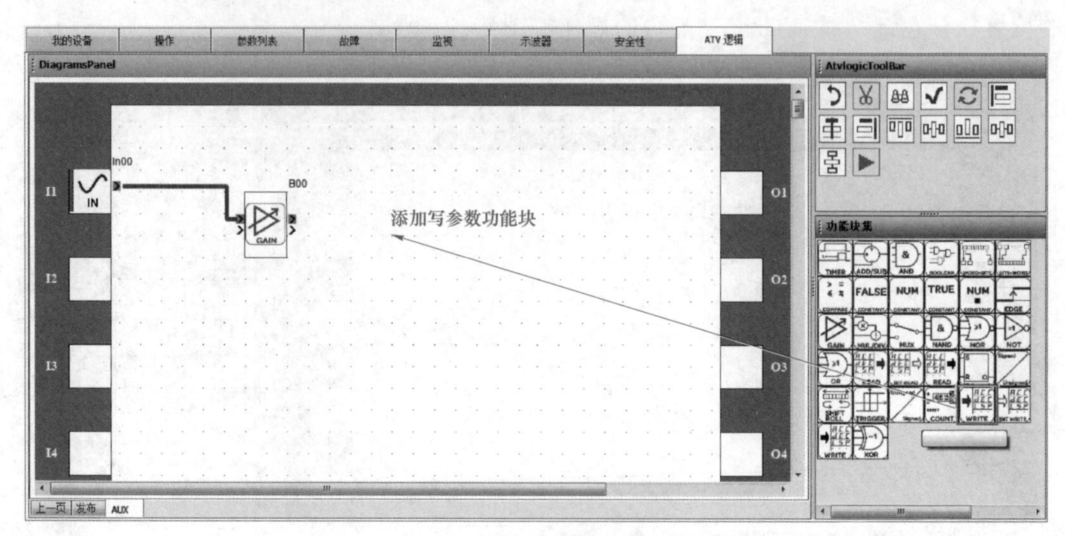

图 4－23 添加写参数功能块

添加写参数模块后，双击 B01 功能块进行编辑，如图 4－24 所示。可以看到【ADL container ID】为 LA01，在参数地址处填入减速时间地址 9002，修改完成后单击【确定】。

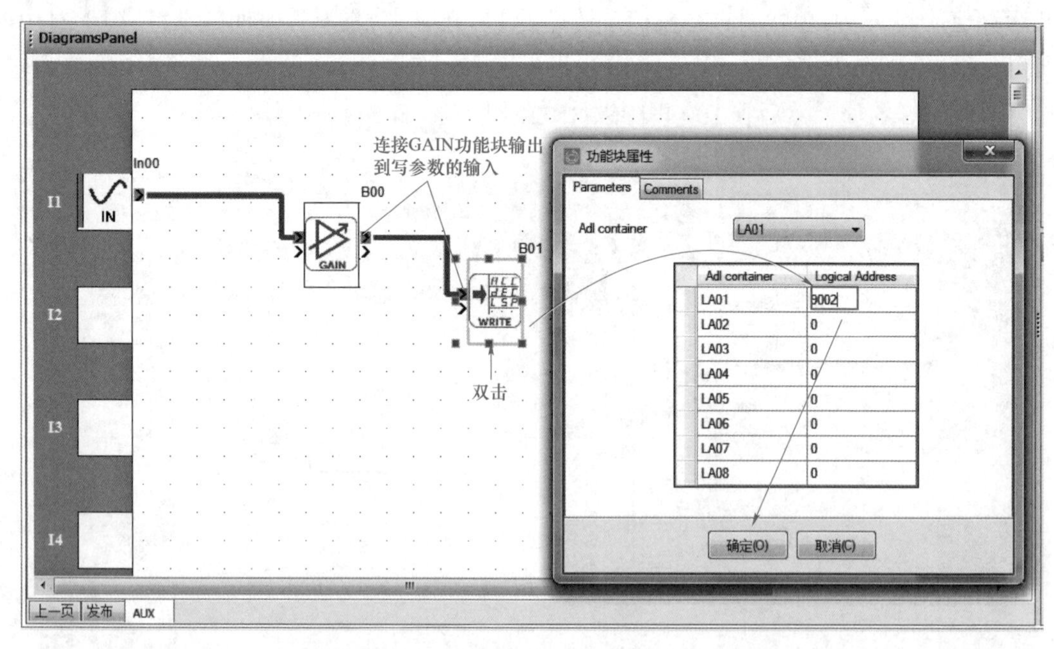

图 4－24 双击 B01 功能块进行编辑

五、添加比较功能块

添加比较功能块，用于比较模拟量输入值和一个常数值，这里的常数值为 82，对应实际的模拟量是 0.1V，设置 B02 块的参数，将此比较功能块属性设置为>，如图 4-25 所示。

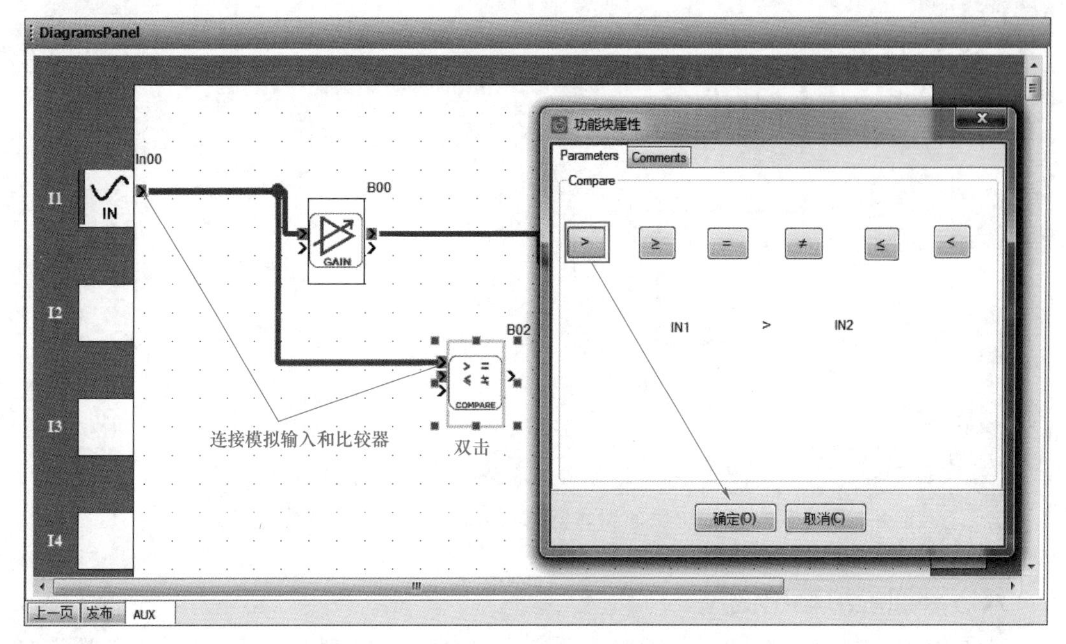

图 4-25　添加比较功能块并设置属性

添加常数功能块，数值设为 82，如图 4-26 所示。如此，当 AI1 的电压给定>0.1V 时比较功能块输出为真。

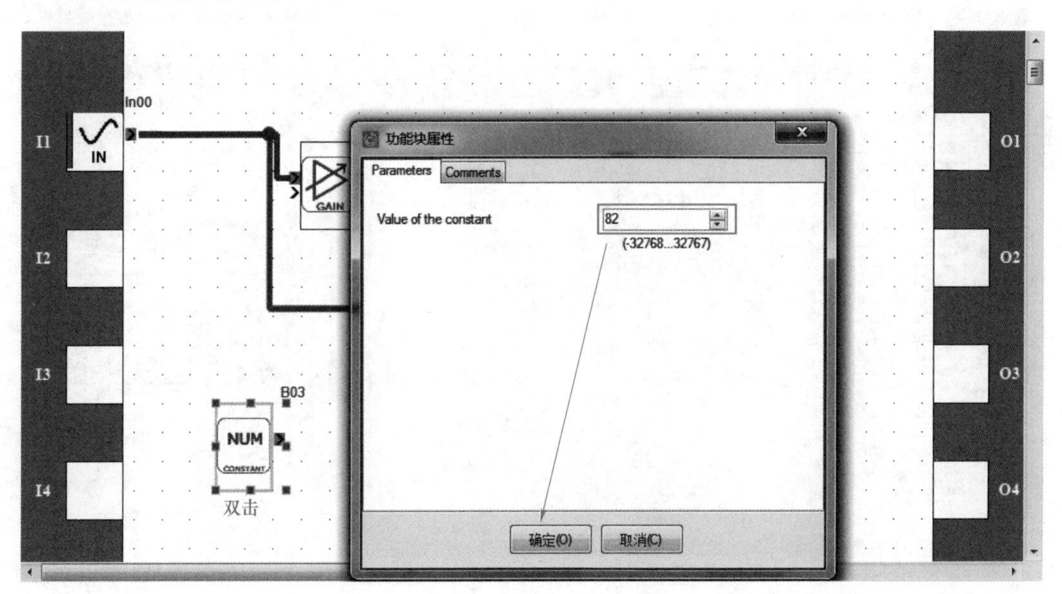

图 4-26　添加常数功能块并设置数值

将常数功能块的输出和比较功能块的输入用鼠标连接起来，如图 4-27 所示。

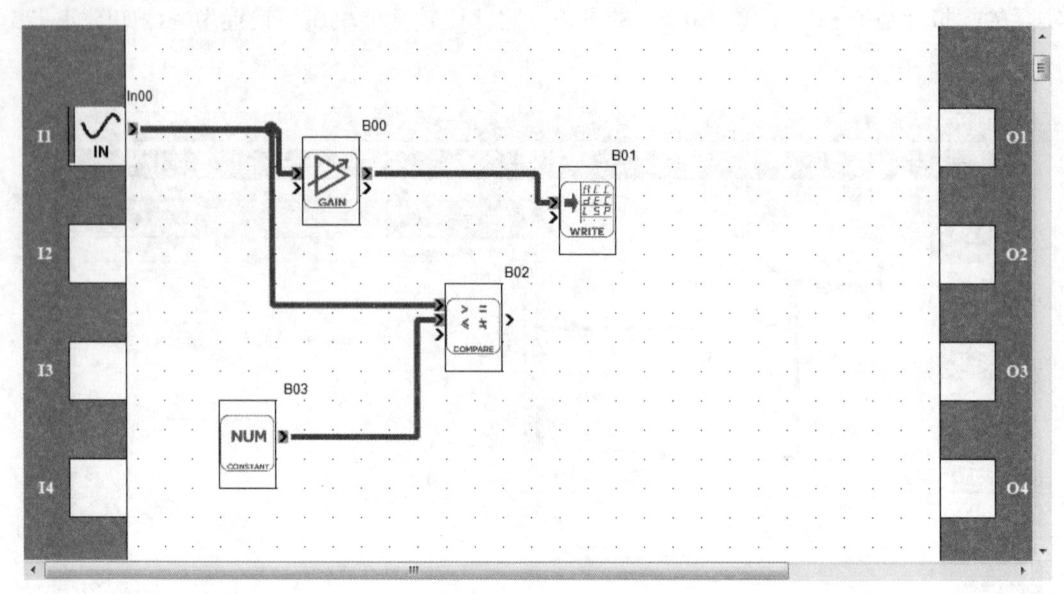

图 4-27 将常数功能块的输出和比较功能块的输入用鼠标连接起来

六、添加虚拟输出变量

在画面中选择虚拟输出 O1，双击后，选择【数据类型】→【离散】，参数选择为【正转分配】，双击【正转分配】，单击【确定】完成模拟输出的设置，如图 4-28 所示。

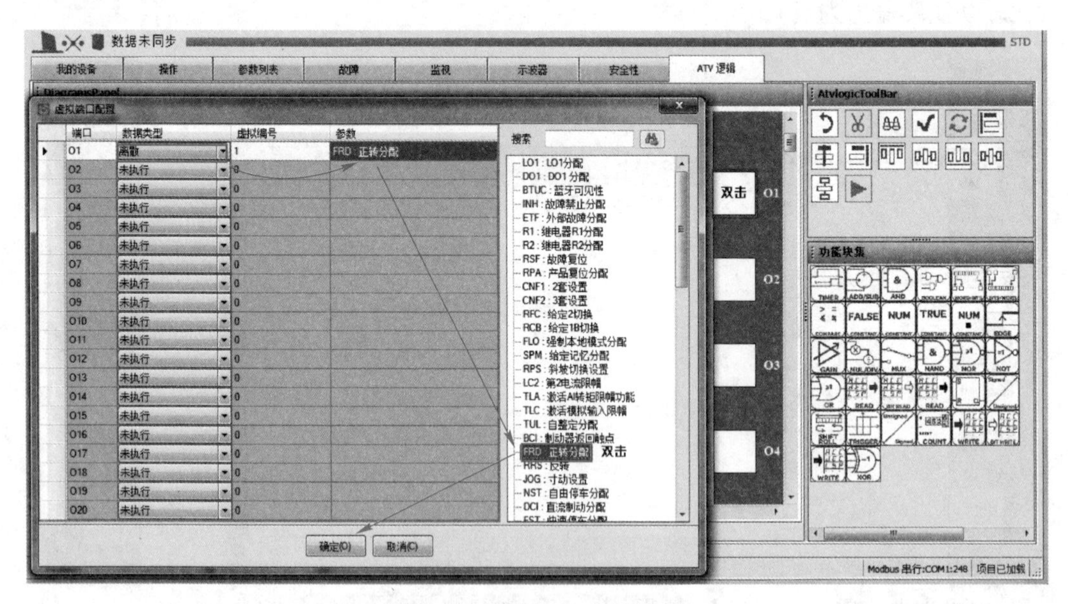

图 4-28 模拟输出的设置

将比较功能块的输出与虚拟输出连接起来。ATVlogic 编程的完成图如图 4-29 所示。

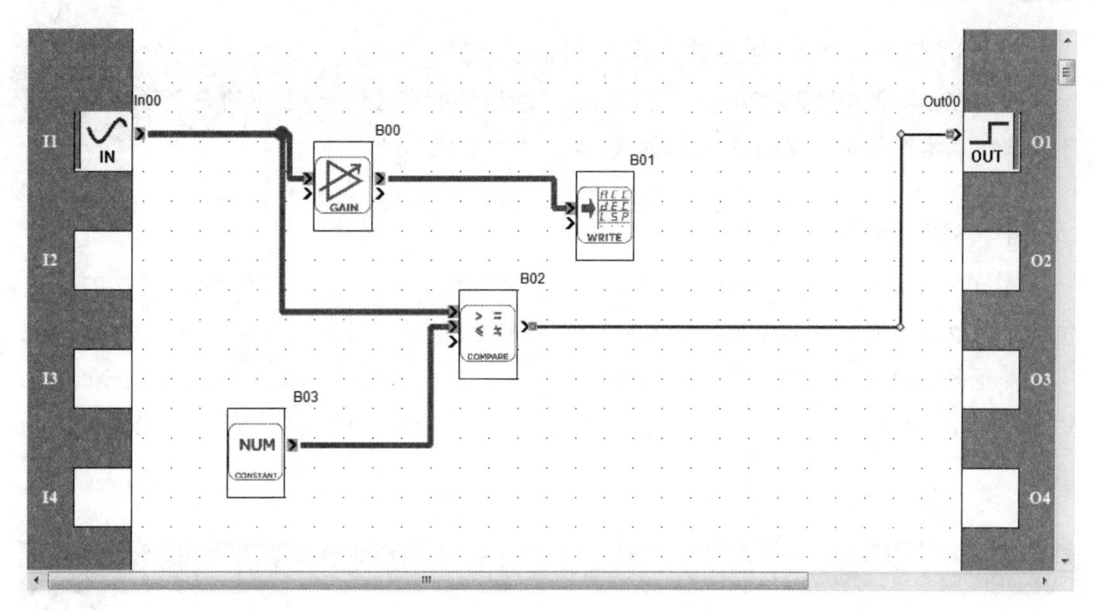

图 4－29　ATVlogic 编程的完成图

七、设置逻辑输入 DI6 为 ATVlogic 运行开关

如图 4－30 所示，在【FUNCTION BLOCKS】参数中设置功能块的运行条件为逻辑输入端子 DI6，当 DI6 接通时功能块程序运行。

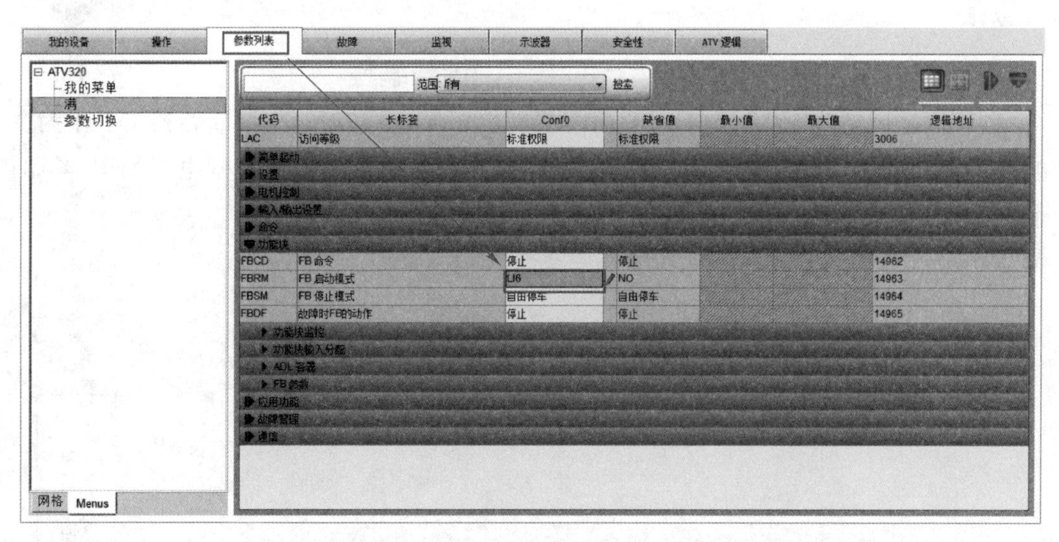

图 4－30　设置功能块启动条件为 DI6 接通

八、在 SoMove 调试软件下载程序观察模拟量 AI1 与加速时间的变化

单击【连接】下载程序，接通 DI6 后，ATVlogic 功能块启动，SET 菜单中的减速时间在 1～11s 间变化。

此时，手动旋转电位计后，当电位计的电压大于 0.1V 时，电动机启动，而低于 0.1V 时，电动机将会停止。

九、修改电动机控制方式为风机控制方式

因为在本实例中 ATV320 驱动的是风机，所以还要在【COnF】下的完整菜单【Full】下，将电动机控制类型【Ctt】设置为【*U/f* 二次方】(UFq)。

十、注意事项

本节介绍了使用 ATVlogic 软件对 AI1 进行的相关设置。这个实例中 AI1 连接的是电位计，可以通过通信连接模拟量输入来实现 ATV320 的速度控制。

变频器的内部参数有一个手册，文件名为 ATV320 – Communication parameters address V2.9，可以到施耐德官方网站 www.se.com 进行下载，这个文件里有所有 ATV320 的变量地址。

第四节　单按钮控制 ATV320 的正反转运行的应用

一、任务引入

本例使用一个按钮 QA1 实现 ATV320 的正反向运行控制，按一下 QA1 按钮，变频器控制的电动机 M1 正转；再按一次，M1 停止；再按一次，M1 反转；再按一次，M1 停止。如此周而复始。

二、单按钮控制 ATV320 运行的电气设计与编程

电动机采用 AC380V，50Hz 三相四线制电源供电，3P 的空气断路器 Q1 作为主电源的分断开关，能够起到短路保护的作用，ATV320 的正反转控制电路如图 4–31 所示。

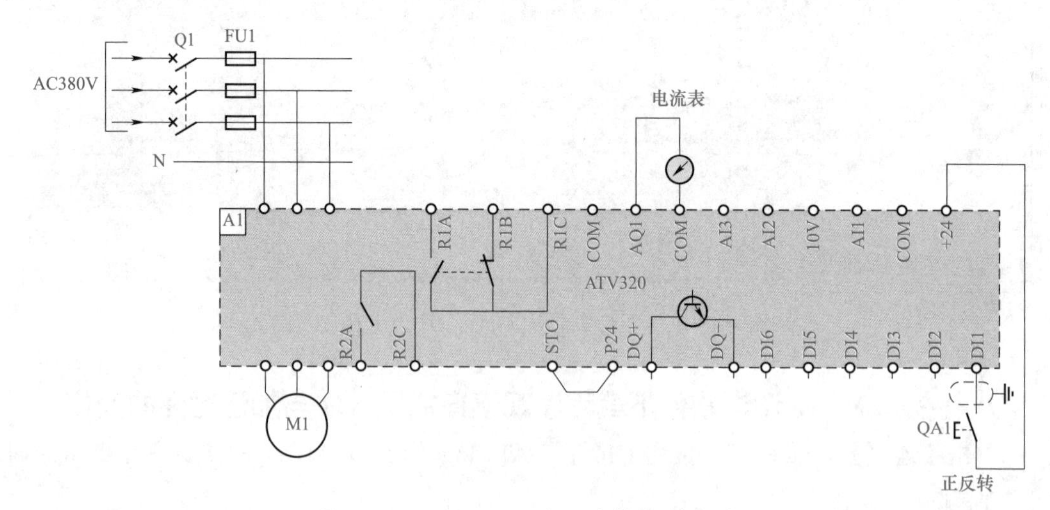

图 4–31　ATV320 的正反转控制电路

其中，正反转按钮 QA1 连接到端子 DI1 上，输出 AQ1 连接一块电流表。

三、使用 Somove 调试软件的编程功能实现编程

因为此工艺要求比较复杂，无法通过设置 ATV320 的参数来实现，因此，使用了 SoMove 变频器调试软件中的 ATVlogic 编程功能块的编程功能，在 AUX 附加任务中使用计数器功能块 B00 累计 DI1 逻辑输入的上升沿次数，当程序刚开始运行时，计数器的当前值为 0，DI1 的上升沿到来后，计数器加 1。

当第一次按下启动按钮 QA1，计数器的实际值为 1，通过比较功能块 B02 比较计数器功能块的当前值是否等于常数 B01（值设定为 1），如果等于 1 则输出正转信号，再按一次启动按钮，计数器当前值变为 2，此时，正转输出为 0，则变频器停止。

而当第三次按下启动按钮 QA1，计数器当前值为 3，通过 B04 比较功能块去判断计数器当前值是否等于 3（B05 常数设置为 3），如果等于 3 则输出反转信号。

当第四次按下启动按钮 QA1 时，计数器的当前值变为 4，由于计数器的预设值等于 4，则计数器 B00 的逻辑量输出为 1，此逻辑输出又接入计数器 B00 的 reset 输入引脚，计数器的当前值就变成了 0，这样，就形成了以 4 次按钮为一个工作周期的循环。ATV320 的正反转控制程序如图 4－32 所示。

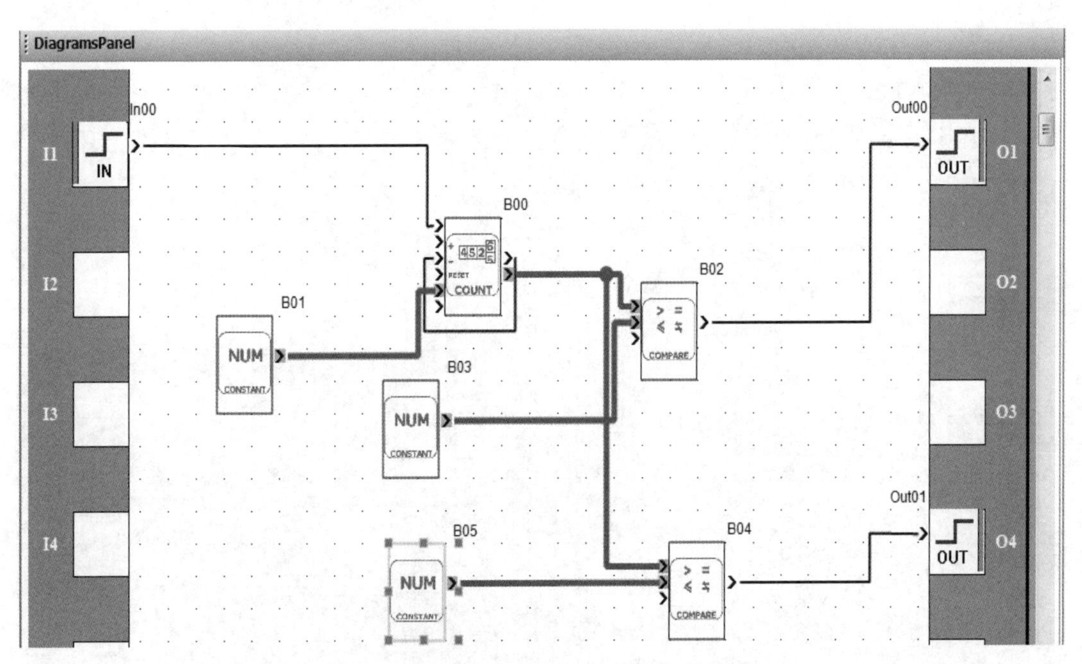

图 4－32　ATV320 的正反转控制程序

第一次按下 QA1，计数器模块 B00 当前值为 1，比较模块 B02 输出 Out00，如图 4－33 所示，B02 功能块到 Out00 的颜色变为绿色，正转运行命令为真，ATV320 正转运行。

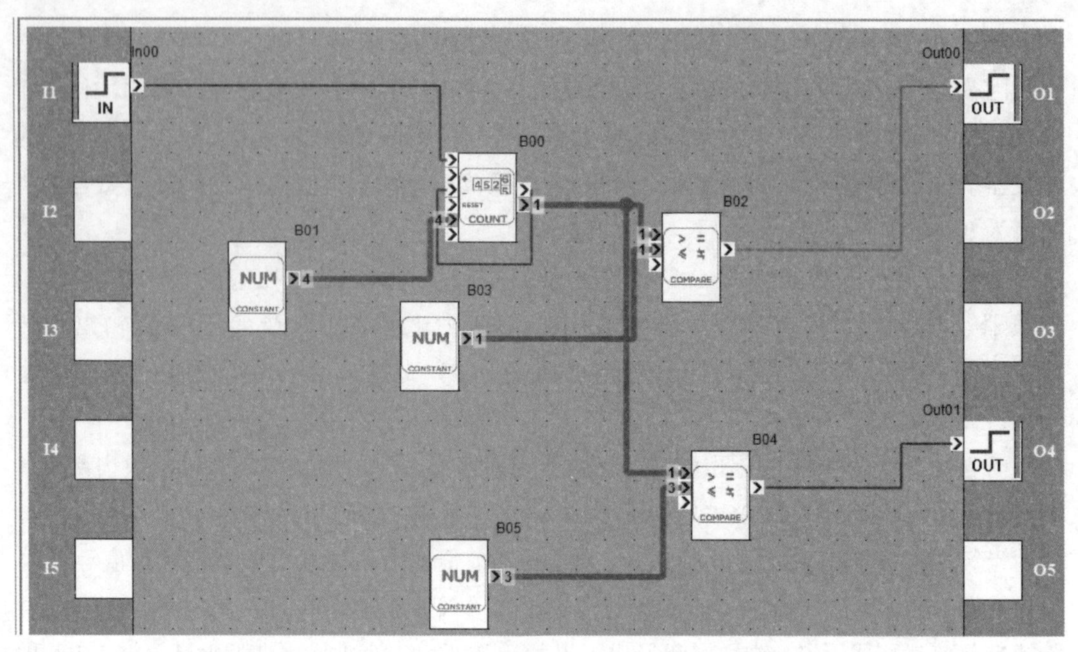

图 4-33　第一次按下 QA1，ATV320 正转运行

第二次按下 QA1，B02 功能块到 Out00 的颜色变为红色，正转运行命令为假，ATV320 停车，如图 4-34 所示。

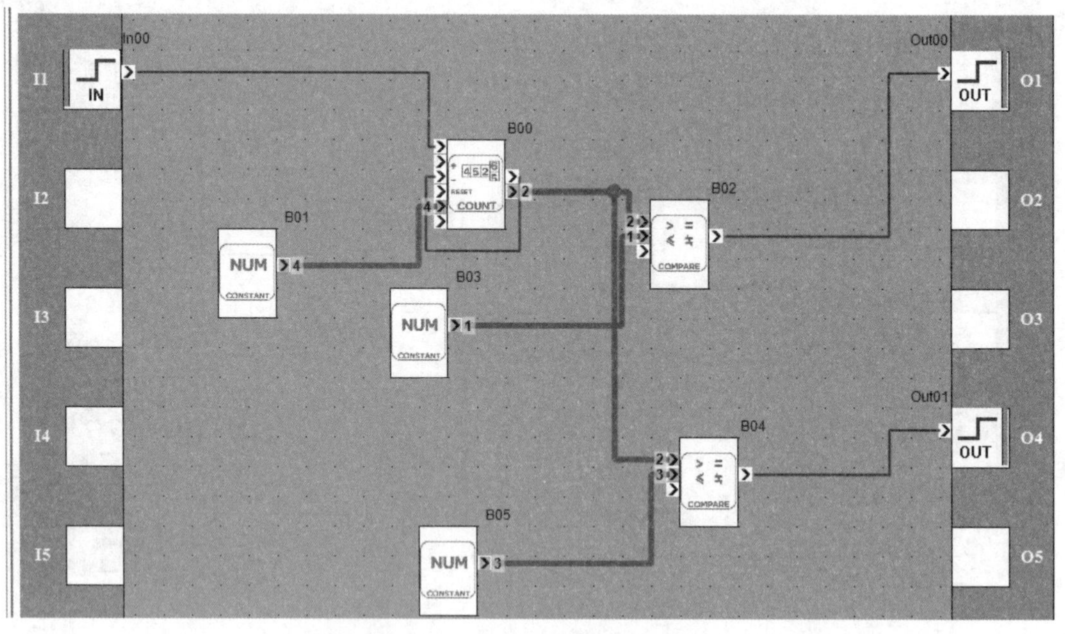

图 4-34　第二次按下 QA1，ATV320 停车

当第三次按下 QA1，计数器模块当前值为 3，比较模块 B04 输出 Out01，如图 4-35 所示，B04 功能块到 Out01 的颜色变为绿色，反转运行命令为真，ATV320 反转运行。

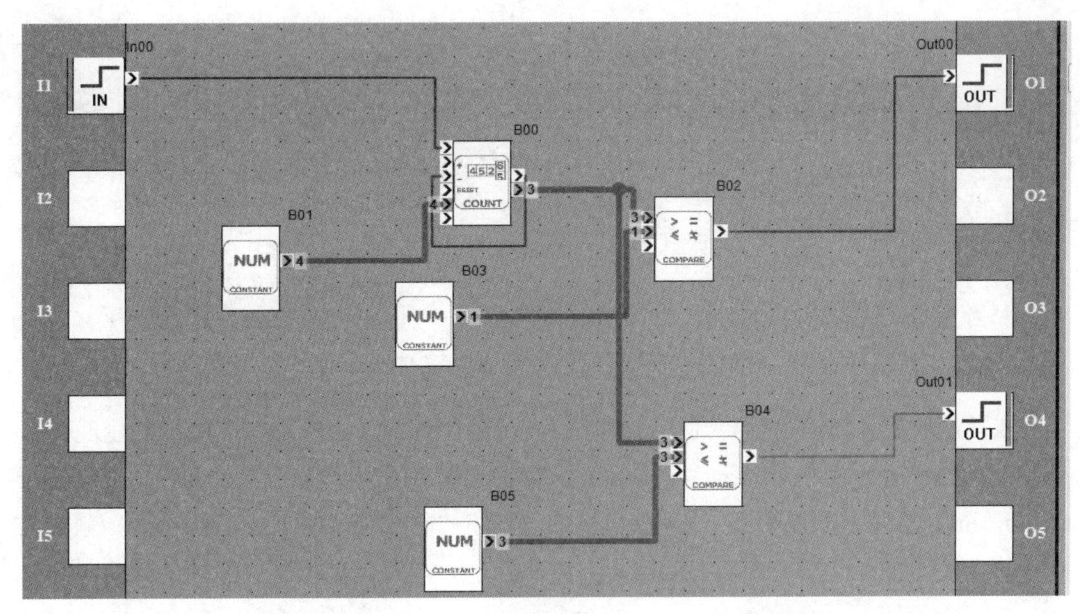

图 4-35　第三次按下 QA1，ATV320 反转运行

第四次按下 QA1，计数器 B00 的当前值回到 0，B04 功能块到 Out01 的颜色变为红色，反转运行命令为假，ATV320 停车，如图 4-36 所示。

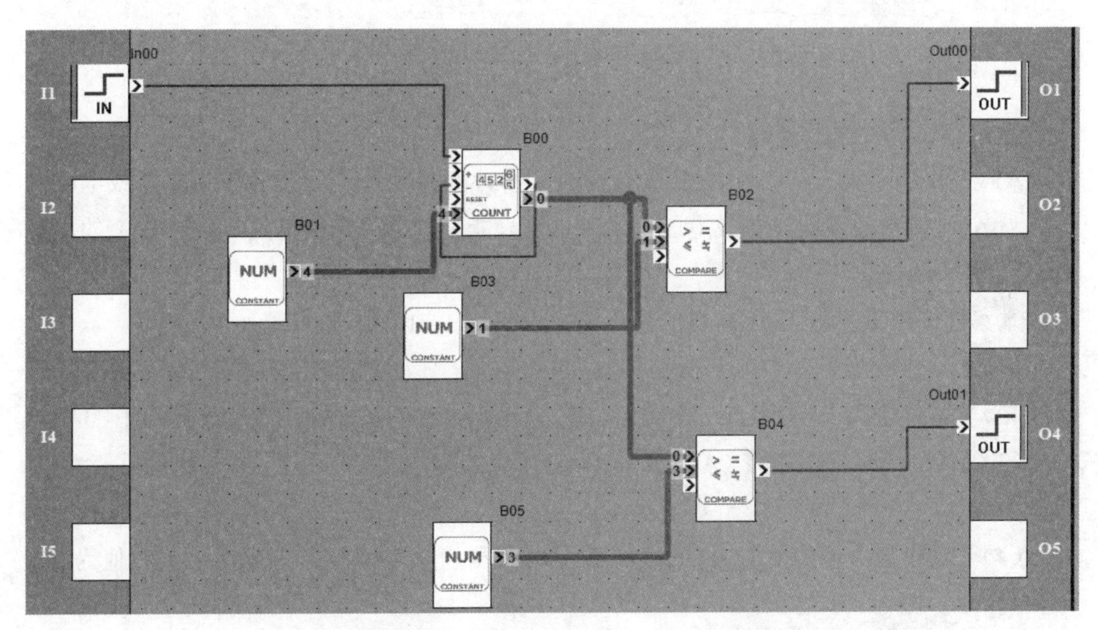

图 4-36　第四次按下 QA1，ATV320 停车

四、变频器功能块相关参数设置

设置 ATVlogic 的启动条件为上电之前启动，【FB startMode】设置为 Yes，在工具箱 ATVlogicTooLBar 中单击三角形运行后，【FB command】变为 Start，这样断电再上电时 ATVlogic 将自动执行，同时将 DI1 的信号连接到 ATVlogic 的第一个逻辑量输入 IL01。功

能块的启动方式以及逻辑输入的配置如图 4－37 所示。

Code	Long Label	Conf0		Default Value	Min Value	Max Value	Logical addr
FBCD	FB command	Start		Stop			14962
FBRM	FB start mode	Yes		No			14963
FBSM	Stop of FB stops the motor	Freewheel		Freewheel			14964
FBDF	FB behaviour on drive fault	Stop		Stop			14965
▶ MONIT. FUN. BLOCKS							
▼ INPUTS ASSIGNMENTS							
IL01		LI1 high		No			14920
IL02		No		No			14921
IL03		No		No			14922

图 4－37 功能块的启动方式以及逻辑输入的配置

将功能块的计算输出链接到正转运行和反转运行当中，此参数在【输入/输出配置】菜单中，正转运行信号【Forward Input】配置为【OL01】，反转运行信号【Reverseinput assignment】配置为【OL02】，这样就可以通过程序控制变频器的正反转了。输入/输出菜单中的正反转参数设置如图 4－38 所示。

▼ INPUTS / OUTPUTS CFG							
TCC	2 / 3 wire control	2 wire		2 wire			11101
TCT	Type of 2 wire control	Transition		Transition			11102
RUN	Drive Running	No		No			11103
FRD	Forward input	OL01		LI1			11104
RRS	Reverse input assignment	OL02		LI2			11105
BSP	Ref. template selection	Standard		Standard			3106

图 4－38 输入/输出菜单中的正反转参数设置

五、模拟输出的设置

ATV320 本身集成了 1 个模拟输出 AO1，AO1 的输出类型可以设置为电流或电压输出。当 AO1 输出类型被设置成电压输出时，是只能设置为单极性输出（0～10V）的。最大输出频率 tFr=50。

本案例模拟量输出 AO1 连接的是电流表，所以 AO1 的参数设置如下。

（1）【AO1 分配】（AO1）：设置 AO1 的功能，分配为【电动机频率】（OFr）。

（2）【AO1 类型】（AO1t）：设置 AO1 的输出模拟量的类型，设置为【电流】（0A）。

（3）【AO1 最小输出值】（AOL1）：当 AO1 类型为电流时，设置 AO1 的最小值为 4，单位为 mA。

（4）【AO1 最大输出值】（AOH1）：当 AO1 类型为电流时，设置 AO1 的最大值为 20，单位为 mA。

六、注意事项

ATV320 的逻辑功能块的运行，可以通过通信来启动程序，此时，必须检查系统字 2 的 11、12、13 位，保证通信连接正常，其中，11 位用来检查通信卡的通信是否正常，12 用来检测 CanOpen 的通信是否正常，13 用来检查 Modbus 的通信是否正常。应该在 ATVlogic 程序中检查对应的程序位是否正常，如果不正常，应停止变频器的运行。

第五节 ATV320 在自动喷漆设备上循环过程的 ATVlogic 编程

ATV320 有 150 多种内置的应用功能，适用于起重、包装印刷、物料处理、纺织机械、木工机械等行业。本示例通过一个自动喷漆设备上 ATV320 的应用，给出了 ATV320 的功能和参数的设置方法。

掌握本节 ATVlogic 的编程技巧后，就可以在自己的项目中仿照这个例程在 ATV320 中编辑符合工艺要求的项目程序。

一、自动喷漆的工作循环

在自动喷漆设备上，使用变频器的调试软件的 ATVlogic 功能块的编程功能来实现工作的循环过程，在本例中，QA1 是自锁按钮开关，即第一次按下 QA1 时，QA1 接通并保持，即自锁；在第二次按下 QA1 时，QA1 断开，同时，QA1 按钮开关会弹出来。自动喷漆的工作循环示意图如图 4－39 所示。

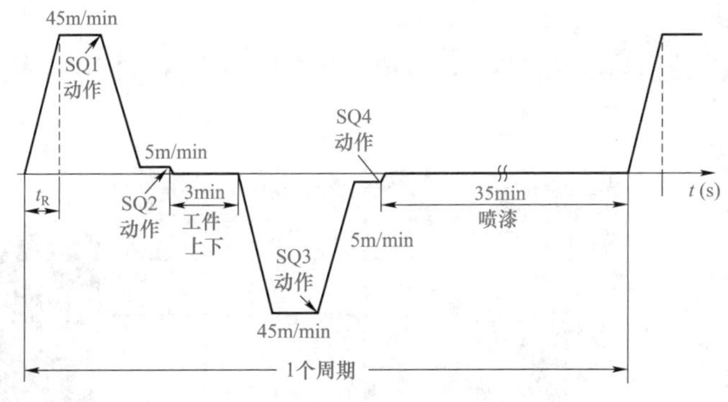

图 4－39 自动喷漆的工作循环示意图

二、自动喷漆设备的电气设计

自动喷漆设备的电动机由施耐德 ATV320 驱动，自动喷漆设备示意图如图 4－40 所示。

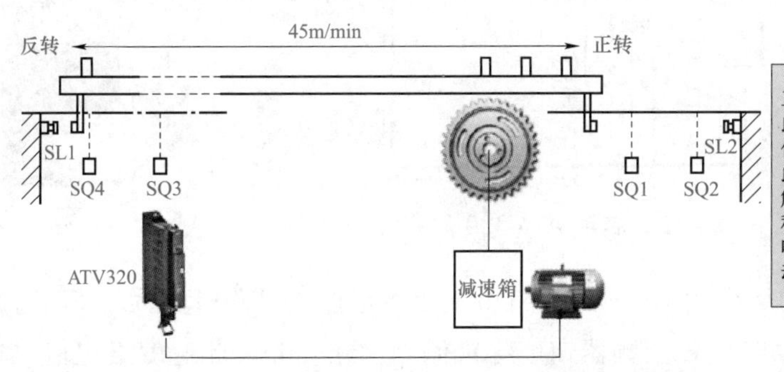

图 4－40 自动喷漆设备示意图

工作台移动时，当在碰到限位开关 SQ1 或 SQ2 时，如果工作台没有停止，那么继续移动就会碰到极限开关 SL1 或 SL2，此时，就会强制变频器进行停止，启动终端保护的作用。ATV320 的自动喷漆设备电路如图 4-41 所示。

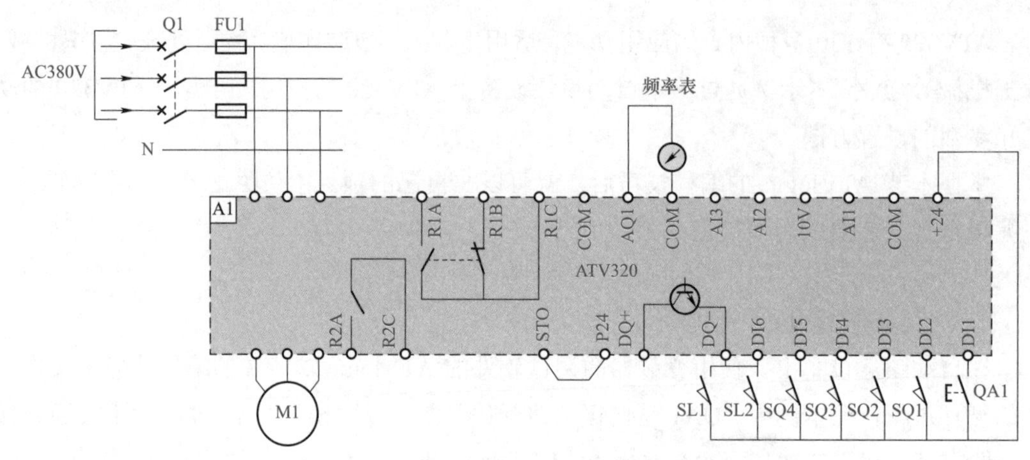

图 4-41 ATV320 的自动喷漆设备电路

三、启动 ATV320 的程序

通过逻辑编程实现按下 QA1 按钮启动 ATV320，再按一次按钮停止 ATV320。程序如图 4-42 所示。

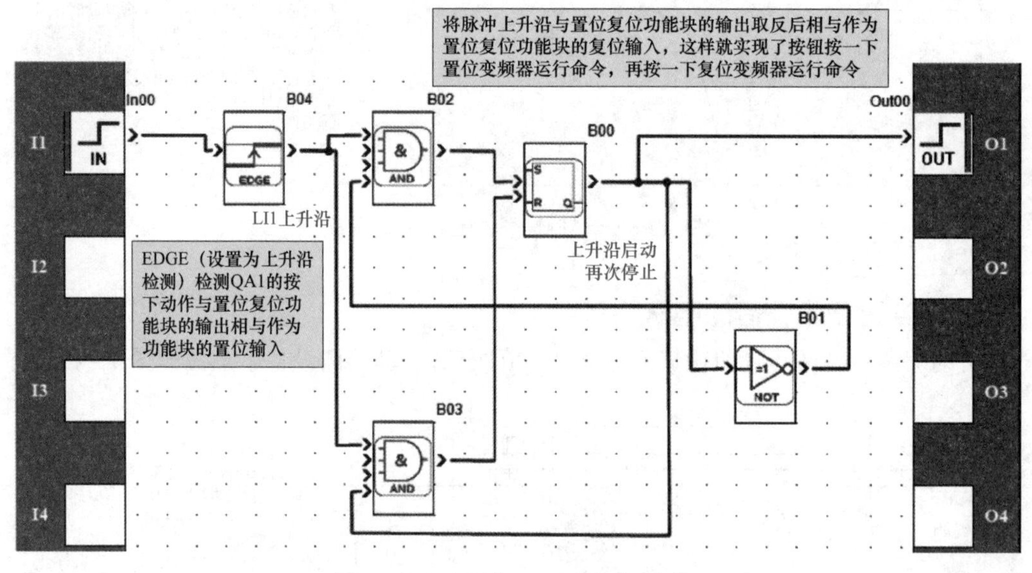

图 4-42 启动 ATV320 的程序

将 In01 设为 ATV320 的运行状态，取 ATV320 的上升沿即变频器启动后，使用写参数功能块，在 ATV320 启动时设置变频器速度给定值为 45m/min，此速度给定值放到 ATV320 的内部 M1 变量中，此变量 0～8192 对应 0～高速频率，由于实际运行速度 45

m/min 对应 30Hz，所以在此处设置 8192×30/50（高速频率设置为 50Hz）=4190。启动 ATV320 时设置变频器速度给定值程序如图 4－43 所示。

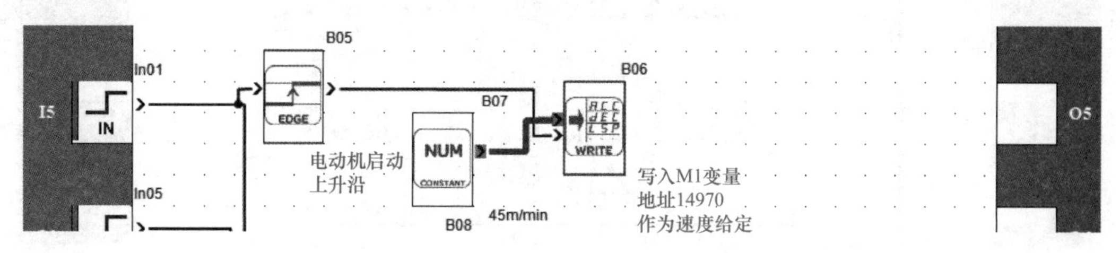

图 4－43　启动 ATV320 时设置变频器速度给定值程序

四、碰到 SQ1 限位的程序

将 In05 设置为 SQ1 限位开关输入，检测其上升沿后，使用写参数功能块，在 ATV320 启动时设置变频器速度给定值为 5 m/min，此速度给定值放到 ATV320 的内部 M1 变量中，此变量 0～8192 对应 0～高速频率，由于实际运行速度 5m/min 对应 3.3Hz，所以在此处设置 8192×3.3/50（高速频率设置为 50Hz）=465，类似的，当设备碰到 SQ2 限位开关后，设置速度给定为 0，停止 ATV320。碰到 SQ1 限位将速度降为 5m/min，碰到 SQ2 停止的程序如图 4－44 所示。

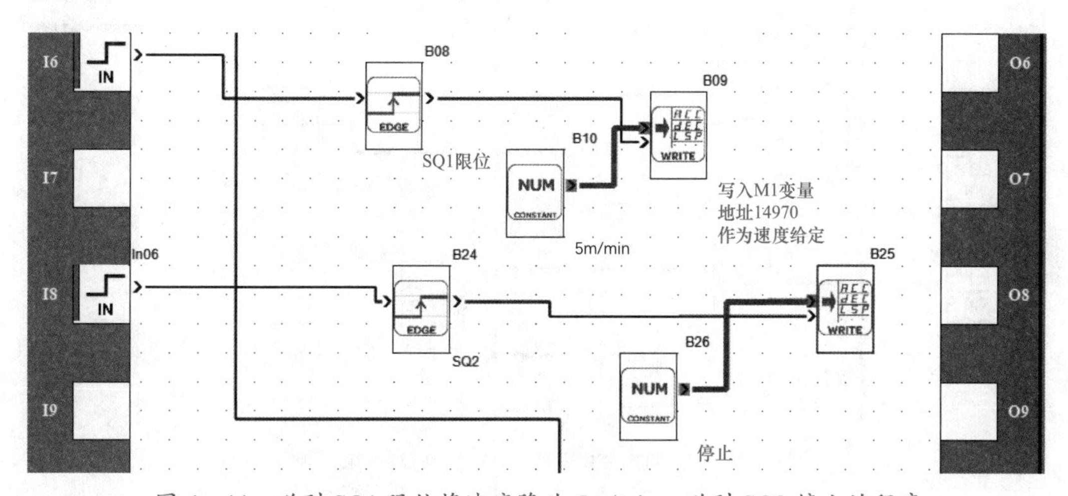

图 4－44　碰到 SQ1 限位将速度降为 5m/min，碰到 SQ2 停止的程序

五、正转停止后的程序

ATV320 正转运行停止后，停止条件使用比较功能块，当 ATV320 的实际速度小于 5，再使用与功能块 AND 判断此时变频器在运行状态，两个条件满足后开始使用 A 型定时器（即延时闭合定时器 TON），延时 180s 后，设置 ATV320 运行速度为－45 m/min 来实现 ATV320 反转功能。正转停止后判断时间大于 180s 后将速度设为－45m/min 启动反转的程序如图 4－45 所示。

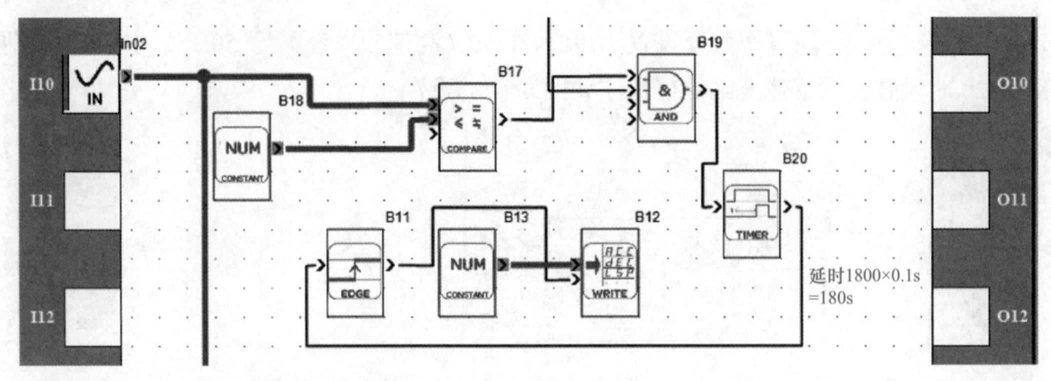

图 4-45　正转停止后判断时间大于 180s 后将速度设为 -45m/min 启动反转的程序

六、碰到 SQ3 降速，碰到 SQ4 停止的程序

将 In03 设置为 SQ3 限位开关输入，检测其上升沿后，使用写参数功能块，在 ATV320 启动时设置变频器速度给定值为 -5 m/min，此速度给定值放到 ATV320 的内部 M1 变量中，此变量 0～8192 对应 0～高速频率，由于实际运行速度 5 m/min 对应 3.3Hz，所以在此处设置 8192×3.3/50（高速频率设置为 50Hz）=465，类似的，当设备碰到 SQ4 限位开关后，设置速度给定为 0 停止 ATV320。碰到 SQ3 降速，碰到 SQ4 停止的程序如图 4-46 所示。

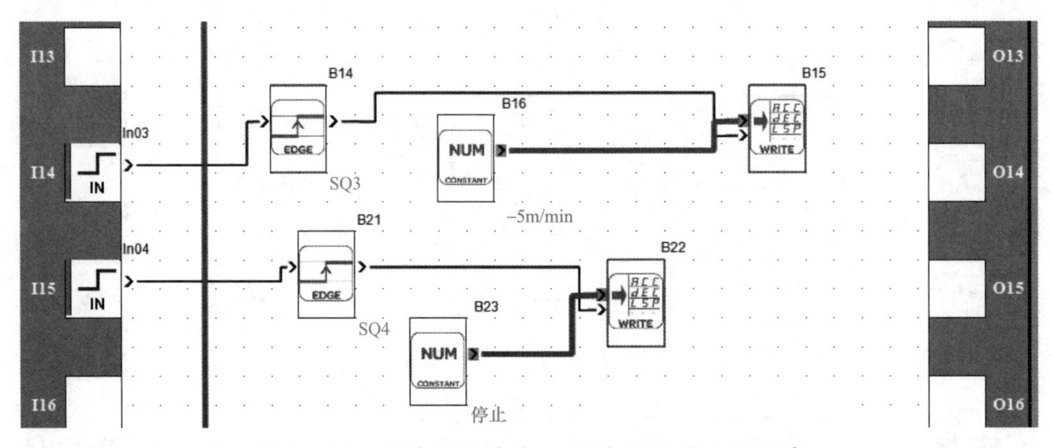

图 4-46　碰到 SQ3 降速，碰到 SQ4 停止的程序

七、开启下一个循环的程序

与正转延时类似，ATV320 反转运行停止后，停止条件使用比较功能块，当 ATV320 的实际速度大于 -5，再使用与功能块 AND 判断此时 ATV320 的运行状态，两个条件满足后开始使用 A 型定时器（即延时闭合定时器 TON），延时 35min 后（此处定时器参数设置为 21000，单位 100ms），设置 ATV320 运行速度为 45 m/min，这样就实现下一个工作循环，在程序的最后，读取 ATV320 内部 M1 变量的值并将其写入 ATV320 的频率给定值。反转延时和速度给定值的写入程序如图 4-47 所示。

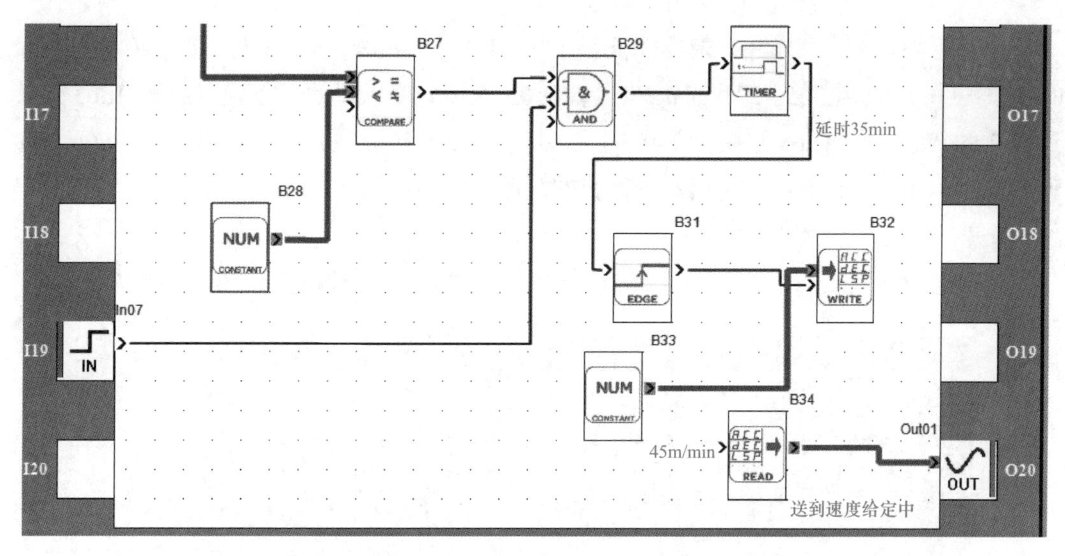

图 4–47　反转延时和速度给定值的写入程序

八、ATV320 的正转设置

设置 ATV320 的启动命令参数,【输入/输出设置】→【正转】为【OL01】,如图 4–48 所示。

INPUTS / OUTPUTS CFG				
TCC	2 / 3 wire control	2 wire	2 wire	11101
TCT	Type of 2 wire control	Transition	Transition	11102
RUN	Drive Running	No	No	11103
FRD	Forward input	OL01	LI1	11104
RRS	Reverse input assignment	No	LI2	11105
BSP	Ref. template selection	Standard	Standard	3106

图 4–48　ATV320 的正转设置

九、ATV320 的给定频率设置

设置 ATV320 的速度参数,【命令】→【命令 1 通道】为【OA01】,【组合模式】设置分离模式(Separate),如图 4–49 所示。

COMMAND				
FR1	Configuration reference 1	OA01	AI1	8413
RIN	Reverse direction inhibit.	No	No	3108
PST	STOP key priority	Yes	Yes	64002
CHCF	Channel mode config.	Separate	Not separ.	8401
CCS	Cmd channel switch	Cmd 1 act	Cmd 1 act	8421

图 4–49　ATV320 的给定频率设置

十、ATV320 功能块的参数设置

功能块相关参数的设置,在【功能块】菜单中,设置功能块命令【FB command】为【Start】。此项设置的含义是功能块运行,功能块启动模式【FB start Mode】为【Yes】,即变频器上电即开始运行。

在功能块分配子菜单中，建立功能块【INPUTS ASSIGMENTS】与 ATV320 内部变量的联系：① IL01 连接到 DI1 的状态；② IL02 连接到变频器的运行状态；③ IL03 连接到 DI2 的状态；④ IL04 连接到 DI5 的状态；⑤ IL05 连接到 DI6 的状态；⑥ IL06 连接到 DI4；⑦ IL07 也连接到变频器运行状态，如 DI1 接通，则 IL01 就变为 1，反之，当 DI1 断开，则 IL01 的状态就是 0。

其他逻辑输入状态的变化与此类似，完整的 ATV320 参数设置如图 4－50 所示。

▼ FUNCTION BLOCKS				
FBCD	FB command	Start	Stop	14962
FBRM	FB start mode	Yes	No	14963
FBSM	Stop of FB stops the motor	Freewheel	Freewheel	14964
FBDF	FB behaviour on drive fault	Stop	Stop	14965
▶ MONIT. FUN. BLOCKS				
▼ INPUTS ASSIGNMENTS				
IL01		LI1 high	No	14920
IL02		Drv running	No	14921
IL03		LI2 high	No	14922
IL04		LI5 high	No	14923
IL05		LI6 high	No	14924
IL06		LI4 high	No	14925
IL07		Drv running	No	14926
IL08		No	No	14927
IL09		No	No	14928
IL10		No	No	14929
IA01		Motor freq.	No	14900

图 4－50　完整的 ATV320 参数设置

第五章　ATV320 的网络通信

ATV320 支持多种智能通信协议，标配 Modbus 和 CANopen 通信，还支持基于以太网技术的 ModbusTCP、EtherNet/IP、Profinet、EtherCAT 等通信，并支持 ProFibus DP、DeviceNet 现场总线。ATV320 通信选件卡如图 5－1 所示。

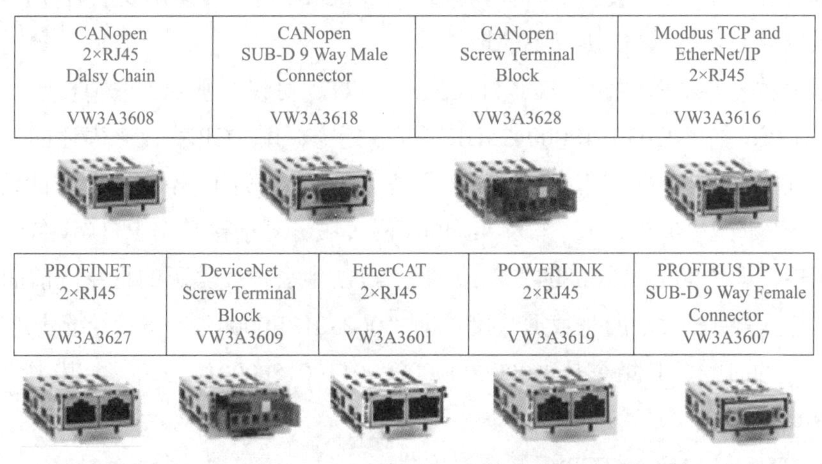

图 5－1　ATV320 通信选件卡

第一节　ATV320 的 ModbusTCP 通信

一、ModbusTCP 的通信协议

Modbus 通信协议是由 Modicon 公司（现已被施耐德公司并购）于 1979 年发明的，是全球最早用于工业现场的总线规约。由于其免费公开发行，使用该协议的厂家无须缴纳任何费用。Modbus 通信协议采用的是主/从（Master/Slave）通信模式，多用于分散控制。Modbus 协议在全球得到了广泛的应用。

Modbus 通信协议有多个变种，有支持串口（主要是 RS－485 总线）、以太网等多个版本，其中最著名的是 ModbusRTU，ModbusASCII 和 ModbusTCP。

ModbusRTU 与 ModbusASCII 均为支持 RS－485 总线的通信协议。ModbusRTU 由于其采用二进制表现形式以及紧凑数据结构，通信效率较高，应用比较广泛；而ModbusASCII 由于采用 ASCII 码传输，并且利用特殊字符作为其字节的开始与结束标识，其传输效率要远远低于 ModbusRTU 协议，一般只有在通信数据量较小的情况下才考虑使用。在工业现场一般都是采用 ModbusRTU 协议。一般而言，大家说的基于串口通信的 Modbus 通信协议都是指 ModbusRTU 通信协议。

ModbusTCP 协议则是在 RTU 协议上加 1 个 MBAP 报文头，由于 TCP 是基于可靠连接的服务，RTU 协议中的 CRC 校验码就不再需要，所以在 ModbusTCP 协议中是没有 CRC 校验码的。

ModbusTCP 协议是在 RTU 协议前面添加 MBAP 报文头，共 7 个字节长度。其中传输标志占 2 个字节长度，标志 Modbus 询问、应答的传输，一般默认是 0000；协议标志占 2 个字节长度，0 表示是 Modbus，1 表示 UNI－TE 协议，一般默认也是 0000；后续字节计数占 2 个字节长度，其实际意义就是后面的字节长度，具体情况后面会介绍；单元标志占 1 个字节长度，一般默认为 00，单元标志对应于 ModbusRTU 协议中的地址码，当 RTU 与 TCP 之间进行协议转换的时候，特别是 Modbus 网关转换协议的时候，在 TCP 协议中，该数据就是对应 RTU 协议中的地址码。

当读取相关寄存器的时候，TCP 协议就是在 RTU 协议的基础上去掉校验码以及加上 5 个 0 和 1 个 6，如“0103018E000425DE”读取指令，用 TCP 协议来表述的话，指令是“000000000060003018E0004”，由于 TCP 是基于 TCP 连接的，不存在所谓的地址码，所以 06 后面一般都是“00”（当其作为 Modbus 网关服务器挂接多个 RTU 设备的时候，数值从 01～FF），即“0003018E0004”对应的是 RTU 中去掉校验码的指令，前面则是 5 个 0 以及 1 个 6。其中 6 表示的是数据长度，即“0003018E0004”有 6 个字节长度。而当其为写操作指令的时候，其指令是“00000000000901100018e0001020000”，其中“0009”表示后面有 9 个字节。

ModbusRTU 与 ModbusTCP 读指令对比见表 5－1。

表 5－1　　ModbusRTU 与 ModbusTCP 读指令对比

指令	MBAP 头	地址码	功能码	寄存器地址	寄存器数量	CRC 校验
ModbusRTU	无	01	03	018E	0004	25DE
ModbusTCP	00000000000600	无	03	018E	0004	无

指令的含义：从地址码为 01（TCP 协议单元标志为 00）的模块 0x18E（018E）寄存器地址（03）开始读 4 个（0004）寄存器。

ModbusRTU 与 ModbusTCP 写指令对比表见表 5－2。

表 5-2 ModbusRTU 与 ModbusTCP 写指令对比

指令	MBAP 报文头	地址码	功能码	寄存器地址	寄存器数量	数据长度	正文	CRC 校验
RTU	无	01	10	018E	0001	02	0000	A87E
TCP	00000000000900	无	10	018E	0001	02	0000	无

指令的涵义：从地址码为 01（TCP 协议单元标志为 00）的模块 0x18E（018E）寄存器地址（10）开始写 1 个（0001）寄存器，具体数据长度为 2 个字节（02），数据正文内容为 0000（0000）。

S7-1200 PLC 本体集成的以太网口除支持 Profinet 接口之外，也能够支持 ModbusTCP 通信。

二、ModbusTCP 的通信架构

本示例中使用 S7-1200 PLC 通过 ModbusTCP 网络控制 ATV320 的启停和速度，实现 ModbusTCP 的网络通信，本示例主要展示的是通信的方式控制变频器的运行和速度给定，所以没有在 PLC 上给出硬件的连接。ModbusTCP 通信控制项目要选用超五类（CAT5e）的带屏蔽网线。ModbusTCP 的网络通信示意图如图 5-2 所示。

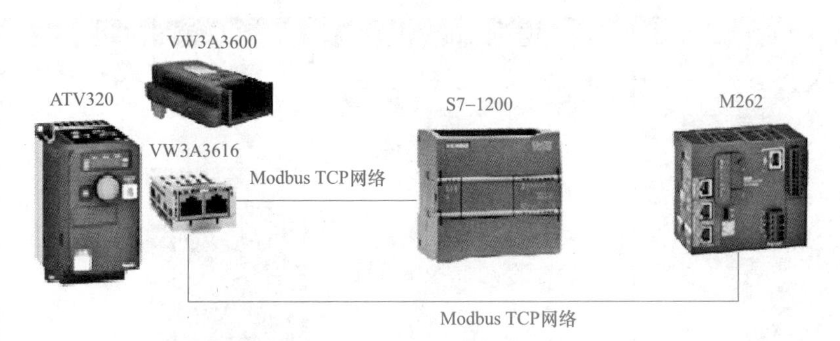

图 5-2 ModbusTCP 的网络通信示意图

ATV320 的 VW3A3616 通信 Modbus TCP 网络模块，用于连接至 Modbus TCP 网络或 EtherNet/IP 网络端口，模块有两个 2 个 RJ-45 连接器，10/100 Mbit/s，半双工和全双工，通信线采用 490NTW000pp/ppU 或者 490NTC000pp/ppU。紧凑型还需要选配 VW3A3600 适配器。

三、ModbusTCP 项目创建和硬件组态

在西门子 V15 博途编程平台中，创建一个名称为【ModbusTCP 通信控制 2019】的新项目，添加西门子 S7-1200。单击【设备与网络】→【添加新设备】→【控制器】→【6ES7 211-1BE40-0XB0】，选择版本 V4.2，单击【添加】，如图 5-3 所示。

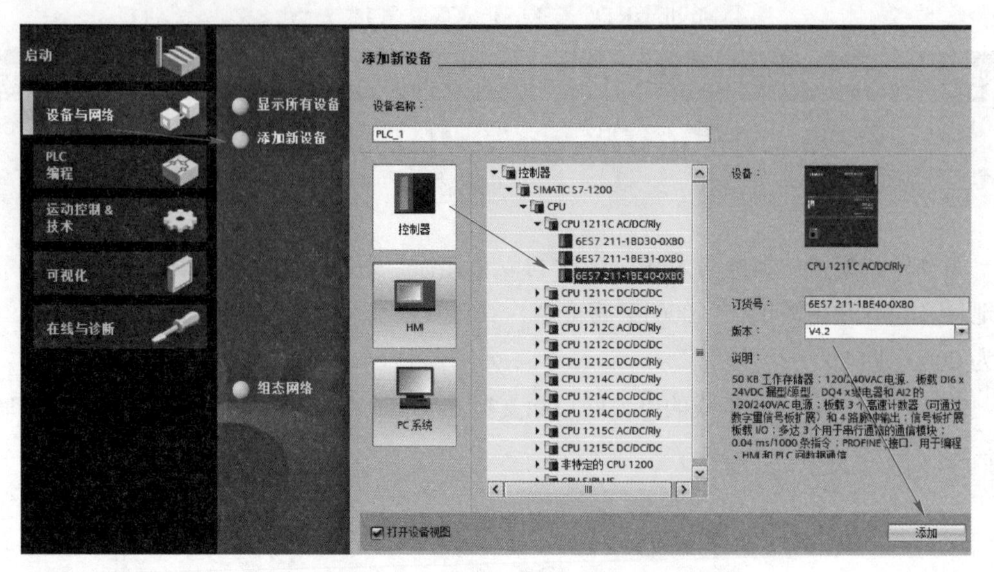

图 5-3　添加西门子 S7-1200

双击 PLC【CPU1211AC/DC/Rly】→【设备组态】，对 PLC 进行配置，在【属性】→【常规】中选择【以太网地址】，单击【添加新子网】，如图 5-4 所示。

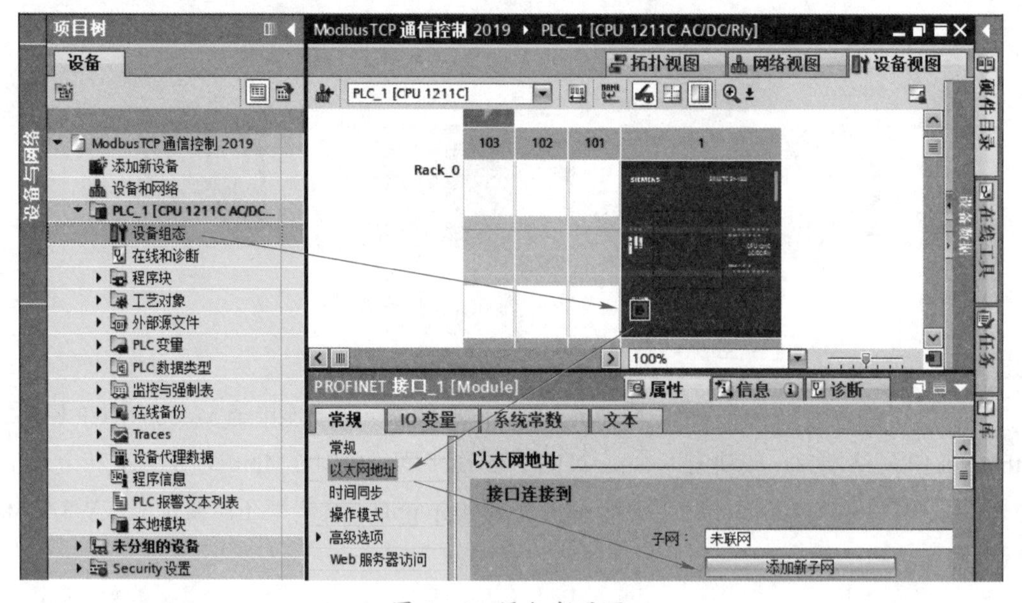

图 5-4　添加新子网

设置 PLC 网口的 IP 地址为 192.168.0.1，子网掩码为 255.255.255.0，如图 5-5 所示。

创建全局数据块，首先创建一个新的全局数据块 MyModbusTcp，如图 5-6 所示。

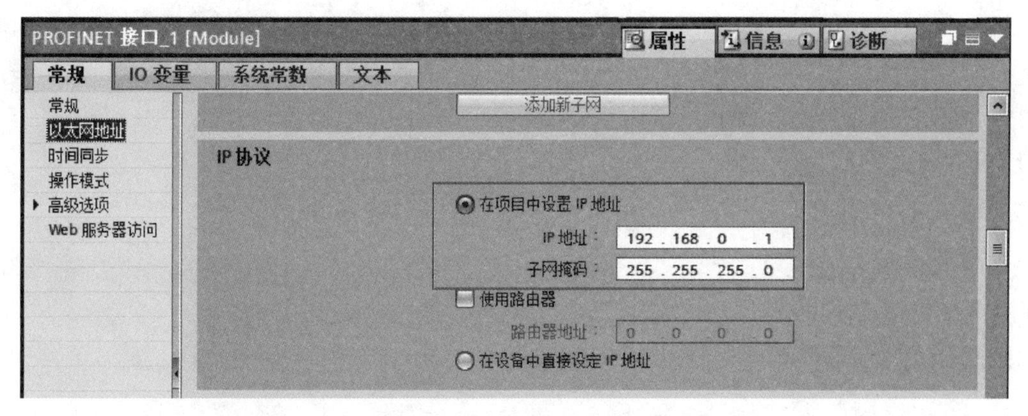

图 5-5 设置 IP 地址与子网掩码

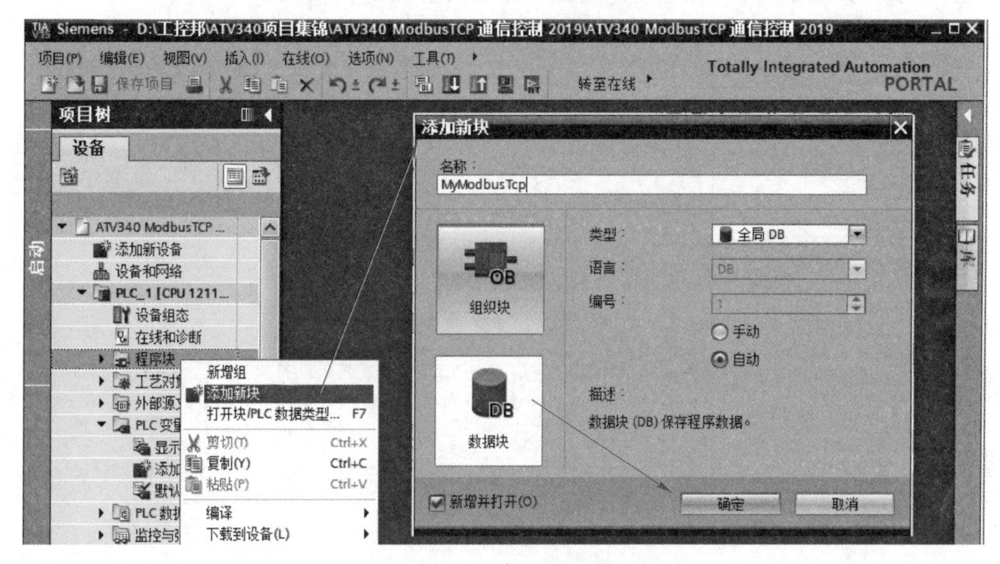

图 5-6 创建全局数据块

双击打开新生成的 DB 块，定义变量名称为【Connect】，数据类型为【TCON_IP_v4】（可以将 TCON_IP_v4 复制到该对话框中），如图 5-7 所示。

ModbusTCP 通信控制 2019 ▸ PLC_1 [CPU 1211C AC/DC/Rly] ▸ 程序块 ▸ M262MudbusTcp [DB4]

M262MudbusTcp

	名称	数据类型	起始值	保持	可从 HMI/...	从 H...
1	Static					
2	Connect	TCON_IP_v4		☑	☑	☑
3	InterfaceId	HW_ANY	64	☑	☑	☑
4	ID	CONN_OUC	16#02	☑	☑	☑
5	ConnectionType	Byte	16#0B	☑	☑	☑
6	ActiveEstablished	Bool	TRUE	☑	☑	☑
7	RemoteAddress	IP_V4		☑	☑	☑
8	RemotePort	UInt	502	☑	☑	☑
9	LocalPort	UInt	0	☑	☑	☑

图 5-7 定义变量名称和数据类型

TCON_IP_v4 数据结构的引脚定义见表 5-3。

表 5-3　　TCON_IP_v4 数据结构的引脚定义

InterfaceId	硬件标识符
ID	连接 ID，取值范围 1 ~ 4095
ConnectionType	连接类型。TCP 连接默认为 16#0B
ActiveEstablished	建立连接。主动为 1（客户端），被动为 0（服务器）
ADDR	服务器侧的 IP 地址
RemotePort	远程端口号
LocalPort	本地端口号

远程端口号设为 502。客户端侧 Connect 引脚数据定义如图 5-8 所示。

项目树 ｜ ...2019 ▸ PLC_1 [CPU 1211C AC/DC/Rly] ▸ 程序块 ▸ MyModbusTcp [DB1]

设备：ModbusTCP通信控制 2019 / 添加新设备 / 设备和网络 / PLC_1 [CPU 1211C AC/DC... / 设备组态 / 在线和诊断 / 程序块 / 添加新块 / Main [OB1] / MyModbusTcp [DB1] / 系统块 / 工艺对象 / 外部源文件 / PLC 变量 / PLC 数据类型

保持实际值　快照　将快照值复制到起始值中

MyModbusTcp

	名称	数据类型	起始值	保持	可从 HMI/...
1	Static				
2	Connect	TCON_IP_v4		☑	☑
3	InterfaceId	HW_ANY	0	☑	☑
4	ID	CONN_OUC	16#1	☑	☑
5	ConnectionType	Byte	16#0B	☑	☑
6	ActiveEstablished	Bool	false	☑	☑
7	RemoteAddress	IP_V4		☑	☑
8	ADDR	Array[1..4] of Byte		☑	☑
9	ADDR[1]	Byte	192	☑	☑
10	ADDR[2]	Byte	168	☑	☑
11	ADDR[3]	Byte	0	☑	☑
12	ADDR[4]	Byte	2	☑	☑
13	RemotePort	UInt	502	☑	☑
14	LocalPort	UInt	0	☑	☑

图 5-8　客户端侧 Connect 引脚数据定义

注意：Connect 引脚的填写需要用符号寻址的方式。

用类似方法创建 M262 PLC mbClient 的数据块【M262 ModbusTcp】[DB4]，如图 5-9 所示。

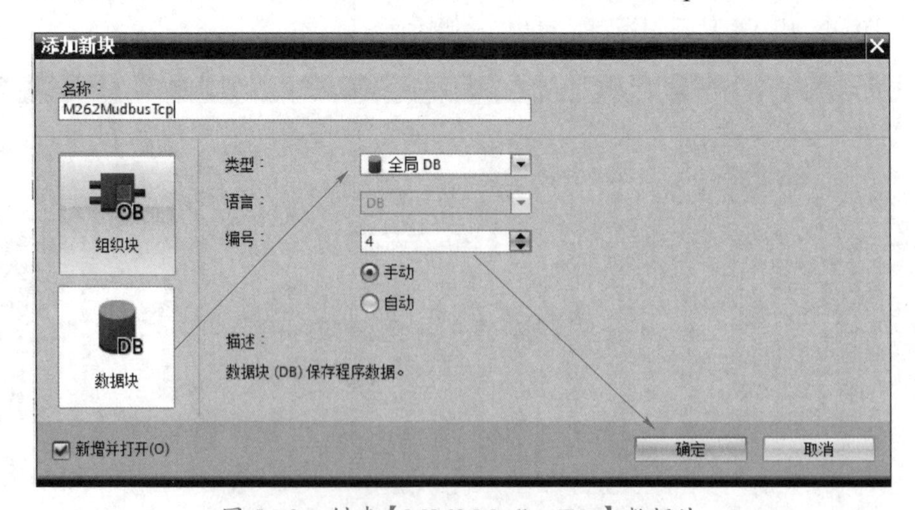

图 5-9　创建【M262 ModbusTcp】数据块

在本项目中 M262 的 IP 地址是 192.168.0.11，设置 M262 的 IP 地址，如图 5－10 所示。

	名称	数据类型	起始值	保持	可从 HMI/...
1	Static				
2	Connect	TCON_IP_v4		☑	☑
3	InterfaceId	HW_ANY	64	☑	☑
4	ID	CONN_OUC	16#02	☑	☑
5	ConnectionType	Byte	16#0B	☑	☑
6	ActiveEstablished	Bool	TRUE	☑	☑
7	RemoteAddress	IP_V4		☑	☑
8	ADDR	Array[1..4] of Byte		☑	☑
9	ADDR[1]	Byte	192	☑	☑
10	ADDR[2]	Byte	168	☑	☑
11	ADDR[3]	Byte	0	☑	☑
12	ADDR[4]	Byte	11	☑	☑
13	RemotePort	UInt	502	☑	☑
14	LocalPort	UInt	0	☑	☑

图 5－10 设置 M262 的 IP 地址

单击【显示所有变量】，编写 PLC 变量表，如图 5－11 所示。

	名称	变量表	数据类型	地址	保持
1	ReqClient_1	默认变量表	Bool	%M0.0	
2	DisConnect_1	默认变量表	Bool	%M0.1	
3	DoneClient_1	默认变量表	Bool	%M0.2	
4	BusyClient_1	默认变量表	Bool	%M0.3	
5	ErrorClient_1	默认变量表	Bool	%M0.4	
6	StatusClient_1	默认变量表	Word	%MW20	
7	Firs_Scan	默认变量表	Bool	%M1.0	
8	M262_Connected	默认变量表	Bool	%M8.2	
9	Connected_P	默认变量表	Bool	%M8.0	
10	ReqClient_2	默认变量表	Bool	%M4.0	
11	Run_Forward	默认变量表	Bool	%I0.0	
12	Run_Reverse	默认变量表	Bool	%I0.1	
13	ATV320_ReseFault	默认变...	Bool	%I0.2	
14	DoneClient_2	默认变量表	Bool	%M4.1	
15	BusyClient_2	默认变量表	Bool	%M4.2	
16	ErrorClient_2	默认变量表	Bool	%M4.3	
17	ReqClient_3	默认变量表	Bool	%M10.0	
18	ReqClient_4	默认变量表	Bool	%M11.0	
19	DoneClient_3	默认变量表	Bool	%M10.2	
20	BusyClient_3	默认变量表	Bool	%M10.3	
21	ErrorClient_3	默认变量表	Bool	%M10.4	
22	DisConnect_3	默认变量表	Bool	%M10.1	
23	DisConnect_4	默认变量表	Bool	%M11.1	
24	DoneClient_4	默认变量表	Bool	%M11.2	
25	BusyClient_4	默认变量表	Bool	%M11.3	
26	ErrorClient_4	默认变量表	Bool	%M11.4	
27	StatusClient_4	默认变量表	Word	%MW14	
28	StatusClient_3	默认变量表	Word	%MW12	
29	ControlWord	默认变量表	Word	%MW120	
30	Clock_1Hz	默认变量表	Bool	%M2.5	
31	Machine_Speed	默认变量表	Word	%MW140	
32	Speed_Ref	默认变量表	Word	%MW122	
33	Temp1	默认变量表	Bool	%M0.5	
34	Temp2	默认变量表	Bool	%M0.6	
35	StatusClient_2	默认变量表	Word	%MW22	
36	Connected_P_1	默认变量表	Bool	%M8.1	

图 5－11 编写 PLC 变量表

因为 ATV320 只能响应 S7－1200C 的请求帧，因此，S7－1200 必须使用客户端，在博途 V15 软件中需要调用 MB_CLIENT 指令块，该指令块主要完成客户机和服务器的 TCP 连接、发送命令消息、接收响应及控制服务器断开的工作任务。

四、调用 ModbusTCP 客户端侧指令块

在【指令】→【通信】→【其他】→【MODBUS TCP】中，调用客户端侧指令块【MB_CLIENT】。MB_CLIENT 指令的位置如图 5－12 所示。

通信		
名称	描述	版本
▶ S7 通信		V1.3
▶ 开放式用户通信		V6.0
▶ WEB 服务器		V1.1
▼ 其他		
▼ MODBUS TCP		V5.0
MB_CLIENT	通过 PROFINET 进行通信，作为 Modbus TCP 客户端	V5.0
MB_SERVER	通过 PROFINET 进行通信，作为 Modbus TCP 服务器	V5.0
MB_RED_CLIENT	Redundant communication via PROFINET as Modbus TCP c...	V1.0
MB_RED_SERVER	Redundant communication via PROFINET as Modbus TCP s...	V1.0
▶ 通信处理器		
▶ 远程服务		V1.9

图 5－12　MB_CLIENT 指令的位置

在【程序块】→【OB1】中的程序段里调用客户端侧指令块【MB_CLIENT】，调用时会自动生成背景 DB，单击【确定】。调用 MB_CLIENT 指令的过程如图 5－13 所示。

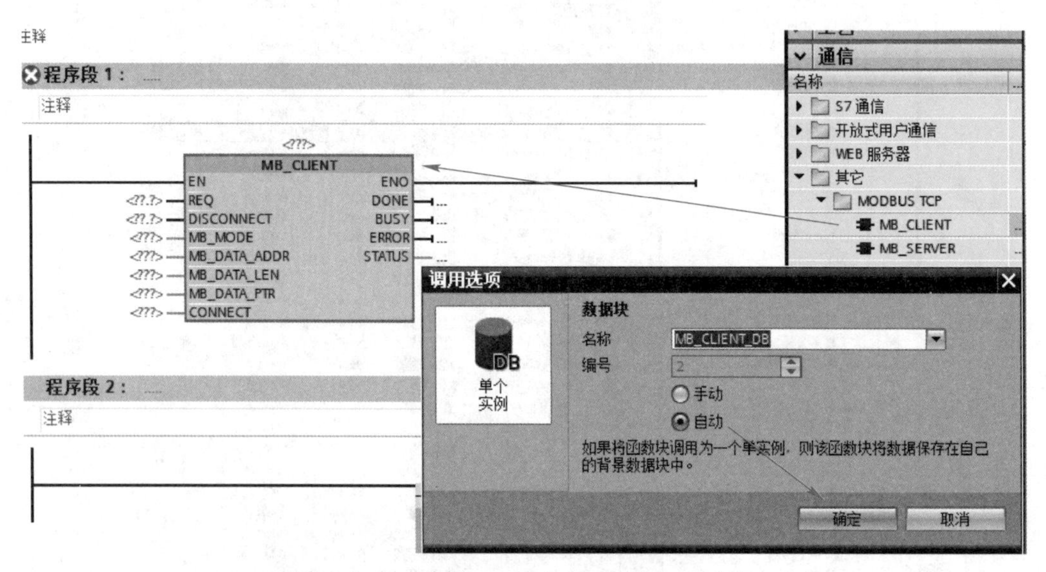

图 5－13　调用 MB_CLIENT 指令的过程

ModbusTCP 客户端侧指令块的各引脚定义见表 5－4。

表 5－4 ModbusTCP 客户端侧指令块的各引脚定义

引脚	定义
REQ	与服务器之间的通信请求，上升沿有效
DISCONNECT	通过该参数，可以控制与 ModbusTCP 服务器建立和终止连接： 0（默认）表示建立连接，1 表示断开连接
MB_MODE	选择 Modbus 请求模式（读取、写入或诊断）： 0 表示读；1、2 表示写
MB_DATA_ADDR	由 MB_CLIENT 指令所访问数据的起始地址
MB_DATA_LEN	数据长度：数据访问的位或字的个数
MB_DATA_PTR	指向 Modbus 数据寄存器的指针
CONNECT	指向连接描述结构的指针：TCON_IP_v4（S7－1200）
DONE	最后一个作业成功完成，立即将输出参数 DONE 置位为 1
BUSY	作业状态位： 0 表示无正在处理的“MB_CLIENT”作业；1 表示“MB_CLIENT”作业正在处理
ERROR	错误位： 0 表示无错误；1 表示出现错误，错误原因查看 STATUS
STATUS	指令的详细状态信息

在 OB1 中调用的 ModbusTCP 客户端侧指令块，需要以绝对地址的方式填写引脚，如图 5－14 所示。

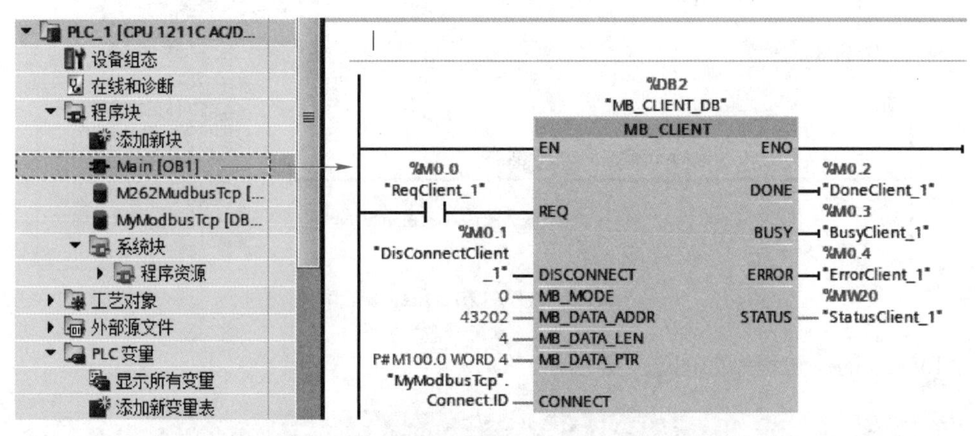

图 5－14 在 OB1 中调用的 ModbusTCP 客户端侧指令块

MB_DATA_PTR 指定的数据缓冲区可以为 DB 块或 M 存储区地址中。

五、S7－1200 的 ModbusTCP 客户端侧编程

首先进行初始化的程序编制，上电初始化命令如图 5－15 所示。

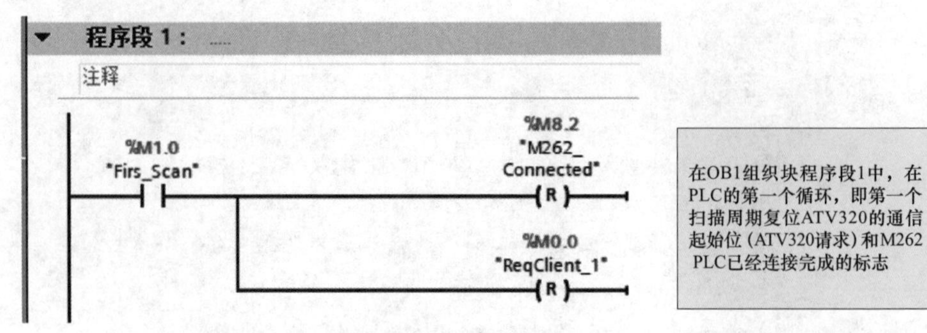

图 5－15　上电初始化命令

ATV320 通信建立后的初始化程序如图 5－16 所示。

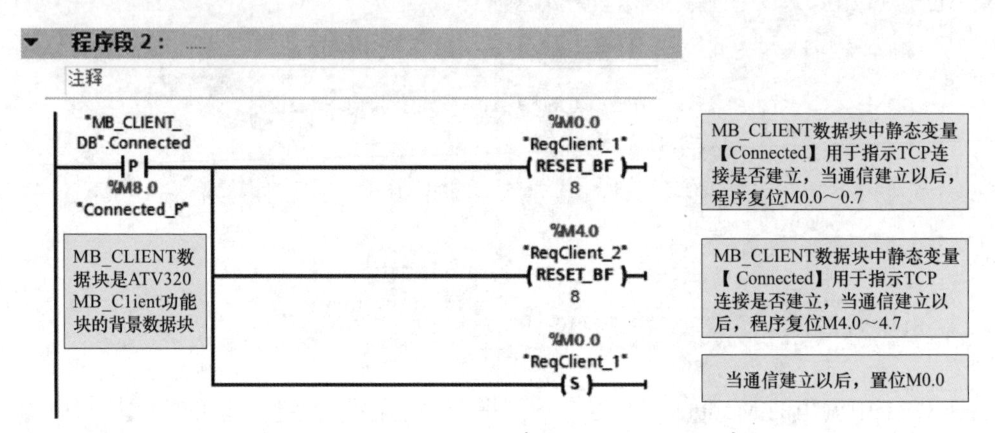

图 5－16　ATV320 通信建立后的初始化程序

ATV320 的正转程序如图 5－17 所示。

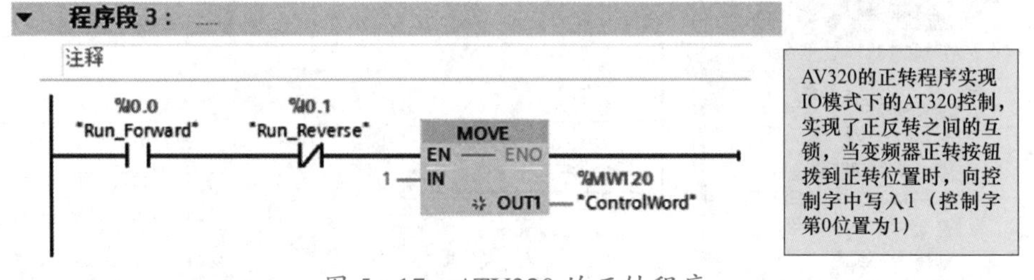

图 5－17　ATV320 的正转程序

ATV320 的反转程序如图 5－18 所示。

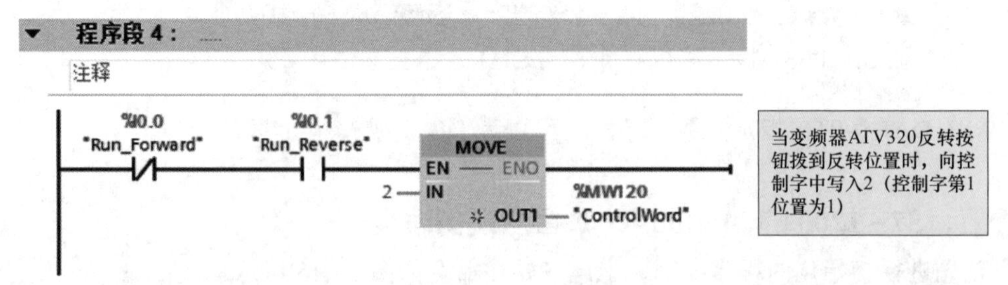

图 5－18　ATV320 的反转程序

ATV320 的停止程序如图 5－19 所示。

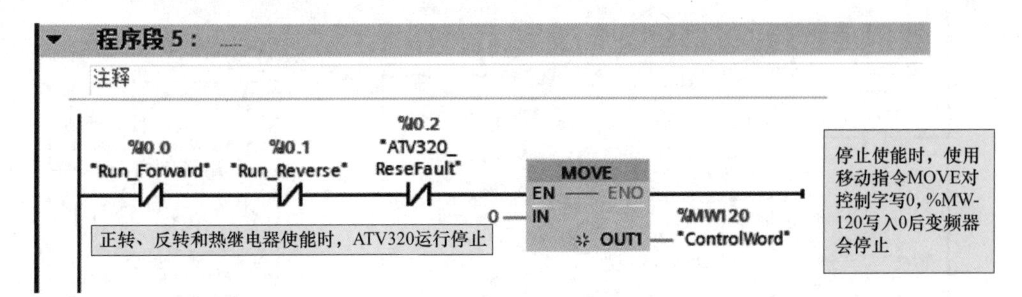

图 5－19　ATV320 的停止程序

复位故障的程序如图 5－20 所示。

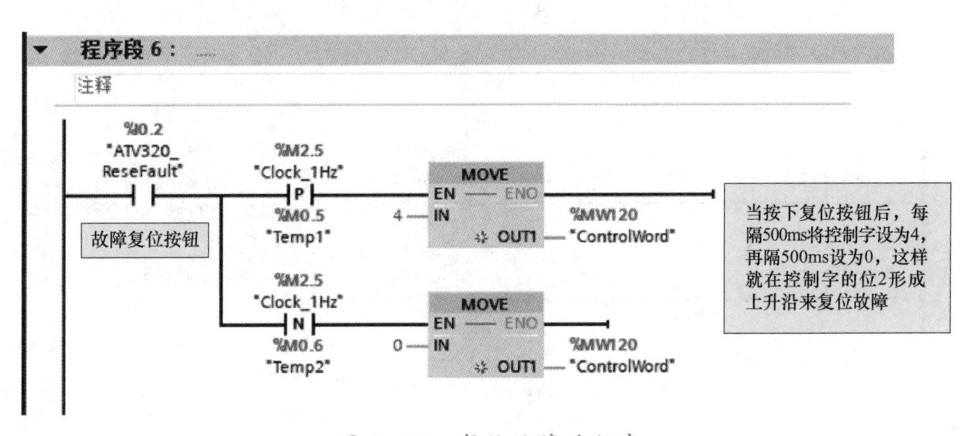

图 5－20　复位故障的程序

在程序段 7 中编辑速度给定值的程序，如图 5－21 所示。

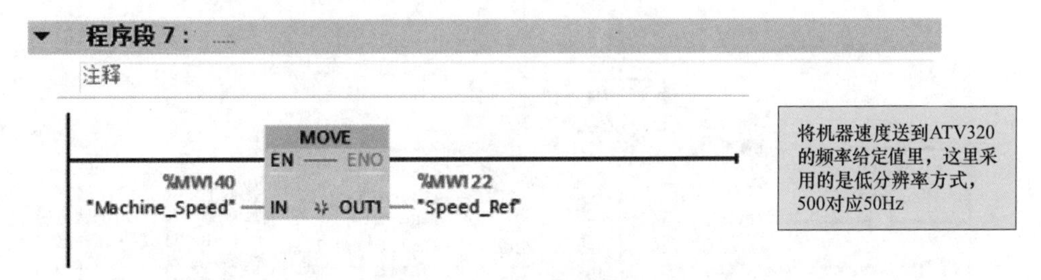

图 5－21　设置速度给定值

在程序段 8 中编制读取状态字和实际速度的程序，读取 ModbusTCP 服务器数据状态字和实践速度，调用 MB_Client 客户端功能块，它的背景数据块是 DB2，即 MB_CLIENT_DB，读取状态字和实际速度的程序如图 5－22 所示。

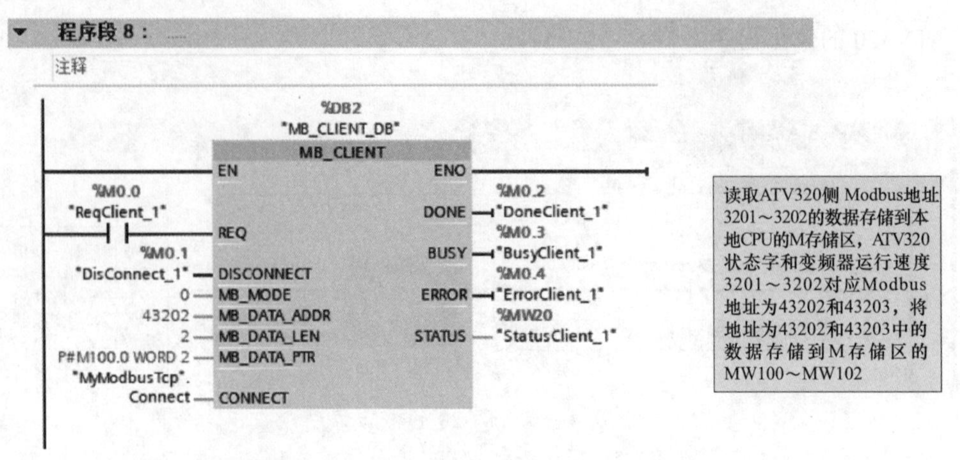

图 5-22　读取状态字和实际速度的程序

在程序段 9 中编制读写操作程序，ATV320 的读操作程序如图 5-23 所示。

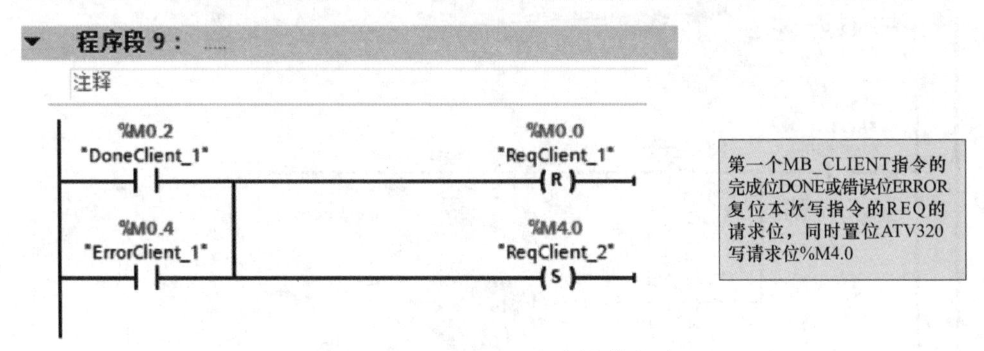

图 5-23　ATV320 的读操作程序

在程序段 10 中再次调用 MB_CLIENT 功能块实现 ATV320 写参数的操作，ATV320 写状态字和实际速度的程序如图 5-24 所示。

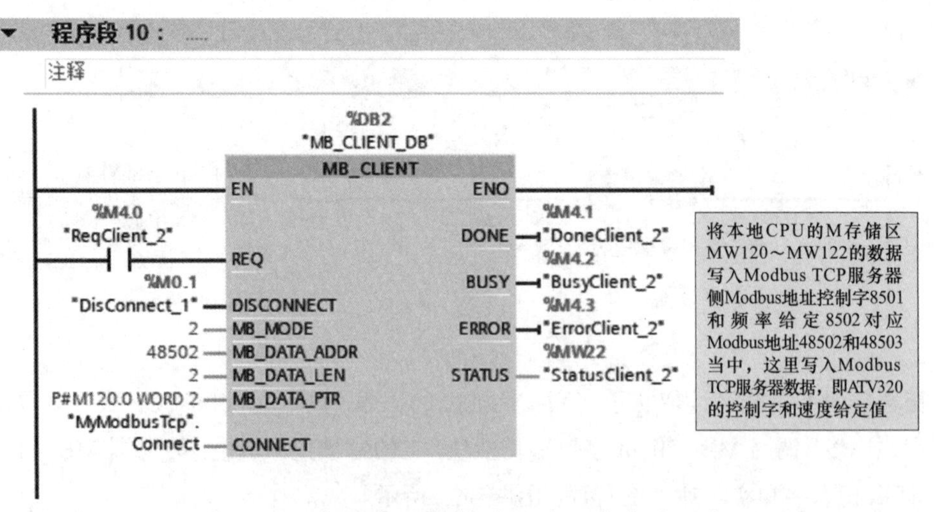

图 5-24　ATV320 写状态字和实际速度的程序

ATV320 的写参数操作程序如图 5-25 所示。

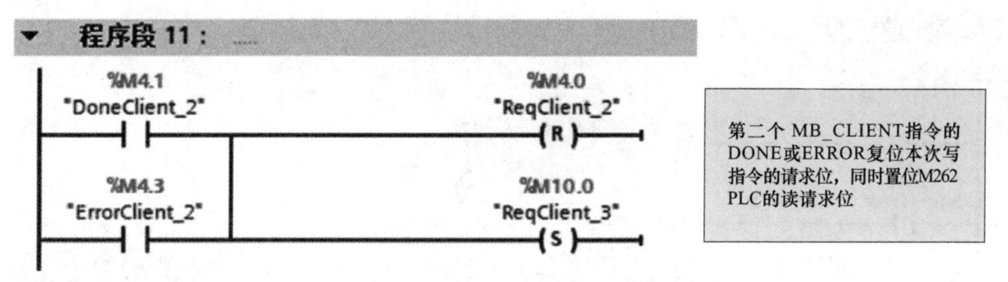

图 5－25　ATV320 的写参数操作程序

在程序段 12 中判断 M262 PLC 和 S7－1200 是否已经连接完成，Modbus TCP 网络连接的判断程序和如图 5－26 所示。

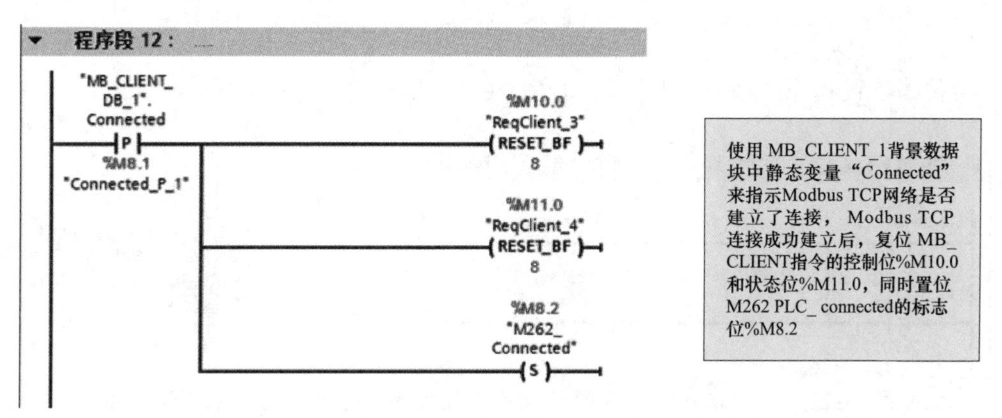

图 5－26　Modbus TCP 网络连接的判断程序

在程序段 13 中调用 MB_CLIENT 功能块，V15 自动创建数据块 DB，编号为 3，即 DB3，如图 5－27 所示。

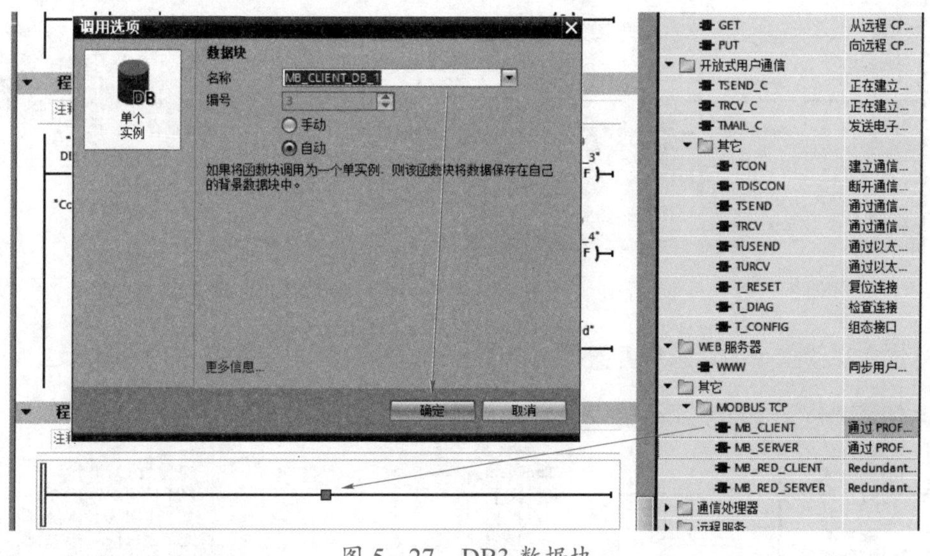

图 5－27　DB3 数据块

读取 M262 PLC 侧 Modbus 地址并进行存储的程序如图 5－28 所示。

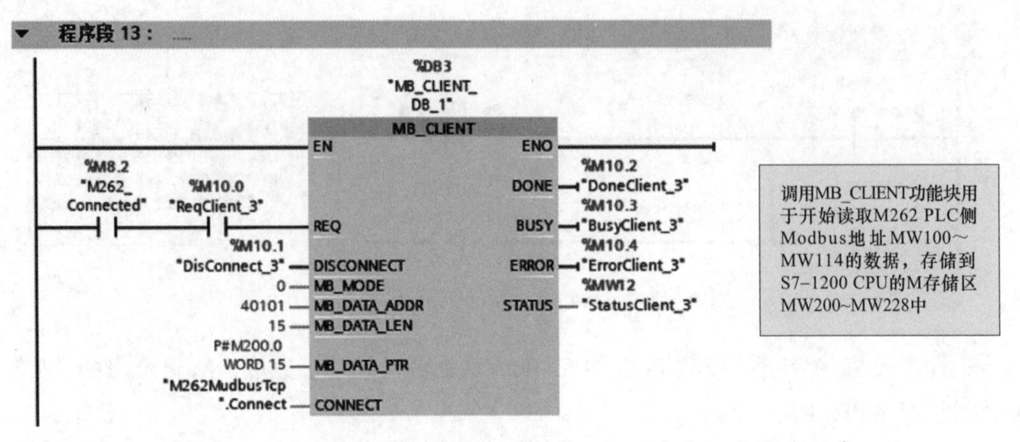

图 5－28　读取 M262 PLC 侧 Modbus 地址并进行存储的程序

复位本次读指令的请求位并置位 M262 PLC 写请求位的程序如图 5－29 所示。

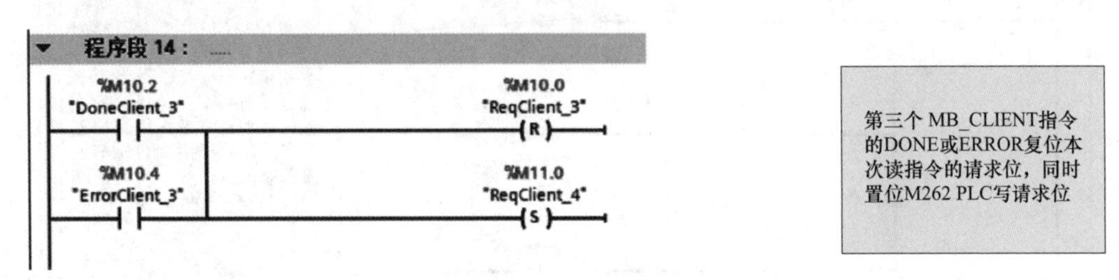

图 5－29　复位本次读指令的请求位并置位 M262 PLC 写请求位的程序

将 M 存储区的内容写入服务器侧地址中存储器的程序如图 5－30 所示。

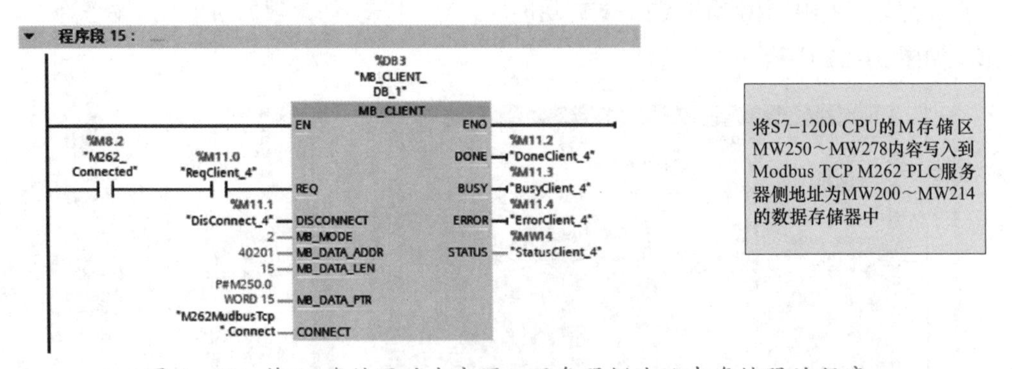

图 5－30　将 M 存储区的内容写入服务器侧地址中存储器的程序

复位本次读指令的请求位并置位 ATV320 读请求位的程序如图 5－31 所示。

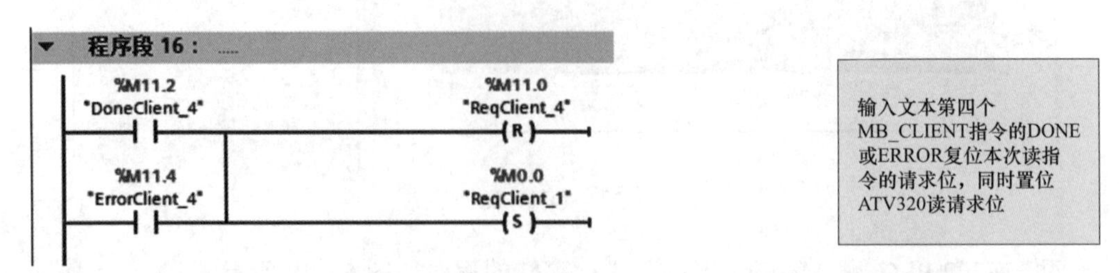

图 5－31　复位本次读指令的请求位并置位 ATV320 读请求位

程序编写完成后，单击图标将项目编译下载至 S7－1200CPU，如图 5－32 所示。设置下载后启动 CPU。

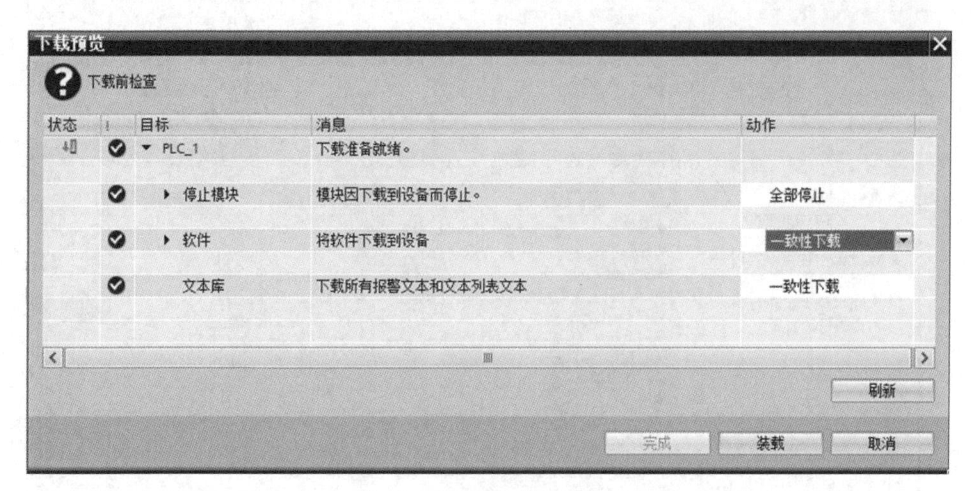

图 5－32 将项目编译下载至 S7－1200CPU

六、在线操作

单击工具栏上的 转至在线 图标进入【在线】，将 ATV320 的背景数据块中的【MB_Unit_ID】设为 1，即【16#01】，如图 5－33 所示。

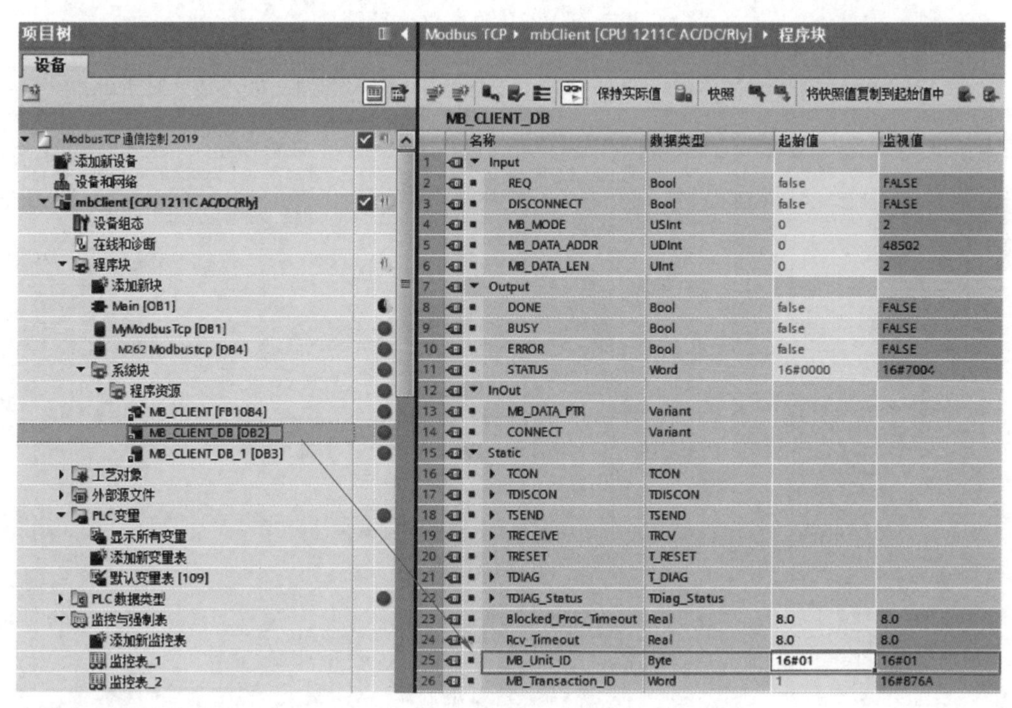

图 5－33 将 ATV320 的背景数据块中的【MB_Unit_ID】设为【16#01】

ATV320 的串口地址设置如图 5－34 所示。

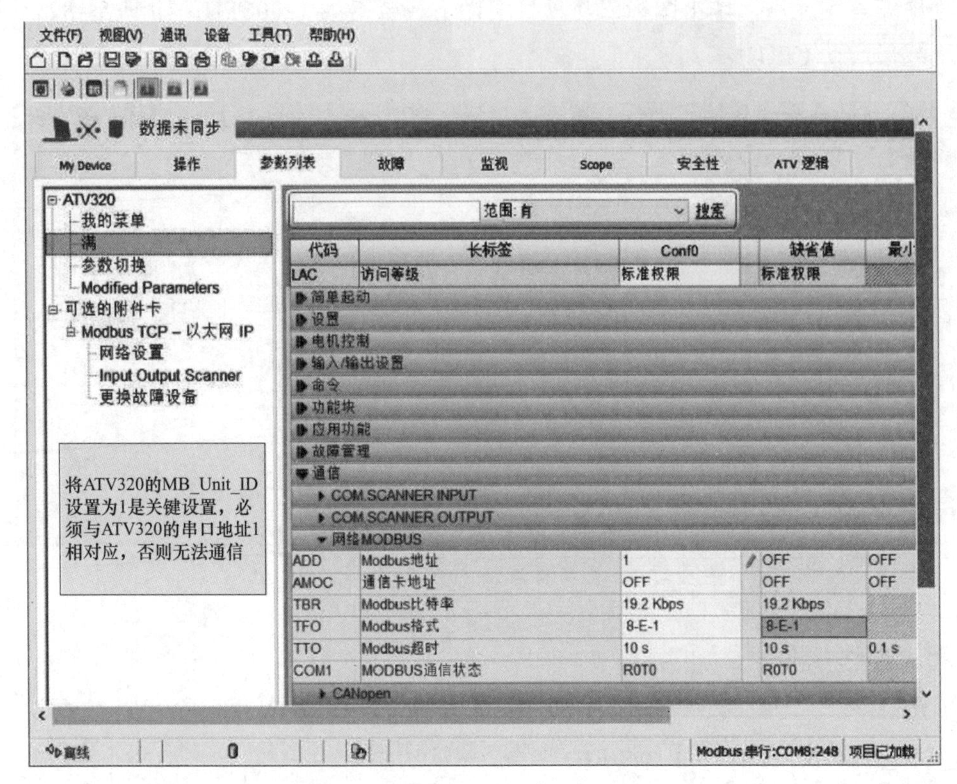

图 5-34　ATV320 的串口地址设置

将 M262 PLC 的【MB_Unit_ID】设置为 248，即【16#F8】，如图 5-35 所示。

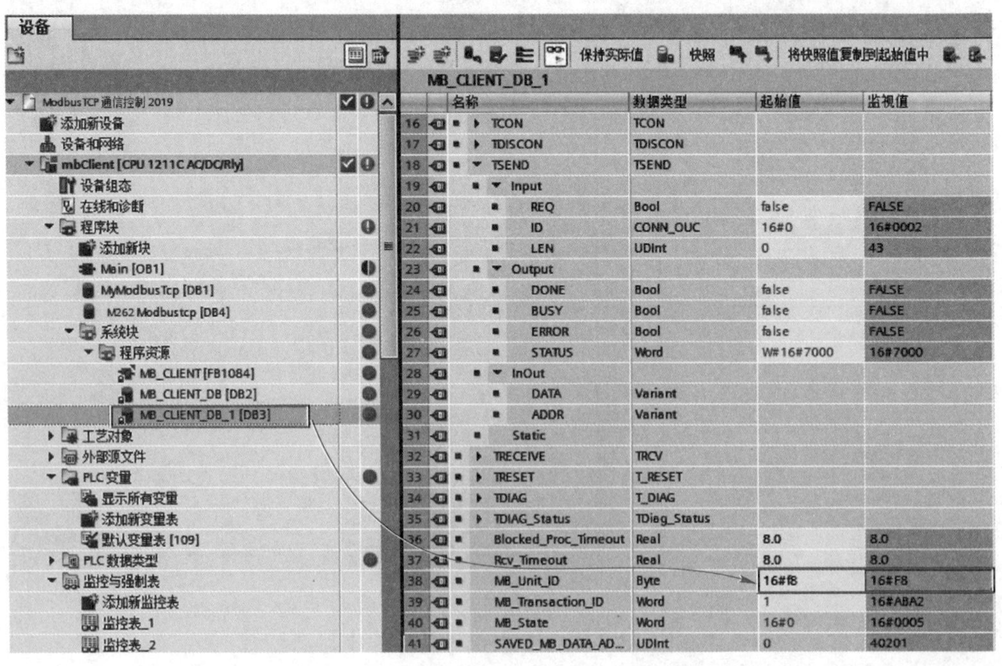

图 5-35　将 M262 PLC 的【MB_Unit_ID】设置为【16#F8】

七、监视编程

M262 PLC 是 ModbusTCP 的服务器，这里需要配置以太网口的 IP 地址为 192.168.0.11，子网掩码为 255.255.255.0，如图 5－36 所示。

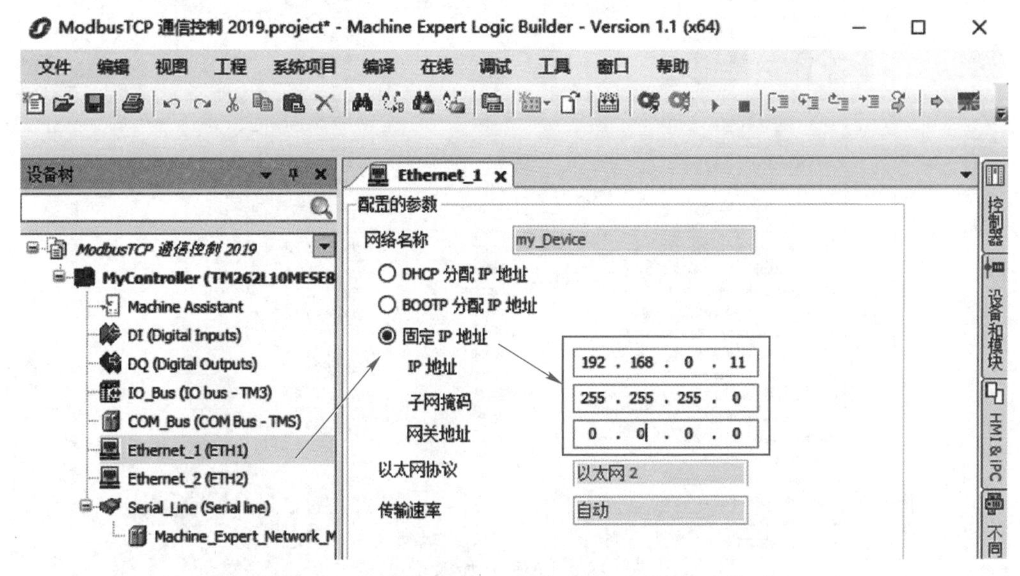

图 5－36　配置以太网口的 IP 地址和子网掩码

单击【视图】→【监视】→【监视 1】，加入监视 1，如图 5－37 所示。

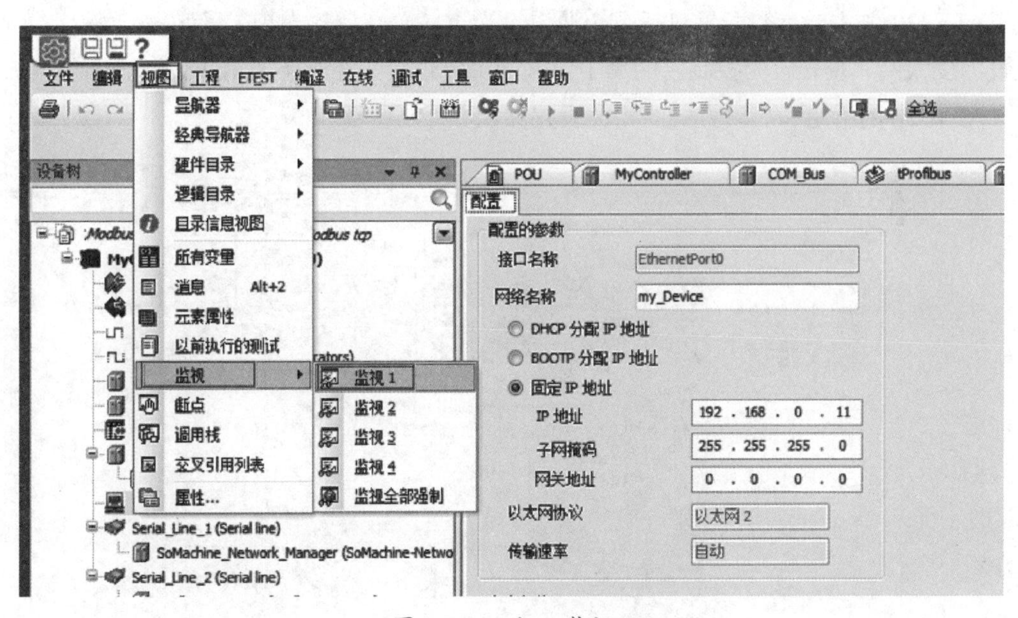

图 5－37　加入监视 1

在监视 1 中加入要监视 S7－1200 读取的变量（%mw100～114）和需要写入的变量（%mw200～214）。监视 1 加入的变量如图 5－38 所示。

监视 1

表达式	类型	值	准备值
MyController.Application.%mw100	WORD	<没有登录>	
MyController.Application.%mw101	WORD	<没有登录>	
MyController.Application.%mw102	WORD	<没有登录>	
MyController.Application.%mw103	WORD	<没有登录>	
MyController.Application.%mw104	WORD	<没有登录>	
MyController.Application.%mw105	WORD	<没有登录>	
MyController.Application.%mw106	WORD	<没有登录>	
MyController.Application.%mw107	WORD	<没有登录>	
MyController.Application.%mw108	WORD	<没有登录>	
MyController.Application.%mw109	WORD	<没有登录>	
MyController.Application.%mw110	WORD	<没有登录>	
MyController.Application.%mw111	WORD	<没有登录>	
MyController.Application.%mw112	WORD	<没有登录>	
MyController.Application.%mw113	WORD	<没有登录>	
MyController.Application.%mw114	WORD	<???>	
MyController.Application.%mw200	WORD	<???>	
MyController.Application.%mw201	WORD	<???>	
MyController.Application.%mw202	WORD	<???>	
MyController.Application.%mw203	WORD	<???>	
MyController.Application.%mw204	WORD	<???>	
MyController.Application.%mw205	WORD	<???>	
MyController.Application.%mw206	WORD	<???>	
MyController.Application.%mw207	WORD	<???>	
MyController.Application.%mw208	WORD	<???>	
MyController.Application.%mw209	WORD	<???>	
MyController.Application.%mw210	WORD	<???>	
MyController.Application.%mw211	WORD	<???>	
MyController.Application.%mw212	WORD	<???>	
MyController.Application.%mw213	WORD	<???>	
MyController.Application.%mw214	WORD	<???>	

图 5-38　监视 1 加入的变量

八、ModbusTCP 通信中 ATV320 的参数设置、调试

ATV320 的主要参数配置包括组合通道设为 IO 模式、给定通道设为以太网、命令通道设为以太网、反转设为控制字的第 1 位、故障复位设为控制字的第 2 位。

ATV320 的给定和启动方式的相关设置如图 5-39 所示。

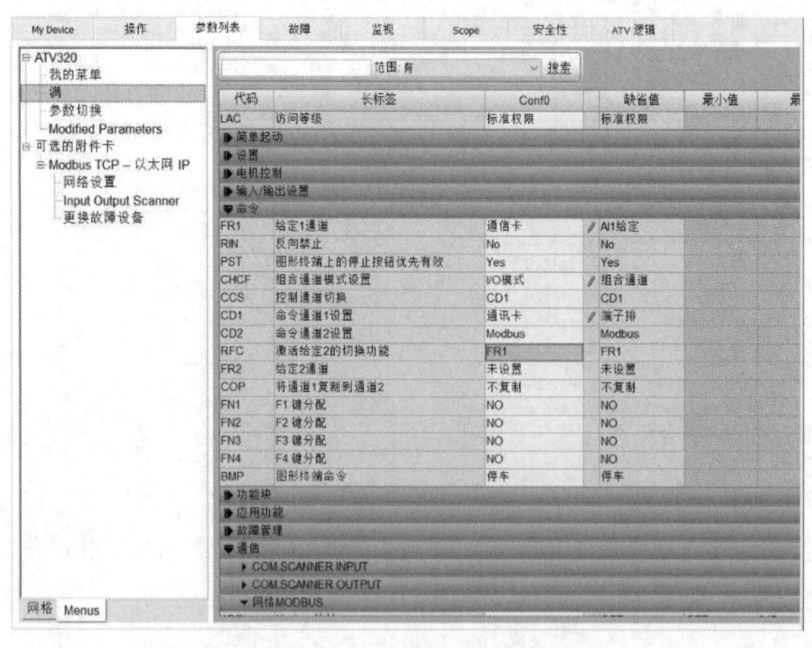

图 5-39　ATV320 的给定和启动方式的相关设置

ATV320 的反转参数的相关设置如图 5－40 所示。

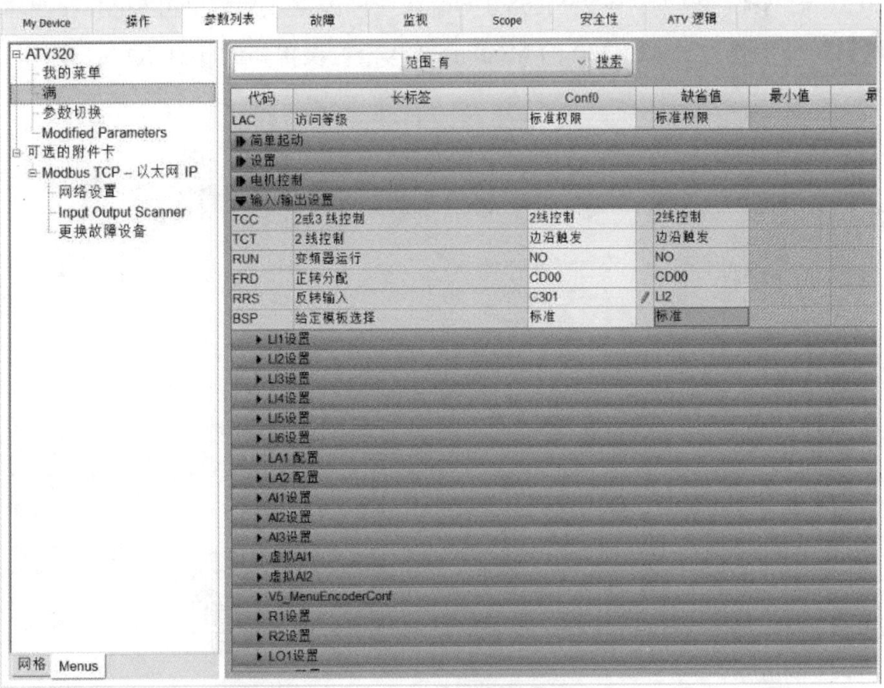

My Device
操作
参数列表
故障
监视
Scope
安全性
ATV 逻辑
ATV320
我的菜单
满
参数切换
Modified Parameters
可选的附件卡
Modbus TCP－以太网 IP
网络设置
Input Output Scanner
更换故障设备
网格
Menus
范围: 有
搜索
代码
长标签
Conf0
缺省值
最小值
LAC 访问等级 标准权限 标准权限
简单起动
设置
电机控制
输入/输出设置
TCC 2或3 线控制 2线控制 2线控制
TCT 2 线控制 边沿触发 边沿触发
RUN 变频器运行 NO NO
FRD 正转分配 CD00 CD00
RRS 反转输入 C301 LI2
BSP 给定模板选择 标准 标准
LI1设置
LI2设置
LI3设置
LI4设置
LI5设置
LI6设置
LA1 配置
LA2 配置
AI1设置
AI2设置
AI3设置
虚拟AI1
虚拟AI2
V5_MenuEncoderConf
R1设置
R2设置
LO1设置

图 5－40 ATV320 的反转参数的相关设置

ATV320 的故障复位设置如图 5－41 所示。

My Device
操作
参数列表
故障
监视
Scope
安全性
ATV 逻辑
ATV320
我的菜单
满
参数切换
Modified Parameters
可选的附件卡
Modbus TCP－以太网 IP
网络设置
Input Output Scanner
更换故障设备
网格
Menus
范围: 有
搜索
代码
长标签
Conf0
缺省值
最小值
LAC 访问等级 标准权限 标准权限
简单起动
设置
电机控制
输入/输出设置
命令
功能块
应用功能
故障管理
PTC探头管理
故障复位
RSF 故障复位 C302 NO
RPA 产品复位分配 NO NO
HRFC Hard reset fault configuration No No
自动重起动
报警设置
飞车起动
电机热保护
电机缺相
输入电压缺相
变频器过热
过热报警管理
外部故障
欠压管理
IGBT测试
4-20mA信号损失
故障禁止
通信故障管理

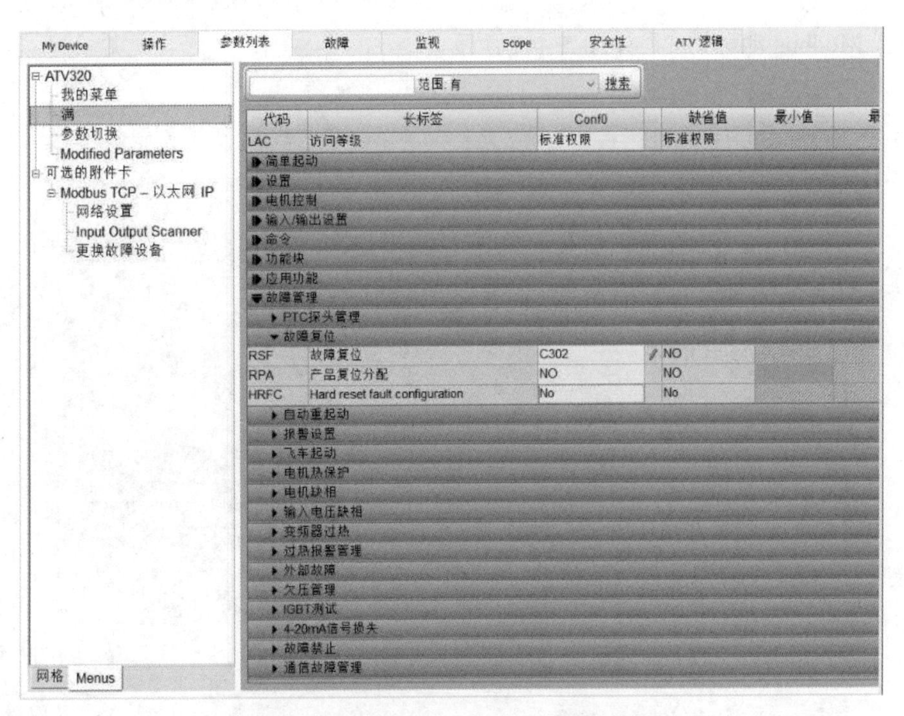

图 5－41 ATV320 的故障复位设置

ATV320 的 ModbusTCP 相关设置包括 IP 地址分配方式设成固定、IP 地址设为 192.168.0.2、子网掩码设为 255.255.255.0 等。在线修改完成后，单击 SoMove 界面下方的对钩来确认所做的修改。ATV320 的 ModbusTCP 相关设置如图 5-42 所示。

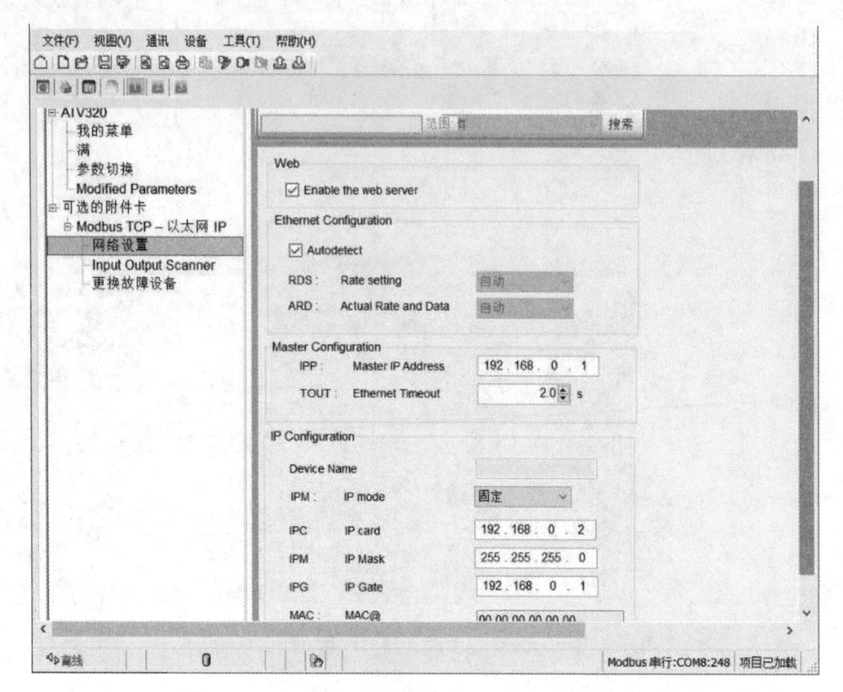

图 5-42 ATV320 的 ModbusTCP 相关设置

设置 Modbus 地址为 1，如图 5-43 所示。

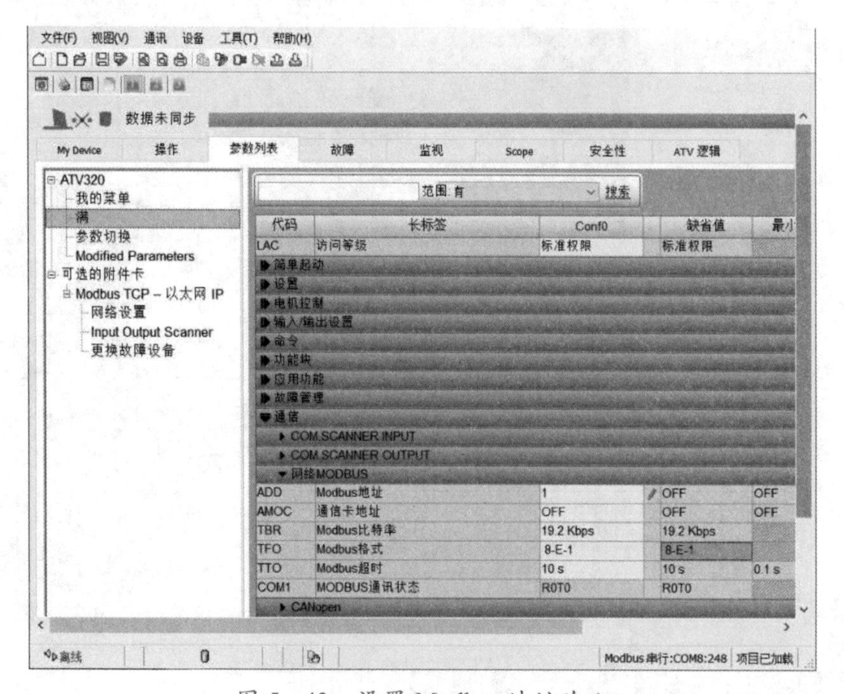

图 5-43 设置 Modbus 地址为 1

设置完成后将 ATV320 断电再上电，重新启动变频器，使通信设置生效。

九、实战拓展

当应用比较复杂时，需要读取或写入多个不连续的变量地址，比如需要写入控制字 8501，转速给定值 8602、扩展控制字变量地址 8504 和加速时间变量地址 9001 和减速时间 9002，如果不使用【通信扫描器】，则必须要写入 3 次，即调用 3 个 Modbus_Client 功能块，增加了编程者的工作量。但 ATV320 提供了【通信扫描器】参数，可以将不连续的变频器通信地址自动复制到相邻参数区。这样，使用一个读和写请求即可读取或写入最多 6 个非相邻变频器参数，提高了整个通信的性能和效率。

读取参数 COMScanner Input 设置举例见表 5－5。

表 5－5　读取参数 COMScanner Input 设置举例

菜单	值	代码	参数名
[**Scan.In1address**]（nNA1）	3201	ETA	Statusword（状态字）
[**Scan.In2address**]（nNA2）	8604	RFRD	Outputspeed（输出速度）
[**Scan.In3address**]（nNA3）	3204	LCR	Motorcurrent（电动机电流）
[**Scan.In4address**]（nNA4）	3205	OTR	OTRTorque（力矩）
[**Scan.In5address**]（nNA5）	3207	ULN	Mainsvoltage（主电压）
[**Scan.In6address**]（nNA6	3209	THD	Thermalstateofthedrive（变频器的热态）

写入参数 COMScanner Output 设置举例见表 5－6。

表 5－6　写入参数 COMScanner Output 设置举例

菜单	值	代码	参数名
[Scan.Out1address]（nCA1）	8501	CMD	Commandword（命令字）
[Scan.Out2address]（nCA2）	8602	LFRD	实际电动机速度
[Scan.Out3address]（nCA3）	3104	HSP	高速频率
[Scan.Out4address]（nCA4）	3105	LSP	低速频率
[Scan.Out5address]（nCA5）	9001	ACC	加速时间
[Scan.Out6address]（nCA6）	9002	DEC	减速时间

读取全部 6 个监测扫描器参数，NM1～NM8 对应的 Modbus 地址是 W12741～W12746，转换为 16 进制，地址是 16#31C5～16#31CC。写入前 6 个控制扫描器参数，即 NC1～NC6 对应的 W12761～W12766，转换为 16 进制是 16#31D9～16#31DE。这部分的参数设置可以使用 SoMove 来设置，ModbusTCP 连接 SoMove，在连接中选择【ModbusTCP】，然后在【高级设置】中的地址扫描界面设置即可。SoMove 的地址扫描界

面如图 5－44 所示。

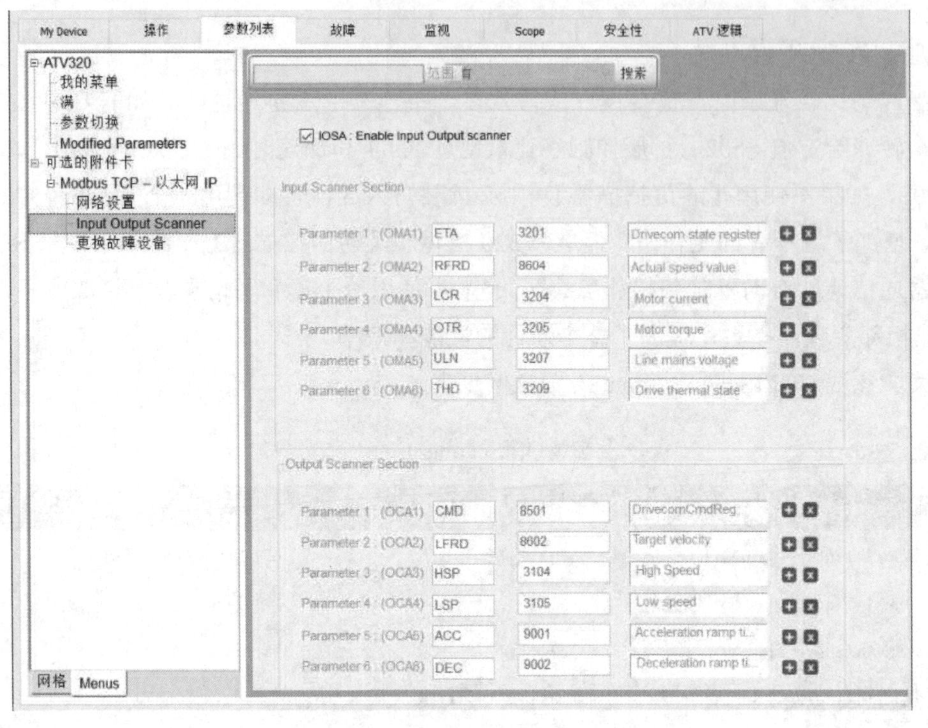

图 5－44　SoMove 的地址扫描界面

西门子 S7－1200 的 ModbusTCP 没有 M262 PLC 的 ModbusTCP 编程来得方便，另外，S7－1200 的 ModbusTCP 也支持服务器，使用的功能块是 Modbus_Server。

第二节　ATV320 的 PROFINET 通信

一、任务引入

S7－1200 控制 ATV320 的 PROFINET 的通信架构如图 5－45 所示。

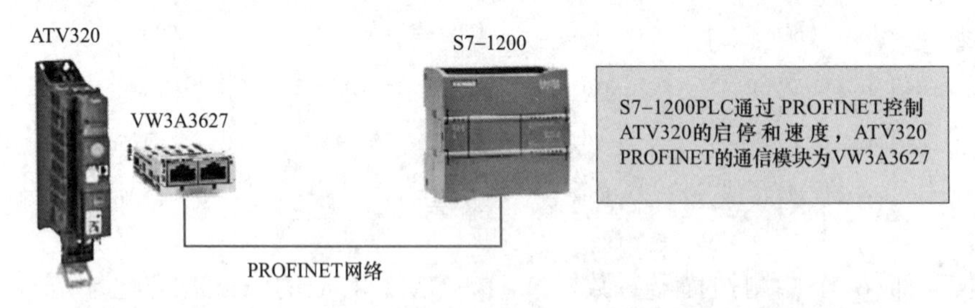

图 5－45　S7－1200 控制 ATV320 的 PROFINET 的通信架构

为保证 PROFINET 通信的可靠性，在本项目中采用了专用的 PROFINET 通信线，即原装西门子 PROFINET 通信线。

二、S7－1200 PLC 的控制原理图

S7－1200 PLC 由 AC220V 电源供电，其控制原理图如图 5－46 所示。

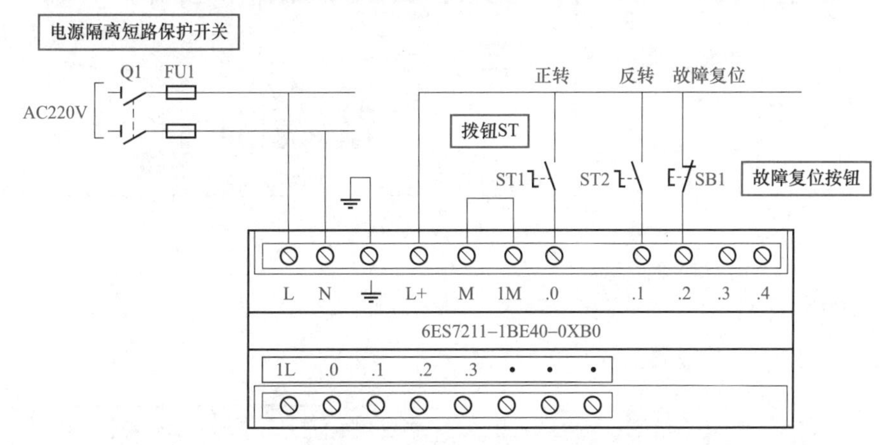

图 5－46　S7－1200 PLC 控制原理图

三、PROFINET 通信控制系统的项目创建

在博途 V15 中创建名称为【PROFINET 通信 2019】的新项目，选择 CPU 为【6ES7211－1BE40－0XB0】，如图 5－47 所示。扫二维码可观看视频。

PROFINET 的 GSDML 文件的下载地址如下：

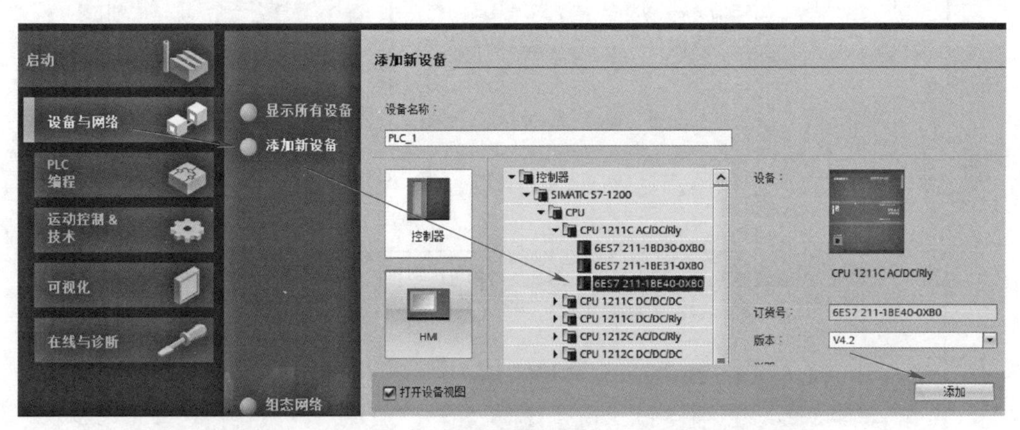

图 5－47　选择 CPU 为【6ES7211－1BE40－0XB0】

https://download.schneider－electric.com/files?p_enDocType=GSD+files&p_File_Name=PROFINET_GSDML_VW3A3627_V1.8IE01.zip&p_Doc_Ref=PROFINET_GSDML_VW3A3627

导入 PROFINET 通信用的 GSDML 文件，选择【源路径】右侧的【…】，再选择管理通用站描述文件所在路径，勾选文件后，单击【安装】，如图 5－48 所示。

选择项目中要使用的 GSDML－V2.3Schneider－ATV6xx－20181001.xml 文件，单击【安装】。导入 GSDXML 文件安装成功后，软件会提升安装完成，单击【关闭】即可。

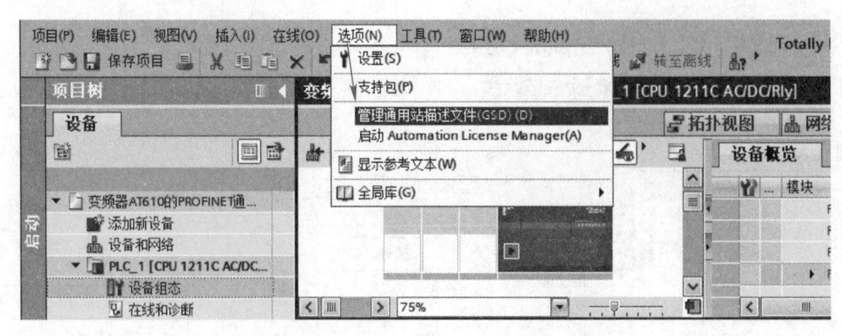

图 5-48　GSD 的安装过程

四、硬件组态

添加 ATV320 的过程如图 5-49 所示。

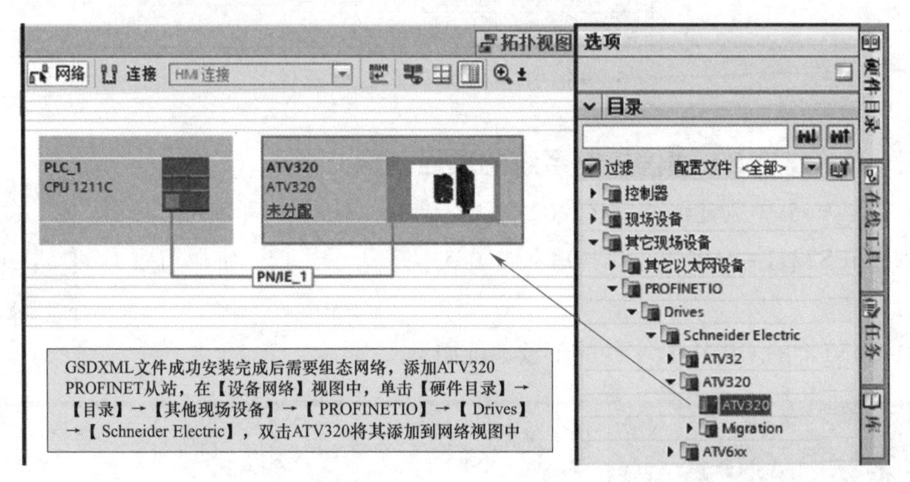

图 5-49　添加 ATV320 的过程

为 ATV320 网口分配网络，如图 5-50 所示。

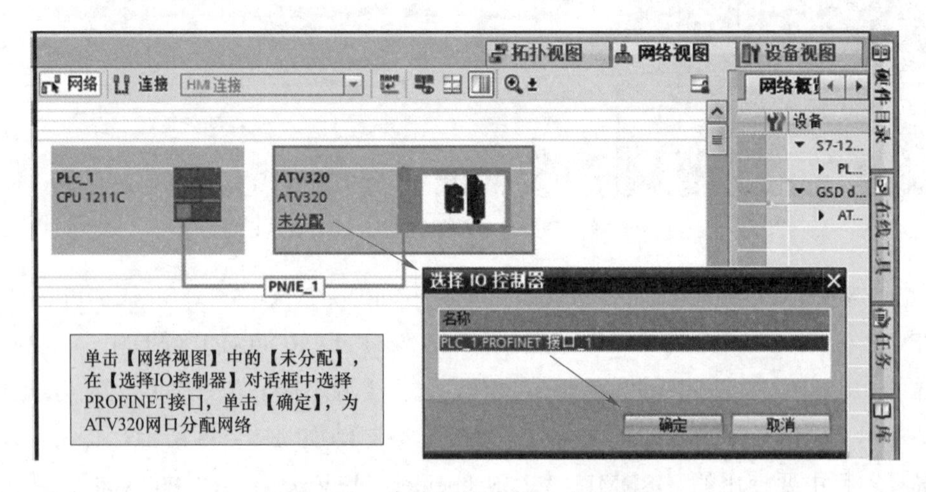

图 5-50　为 ATV320 网口分配网络

单击 S7－1200PLC 的 PROFINET 网络，在【属性】选项卡中的【系统常数】下可以查看到 ATV320 的硬件标识符，如图 5－51 所示。

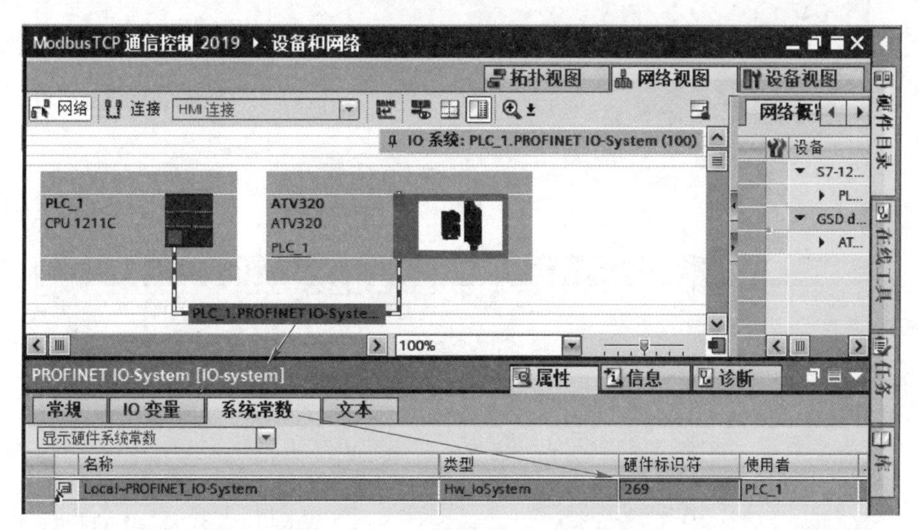

图 5－51　ATV320 的硬件标识符

双击 ATV320，配置其 IP 地址为 192.168.0.2，如图 5－52 所示。

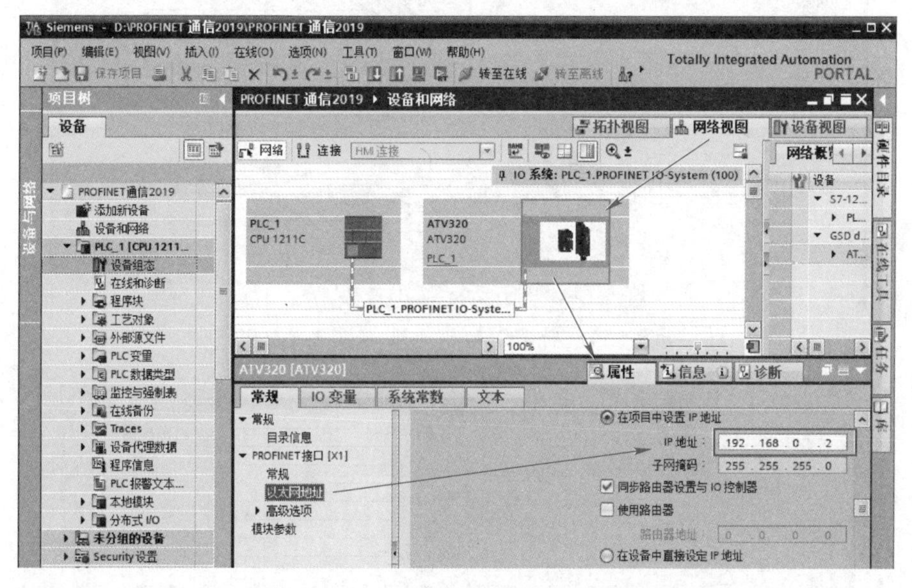

图 5－52　配置 ATV320 的 IP 地址

添加需要的报文，选择【设备视图】→【模块】→【Telegrams】→【Telegram100（4PKW/2PZD）】，如图 5－53 所示。

为了使编程更加容易，将 I/O 起始地址都设置为 100，如图 5－54 所示。

保持模块参数不变，8501 是控制字，8602 是电动机转速给定，读取的变量是状态字 3201，实际电动机速度 8604。默认的模块参数如图 5－55 所示。

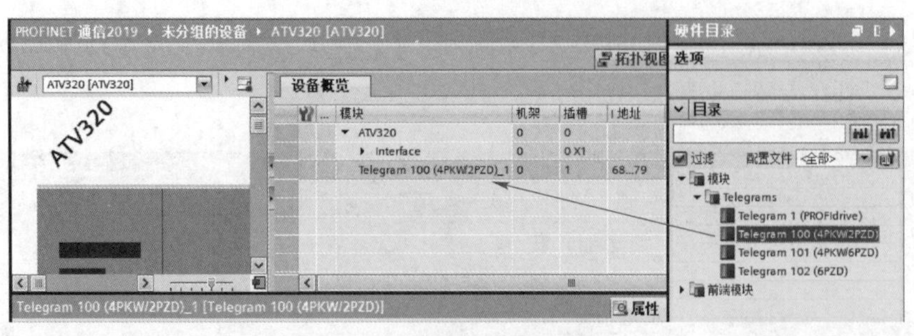

图 5-53 添加需要的报文

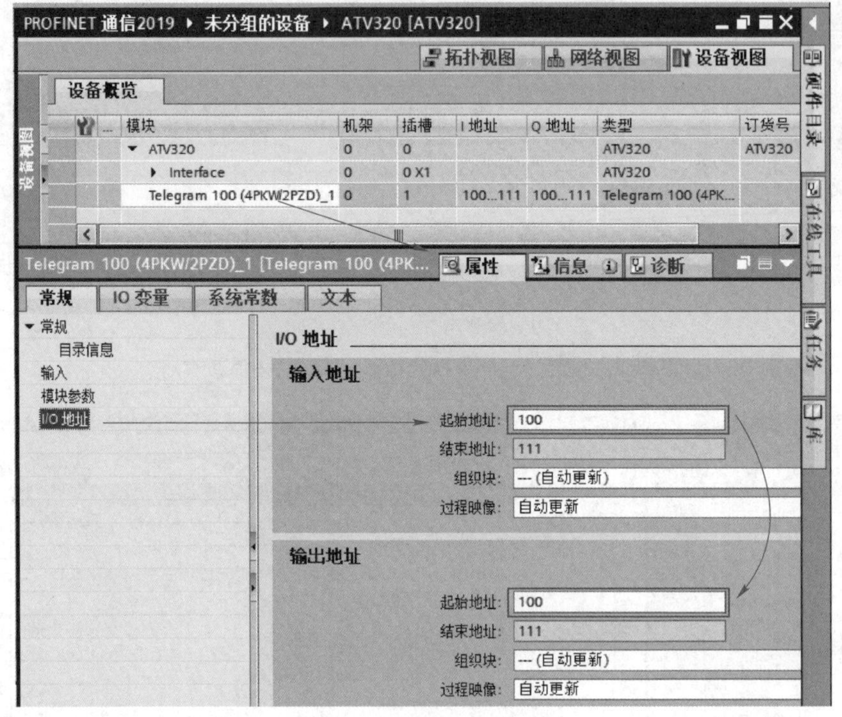

图 5-54 将 I/O 起始地址都设置为 100

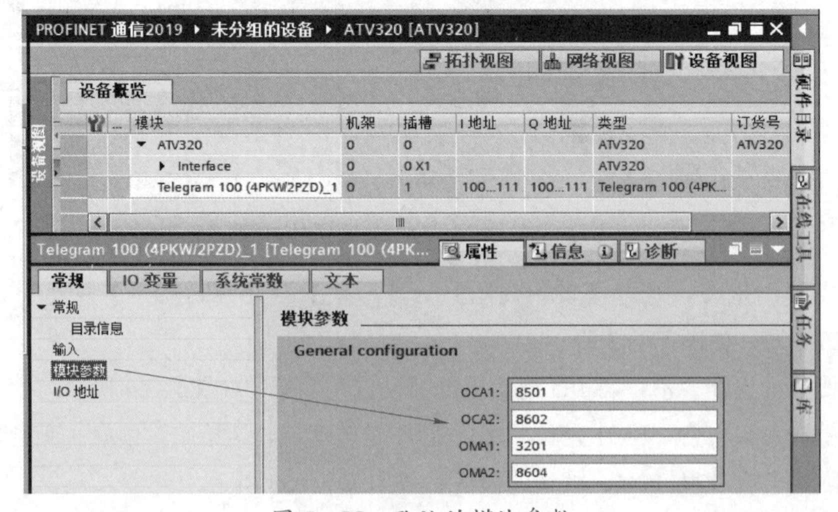

图 5-55 默认的模块参数

添加相应的组织块 OB82【Diagnostic error interrupt】、OB83 【Pull or plug of modules】和 OB86 【Rack or station failure】，防止发生通信错误时 CPU 停机，这 3 个模块在【添加新块】页面中的位置如图 5－56 所示，添加完成后单击【确定】。

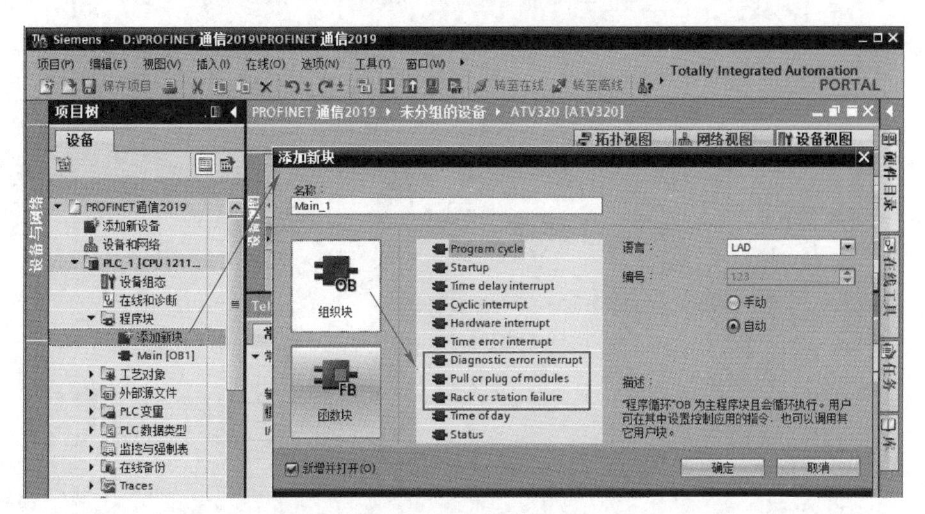

图 5－56　OB82、OB83 和 OB86 在【添加新块】页面中的位置

在线扫描设备，单击【转至在线】，依次选择【PN/IE】→【Intel（R）Ethernet Connection 1217－LM】→【插槽“1X1”处的方向】→【开始搜索】，如图 5－57 所示。

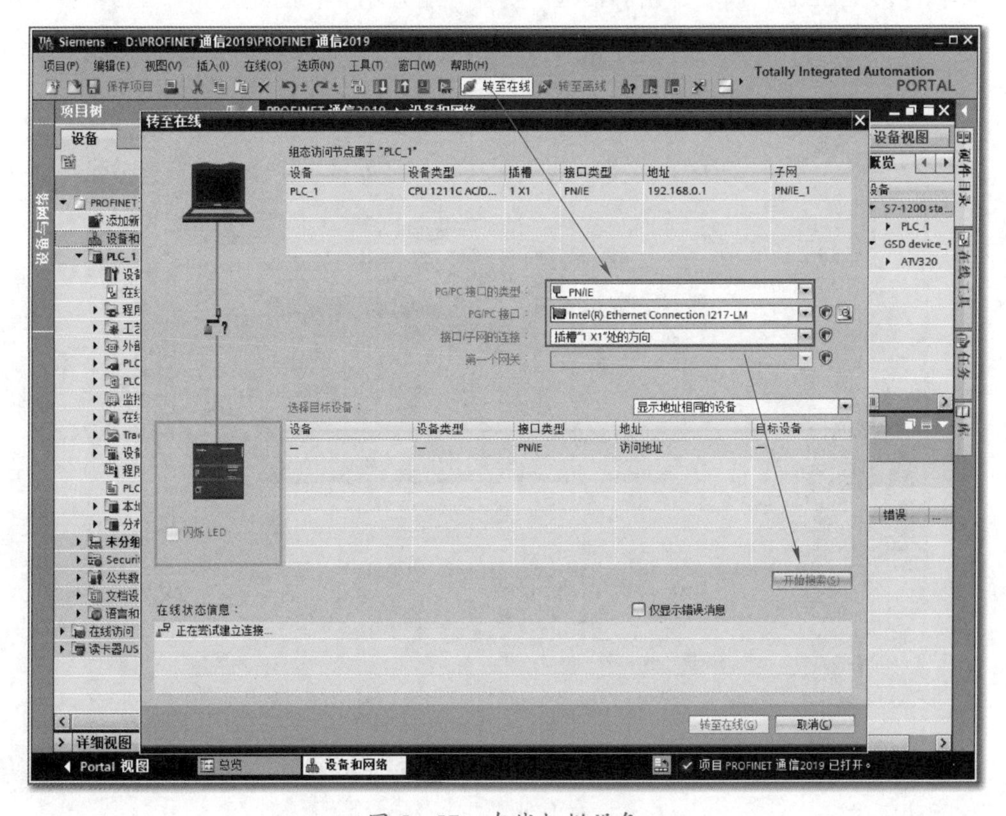

图 5－57　在线扫描设备

搜索结果如图 5-58 所示。

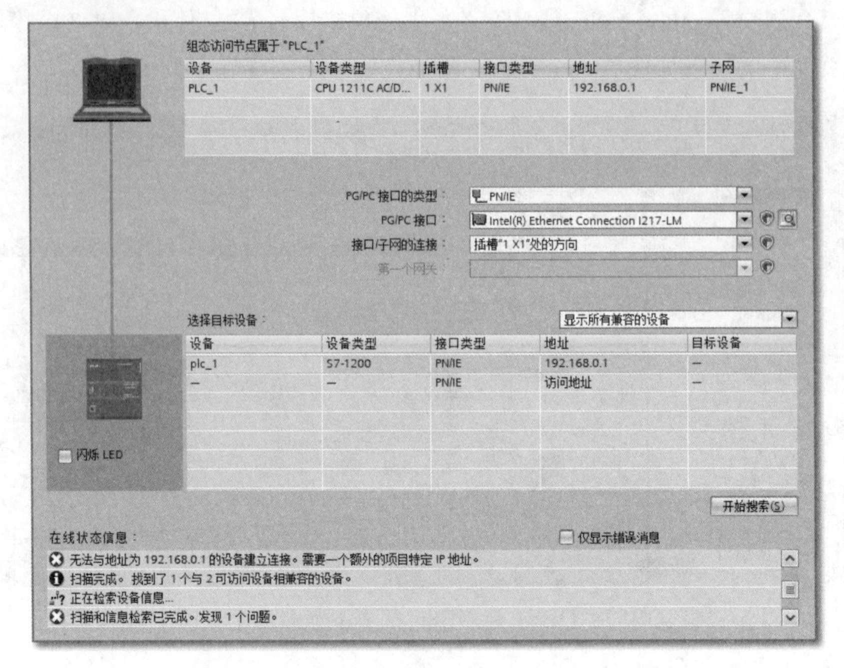

图 5-58 搜索结果

单击【转至在线】，将会弹出对话框，要求分配另外一个 IP 地址，如图 5-59 所示。

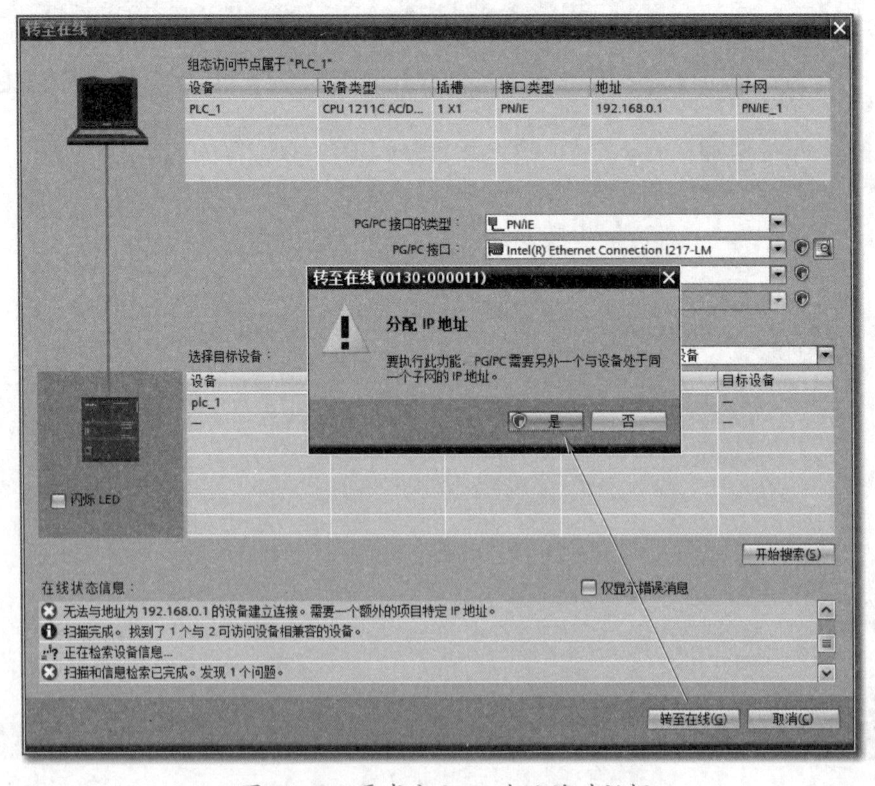

图 5-59 要求分配 IP 地址的对话框

搜索到 CPU 后，单击【下载】→【下载预览】→【装载】，设置下载后启动 CPU。

在【在线】菜单下分配设备名称，ATV320 只有被分配设备名称以后，才可以进行正常通信，可以通过 MAC 地址来识别是否是要分配的变频器设备。

单击【分配名称】，PLC 将显示 PROFINET 设备名称【atv320】已成功分配给 MAC 地址，说明这时 PROFINET 设备已经被成功分配好，这是 PROFINET 配置的关键一步。

在分配了设备名称之后就可以创建监控表，此时，分别创建 ATV320 的%IW100～%IW112 和%QW100～%QW112，如图 5－60 所示。

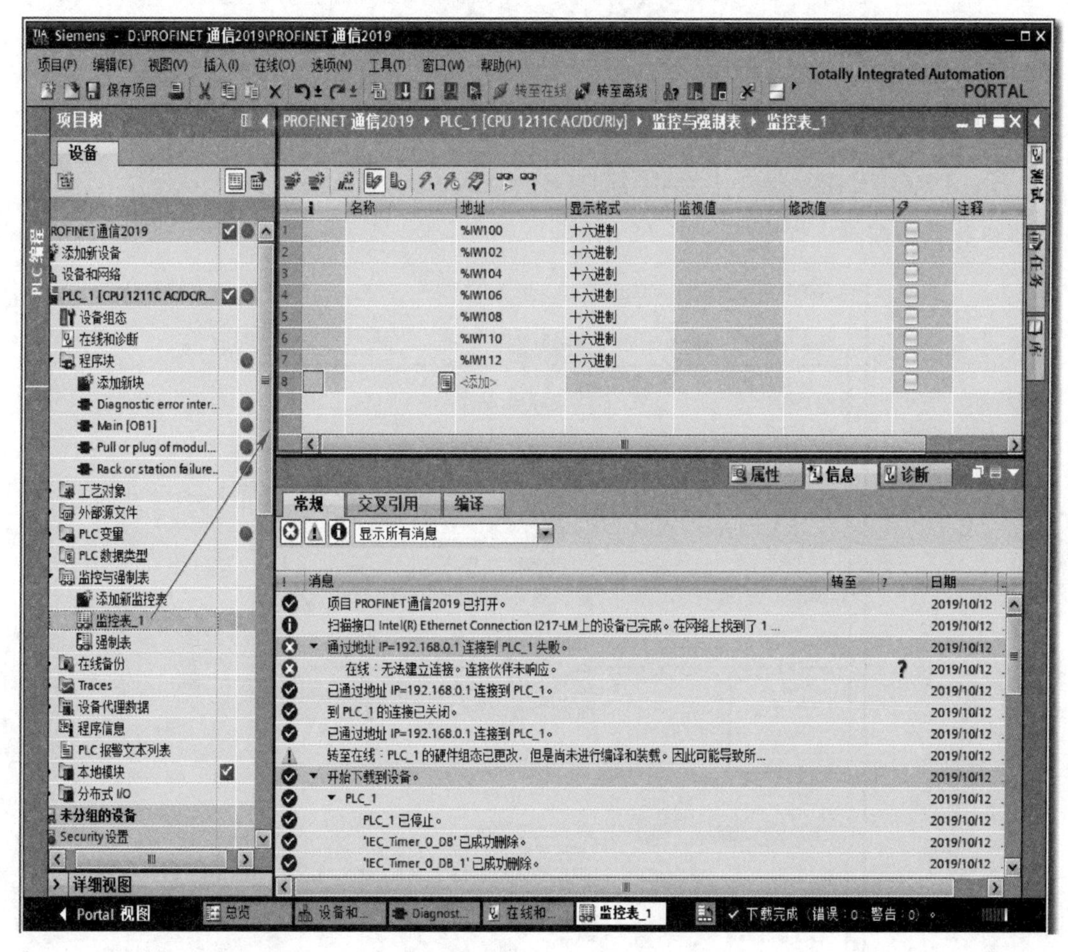

图 5－60 创建监控表

控制字%QW108 设为 1 时启动正转，设 0 停止；设为 2 时反转，设 0 停止。

ATV320 的监视运行如图 5－61 所示。

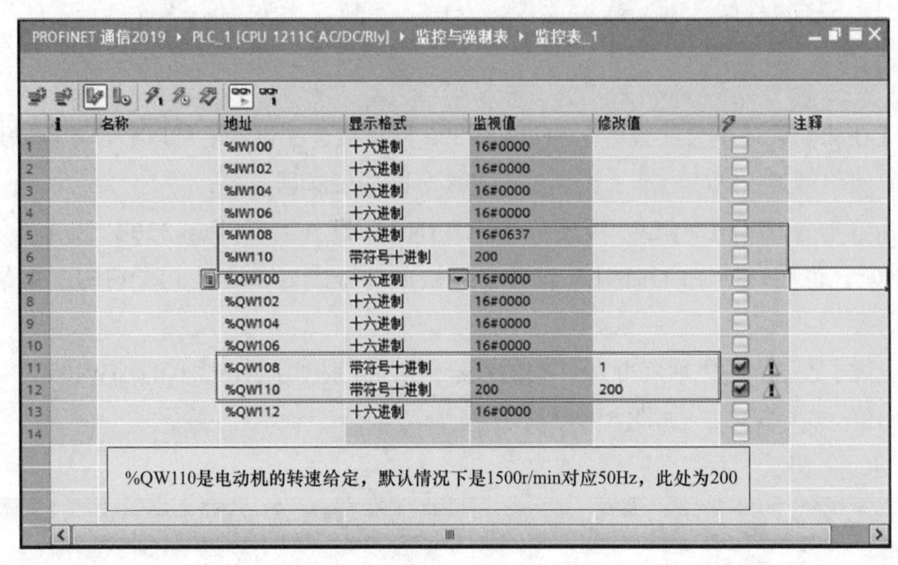

图 5-61　ATV320 的监视运行

五、PROFINET 通信控制系统中 S7-1200 的程序编制

I/O 模式下编程，程序如图 5-62 所示。

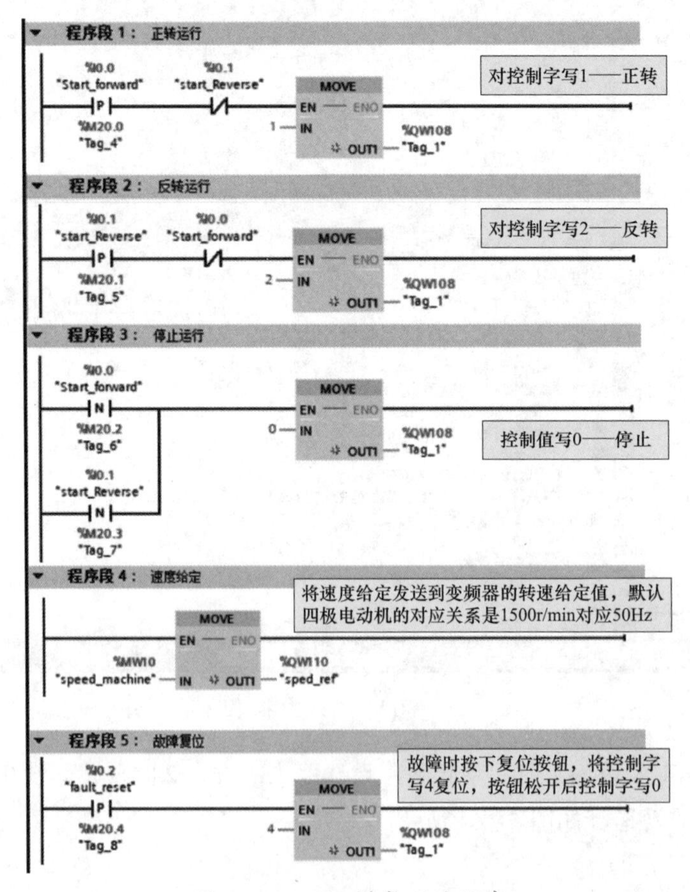

图 5-62　I/O 模式下的程序

六、PROFINET 通信中 ATV320 的参数设置

变频器的组合通道设为 I/O 模式，给定通道设为通信卡，将控制通道也设为通信卡。

设置 ATV320 的参数时，还要将故障管理的故障复位参数设为控制字的 bit2，这样控制字的 bit2 的上升沿将复位故障。

PROFINET 通信是 PLC 在线连接成功后完成的，连接后设置 ATV320 的设备名称即可。

七、常见故障处理

1. 显示 EPF2 故障的处理

（1）新安装 PROFINET 通信卡显示 EPF2。新安装 PROFINET 通信卡显示 EPF2 是正常现象，刚安装通信卡时，PROFINET 卡的 IP 地址被设置为固定方式，但此时 IP 地址和子网掩码是【0.0.0.0】，手动设置 IP 地址，如【192.168.1.1】，子网掩码设为【255.255.255.0】，再重新将 ATV320 上电即可解决 EPF2 报警问题，但是要注意此时 PROFINET 卡的配置还没有完成，必须在 S7－1200 PLC 对变频器分配【设备名称】后，才能进行正常的通信。注意：这里【设备名称】是在 PLC 中定义的，与 SoMove 定义的设备名称没有关系。

（2）使用 telegram1 显示 EPF2。如果使用 telegram1，则此时不能再使用 I/O 模式，因为两者不兼容，此时仅能使用组合模式，否则也会显示 EPF2。

2. 变频器 CNF 故障的处理

一般来讲，CNF 故障是因为驱动器在 PLC 规定的时间内没有接收到 PLC 的数据帧。关键在于，根据拓扑结构，驱动器行为可能不同。

首先确认卡的版本和在这个版本中没有 CNF 的问题。

在星形拓扑中，当一个设备关闭时，连接到交换机的另一个设备不会因 CNF 触发故障。

在菊花链拓扑的情况下，当一个 ATV320 断电时，同时也关闭 PROFINET 卡的电源。因此，之后的所有设备将不再接收帧，因此会引发 CNF 故障。当驱动器再次通电时，通信返回正常的通信帧，PLC 重新启动初始化流程，如果 PLC 在 CMD（第 7 位）的复位未发送上升沿，则故障复位并且驱动器准备就绪。

如果采用环形拓扑，当一个驱动器断电时，冗余管理器应更改拓扑以避免其他设备丢失通信。

设置 PLC 侧 CNF 报警门槛时，应增大 I/O 数据丢失时允许的更新时间，如果网络中 PROFINET 从站较多或者使用环网，可加大此参数设置，直到不报警为止。更新时间的设置如图 5－63 所示。

图 5-63　更新时间的设置

干扰是造成变频器报 CNF 的重要原因，EMC 抗干扰措施要做到位，包括接地、隔离和屏蔽，同时将通信线和动力线的走线分开至少 30cm。

3. INF6 故障

如果 ATV320 加装 DP 通信卡触发 INF6，应首先检查通信卡在变频器上是否松动，然后检查 DP 卡的固件版本要求比较低，ATV320 兼容的 Profibus 通信卡的版本要求 V1.12 和 V1.14，如果还不能解决问题，要更换通信卡或变频器来查找硬件问题。

第三节　ATV320 的 EtherNet/IP 通信

一、EtherNet/IP 通信协议

EtherNet/IP 是在 1990 年后期由罗克韦尔自动化公司（Rockwell Automation）开发的工业以太网通信协议，是罗克韦尔工业以太网络方案的一部分。后来罗克韦尔就将 EtherNet/IP 交给 ODVA 管理，ODVA 管理 EtherNet/IP 通信协议，并确认不同厂商开发的 EtherNet/IP 设备都符合 EtherNet/IP 通信协议，确保多供应商的 EtherNet/IP 网络仍有互操

作性。

EtherNet/IP 将以太网的设备以预定义的设备种类加以分类，每种设备有其特别的行为，此外，EtherNet/IP 设备支持下列功能。

（1）用用户数据报协议（UDP）的隐式报文传送基本 I/O 资料。

（2）用传输控制协议（TCP）的显式报文上传或下载参数、设定值、程式或配方。

（3）用主站轮询、从站周期性更新或是状态改变（COS）时更新的方式，方便主站监控从站的状态，信息会用 UDP 的报文送出。

（4）用一对一、一对多或是广播的方式，透过用 TCP 的报文送出资料。

（5）EtherNet/IP 使用 TCP 埠编号 44818 作为显式报文的处理，UDP 埠编号 2222 作为隐式报文的处理。

二、EtherNet/IP 的通信设备

在施耐德调试软件 SoMove 中，设置 ATV320 需要与 PLC 通信的数据。

组合（assemblies）是将多个对象组合在一起，以便在隐式传输中通过一次通信的连接完成每个对象的信息传输。

ATV320 支持的通信组合包括 ODVA 定义的 20、70、21、71 和按照 CIA402 定义的 100、101。

ATV320 的 VW3A3616 通信 Modbus TCP 和 Ethernet/IP 网络模块，用于连接至 Modbus TCP 网络或 Ethernet/IP 网络端口，模块有两个 2 个 RJ－45 连接器，10/100 Mbit/s，半双工和全双工，通信线采用 490NTW000pp/ppU 或者 490NTC000pp/ppU。ATV320 的 EIP 的 VW3A3616 通信卡的功能如图 5－64 所示。

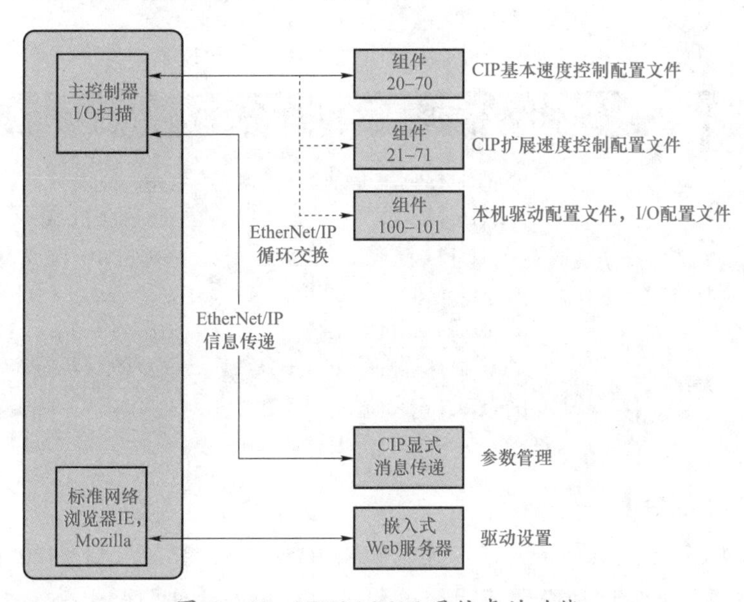

图 5－64 VW3A3616 通信卡的功能

1. ATV320 支持的 ODVAAC 驱动器配置文件包括以下组合

（1）20：基本速度控制输出，大小 2 字、8 字节。

（2）21：扩展速度控制输出，大小 2 字、8 字节。

（3）70：基本速度控制输入，大小 2 字、8 字节。

（4）71：扩展速度控制输入，大小 2 字、8 字节。

ATV320 的以太网适配器转换 ODVA 配置文件中的命令、行为和显示信息（在网络上）到 CiA402 配置文件（在驱动器中）。

2. 20、70 组合

20、70 组合是 ODVA 基本速度控制输出和 ODVA 基本速度控制输入，与 AB 的变频器的控制方式相同，用户可以用来直接替换项目中使用的 AB 变频器。

输出组合 20 使用两个字来控制变频器，一个是控制字，另一个是速度给定（单位 r/min）；输入组合 70 由两个字组成，一个是状态字，另一个是实际运行速度（单位 r/min）。

3. 21、71 组合

21、71 组合是 ODVA 扩展速度控制输出和 ODVA 扩展速度控制输入，与 AB 的变频器的控制方式相同，用户可以用来直接替换项目中使用的 AB 变频器。

输出组合 21 使用两个字来控制变频器，一个是控制字，其功能强于组合 20，在控制字上可正反转并可以实现变频器启动和给定在 EtherNet/IP 和端子之间的切换，另一个是速度给定（单位 r/min）；输入组合 71 由两个字组成，一个是状态字，状态字的功能相比组合 70 来说也强了很多，可以显示当前的速度给定方式、变频器当前状态（包括运行、停止故障等），另一个是实际运行速度（单位 r/min）。

使用组合 21、71 时 ATV320 的参数设置见表 5－7，必须按此设置。

表 5－7　　使用组合 21、71 时 ATV320 的参数设置

菜单	参数	设置
(Complete settings)【CSt】(Command and Reference)【CrP】	[Control Mode]【CHCF】 [Ref Freq 1 Config]【Fr1】 [Ref Freq 2 Config]【Fr2】 [Cmd Channel 1]【Cd1】 [Cmd Channel 2]【Cd2】 [Command Switching]【CCS】 [Ref Freq 2 switching]【rFC】	[Separate]【SEP】 [Embedded Ethernet]【EtH】 [AI1]【Ai1】或[AI2]【Ai2】 [Ethernet]【EtH】 [Terminals]【tEr】 [C512]【C512】 [C513]【C513】

4. 100、101 组合

100、101 组合方式是默认方式，输入和输出最大 32 个字，ATV320 将按 CiA402 通信流程来控制，因为这种配置相对简单和自由，故推荐使用此组合模式对变频器进行控制。

另一类是显式消息，如 CIP 请求（CIPExplicitmessaging），即使用功能块读取、写入参数的属性（Get、SetAttribute），这类请求需要在编程软件中使用 MSG 功能块方能正常工作。使用消息功能块读取变频器内部参数的实例程序如图 5-65 所示。

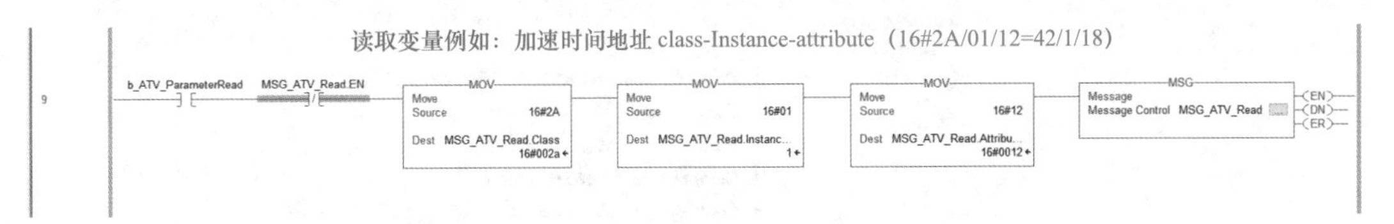

图 5-65 使用消息功能块读取变频器内部参数的实例程序

三、EtherNet/IP 通信的工艺要求

本节将详述在 AB PLC 不导入 ATV320 EDS 文件的情况下，ATV320 采用 I/O 模式控制，使用通用的 Rockwell EDS 文件的详细的编程、参数设置和调试的过程，这样就可以不导入 EDS 文件，从而避开了 ATV320 老版本 EDS 的问题。

EtherNet/IP 通信控制项目的元件配置如下。

（1）罗克韦尔 CPU 的型号为 logix5573，L73 版本 V30。

（2）HUB 的 IP 地址为 192.168.1.1，子网掩码为 255.255.255.0。

（3）以太网通信模块 1756-EN2T 的 IP 地址为 192.168.1.2，子网掩码为 255.255.255.0。

（4）ATV320，IP 地址为 192.168.1.3，子网掩码为 255.255.255.0。

（5）电脑为 Windows 10 专业版，其 IP 地址为 192.168.1.120，子网掩码为 255.255.255.0。

四、EtherNet/IP 通信控制系统的项目创建

单击图标或在开始菜单中单击 Studio 5000，进入控制平台，单击【New Project】创建项目，如图 5-66 所示。

图 5-66 创建项目

选择 PLC 型号，填写项目名称，如图 5－67 所示。

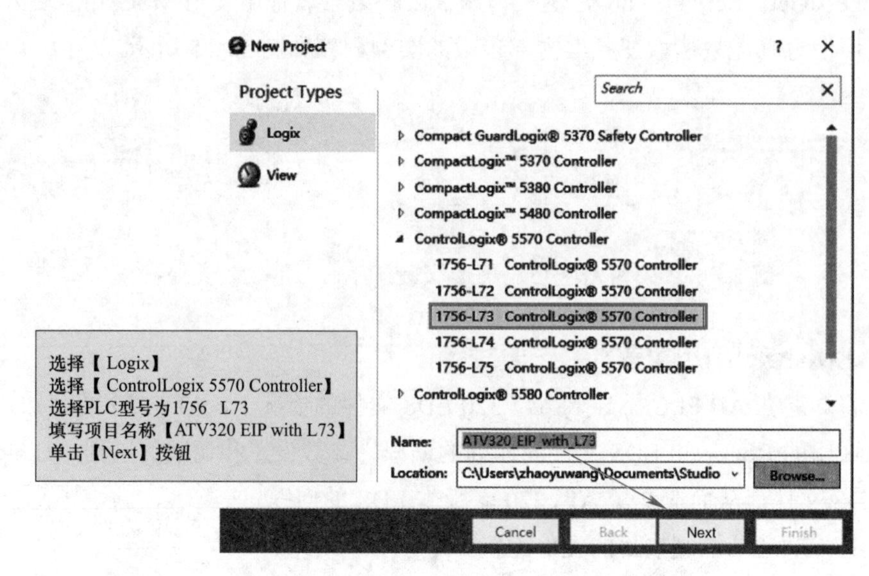

图 5－67 选择 PLC 型号，填写项目名称

槽号选择的操作和说明如图 5－68 所示。

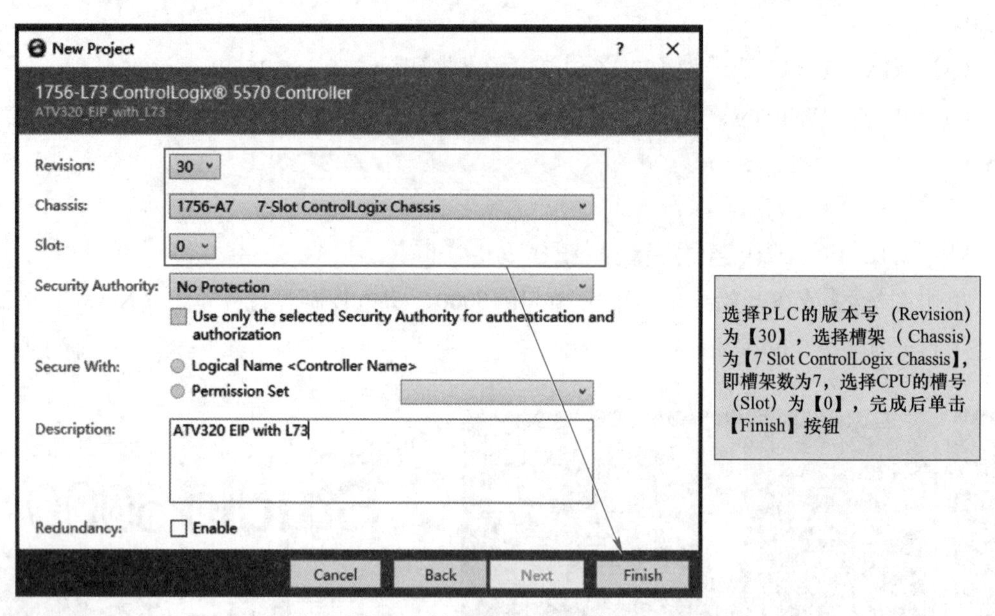

图 5－68 槽号选择的操作和说明

五、 硬件组态

添加新模块的操作如图 5－69 所示。

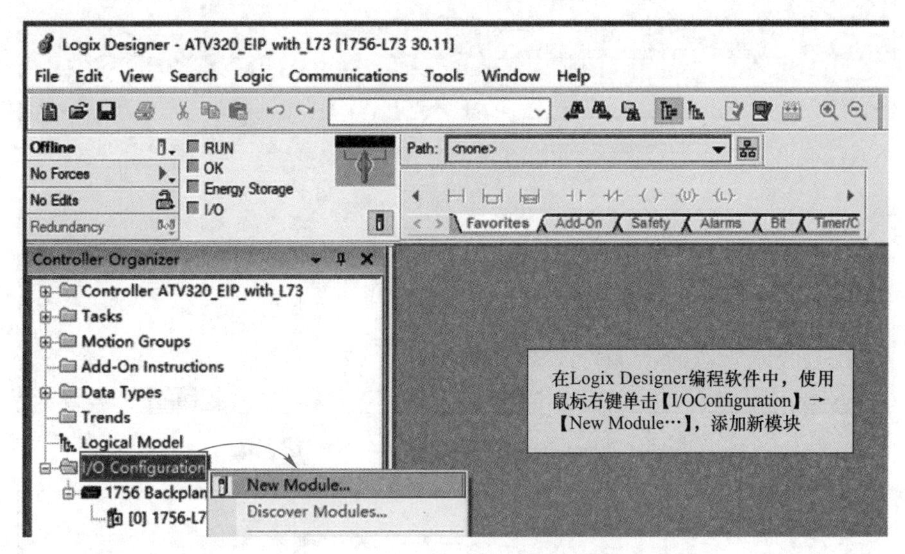

图 5–69　添加新模块的操作

添加 1756–EN2T 模块的操作如图 5–70 所示。

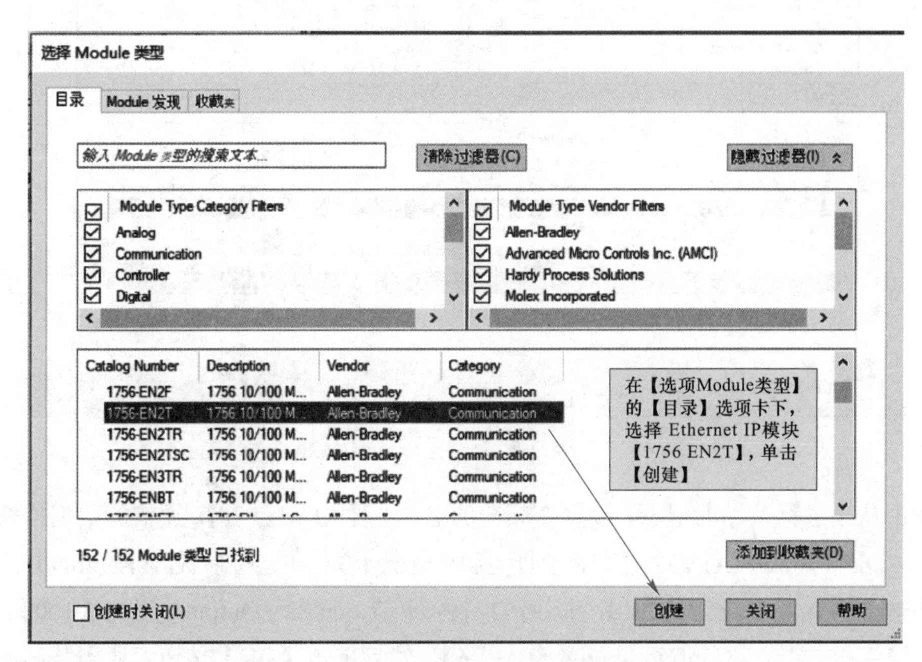

图 5–70　添加 1756–EN2T 模块的操作

设置通信模块的名称和 IP 地址，为新模块命名为【EIP_Master】，IP 地址设置为【192.168.1.2】，如图 5–71 所示。

为项目添加通用从站（Generic Ethernet Module），本例是不需要导入 ATV320 EDS 文件的，如图 5–72 所示。

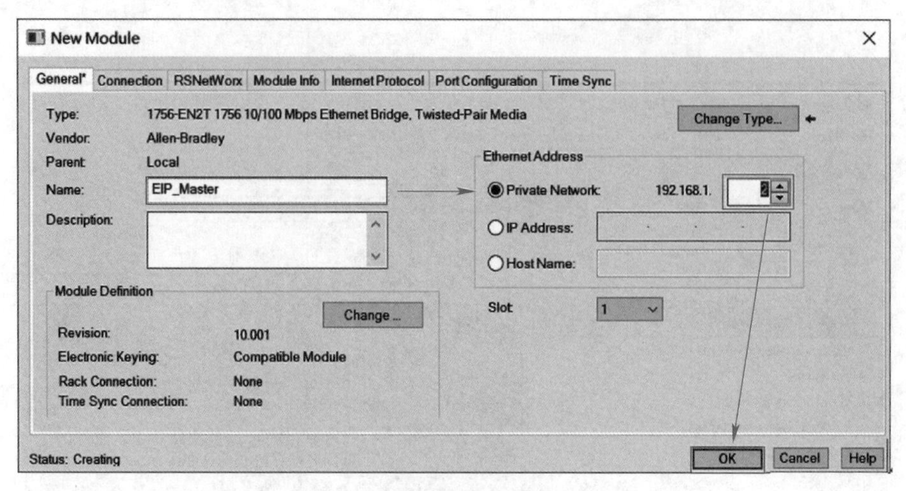

图 5-71　设置通信模块的名称和 IP 地址

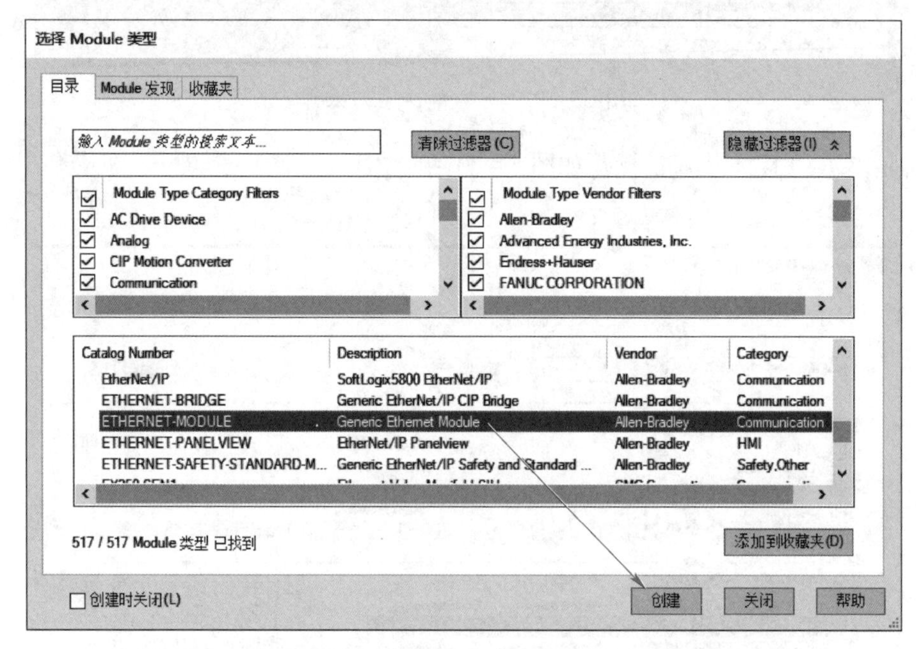

图 5-72　为项目添加通用从站（Generic Ethernet Module）

双击从站进行从站的组态，设置变频器的名称为【ATV3xx_1】，通信的数据格式为整型【Data_DINT】，从站 ATV320 的 IP 地址为【192.168.1.3】，在连接参数【Assembly Instance】中，将输入（Input）设为【101】，长度 32 个个字节，输出（Output）设为【100】，长度为 32 个字，将配置（Configuration）设为【6】，然后单击【OK】按钮。通用从站的配置如图 5-73 所示。

双击【I/O Configuration】→【1756-EN2T EIP_Master】→【Ethernet】→【ETHERNET-MODULE ATV3xx_1】，在 EtherNet/IP 模块的【Connection】中设置通信间隔（RPI），如图 5-74 所示。

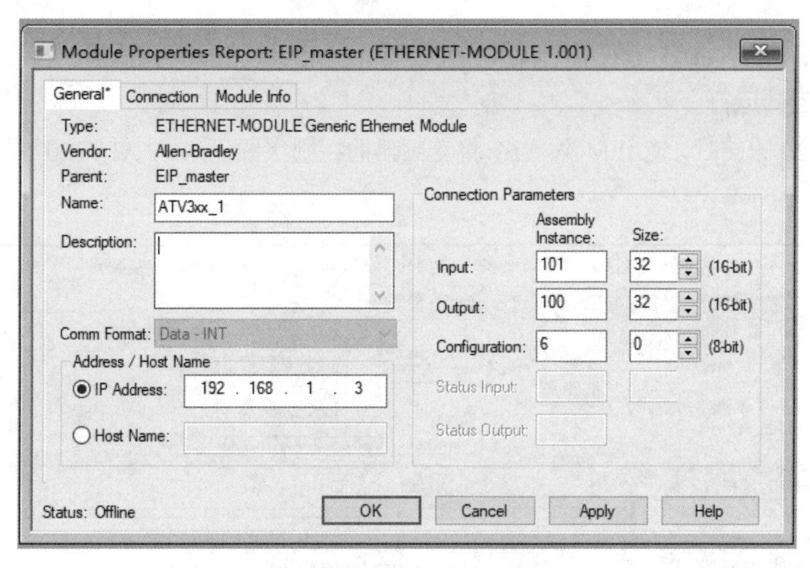

图 5－73　通用从站的配置

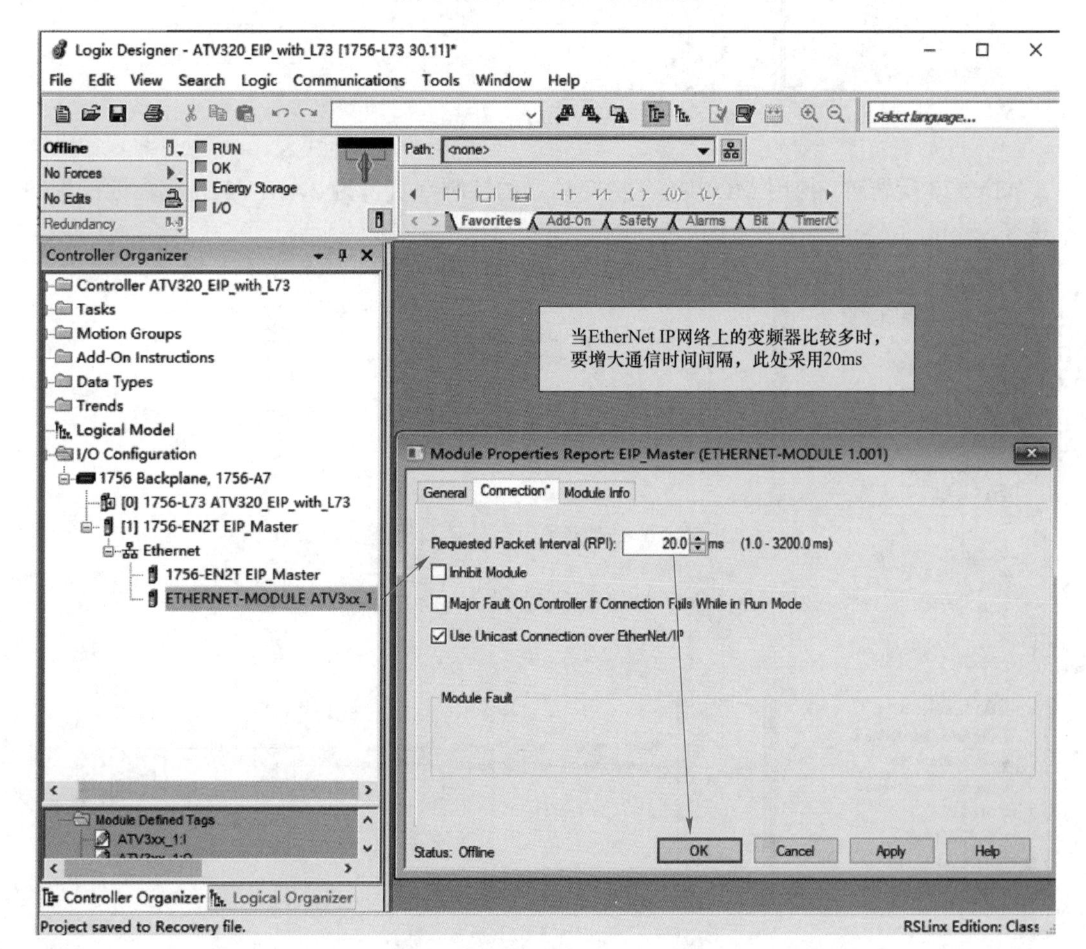

图 5－74　设置通信间隔（RPI）

六、EtherNet/IP 通信控制系统中 RSlogix5000 的程序编制

1. 正反转运行

ATV320 正转时，使用 MOV 指令将变频器的控制字置位为 1。ATV320 正转运行程序如图 5－75 所示。

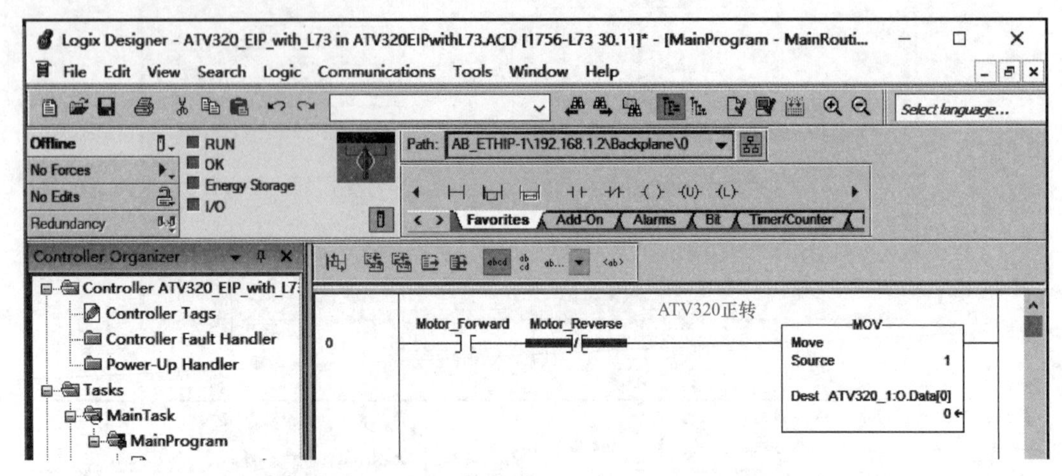

图 5－75　ATV320 正转运行程序

ATV320 反转时，使用 MOV 指令将变频器的控制字置位为 2，ATV320 反转运行程序如图 5－76 所示。

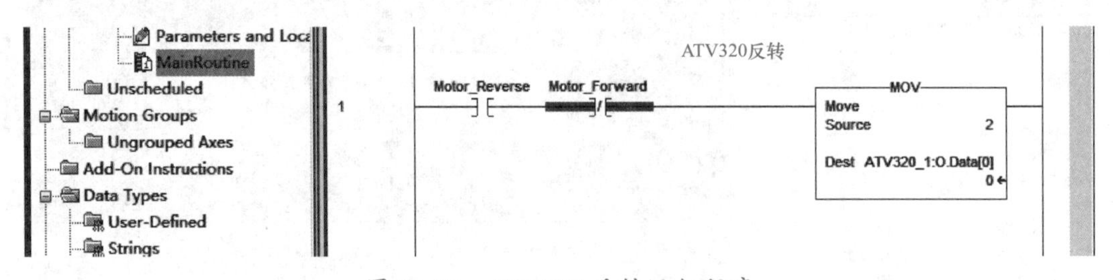

图 5－76　ATV320 反转运行程序

无正转、反转、故障复位命令时将控制字设为 0，ATV320 的停止程序如图 5－77 所示。

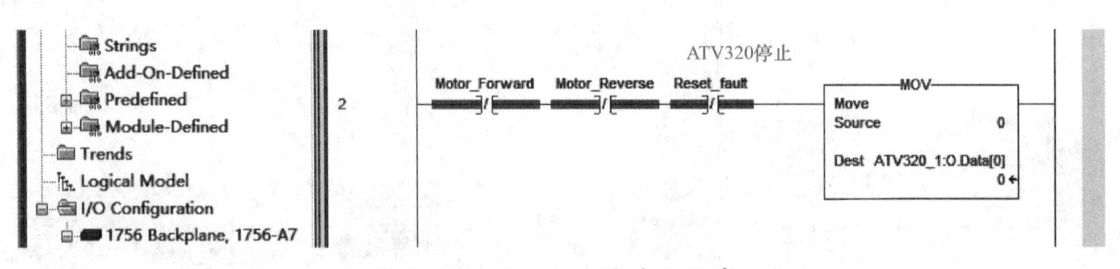

图 5－77　ATV320 的停止程序

2. 故障复位和速度给定程序的编制和频率切换

ATV320 的故障复位程序如图 5－78 所示。

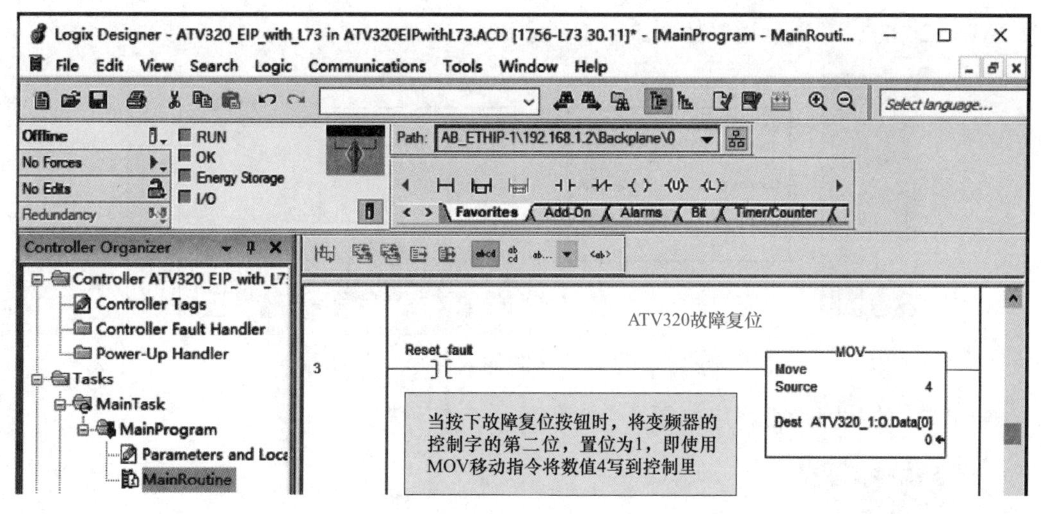

图 5－78　ATV320 的故障复位程序

ATV320 的速度给定可以是 HMI 的设定值也可以由机械速度转换而来，在程序 4 中，将速度给定直接 MOV 到 ATV320 控制器的标签中。ATV320 的速度给定程序如图 5－79 所示。

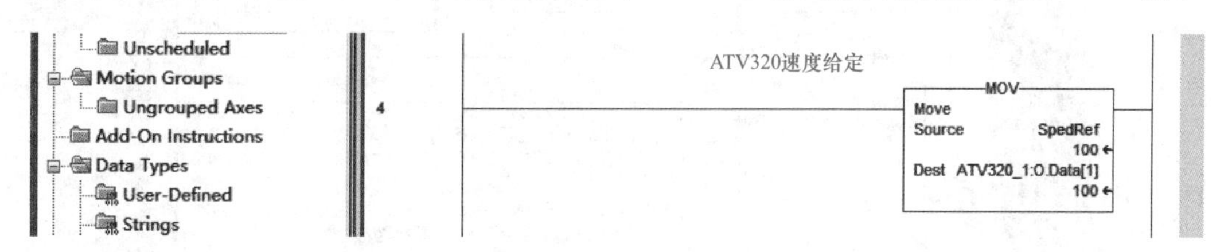

图 5－79　ATV320 的速度给定程序

变频器的扩展控制字的第 9 位为 0 时，频率给定值为 1 时对应给定频率 0.1Hz，变频器运行于低分辨率，但在某些应用下面，如闭环或速度精度要求比较高的情况下，可以将频率给定由低分辨率切换到高分辨率，从而使速度给定的分辨率提高，这时需要将变频器的扩展控制字的第 9 位为 1，高分辨率的给定值与频率的对应关系是 32767 对应于 60Hz（也就是变频器参数最大输出频率的设置值，出厂设置为 60Hz）。频率给定高低分辨率的切换程序如图 5－80 所示。

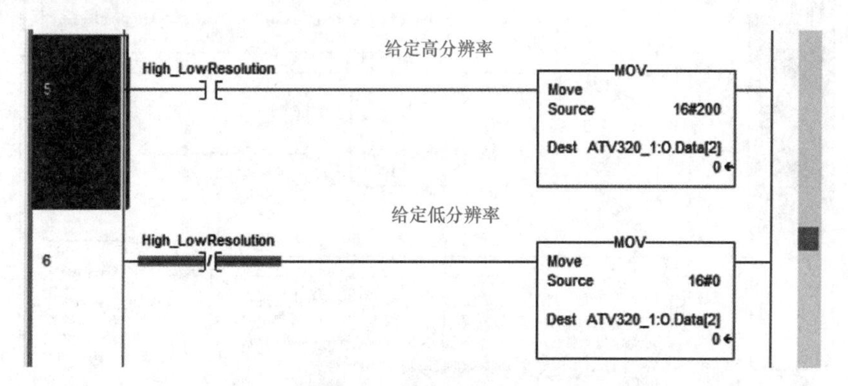

图 5－80　频率给定高低分辨率的切换程序

ATV320 的故障显示程序如图 5-81 所示。

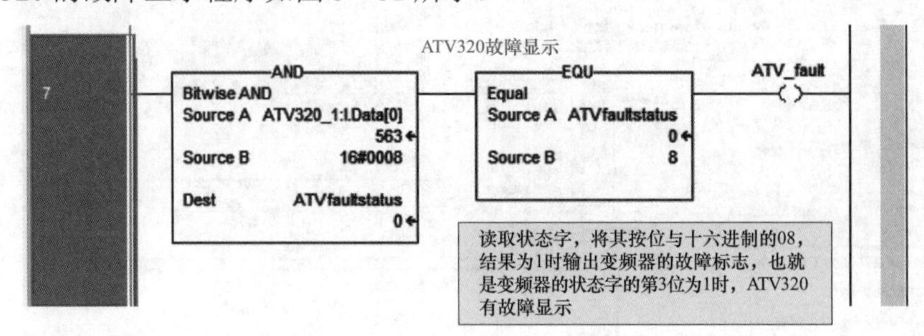

图 5-81　ATV320 的故障显示程序

ATV320 的故障检查程序如图 5-82 所示。

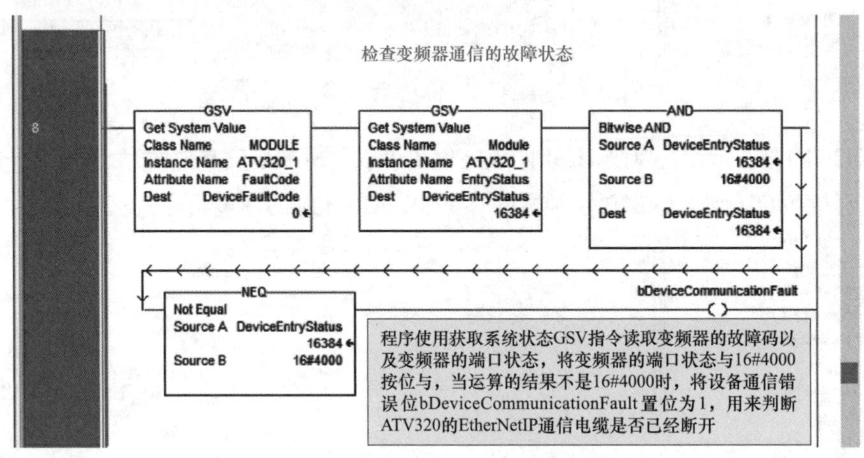

图 5-82　ATV320 的故障检查程序

3. 读写参数的程序编制

这里通过读写 ATV320 的加速时间来演示一下如何在 AB PLC 的 EIP 通信中读写参数，读取 ATV320 的加速时间参数程序如图 5-83 所示。

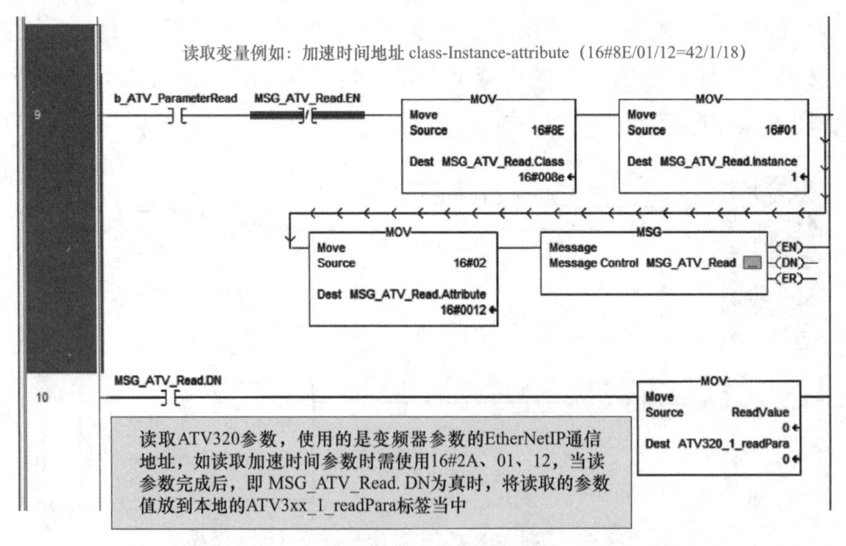

图 5-83　读取 ATV320 的加速时间参数程序

使用 Logix Designer 中的 Message 指令读写 ATV320 的参数，如图 5－84 所示。

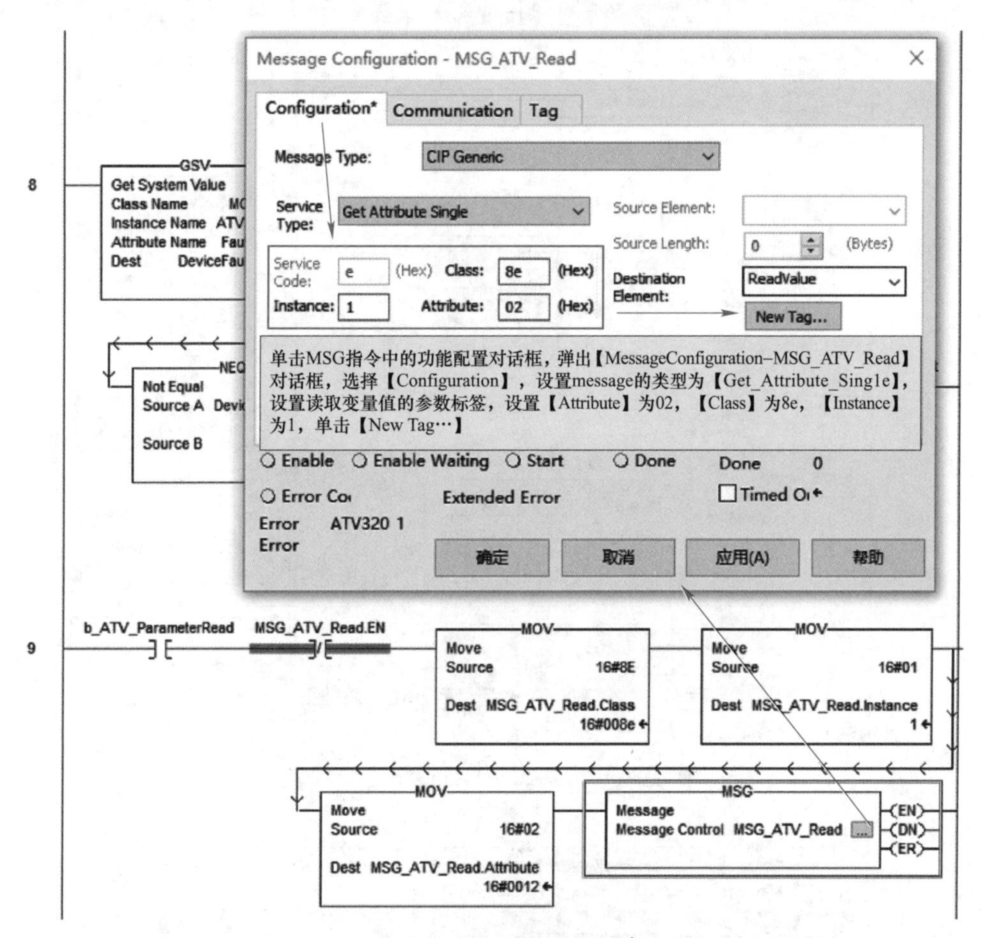

图 5－84 读写 ATV320 的参数

在【New Tag…】对话框中设置名称【ReadValue】，单击【Create】创建。读参数 message 消息的设置如图 5－85 所示。

在【Message Configuration－MSG_ATV_Read】对话框中，选择【Communication】选项卡，设置读参数 message 的路径【Path】为变频器【ATV3xx_1】，即读取参数的对象为 ATV3xx_1，如图 5－86 所示。

写 ATV320 参数的编程方式与读参数类似，注意有些变量不能写，如只读变量，有些变量只能在停止时才允许写入，如电动机的额定参数等，写 ATV320 参数的程序如图 5－87 所示。

写参数 message 的设置如图 5－88 所示。

与读参数 message 一样，写参数 message 也需要在【Message Configuration－MSG_ATV_Read】对话框中，选择【Communication】选项卡设置路径，即确定写 message 的变频器为 ATV320。写参数的路径设置过程如图 5－89 所示。

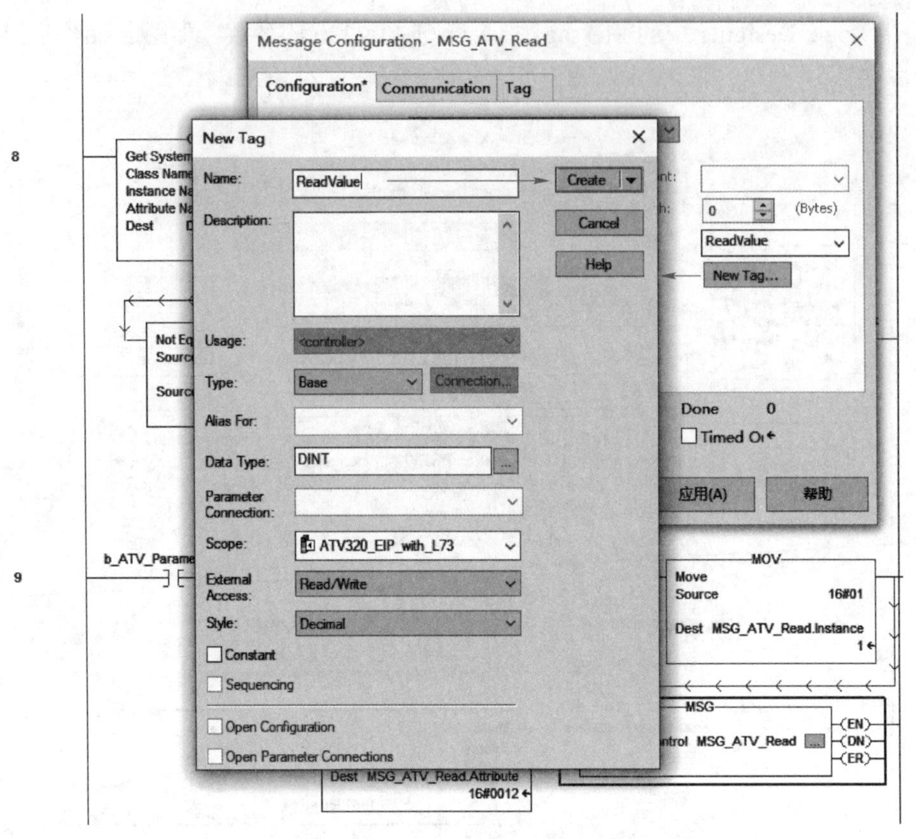

图 5-85　读参数 message 消息的设置

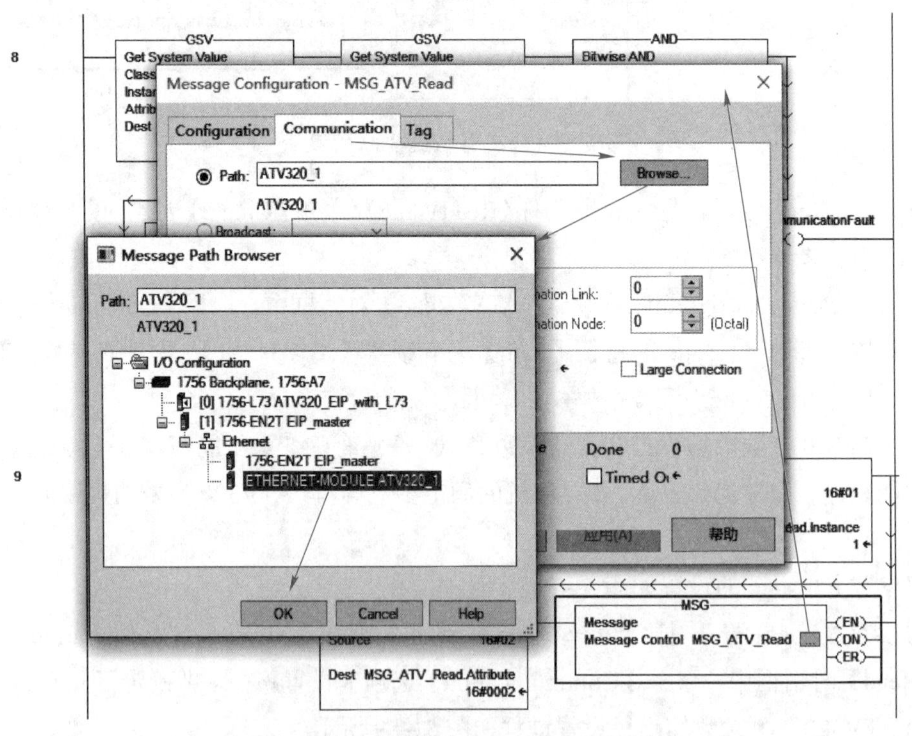

图 5-86　设置读参数 message 的路径

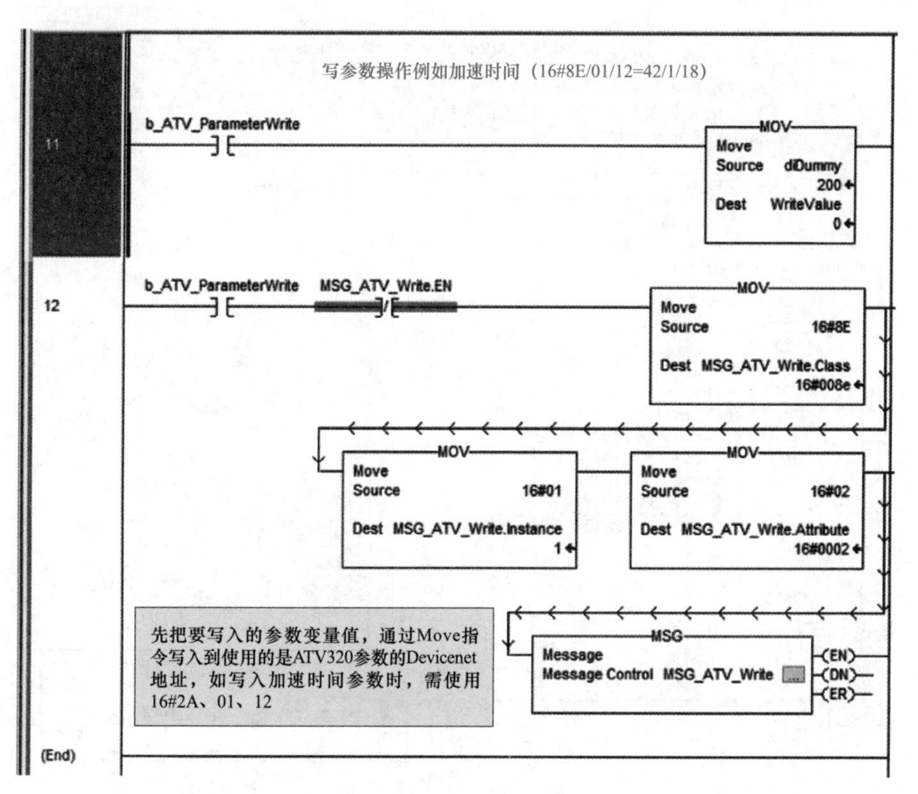

图 5−87　写 ATV320 参数的程序

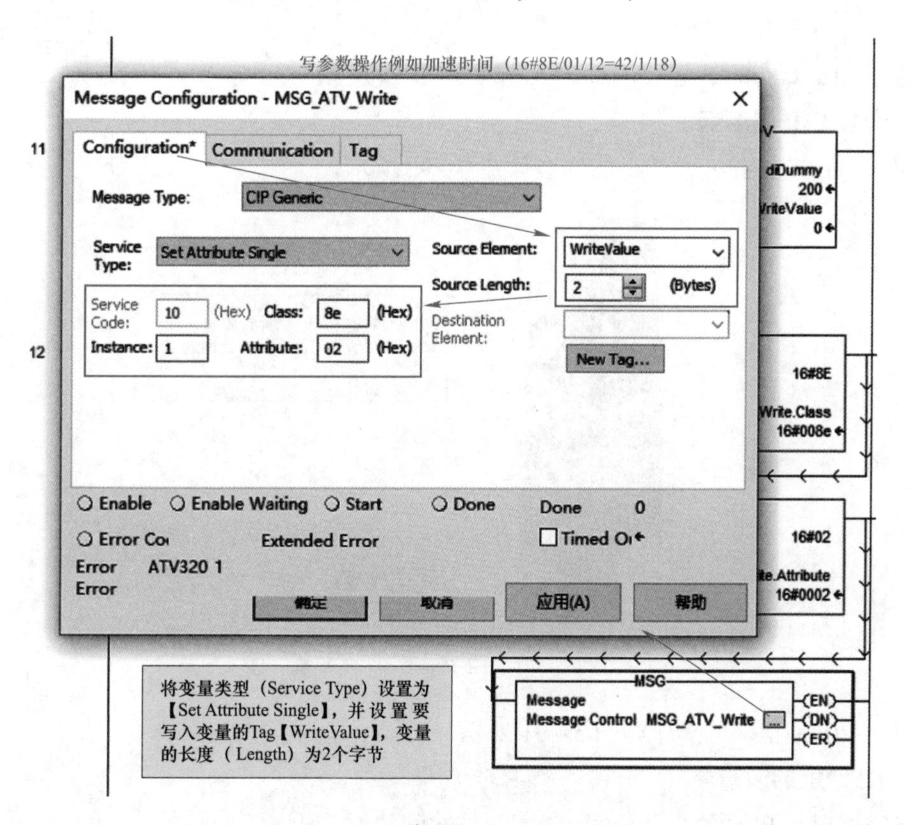

图 5−88　写参数 message 的设置

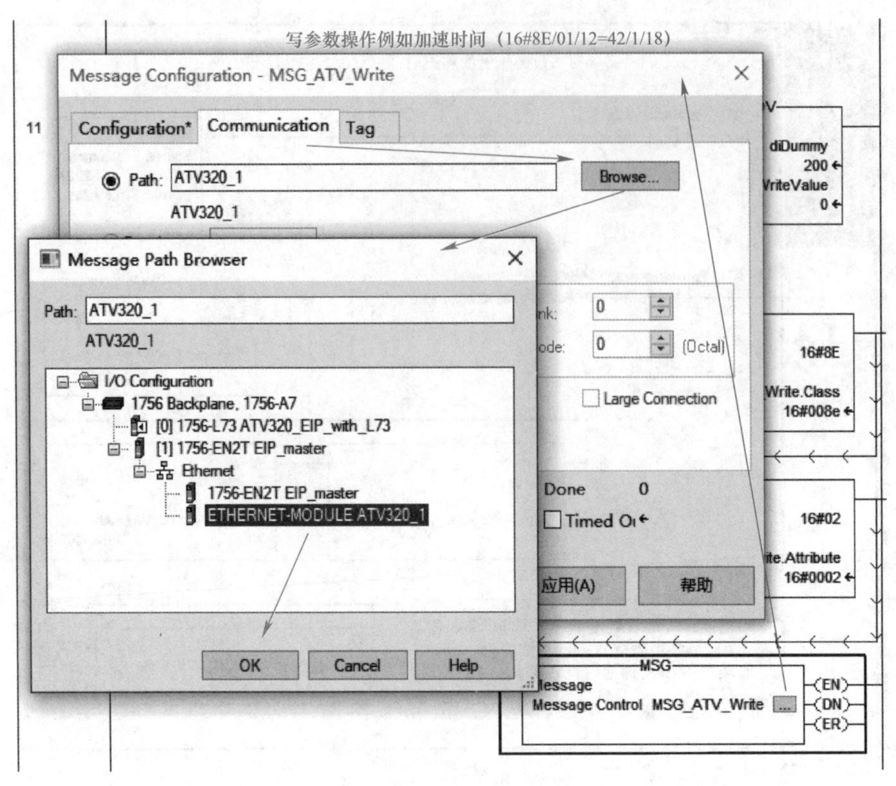

图 5-89　写参数的路径设置过程

七、EtherNet/IP 通信中 ATV320 的参数设置

1. 安装 EIP 通信卡

EtherNet/IP（EIP）通信卡的安装如图 5-90 所示。

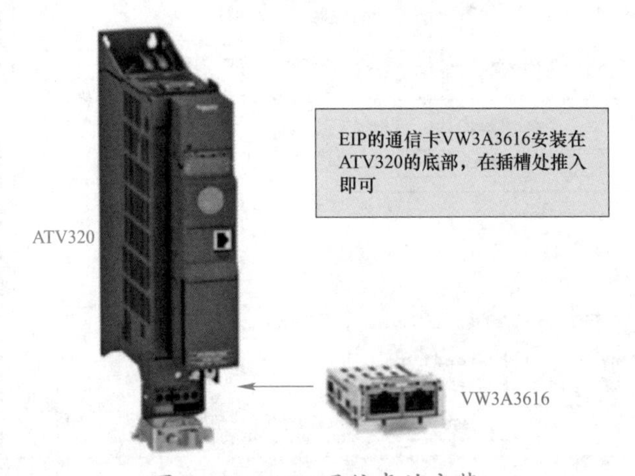

图 5-90　EIP 通信卡的安装

添加 EIP 通信卡的操作如图 5-91 所示。

2. IP 地址的设置

子网掩码与 PLC 的配置相同，设置 ATV320 的 IP 地址和子网掩码，如图 5-92 所示。

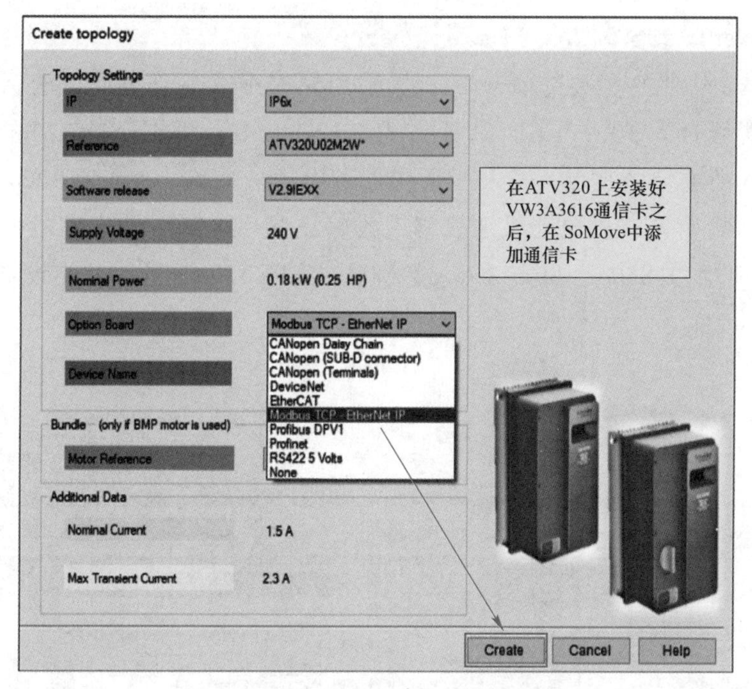

图 5－91 添加 EIP 通信卡的操作

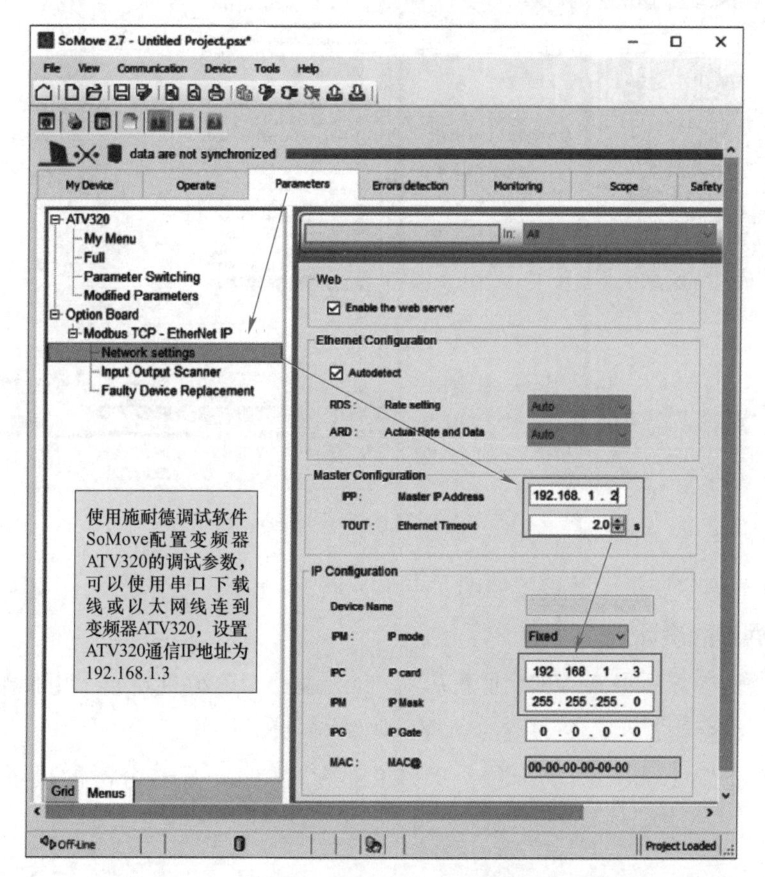

图 5－92 设置 ATV320 的 IP 地址和子网掩码

3. EtherNet/IP 参数配置

在 SoMove 软件的参数选项卡下，设置 EtherNet/IP 网络要通信的 ATV320 的变量地址，设置组合为 100、101，通信方式 EtherNet/IP，并在 ATV320 的 I/O 配置文件中右击插入所需要的变量，输入变量加入了电动机电流，地址为 3204；电源电压，地址为 3207；给定方式由电动机速度修改为输出频率 8502，输出变量加入了扩展控制字 CMI，地址为 8504，单击【Add】确认。ATV320 变量地址的设置如图 5－93 所示。

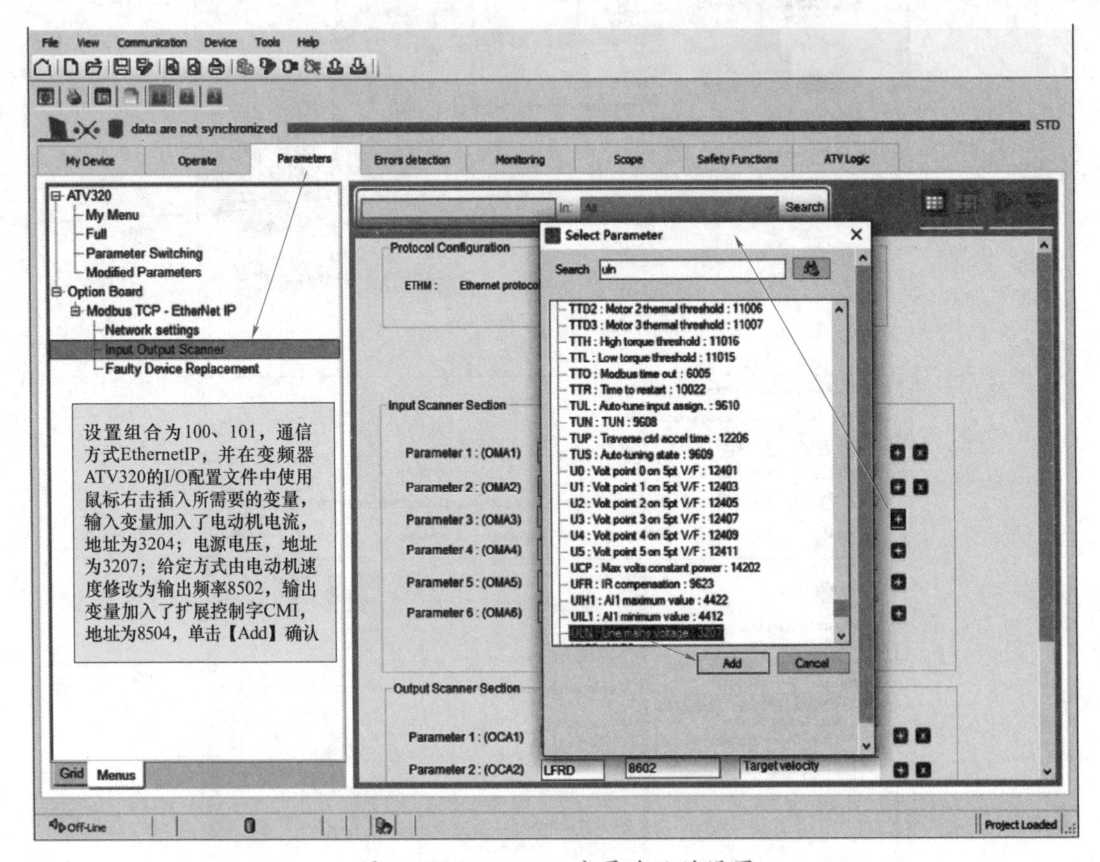

图 5－93　ATV320 变量地址的设置

ATV320 的通信变量参数设置如图 5－94 所示。

4. 给定通道的设置

设置完通信参数后将 ATV320 重新启动，或者将 ATV320 断电再上电使配置生效，设置启动方式、组合模式、命令通道的参数，如图 5－95 所示。

反转分配设为控制字的第一位，即 RRS 为 C301。反转分配的设置如图 5－96 所示。

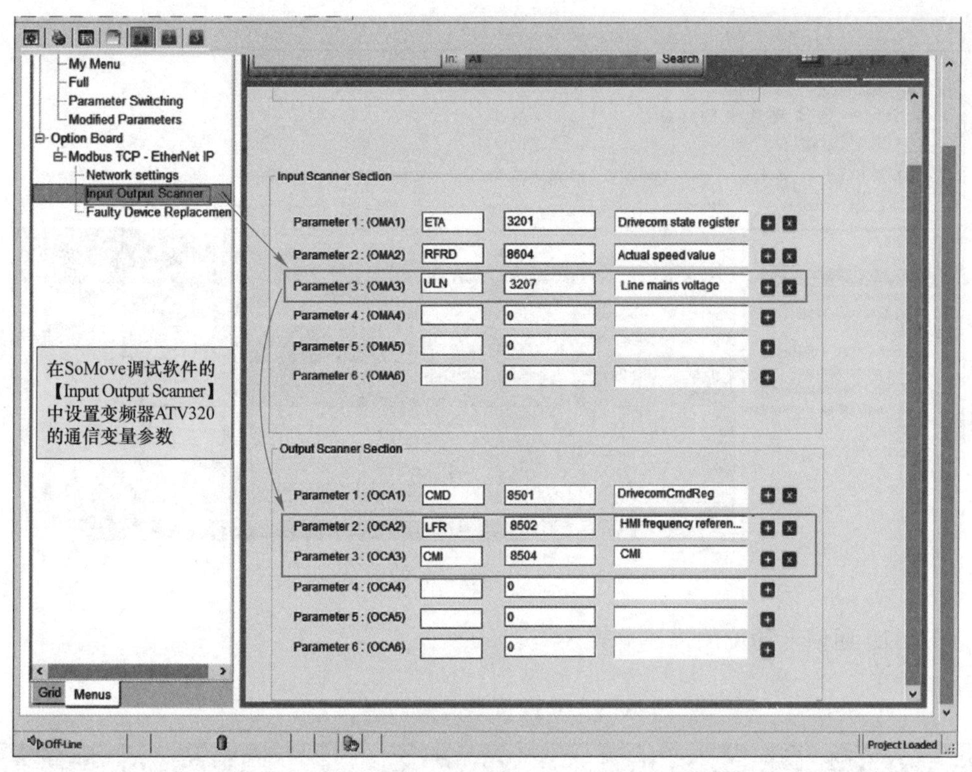

图 5－94　ATV320 的通信变量参数设置

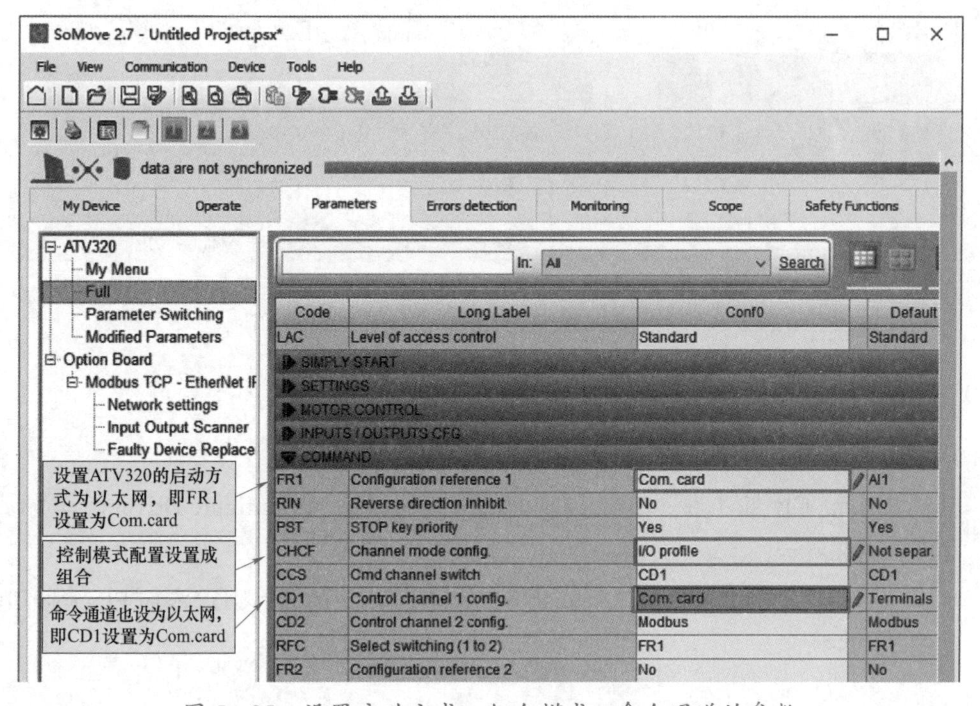

图 5－95　设置启动方式、组合模式、命令通道的参数

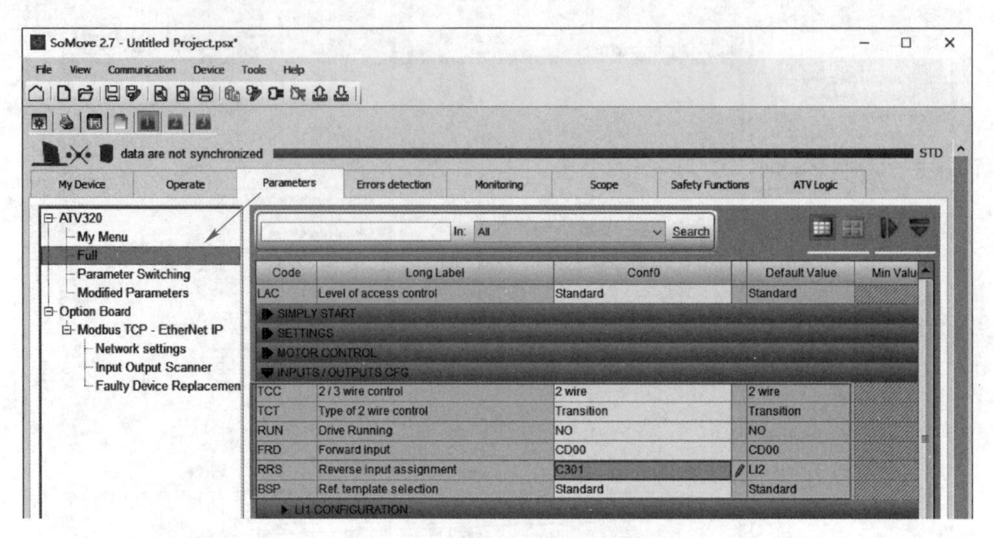

图 5-96　反转分配的设置

ATV320 通信卡的位的描述见表 5-8。

表 5-8　　　　　　　　ATV320 通信卡的位的描述

端子	集成的 Modbus	集成的 CANopen®	通信卡	内部位，可被切换
				CD00
L12(1)	C101(1)	C201(1)	C301(1)	CD01
L13	C102	C202	C302	CD02
L14	C103	C203	C303	CD03
L15	C104	C204	C304	CD04
L16	C105	C205	C305	CD05

分配故障复位的输入，故障复位设置为控制字的第二位，如图 5-97 所示。

八、EtherNet/IP 通信控制系统的调试

1. 驱动的配置

打开 RSLinx Classic Lite，单击【Communications】→【Configure Drivers…】添加驱动，如图 5-98 所示。

单击应用驱动器类型输入框（Available Driver Types）的图标▾，添加 EtherNet/IP 驱动，如图 5-99 所示。

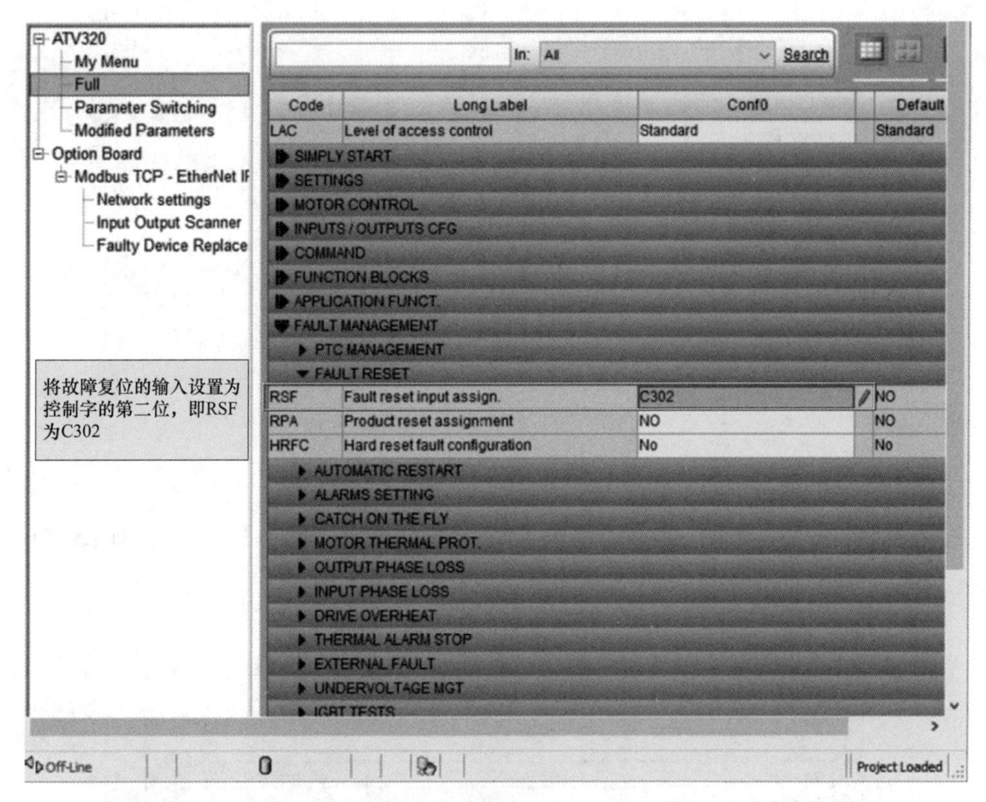

图 5-97 故障复位设置为控制字的第二位

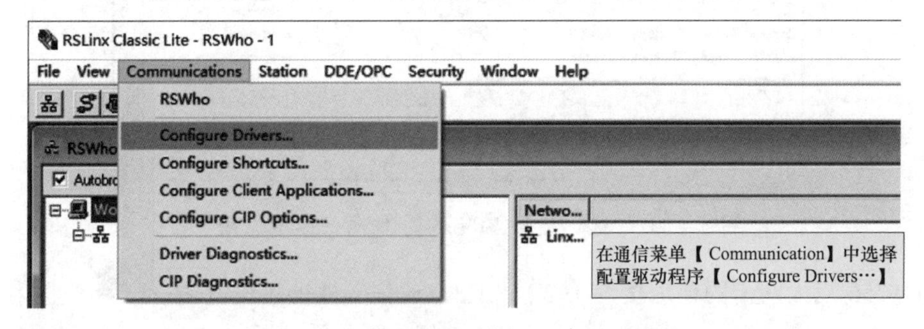

图 5-98 添加驱动

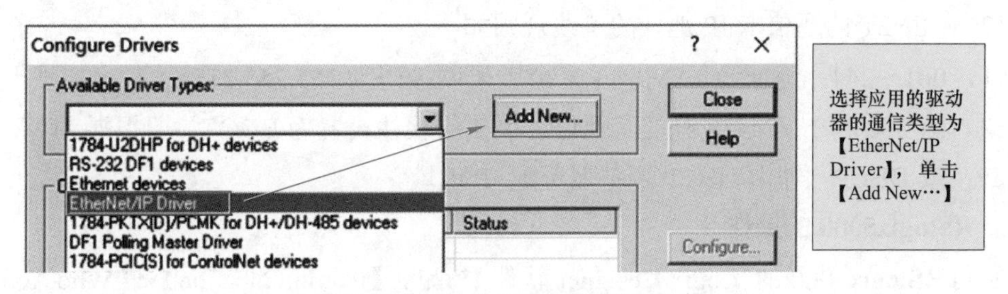

图 5-99 添加 EtherNet/IP 驱动

在【Add New RSLinx Classic Driver】中设置新添加的驱动名称为【AB_ETHIP－1】，单击【OK】，如图 5－100 所示。

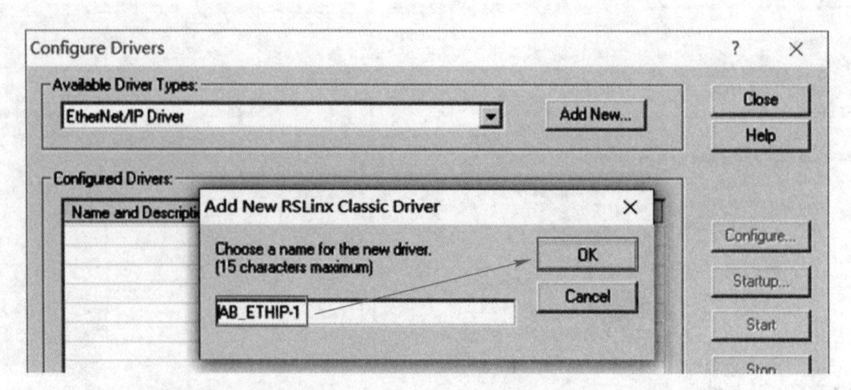

图 5－100　设置新添加的驱动名称

2. 配置网卡的操作

选择连接 EtherNet/IP 通信的电脑硬件（通信卡），单击【应用】，如图 5－101 所示。

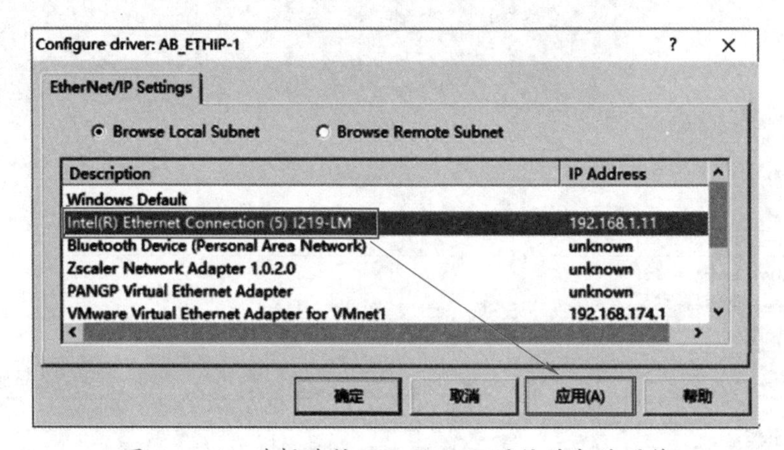

图 5－101　选择连接 EtherNet/IP 通信的电脑硬件

将 1756 以太网卡的地址拨为 192.168.1.2，通信卡地址跳线 X 拨为 0，Y 拨为 0，Z 拨为 2。

1756_EN2T 的通信卡 IP 地址的跳线规则如下。

（1）001～244：地址为 192.168.1.XYZ，子网掩码为 255.255.255.0。

（2）除 888 和 1～244 之外的其他值，可使用软件设置为 BOOT，即根据 MAC 地址设置 IP；或 DHCP，即由 DHCP 服务器分配 IP 地址。

3. RSlogix5000 的操作

回到 RSlogix5000 的 Logix Designer 软件中，单击【Communication】→【Who Active】，并连好电脑、PLC、变频器到 HUB 的连接线。先选择背板下的 0 号槽 PLC，单击下载【Download】，在弹出的提示对话框中，可以看到 PLC 当中的现有项目，确认无误后，将 PLC 上的钥匙开关转到【PROG】，单击【Download】下载。选择并下载 PLC 程序如图 5－102 所示。

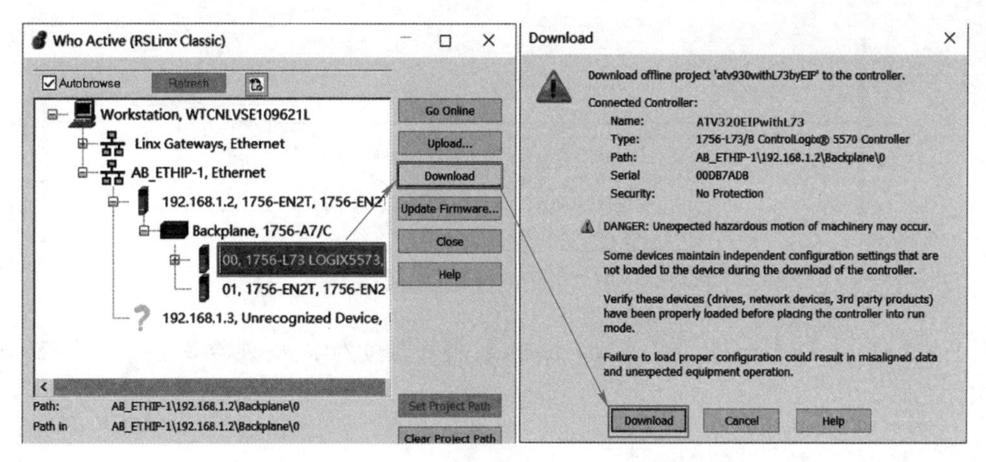

图 5－102 选择并下载 PLC 程序

程序下载后会弹出提示对话框，询问是否使用 I/O 强制变量值，这里选择【否】，如图 5－103 所示。

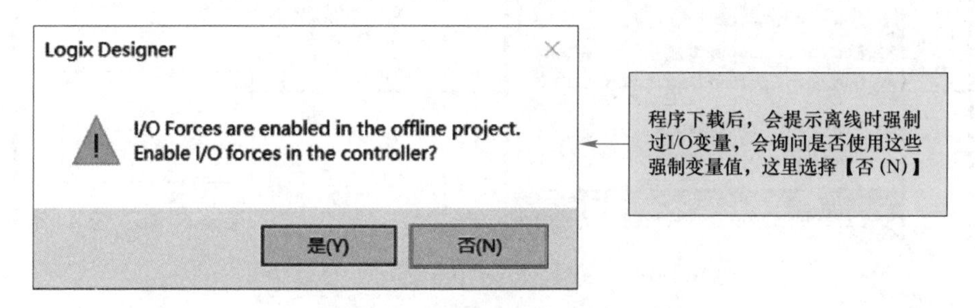

图 5－103 是否使用 I/O 强制变量值

将钥匙开关转到 RUN 位置，程序将正常开始运行，如图 5－104 所示。

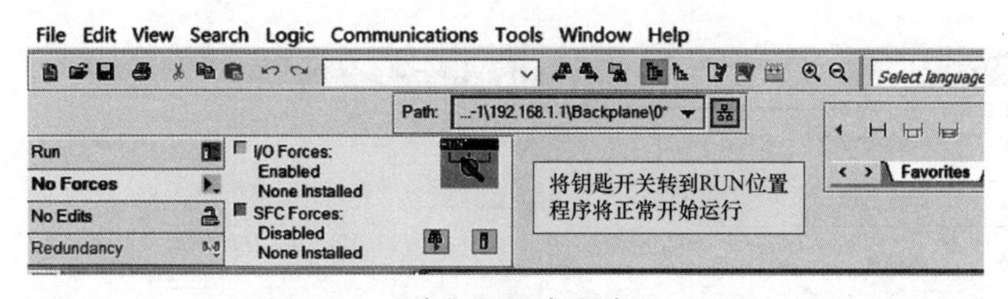

图 5－104 将钥匙开关转到 RUN 位置

在启动变频器之前，为了避免电动机转动后引起意外的设备或人员损伤，可以采用不带电动机的方式来测试，在此情况下，必须禁止 ATV320 的电动机缺相故障 OPF，即将输出缺相参数 OPL 设为 No。

如果用户的 ATV320 必须要带电动机进行通信调试，强烈建议断开电动机负载，以避免负载意外启动对人身和设备造成的危害。

在 Network4 中，设置 ATV320 的运行频率为 15Hz，如图 5－105 所示。

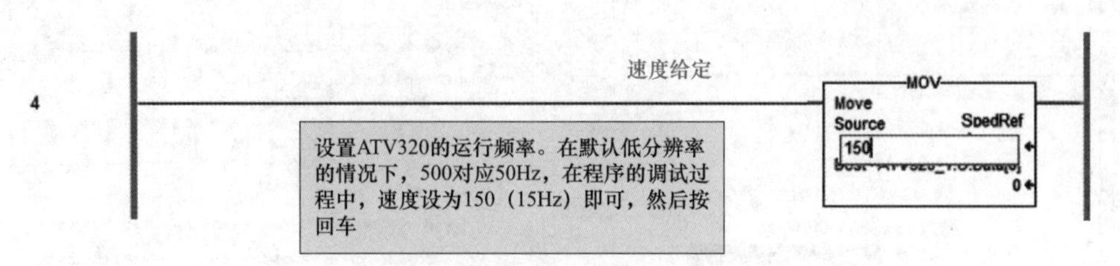

图 5－105　设置 ATV320 的运行频率为 15Hz

右击【Move_Forward】，选择【Toggle Bit】，将其置位为 1，变频器将运行，如图 5－106 所示。

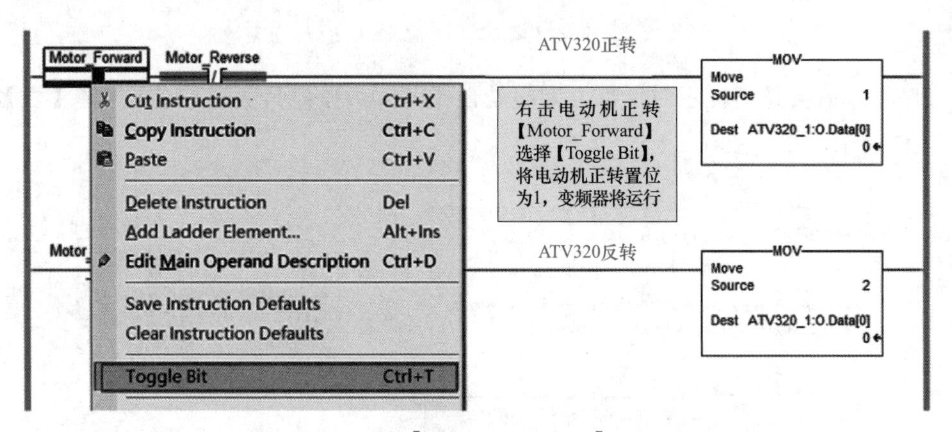

图 5－106　将【Move_Forward】置位为 1

4. SoMove 软件的调试

SoMove 中 ATV320 的输出频率如图 5－107 所示。

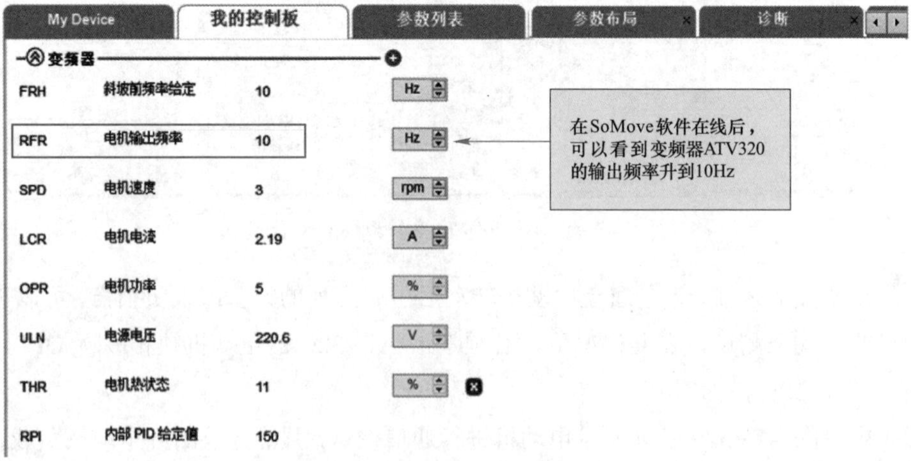

My Device | 我的控制板 | 参数列表 | 参数布局 | 诊断

变频器

代码	名称	值	单位
FRH	斜坡前频率给定	10	Hz
RFR	电机输出频率	10	Hz
SPD	电机速度	3	rpm
LCR	电机电流	2.19	A
OPR	电机功率	5	%
ULN	电源电压	220.6	V
THR	电机热状态	11	%
RPI	内部 PID 给定值	150	

在SoMove软件在线后，可以看到变频器ATV320的输出频率升到10Hz

图 5－107　SoMove 中 ATV320 的输出频率

将 Motor_Forward 置位为 0，则 ATV320 将停止，程序将向 ATV320 的控制字写 0。ATV320 停止的程序如图 5－108 所示。

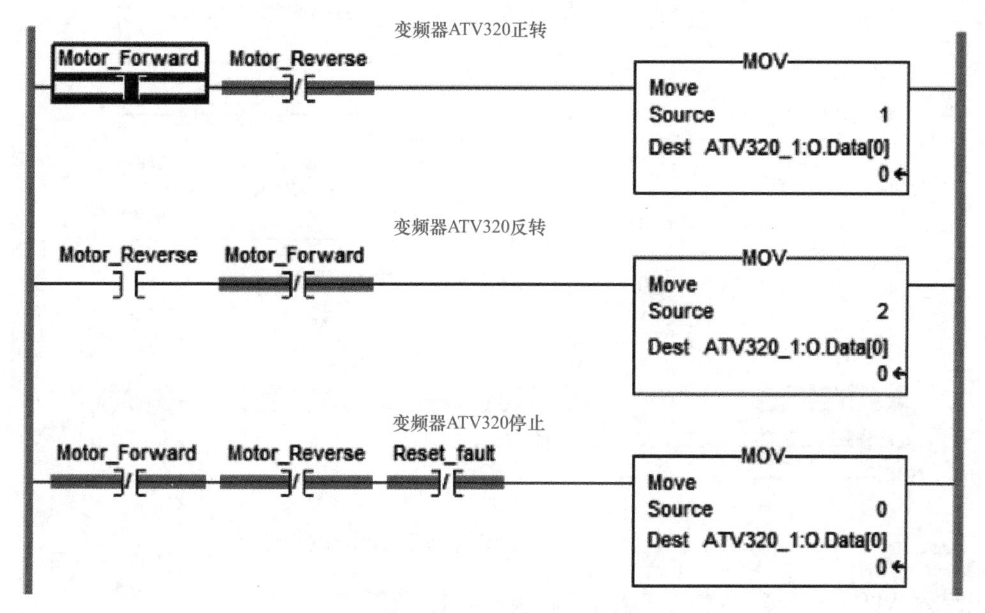

图 5－108　ATV320 停止的程序

停止时 ATV320 的输出频率降到 0，如图 5－109 所示。

My Device　我的控制板　参数列表　参数布局　诊断

变频器

FRH	斜坡前频率给定	10	Hz
RFR	电机输出频率	0	Hz
SPD	电机速度	0	rpm
LCR	电机电流	0	A
OPR	电机功率	0	%
ULN	电源电压	220.4	V
THR	电机热状态	34	%
RPI	内部 PID 给定值	150	

在SoMove软件中可以看到变频器ATV320的输出频率降为0

图 5－109　停止时 ATV320 的输出频率降到 0

频率给定高低分辨率的测试，将高分辨率的给定点设 1，高分辨率的对应关系是 32767 对应最大输出频率 60Hz，则速度给定还是 100 的情况下，频率给定对应的是 0.2Hz。频率给定高低分辨率的测试程序如图 5－110 所示。

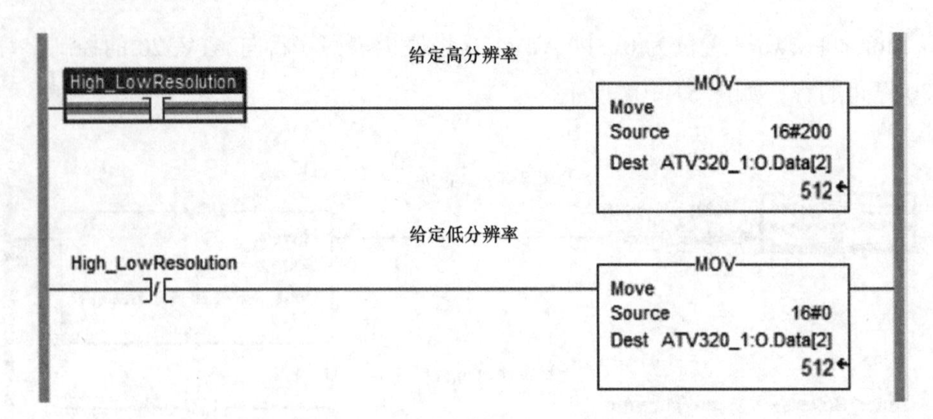

图 5-110　频率给定高低分辨率的测试程序

高分辨率给定情况下 100 对应 0.2Hz，如图 5-111 所示。

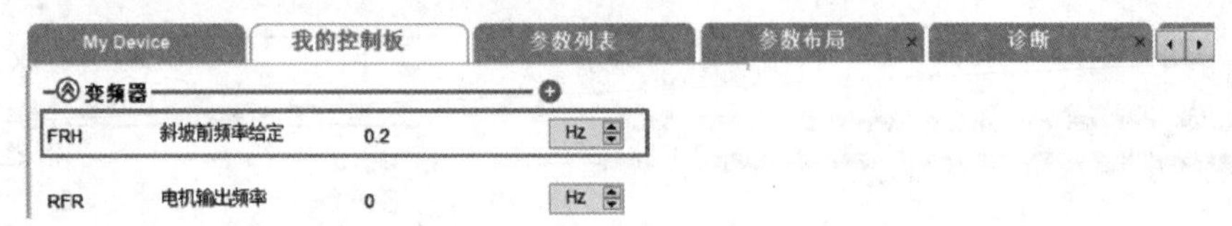

图 5-111　高分辨率给定情况下 100 对应 0.2Hz

写入 ATV320 参数加速时间 200，如图 5-112 所示。

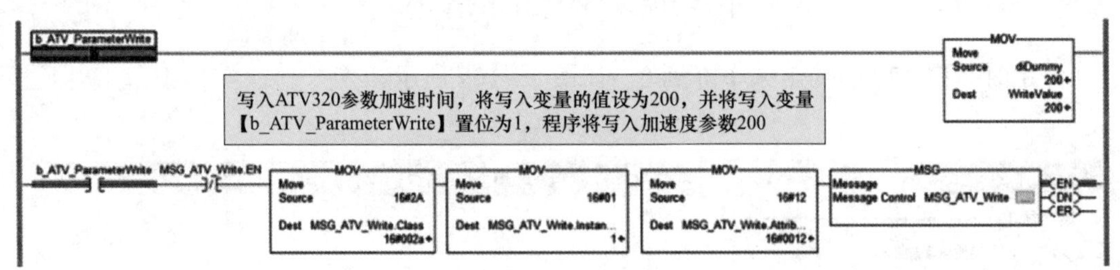

图 5-112　写入 ATV320 参数加速时间 200

写入加速度参数后，需要读取以便确认写入成功，即读取的参数应为 200，面板的加速时间参数也由出厂的 3s 变为 20s。SoMove 读取的加速度参数如图 5-113 所示。

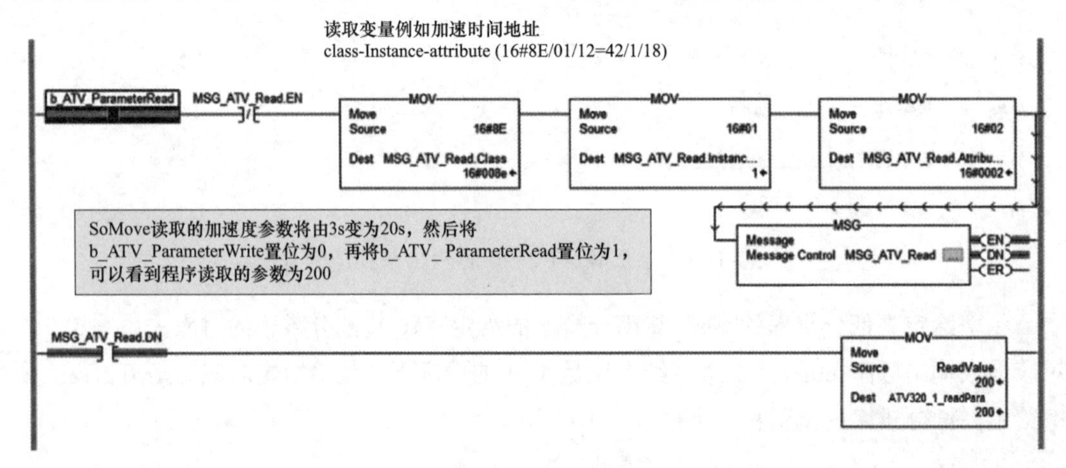

图 5-113　SoMove 读取的加速度参数

九、EDS 文件

ATV320 需要外加通信卡来实现 EtherNet/IP（EIP）通信，实现 EIP 通信可以导入 EDS 文件，也可以不导入 EDS 文件。

在与 AB PLC 通信过程中，由于 ATV320 最早的几个版本的 EDS 文件与 AB PLC 不兼容，如果按常规做法，直接导入老版本的 EDS 文件后，会出现在 AB 编程软件中 ATV320 的控制器标签缺失的情况，所以本节采用了通用的不导入 EDS 文件的方法来实现 AB PLC 控制 ATV320 的启停、故障复位、正反转和速度给定的 EIP 通信，来避免 EIP 通信的异常情况。

与 AB PLC 兼容的 EDS 文件下载链接为：

https://www.se.com/ww/en/download/search/?docTypeGroup=3541958 – Software%2FFirmware&docType=1555901 – EDS+files&range=63440 – Altivar+Machine+ATV320

第四节 ATV320 的 CANOpen 通信

本示例首先介绍了 CAN 总线，通过 PLC M241 与 ATV320 在灌装机中的应用，详细说明了在施耐德 SoMachine 软件中，TM241 与 ATV320 使用功能块进行编程的应用要点。

一、CANopen 总线

CAN（Controller Aera Network，控制器局部网）是德国博世（Bosch）公司在 1983 年开发的一种串行数据通信协议，最初应用于现代汽车中众多的控制与测试仪器之间的数据交换，是一种多主方式的串行通信总线，介质可以是双绞线、同轴电缆和光纤，速率可达 1Mbit/s，支持 128 个节点。具有高抗电磁干扰性能，数据通信的可靠性高。

CAN 协议的通信机制比较简单，比较适合于嵌入式网络，可以降低设备的复杂程度，因此它在工业的汽车、电梯、医疗、船舶、纺织机械等领域得到了广泛应用，是欧洲重要的网络标准。

1. CAN 协议的重要历史节点

（1）1993 年 CiA 发布用来描述传送机制的 CAL（Communication Application Layer）规范。

（2）1995 年 CiA 发布 DS – 301 通信描述文件：CANopen。

（3）2001 年 CiA 发布 DS – 304，在标准 CANopen 总线上集成 4 层安全元件（CANsafe）。

2. CANopen 总线的特点

（1）多主机功能。在总线空闲时，所有的单元都可开始发送消息（多主控制），最先访问总线的单元可获得发送权。

（2）面向消息的通信。设备可以集成到正在运行的网络中，无须重新配置整个系统。新设备的地址不需要在网络上进行指定。

（3）消息的优先级。CANopen 总线在时间要求特别高的应用场合，会首先发送具有较高优先级的消息。

（4）数据错误概率低。CANopen 总线采用多种安全措施，降低了数据帧出错的概率，发送错误数据而又检查不出来的概率小于 10^{-11}。

3. CAN 协议的通信模型

CAN 协议在 ISO/OSI 通信模型中的位置如图 5－114 所示。

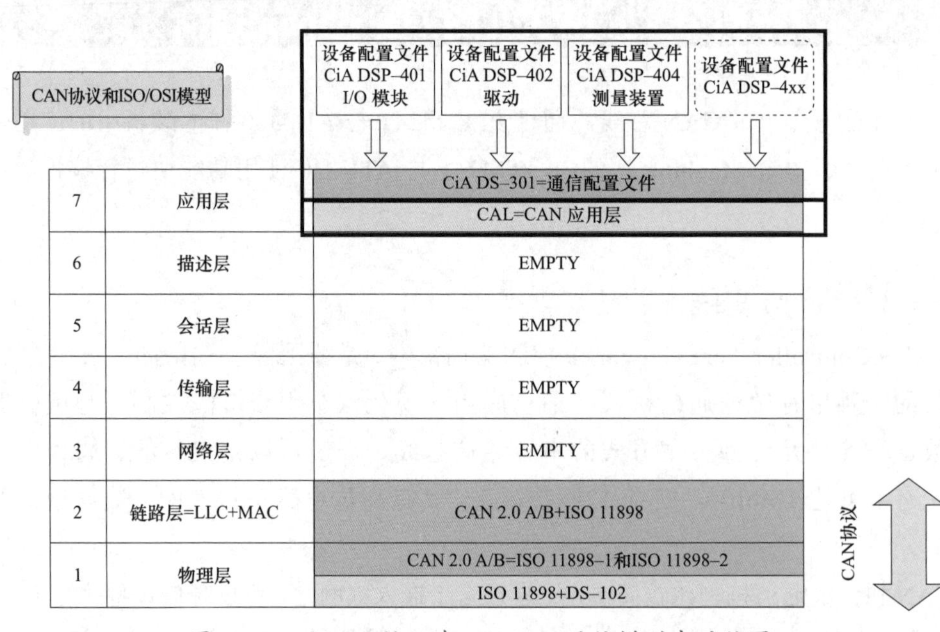

图 5－114　CAN 协议在 ISO/OSI 通信模型中的位置

CAN 协议在 ISO/OSI 通信模型中的传输层、数据链路层及物理层中定义了事项，CAN 协议在各层中定义的事项如图 5－115 所示。

4. CAN 协议的物理层

（1）CANopen 电平。CAN 协议的高低电平是一个差分信号，CANopen 电平如图 5－116 所示。

受到干扰的 CANopen 总线如图 5－117 所示。

（2）硬件接线。CANopen 通信的接线如图 5－118 所示。

OSI基本参照模型

OSI基本参照模型	
7. 应用层	
6. 表示层	
5. 会话层	
4. 传输层	
3. 网络层	
2. 数据链路层	LLC[-1] MAC[-2]
1. 物理层	

CAN协议在各层中定义的事项

层	定义事项	功能
4层	再发送控制	永久再尝试
2层(LLC)	接收消息的选择(可接收消息的过滤)	可点到点连接、广播、组播。
	过载通知	通知接收准备尚未完成
	错误恢复功能	再次发送
2层(MAC)	消息的帧化	有数据帧、遥控帧、错误帧、过载帧4种帧类型
	连接控制方式	竞争方式（支持多点传送）
	数据冲突时的仲裁	根据仲裁，优先级高的ID可继续被发送
	故障扩散抑制功能	自动判别暂时错误和持续错误，排除故障节点
	错误通知	CRC错误、填充位错误、位错误、ACK错误、格式错误
	错误检测	所有单元都可随时检测错误
	应答方式	ACK、NACK两种
	通信方式	半双工通信
1层	位编码方式	NRZ方式编码，6个位的插入填充位
	位时序	位时序、位的采样数（用户选择）
	同步方式	根据同步段（SS）实现同步（并具有再同步功能）

图 5－115　CAN 协议在各层中定义的事项

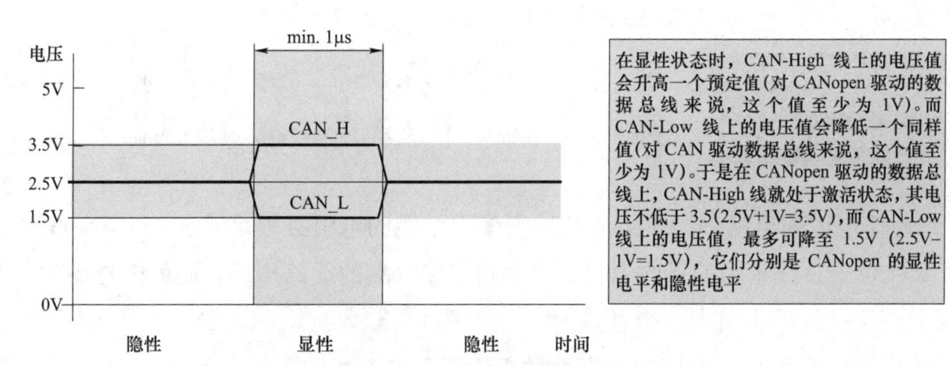

图 5－116　CANopen 电平

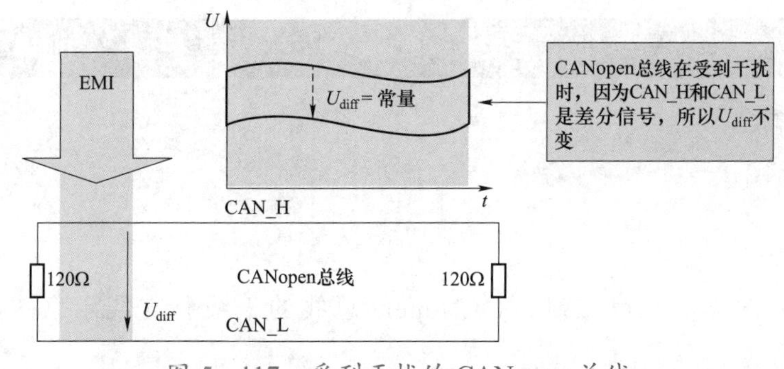

图 5－117　受到干扰的 CANopen 总线

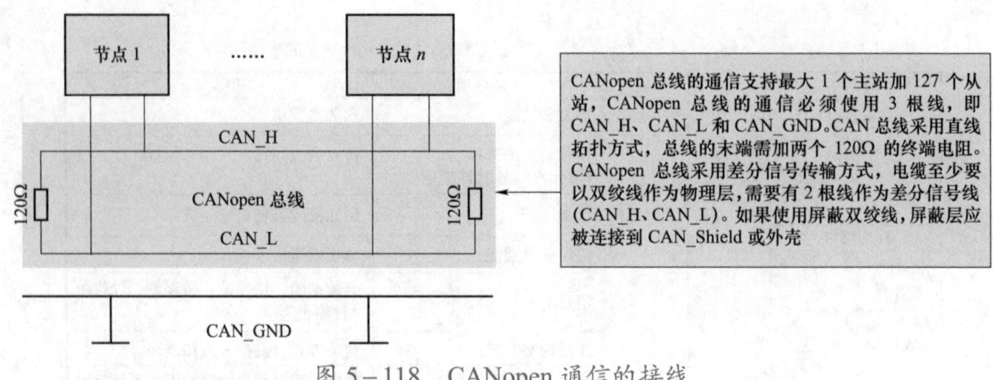

图 5－118　CANopen 通信的接线

（3）CANopen 总线的通信电缆选择要点。

1）抗干扰。电缆选用时必须考虑外界干扰，如由其他电气负载引起的电磁干扰，尤其应注意大功率变频器运行或整流设备、电焊机这些强干扰设备。如果无法避免 CANopen 总线电缆与变频器/伺服的输出线比较近的情况，或者与其他强干扰设备比较近，则应选择带双屏蔽层的双绞线，并将屏蔽层可靠接地。

2）通信电缆的长度。通信电缆的长度与通信速度（波特率）有关，波特率越高，则最大长度越短。

CANopen 总线通信长度与通信速度的关系见表 5－9。

表 5－9　CANopen 总线通信长度与通信速度的关系

通信速度/（kbit/s）	20	50	125	250	500	1000
最大总线长度/m	2500	1000	500	250	100	25

3）通信电缆的电阻。CANopen 总线所使用电缆的电阻必须足够小，以避免线路压降过大，影响位于总线末端的接收器件。为了确定接收端的线路压降，避免信号反射，在总线两端需要连接终端电阻。

通信电缆的直径与所连接的站点数量和长度有关，其关系见表 5－10。

表 5－10　通信线的直径与所连接的站点数量和长度的关系

32 站/mm²	64 站/mm²	100 站/mm²
0.25	0.25	0.25
0.34	0.50	0.50
0.75	0.75	1

4）通信线的支线长度限制。CANopen 总线的干线和支线示意图如图 5－119 所示。

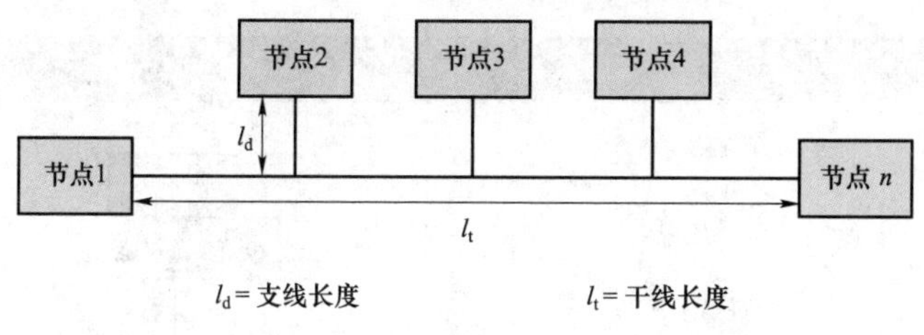

图 5－119　CANopen 总线干线和支线示意图

最大支线长度经验计算公式，即未连接终端电阻支线电缆的最大长度 l_d 和累计支线长度 l_{di} 为

$$l_d < \frac{t_{PROPSEG}}{50t_P} \tag{5-1}$$

$$\sum_{i=1}^{n} l_{di} < \frac{t_{PROPSEG}}{10t_P} \tag{5-2}$$

式中　$t_{PROPSEG}$ ——位周期的数据传输段的长度；

t_P ——每个长度单位的特定线路延迟。

比如，波特率 = 500kbit/s，则 $t_{PROPSEG} = 12 \times 125 = 1500ns$，$t_P = 5ns/m$；支线最大长度 $l_d < 1500/(50 \times 5) = 6m$；$\sum_{i=1}^{n} l_{di} < 1500/(10 \times 5) = 30m$。

（4）常用 CANopen 总线的接口针脚定义。CAN 总线常用的接口有 RJ－45、SUB－D9 和 OPEN5 接口 3 种。CANopen 总线使用 RJ－45 接口时，定义了 1－CAN_H、2－CAN_L 和 3－CAN_GND。在使用 SUB－D9 接头时要采用 2－CAN_L、3CAN_L 和 7－CAN_L 的接线。RJ－45 和 SUB－D9 的接口针脚定义如图 5－120 所示。

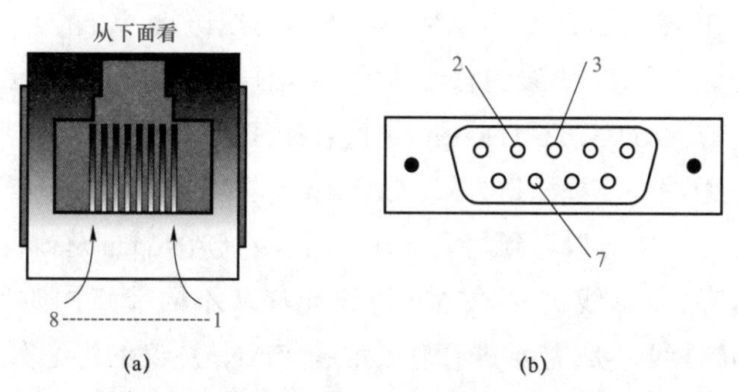

图 5－120　RJ－45 和 SUB－D9 的接口针脚定义

（a）RJ－45；（b）SUB－D9

CANopen 总线在使用 OPEN5 接口时，通常只需要分配 CAN_H、CAN_L 信号，CANopen 总线的 OPEN5 针脚定义见表 5－11。

表 5－11　　CANopen 总线的 OPEN5 针脚定义

针脚	信号	示意图
5	(CAN_V+)	1 2 3 4 5 V+ 红 CAN_H 白 SHIELD 屏蔽 CAN_L 蓝 V− 黑
4	CAN_H	
3	CAN_SHIELD	
2	CAN_L	
1	(CAN_GND)	

无论使用哪种接口，CANopen 总线的针脚定义都是相同的。

1）CAN_L、CAN_H 是 CAN 的信号线。

2）CAN_GND 是物理层的参考电平，连接到屏蔽层或者内屏蔽层（使用双层屏蔽电缆时）。

3）CAN_SHIELD 是屏蔽层，有时也会标记为 FG。当使用双层屏蔽电缆时，CAN_SHLD 连接到外屏蔽层和 DB9 连接器的屏蔽壳。当使用没有屏蔽连接的连接器时，外屏蔽层要连接到针脚 5，用以保证可靠的接地。

4）CAN_V+是可选的，为 CAN 接口的电压源（7～13V）。

5. CAN 协议的数据链路层

CAN 协议的数据链路层的服务在逻辑链路控制（LLC）和媒体访问控制（MAC）中实现。LLC 能够进行数据接收过滤，过载通知和管理恢复。MAC 实现的是数据打包/解包、帧编码、媒体访问管理、错误检测、错误信令、应答、串/并转换等功能，这些功能都是围绕信息帧传送过程展开的。

CAN 协议的数据链路层内容非常丰富，这里只介绍常用的概念，如 CANopen 总线的广播发送方式、CAN 协议的多总线访问、CAN 协议的生产者和消费者、CAN 协议的总线仲裁、CAN 协议的帧结构、CAN2.0A\CAN2.0B 等。ATV320 CANopen 硬件接线请扫二维码了解。

（1）CANopen 总线的广播发送方式。CANopen 总线的广播发送方式如图 5－121 所示。从中可以看到，只有站 2 回应了 CANopen 总线发来的消息。

（2）CAN 协议的多总线访问。CAN 协议允许从不同节点同时对总线进行访问。如果多个节点访问总线，是需要进行仲裁的。CAN 协议的多总线访问是一种非破坏性的逐位仲裁，称为具有冲突检测和消息优先级仲裁（CSMA/CD＋AMP）的载波侦听多路访问。其中，消息优先级是在 CAN 标识符中解码的。当总线处于空闲状态时，几个节点开始传输帧。每个节点在完整消息期间从总线逐位读回当前的总线状态，并将发送的比特值与接收的比特值进行比较，比较之后，优先级低的数据帧会退出。

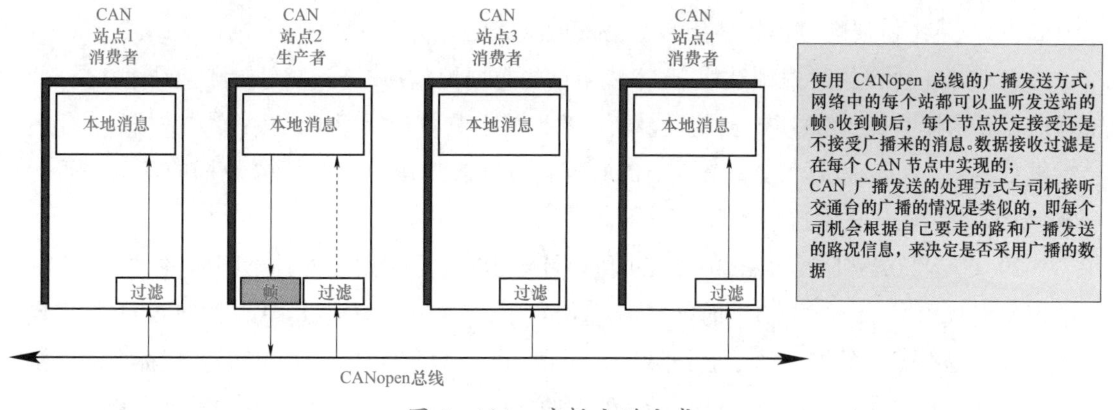

图 5－121　广播方送方式

（3）CAN 协议的生产者和消费者。消费者节点传输远程帧，发出请求；拥有所请求信息的节点（生产者）将传送相应的数据帧，生产者和消费者的工作示意如图 5－122 所示。

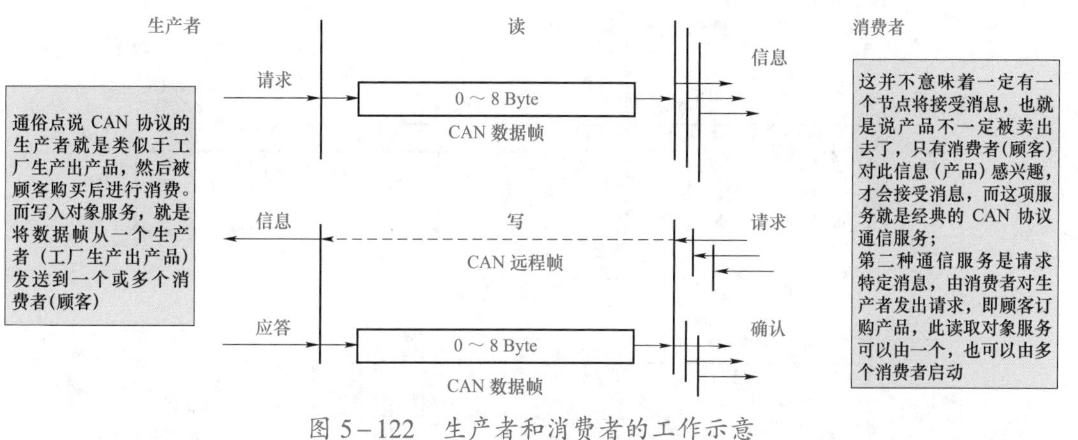

图 5－122　生产者和消费者的工作示意

（4）CAN 的总线仲裁。总线仲裁示例如图 5－123 所示。从中可以看出，节点 2 发送一个隐性标识符位，但读回一个占主导地位的位。节点 2 因为优先级低而停止了总线仲裁，并切换到正在传输隐性位的只听模式。示例中的节点 1 在第 2 位因为优先级比节点 3 更低，所以被切换到了只听模式。最终节点 3 获得了发送数据帧的优先权，并开始发送数据。

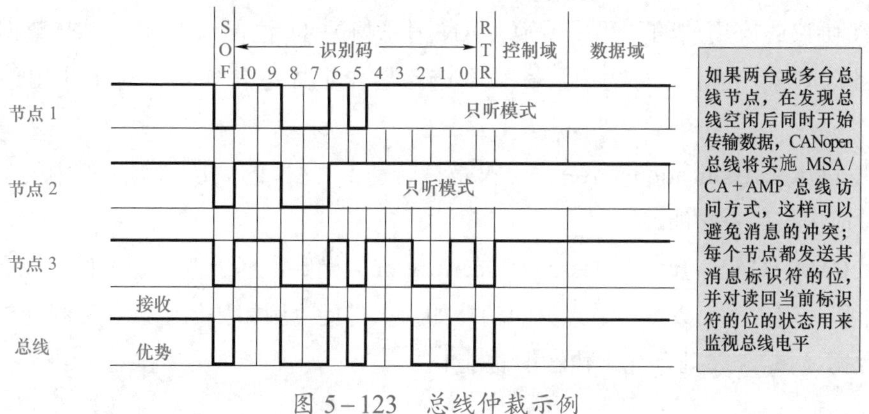

图 5－123　总线仲裁示例

（5）CAN 协议的数据帧结构和 CAN2.0A\CAN2.0B。

1）CAN 协议的数据帧结构。CAN 协议的数据帧包括：① 帧起始和帧结束；② 仲裁段，表示帧的优先级；③ 控制段，表示数据的字节数及保留位的段；④ 数据段，代表数据的内容，可以发送 0～8 个字节的数据；⑤ CRC 段，用于检验数据的正确与否；⑥ ACK 表示确认正常接收的段。

2）CAN2.0A 和 CAN2.0B。CAN 协议针对 ID 参数规定了两种不同的格式，其中标准消息格式用了 11 位的 ID，而扩展消息格式用了 29 位的 ID。其中，CAN 2.0A 只规定了标准消息格式，而扩展消息会被认为是错误的。CAN 2.0B active 能够处理标准消息格式和扩展消息格式；CAN 2.0B passive 处理的是标准消息，对扩展消息进行了忽略处理。CAN 控制器必须支持 11 位信息，包括收、发，以及接收扩展帧，CAN2.0A 和 CAN2.0B 的数据帧结构如图 5－124 所示。

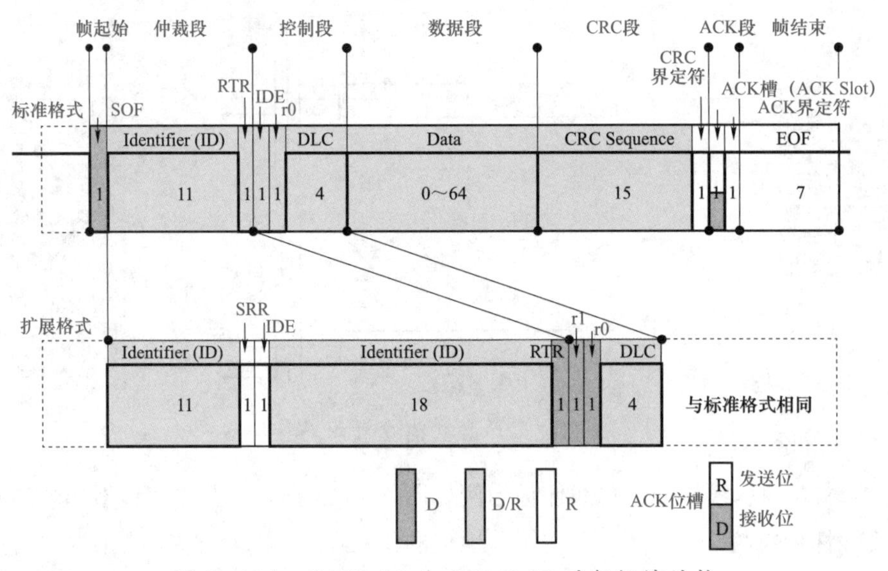

图 5－124　CAN2.0A 和 CAN2.0B 的数据帧结构

6. CAN 协议的应用层

CAN 协议的应用层的作用是明确 CAN 消息帧的 11 位标识符和 8 字节数据如何被使用，因为 CAN 协议只对物理层和数据链路层作了描述和规定，对于应用层则没有说明。

CAL（CAN Application Layer）协议是目前基于 CAN 的高层通信协议中的一种，提供了 4 种应用层服务功能。

（1）CMS（CAN－based Message Specification）提供了基于变量、事件、域类型的对象，设计和规定了一个设备（节点）的功能如何被访问［例如如何上载、下载超过 8 字节的一组数据（域），并且有终止传输的功能］。

（2）NMT（Network ManagemenT）提供了网络管理服务，如初始化、启动和停止节点，侦测失效节点。这种服务是采用主从通信模式（所以只有一个 NMT 主节点）来实现的。

（3）DBT（DistriBuTor）提供动态分配 CAN_ID（正式名称为 COB－ID，Communication Object Identifier）服务。这种服务是采用主从通信模式（所以只有一个 DBT 主节点）来实现的。

（4）LMT（Layer ManagemenT）提供修改层参数的服务，即一个节点（LMT Master）可以设置另外一个节点（LMT Slave）的某层参数（如改变一个节点的 NMT 地址，或改变 CAN 接口的位定时和波特率）。

CAL 提供了所有的网络管理服务和报文传送协议，但并没有定义 CMS 对象的内容或者正在通信的对象的类型，而这正是 CANopen 的切入点。CANopen 是在 CAL 基础上开发的，使用了 CAL 通信和服务协议子集，提供了分布式控制系统的一种实现方案。

CANopen 的核心概念是设备对象字典（Object Dictionary，OD），对象字典不是 CAL 的一部分，而是在 CANopen 中实现的。

CANopen 不仅可以用在远距离的通信系统中，还可以用在像咖啡机、电子直线加速器、大型超市自动化、安全系统、注压机等系统中。

CANopen 几个重要的协议包括 NMT（网络管理，Network management）、心跳协议（Heartbeat protocol，用来监控网络中的节点及确认其正常工作）、服务数据对象（SDO）协议、过程数据对象（PDO）协议等。

二、CANopen 应用层的一些常用的重要术语

1. 过程数据对象（PDO）协议

过程数据对象（PDO）协议可以用来在许多节点之间交换即时的数据，可透过一个 PDO 传送最多 8 字节（64 位）的数据给某设备，或由某设备接收最多 8 字节（64 位元）的数据。一个 PDO 可以由对象字典中几个不同索引的数据组成，规划方式则是通过对象字典中所对应 PDO mapping 及 PDO 参数的索引。

PDO 采用生产者—消费者方式，因此这个服务是不需要确认的。

PDO 分为传送用的 TPDO 及接收用的 RPDO 两种。一个节点的 TPDO 是将数据由此节点传输到其他节点，而 RPDO 则是接收由其他节点传输的数据。

PDO 的传输方式包括状态改变、轮循、接收到同步信息或者主站发出请求。

PDO 可以用同步或异步的方式进行传送。同步的 PDO 是由 SYNC 信号触发，而异步的 PDO 是由节点内部的条件或其他外部条件触发的。如若一个节点规划为允许接受其他节点产生的 TPDO 请求，那么可以由其他节点送出一个没有数据，但有设置 RTR 位元的 TPDO（TPDO 请求），使该节点送出需求的数据。

一个 PDO 可以指定一个禁止时间，即定义两个连续 PDO 传输的最小间隔时间，避免由于高优先级信息的数据量太大，始终占据总线，而使其他优先级较低的数据无力竞争总线的问题。禁止时间由 16 位无符号整数定义，单位为 100us。

一个 PDO 可以指定一个事件定时周期，当超过定时时间后，一个 PDO 传输可以被触发（不需要触发位）。事件定时周期由 16 位无符号整数定义，单位为 1ms。

2. 服务数据对象（SDO）协议

服务数据对象（SDO）协议可以用来存取远端节点的对象字典，读取或设定站点的数据。提供对象字典的节点称为 SDO 服务器，存取对象字典的节点称为 SDO 客户端。SDO 通信一定由 SDO 客户端开始，并提供初始化相关的参数。

在 CANopen 中上传是指由 SDO 服务器中读取数据，而下载是指设定 SDO 客户端的数据。

由于对象字典中的数据长度可能超过 8 个字节，无法只用一个 CAN 数据包传输，SDO 也支持长数据包的分割（Segmentation）和合并（Desegmentation）。这样的对象有 SDO 下载/上传（SDO download/upload）及 SDO 区块下载/上传（SDO Block Download/Upload）两种。

CANopen 协议较新版本支持 SDO 区块传输，可以允许传输大量的数据，且传输的开销（Overhead）可以较低。

可以在对象字典中设置负责处理 SDO 数据传输的 COB ID，即在对象字典的索引 0x1200～0x127F 中设定 SDO 服务器的 COB ID，最多可设定到 127 个；SDO 客户端的 COB ID 可以在对象字典的索引 0x1280～0x12FF 中设定。

预定义连接（Pre－Defined Connection Set）定义在开机后，站点处于预运行（Pre－Operational）状态，这时可以设定设备组态的 SDO。

3. 对象字典

对象词典 OD 是一个序列对象组，可以通过 16 位索引号进行访问，有时候还会加上 8 位子索引号。

对象字典描述了产品的所有功能，描述采用 ASCII 格式的 EDS（Electronic Data Sheet）表格文件。

EDS 文件有严格的格式，并可以被总线配置工具或编程软件所使用，如 SoMachine、Unity、Sycon 等。

4. CIA405 协议

CIA405 协议使用标准化的 CANopen 接口，用于 IEC 61131－3 可编程器件，如 PLC。

符合 CiA 从 IEC 61131－3 级别的应用程序，都是从 CANopen 连接节点的设备对象索引中，使用 SDO 进行读取或写入的。

过程数据对象（PDO）直接在PLC中对应过程映像，即输入（接收PDO，即%IX..）或输出（发送PDO，即%QW..）。

5. EMCY

EMCY是站点接收到的异步错误消息，EMCY将被记录在每个节点的缓冲区中。

6. 网络状态

网络状态是由网络管理（NMT）进行控制的。

7. 节点保护功能

节点保护功能可以用于CANopen以及进程数据的同步通信。

8. 预定义报文或者特殊功能对象

预定义报文包括同步、时间标记对象、紧急事件。

（1）同步（SYNC）。用来同步网络中的节点。

1）在网络范围内同步（尤其在驱动应用中）。在整个网络范围内，当前输入值同时保存，随后传送（如果需要），根据前一个SYNC后接收到的报文更新输出值。

2）主从模式。SYNC主节点定时发送SYNC对象，SYNC从节点收到后同步执行任务。在SYNC报文传送后，在给定的时间窗口内传送一个同步PDO。CANopen建议用一个最高优先级的COB-ID以保证同步信号正常传送。SYNC报文可以不传送数据，从而使报文尽可能短些。

（2）时间标记对象（Time Stamp，时间戳）。时间标记对象为应用设备提供公共的时间帧参考。用CAL中存储事件类型的CMS对象实现。

（3）紧急事件（Emergency）。紧急事件由设备的内部错误触发，用CAL中存储事件类型的CMS对象实现。每个错误事件只发送一次，不重复发生。

默认ID分配基于11位CAN-ID，包含一个4位的功能码和一个7位的节点ID（Node-ID），如图5-125所示。

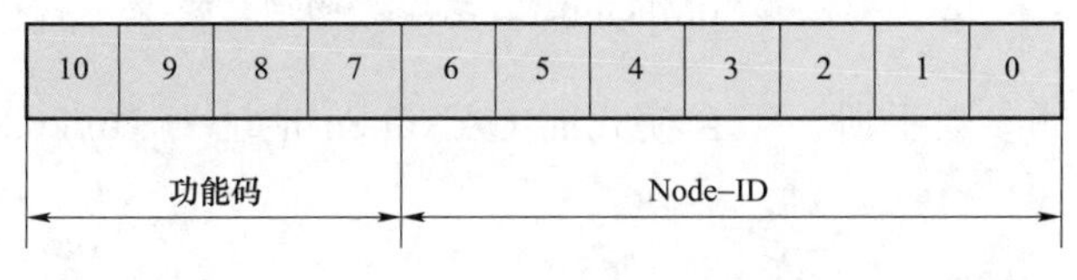

图5-125 11位CAN-ID

NMT主节点监控节点状态称作节点保护（Node guarding）。节点也可以监控NMT主节点的状态称作寿命保护（Life guarding）。当NMT从节点接收到NMT主节点发送的第一个Node Guard报文后启动寿命保护。

三、SoMachine中的硬件组态

通过拖放的方法添加新的ATV320，如图5-126所示。

图 5-126　通过拖放的方法添加新的 ATV320

SoMachine 会自动添加通道参数，如图 5-127 所示。

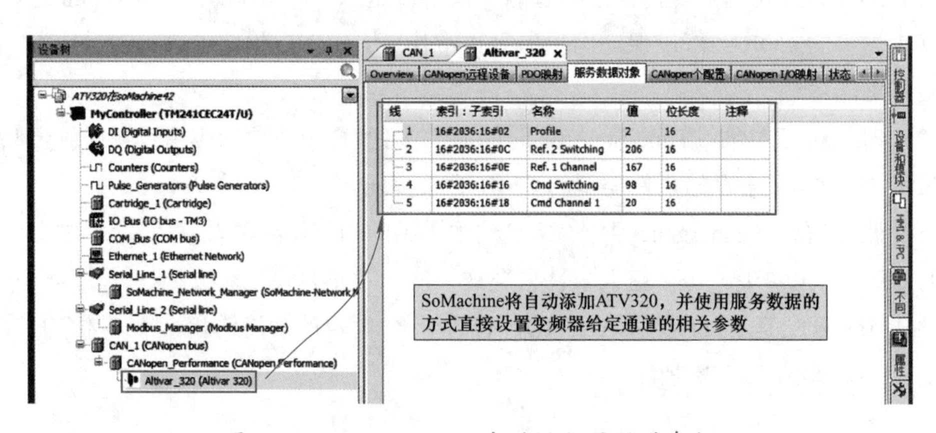

图 5-127　SoMachine 自动添加的通道参数

根据 ATV320 的参数手册，组合模式的 CANopen 地址为 16#2036/2，如图 5-128 所示。

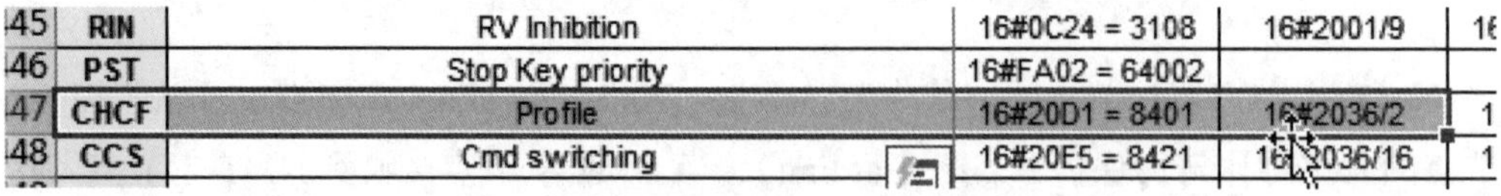

45	RIN	RV Inhibition	16#0C24 = 3108	16#2001/9	16
46	PST	Stop Key priority	16#FA02 = 64002		
47	CHCF	Profile	16#20D1 = 8401	16#2036/2	1
48	CCS	Cmd switching	16#20E5 = 8421	16#2036/16	1

图 5-128　组合模式的 CANopen 地址

在服务数据对象中将此变量设为 2，也就是将【组合模式】设置为【分离】，如图 5-129 所示。

69		3	[Set n°3] (CFP3)	
70	CHCF	1	[Not separ.] (SIM)	
71		2	[Separate] (SEP)	
72		3	[I/O profile] (IO)	

图 5－129　将【组合模式】设置为【分离】

自动设置会将【命令菜单】中的相关参数进行锁定，即：① 组合模式为隔离模式；② 给定 2 切换为 C214，即控制字的第 14 位；③ 给定 1 通道为 CANopen；④ 命令通道切换为通道 1 有效；⑤ 命令 1 通道为 CANopen。

这样设置的主要目的，就是简化用户的参数设置。如在变频器上手动配置的参数如 CHCF、FR1、FR2 等，将控制通道为 CANopen 后，就可以通过拖放来自动完成参数配置，当变频器被拖放到 CANopen 网络中后，其命令通道将会直接通过 CANopen 总线修改完成，而不需要手动进行设置了。这样即使不了解变频器命令通道，也可以直接完成参数的设置。

当变频器重新上电时，通信将参数自动写入。CANopen 自动设置的参数如图 5－130 所示。

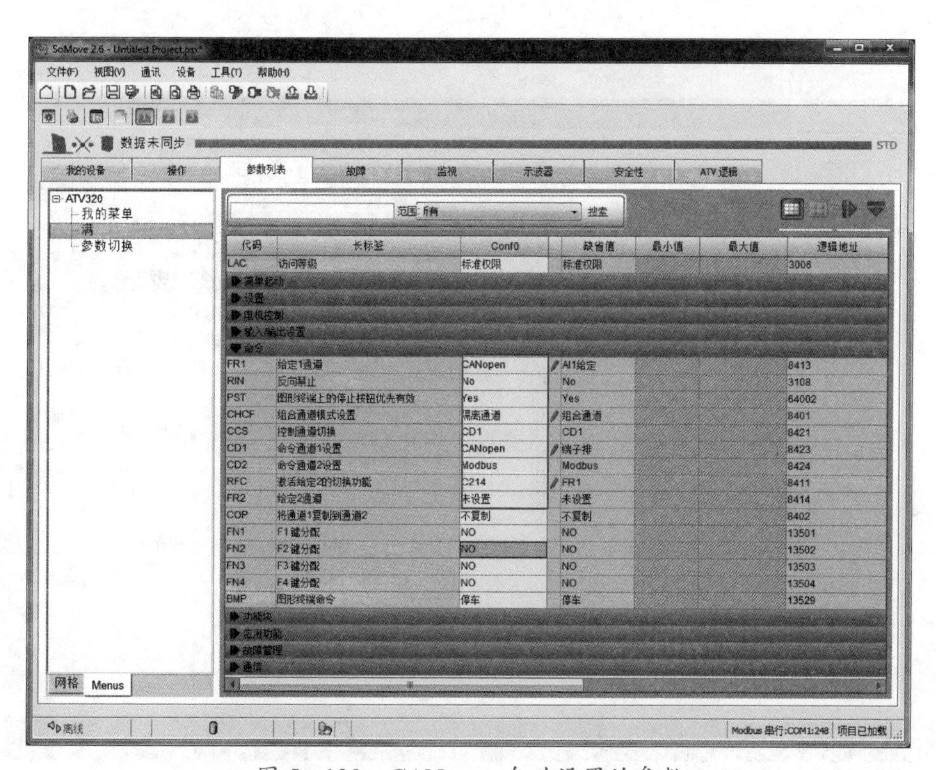

图 5－130　CANopen 自动设置的参数

如果这些自动写入的参数不符合项目的要求，可在软件中将这些设置删除，但如果使用的是 SoMachine 中的变频器功能块，则不建议在软件中将这些设置删除。

四、ATV320 中的 PDO

PDO（Process Data Object）是用来实现变频器和 PLC 之间进行周期性交换数据的参数。ATV320 可使用的 PDO 共有 3 种。

（1）PDO1，保留用于变频器的控制。出厂设置 PDO1 有效，其中，RPD01 出厂设置是使用控制字和速度给定的两个字控制变频器的。TPD01 缺省设置是使用状态字和实际速度这两个字监控变频器。

（2）PDO2。PDO2 出厂设置为无效，可用于附加的控制和监视，PDO2 可在组态软件如 Syscon 中，配置成 1～4 个字。

（3）PDO3。PDO3 中的变量由【通信】菜单中【通信扫描器输入】和【通信扫描器输出】设置，内容为需要通信的变量地址。

五、功能块的控制逻辑（施耐德变频器功能块）

在 SoMachine 中通过功能块控制变频器 GMC Independent Altivar 库下面的 CONTROL_ATV 功能块。Control_ATV 功能块在 GMC Independent Altivar 库的位置如图 5－131 所示。

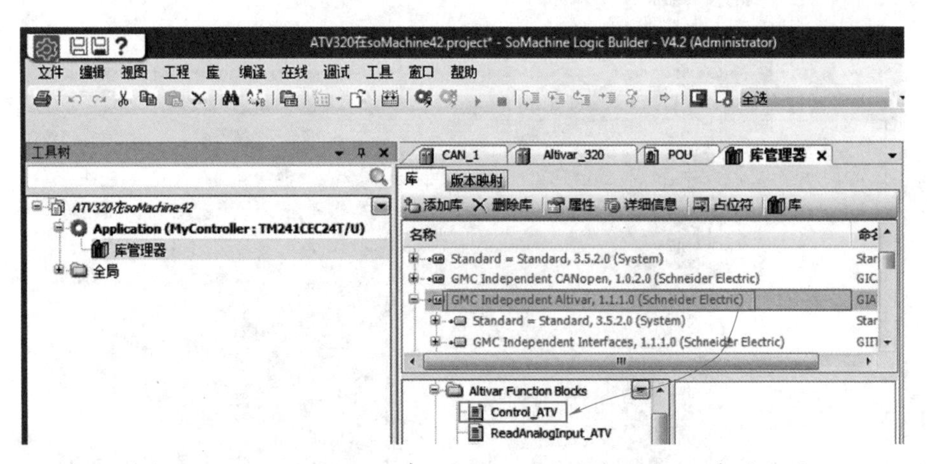

图 5－131　Control_ATV 在 GMCIndependent Altivar 库的位置

Control_ATV 功能块的输入输出引脚定义见表 5－12。

表 5－12　　Control_ATV 功能块的输入输出引脚定义

输入	数据类型	描　述
i_xEn	BOOL	激活或停用功能块的命令； 值范围：FALSE，TRUE； 默认值：FALSE； ● FALSE：停用功能块； ● TRUE：激活功能块

续表

输入	数据类型	描述
i_xKeepOpEn	BOOL	值范围：FALSE，TRUE； 默认值：FALSE； ● FALSE：如果没有活动命令则禁用电源级； ● TRUE：如果没有活动命令则保持电源级处于启用状态
i_xFwd	BOOL	“前进”命令由上升沿触发，级别为 FALSE 时运动停止； 值范围：FALSE，TRUE； 默认值：FALSE； ● FALSE：停止正方向运动； ● TRUE：如果驱动器处于“已打开”操作状态，并且如果无本地强制活动，则以速度参考值 i_wSpdRef 启动负方向（后退）运动
i_xRev	BOOL	“后退”命令由上升沿触发，级别为 FALSE 时运动停止； 值范围：FALSE，TRUE； 默认值：FALSE； ● FALSE：停止负方向运动。 ● TRUE：如果驱动器处于“已打开”操作状态，并且如果无本地强制活动，则以速度参考值 i_wSpdRef 启动正方向（前进）运动
i_xQckStop	BOOL	“快速停止”之后，当实际速度和实际电流值达到零值时，并且如果“前进”和“后退”命令均为 FALSE，则驱动器自动切换到“已打开”操作状态，必须停用“快速停止”（将 i_xQckStop 设置为 TRUE）以重启运动； 值范围：FALSE，TRUE； 默认值：FALSE； ● FALSE：如果存在电动机运动，则驱动器触发“快速停止”； ● TRUE：不触发“快速停止”
i_xFreeWhl	BOOL	值范围：FALSE，TRUE； 默认值：FALSE； ● FALSE：如果存在电动机运动，则驱动器触发“滑行停止”； ● TRUE：不触发“滑行停止”
i_xFltRst	BOOL	值范围：FALSE，TRUE； 默认值：FALSE； ● FALSE：不触发“故障复位”； ● TRUE：驱动器触发“故障复位”
i_wSpdRef	WORD	驱动器的参考速度： 值范围：; 默认值：0

功能块的执行顺序是先将功能块运行 i_xEn、i_xFreeWhl、i_xQckStop 置 1，再将故障复位引脚的变量置为 FALSE，然后将 i_xKeepOpEn 的变量置位为真，在变频器使能后，给正转 i_xFwd 或反转 i_xRev 置位为 TRUE，变频器将启动运行。另外，变频器的速度是在 i_wSpdRef 引脚中进行设置的。

六、PLCopen

目前，软件在工业自动化中的作用正变得越来越重要，与软件编程相关的软件成本也在增加，甚至成为整个系统中成本最高的部分。软件成本的有些费用是潜在的，不容易被发现的，如在软件生命周期中产生的维护成本；为软件增加新的功能，或为了符合新的政府规章、行业标准等对软件修改所产生的成本等。

为了控制这些成本，必须提高应用程序开发过程的效率，同时还要提高软件的质量。

PLCopen 作为工业控制的全球组织，它的目的是提高应用软件的开发效率的同时降低整个生命周期的成本。

PLCopen 使用标准化工具将工程软件进行定义，并将其分为运动控制库、安全、XML 规范、重复使用性和符合标准。

PLCopen 的一个核心部分是 IEC 61131－3 国际标准，这是目前工业控制编程唯一的全球标准。它通过设立标准化的编程界面来协调人们对工业设备的设计和操作，提供标准的编程接口，让具有不同背景和技能的人都可以在程序中创建在软件生命周期的不同阶段的不同元素。该标准包括顺序功能图（SFC）语言的定义，用来构建程序的内部组织和指令表（IL）、梯形图（LD）、功能块图（FBD）和结构化文本（ST）4 个互操作编程语言。通过分解成逻辑元素，模块化和现代软件技术，每个程序的结构变得更加简单，提高了其可重用性，编程的功能块化也减少了编程出现的错误，同时提高了用户编程的效率。

七、PLCopen 的 Motion 控制

工程师基于应用需求和项目规范需要使用或选择多家不同的变频器控制系统。在过去，即使功能相同也要为每一个应用创建各自的程序。

PLCopen 运动标准提供一个标准的应用库，这个标准库具有可重复性并可以在多种硬件平台上使用，这种标准化过程是通过定义可重用的功能块库来完成的，由于数据隐藏和封装，在不同的硬件供应商支持同样的基础代码，具有同样的行为模式，编程人员就不必学习每个生产制造商专有的编程语言了，这样就可以在更短的时间内，更快地开发出新的产品，并将其投放到市场，同时由于编程采用同样的方式，培训也就变得更加简单，因为对于使用过 CoDeSys 编程的 PLC 编程人员来讲，这个系统已经非常熟悉了。

目前的 PLCopen 运动控制由以下几部分组成。

第 1 部分：进行运动控制功能块，包括单轴和多个轴的运动功能、几个管理任务，以及状态图。这部分提供了一个标准的命令集和结构无关的底层架构。可以在许多平台和体系结构中使用。

第 2 部分：扩展，包含更多的功能模块。只扩展了基本内容而不被看作是一个独立的文档。

第 4 部分：协调运动，集中在三维空间的协调多轴运动。

第 5 部分：回原点程序，以及扩展的回原点功能块在第 1 部分中已定义，还包含一个回原点软件工具的描述，但是并没有增加额外的回原点模式应用。

第 6 部分：流体动力扩展，2009 年 6 月采用 PLCopen 的标准化和模块化的方法来优化编程流体动力设备和系统的整合。

轴始终处于一个定义的状态。任何运动命令都是轴状态的维持或转变。状态机规定了 8 个变频器、变频器轴的状态：① Disable，禁止；② StandStill，停顿；③ ErrorStop，故障停止；④ Discretion motion，自由动作；⑤ Continuous motion，连续动作；⑥ Synchronized motion，同步动作；⑦ Homing，回零；⑧ Stopping，停止。

通过功能块 MC_ReadStatus_LXM23 可读取 ATV320 的状态。PLCopen 的状态机如图 5-132 所示。

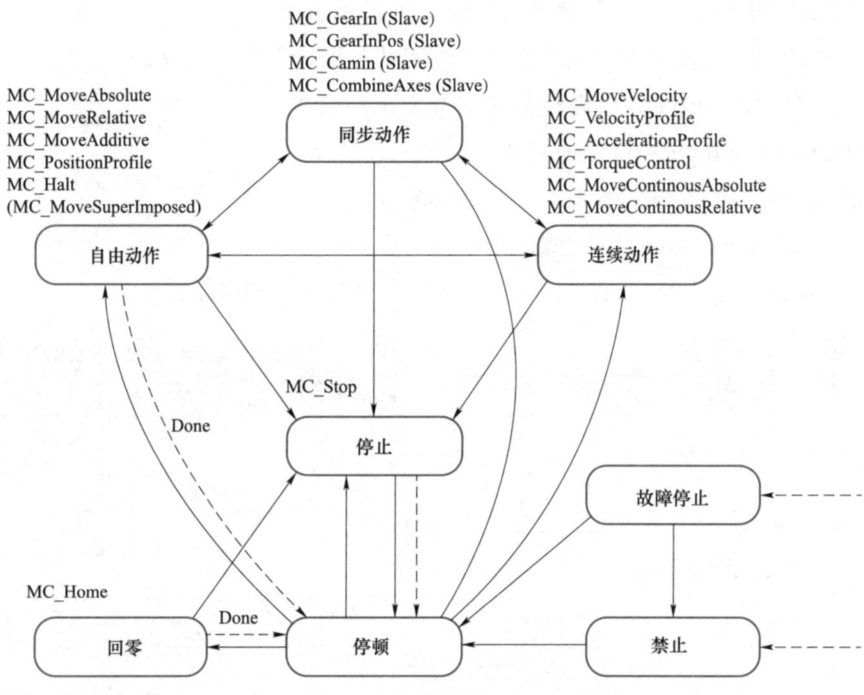

图 5-132　PLCopen 的状态机

八、GIPLCPLCopen 库文件中的与变频器有关的功能块

SM_PLCopen 库文件中的功能块可以分为：① 单轴的普通操作、控制、参数的读取和修改等；② 单轴的独立运动。

PLCopen 对变频器控制功能块的输入/输出做了如下规定。

（1）Enable 功能块输入。如果功能块的启动输入是 Enable，则功能块的激活是电平信号，当逻辑输入为真时，功能块激活。

（2）Execute 功能块输入。功能块执行/激活的条件是上升沿，当程序接收到上升沿（检测到由 0 到 1 的电平变化）后方能运行。

（3）CommandAborted 功能块输出。如果功能块被其他功能块中断，则功能块 CommandAborted 为真。

（4）Done 功能块输出。当功能块正常结束，则功能块的输出 Done 为真。

下面简单介绍 PLCopen 单轴常用功能块，这些功能块是在变频器控制项目中频繁用到的，可以从下面的内容中初步了解变频器控制功能块的相关内容。

MC_TorqueControl：扭矩控制功能块，对一个运动施加一个扭矩或特定力量的控制，在扭矩的上升或下降可以使用特定的斜坡，如果设置的扭矩到达则 InTorque 输出引脚为真。

MC_Halt：暂停功能块，用于暂时停止当前的变频器功能块，它退出正在运行的功能块，并将轴的状态切换为自由轴－DiscreteMotion，直到速度降为 0，将轴的状态切换为停顿（StandStill）的同时，输出功能块的完成（Done）输出。

MC_ReadStatus：读取轴状态功能块，返回变频器当前的运行状态。

MC_ReadActualTorque：读取变频器实际力矩功能块。

MC_ReadDigitalInput：读取变频器逻辑输入功能块。

MC_ReadDigitalOutput：读取变频器逻辑输出功能块。

MC_WriteDigitalOutput：写逻辑输出功能块。

用 PLCopen 功能块控制 ATV320 的示例程序如图 5－133 所示。

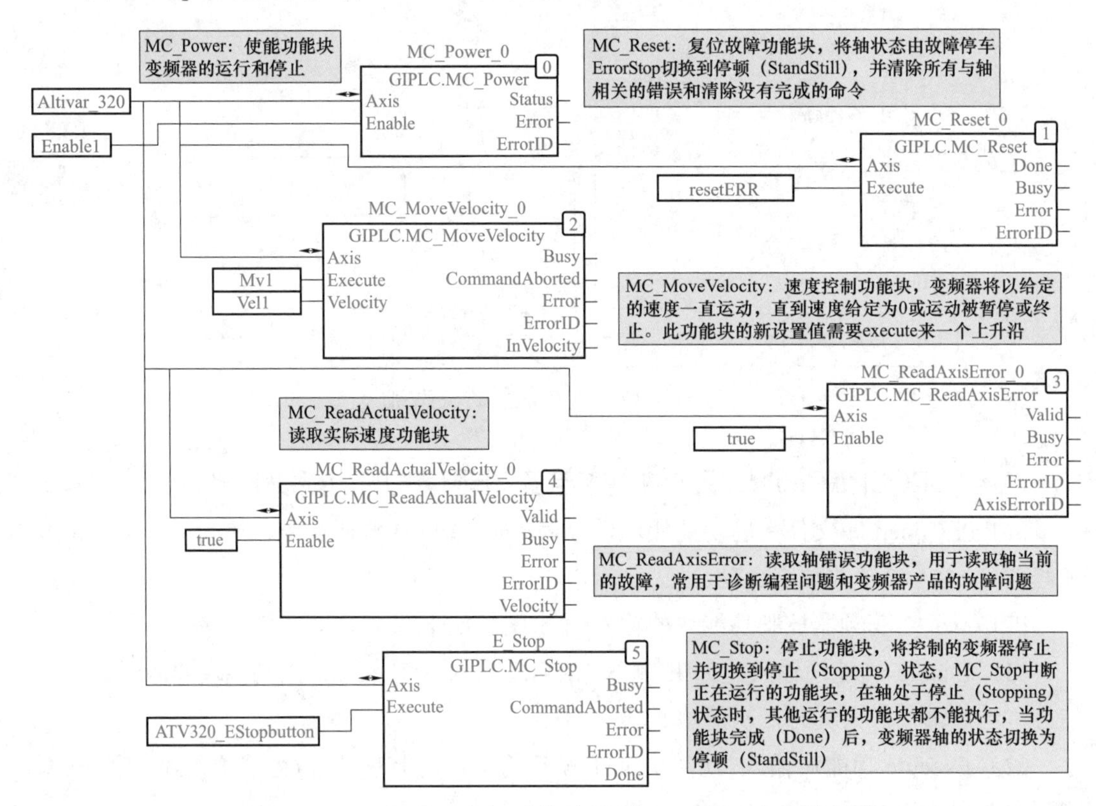

图 5－133　用 PLCopen 功能块控制 ATV320 的示例程序

程序使用 MC_Power 的功能块的 Enable 引脚置 1 给变频器使能，变频器会显示 RUN，然后设置 MC_MoveVelocity 功能块，在 Velocity 引脚设置好速度值后，给 MC_MoveVelocity 的 Execute 一个上升沿，使速度设置值生效，ATV320 的停止可以通过将 MC_Power 的功能块的 Enable 引脚置 0，急停则是通过 MC_Stop 功能块实现的。

九、读取 CANOpen 从站的 NMT 状态

CANOpen 的每一个节点都维护了一个状态机。这个状态机的状态决定了该节点当前支持的通信方式以及节点行为。

CANOpen NMT 状态机包括初始化（Initialization）状态、预运行（Pre－Operational）状态、运行（Operational）状态和停止（Stopped）状态。

（1）ATV320 在上电或复位后，设备进入初始化（Initialization）状态。初始化时，节点将自动设置自身参数和 CANOpen 对象字典，发出 CANOpen 从站启动报文，并不接收任何网络报文。

（2）初始化完成后，自动进入预运行状态（Pre－Operational）。在该状态，CANOpen 从站等待主站的网络命令，接收主站的配置请求，因此可以接收和发送除了 PDO 以外的所有报文。

（3）运行状态（Operational）为 CANOpen 从站的正常工作状态，接收并发送所有通信报文。

（4）停止状态（Stopped）为一种临时状态，只能接收主站的网络命令，以恢复运行或者重新启动。

NMT 从站状态机如图 5－134 所示，状态转换说明见表 5－13。

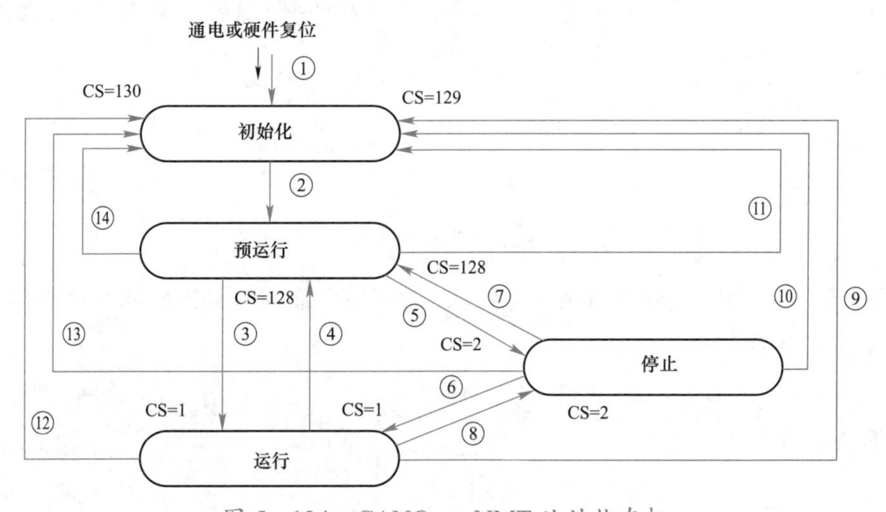

图 5－134　CANOpen NMT 从站状态机

表 5－13　　　　状 态 转 换 说 明

转换	说　明
①	通电时节点自动换为初始化状态
②	一旦初始化完成，预运行状态就会自动激活
③⑥	Start_Remote_Node（启动远程节点）
④⑦	Enter_Pre-Operational_State（进入预运行状态）
⑤⑧	Stop_Remote_Node（停止远程节点）
⑨⑩⑪	Reset_Node（节点复位）
⑫⑬⑭	Reste_Communication（通信复位）

GET_STATE 功能块的位置如图 5－135 所示。

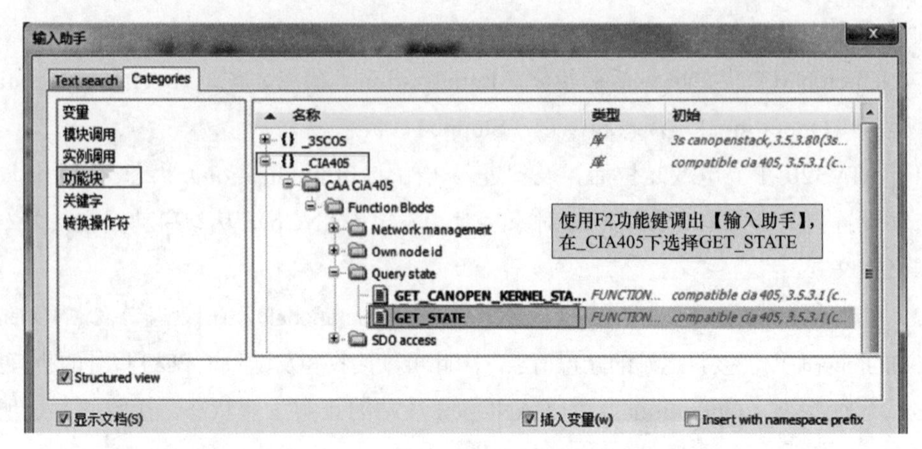

图 5－135　GET_STATE 功能块的位置

Check_ATV320 的 POU 的变量声明如图 5－136 所示。

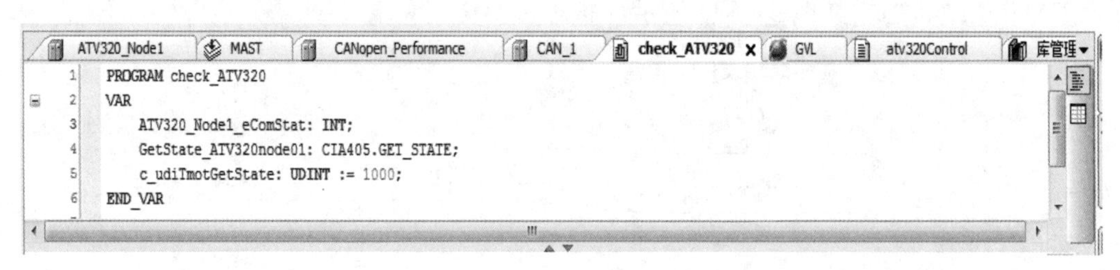

图 5－136　Check_ATV320 的 POU 的变量声明

另外，还声明了变频器 CANopen 状态 OK 的全局变量 ATV320_Node1_ComOk，如下：

```
VAR_GLOBAL
    ATV320_Node1_ComOk:BOOL;
END_VAR
```

十、变频器从站状态的检查

第一个 CANopen 从站 NMT 状态的查询和判断程序如图 5－137 所示。

十一、第一个 CANopen 从站的程序编程

ATV320 从站的故障复位和使能程序如图 5－138 所示。

ATV_Control 功能块建议不要和 MC_Power、MC_Jog、MC_MoveVelocity、VelocityControlAnalogInput_ATV、VelocityControlSelectAI_ATV、MC_Stop、MC_Reset 等功能块一起使用。如果一定要使用，则必须停止上述的功能块，然后再调用 ATV_Control 功能块。

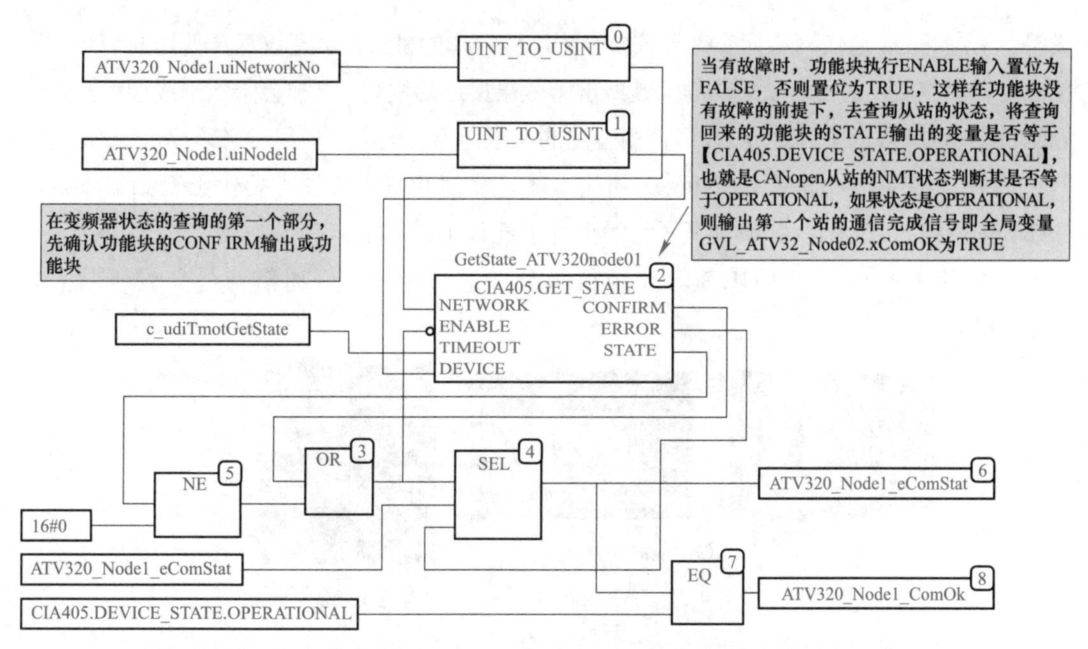

图 5-137　第一个 CANopen 从站 NMT 状态的查询和判断程序

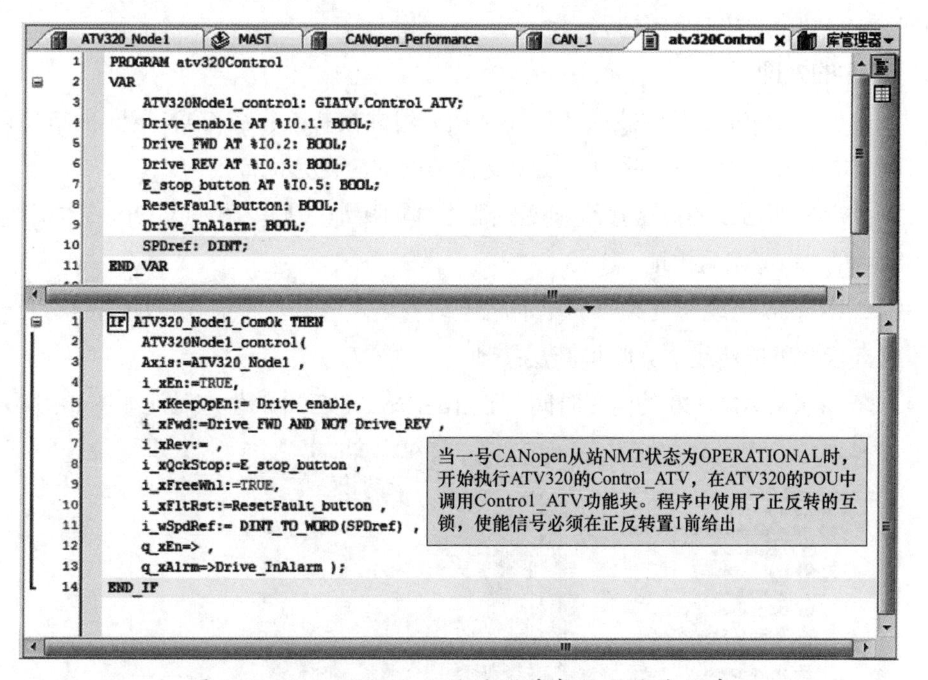

图 5-138　ATV320 从站的故障复位和使能程序

十二、常见故障处理

1. CANopen 通信线和终端电阻的选择

在工程实践当中，选用第三方的通信线，并使用自制的 CANopen 终端电阻，有可能导致 CANopen 出现通信故障，通信线如果不是双绞双屏蔽的通信电缆会因抗干扰能力不足出现通信故障 COF，笔者也碰到过用户外接的终端电阻，因为金属丝太长接触到外壳造成整个 CANopen 通信网络瘫痪，导致整个生产线停车的事故，故建议尽量使用原装线，即使项目预算有限，也要尽量采购与原装线屏蔽效果接近的线缆，这样会降低出线通信故障问题的概率，也就降低了调试成本，当使用普通的电阻作为终端电阻使用时必须要加绝缘护套。

另外，ATV320 加装 CANopen 通信卡的可靠性和抗干扰能力要优于变频器本体的 CANopen 接口，故在项目预算不紧张的情况下建议加装通信卡。

当使用 CANopen 的 HUB 时要记得将分线盒接地，保证通信信号免受干扰，如图 5-139 所示。

图 5-139 使用 CANopen 的 HUB 时要将分线盒接地

在 ATV320 通信运行中，还要注意通信卡的插拔，将通信卡的插针变弯，会导致 ATV320 报 SAFF，INF6 等问题。

2. COF 的处理

（1）应保证 CANopen 的线缆的拓扑结构为线性拓扑，并在 CANopen 的首尾两端都加终端电阻，并确认 CANopen 的干线和支线长度均应在允许范围内。

（2）处理好通信线的屏蔽接地和变频器本体的接地。尤其是 ATV320 书本型变频器，要将控制区的 PE 可靠的接地。

（3）CANopen 电缆和变频器的电动机电缆要尽量分开，考虑在电动机的动力电缆加套磁环或直接改用屏蔽线，并将屏蔽层接地。

（4）增加从站 ATV320 的消费时间。比如，主站 ATV320 的生产时间如图 5-140 所示。

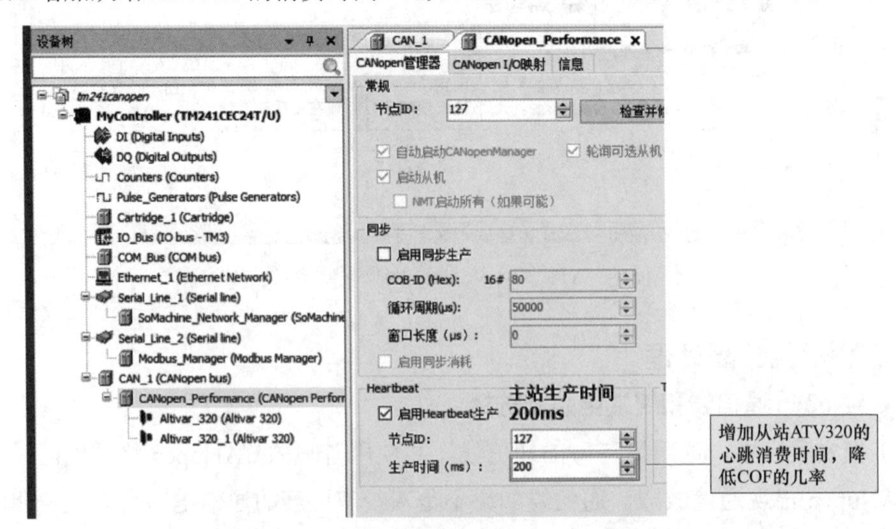

图 5-140 主站 ATV320 的生产时间

从站可以尝试使用 2.5 倍的 PLC 生产时间（如将从站消费时间设置为 500ms），如图 5－141 所示。

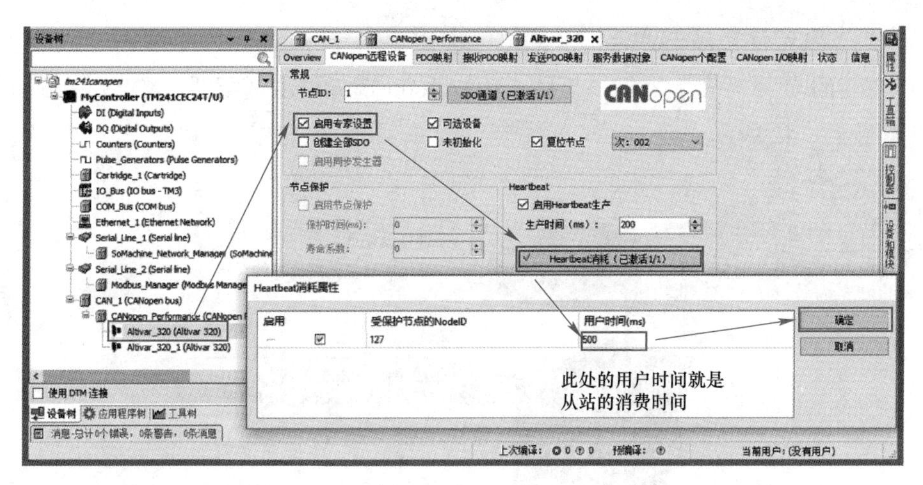

图 5－141 增加从站 ATV320 的消费时间

（5）检查 CANopen 负载总线（避免任何 CANopen 过载）。比如，如果客户有很多驱动器，或使用许多映射在 PDO 上的字，如果使用异步模式，则可以增加禁止时间和事件计时的时间设置；如果使用同步模式，则可以增加同步对象时间。

第五节 ATV320 的 Modbus 通信

一、网络控制的相关知识

1. SoMAchine 控制平台的网络通信介绍

SoMAchine 控制平台支持的网络通信有 Modbus 通信、CANOpen 通信和以太网通信等。

（1）Modbus 通信。M218、M238、M258 和 LMC058 都支持 Modbus RTU 协议。

（2）CANopen 通信。M238、M258 和 LMC058 支持 CANopen，LMC058 除了 CANopen 外，还支持变频器、步进驱动器专用的 CANmotion。

（3）以太网通信。某些带以太网口的 M251 支持以太网通信，M258 和 LMC058 控制器集成了以太网通信口，它们支持 EtherNet/IP 协议和 ModbusTCP 协议。

2. 并行通信和串行通信

并行通信是所传送数据的各个位同时进行发送或接收的通信方式。并行通信的特点是传送速度快。在实际的并行通信中，传送多少位二进制数就需要多少根数据传输线，将导致线路十分复杂，成本也较高。因此并行通信常常适用于距离较短的通信，如控制打印机等。

串行通信是将数据一位一位顺序发送或接收的，因而只用一根或两根传送线。PLC 通信广泛采用串行通信技术。串行通信的特点是通信线路简单，成本较低，但传送速度比并行通信慢。

3. ATV320 本体集成的通信口及通信

ATV320 的 C 系列变频器需要订购 VW3A3600 选件模块适配器。VW3A3600 选件卡的安装如图 5－142 所示。

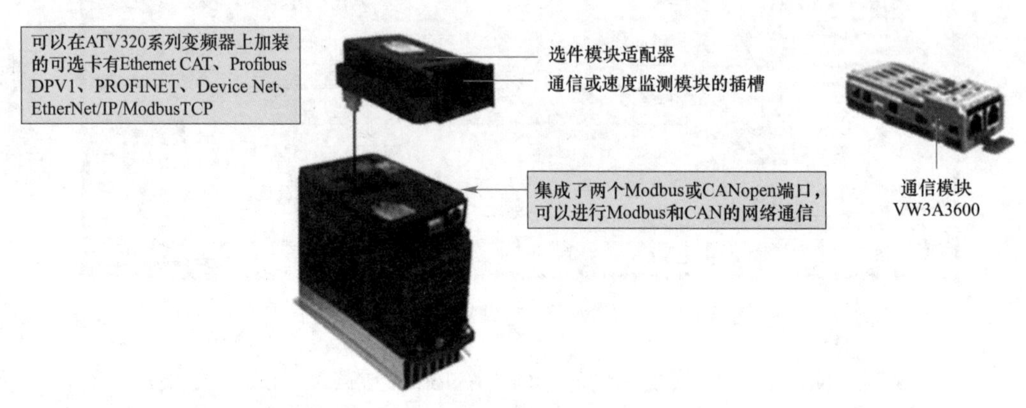

图 5－142　VW3A3600 选件卡的安装

4. 同步传送和异步传送

在串行通信中很重要的问题是使发送端和接收端保持同步，按同步方式可分为同步传送和异步传送。

同步传送是以数据块（一组数据）为单位进行数据传送的，在数据开始处用同步字符来指示，同步字符后则是连续传送的数据。由于不需要起始位和停止位，克服了异步传送效率低的缺点，但是需要的软件和硬件价格比异步传送要高得多。

异步传送以字符为单位发送数据，每个字符都用开始位和停止位作为字符的开始标志和结束标志，构成一帧数据信息。因此异步传送也称为起止传送，它是利用起止法达到收发同步的。

5. Modbus RTU 和 ASII 码通信

两种传输模式即 ASCII 或 RTU，可以选择其中的任何一种。选择后还需要对串口通信参数（波特率、校验方式等）进行配置，在配置每个控制器的时候，必须为 Modbus 网络上的所有设备都选择相同的传输模式和串口参数。

（1）ASCII 模式。当 Modbus 网络以 ASCII（美国标准信息交换代码）模式进行通信时，在消息中的每个 8bit 字节都将作为两个 ASCII 字符发送。这种方式的主要优点是字符发送的时间间隔可达到 1s 而不产生错误。和 RTU 模式相比，ASCII 模式有开始和结束标记，而 RTU 模式没有，所以 ASCII 模式对数据包的处理更为方便。ASCII 模式的数据传输都是可见的 ASCII 码字符，调试起来比较直观，并且 LRC 校验码的编程比 CRC 校验编程来得容易一些。ASCII 模式的主要缺点是传输效率比较低，如要传输一个 16 进制的 16#21，要拆成两个字节【32】和【31】方能传输，而 RTU 模式则只需要一个字节。

（2）RTU 模式。当在 Modbus 网络上以 RTU（远程终端单元）的模式进行通信时，在消息中的每个 8bit 字节都包含两个 4bit 的十六进制字符。这种方式的主要优点是在同样的传输速率下，可以比 ASCII 方式传送更多的数据。RTU 模式没有起始和结束标志，所以协议规定两个字节发送的时间间隔不能超过 3.5 倍字符传输时间，如果超过这个时间间隔则认为新的一帧数据传输开始。

6. Modbus 广播方式

Modbus 普通的操作要使用轮询的方式对多个设备进行读写，当设备比较多时会造成轮询的时间比较长，当多个设备可以使用同样的启动命令和同样的给定速度时，可以使用广播模式。Modbus RTU 的广播模式如图 5－143 所示。

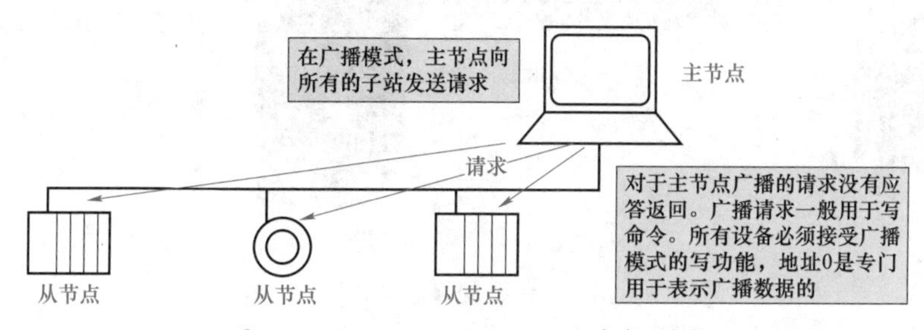

图 5－143　Modbus RTU 的广播模式

目前，SoMachine 中仅支持串口的广播，不支持以太网 ModbusTCP 的广播。

二、电气原理图和 TM251 PLC 控制说明

交流 AC380V 的电源经空气断路器 Q1 连接到 ATV320。ATV320 的控制电路如图 5－144 所示。

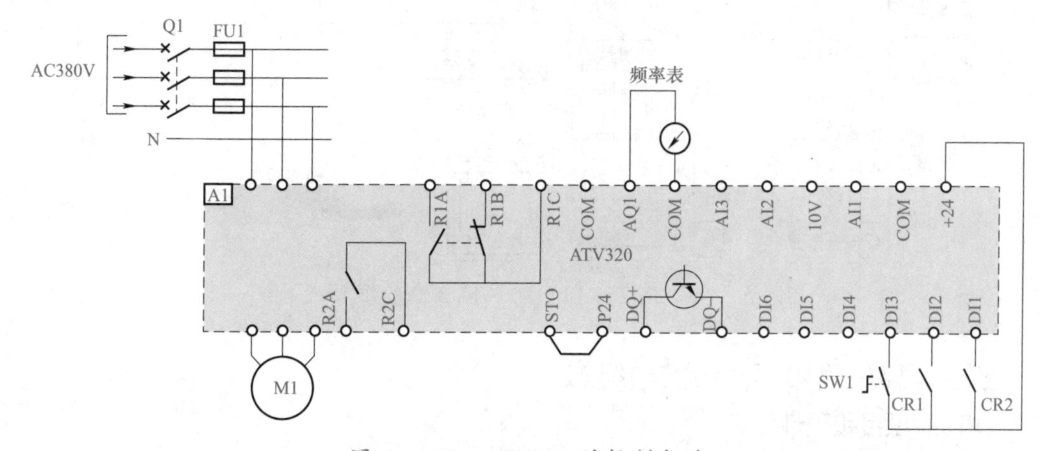

图 5－144　ATV320 的控制电路

三、网络通信连接

SoMAchine 控制平台支持网络通信、并行\通信，ATV320 本体集成的通信口及通信、同步传送和异步传送、Modbus RTU 和 ASII 码通信、Modbus RTU 和 ASII 码通信 H 和 Modbus 广播方式。

在 Modbus 通信中，PLC TM251 可以使用 ADDM、Read_Var 和 Write_Var 的语句编程与 ATV320 进行通信，还可以使用简单的 IOScannner 的方式进行通信，本例要实现的是 M251 PLC 使用 IOScanner 和 ATV320 进行 Modbus 的通信。

在本例中，M251 PLC 是通过串口经 Modbus 通信网络来控制 ATV320 的启停和速度给定的，系统的硬件构架示意图如图 5-145 所示。

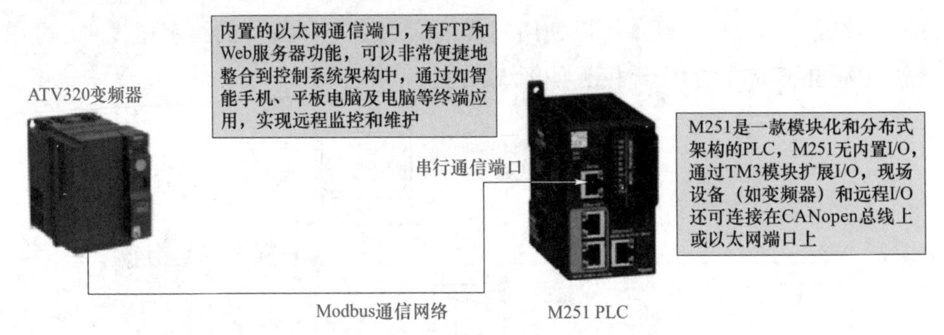

图 5-145 系统的硬件构架示意图

M251 PLC 与 ATV320 进行通信时，M251 PLC 端使用 PLC 内置的串口连接到双绞线一端的 RJ-45 接口，双绞线的另一个端口连接到ATV320的串口上。M251 PLC 与 ATV320 的通信连接如图 5-146 所示。ATV320 的 Modbus 变频器设置可扫描二维码观看视频。

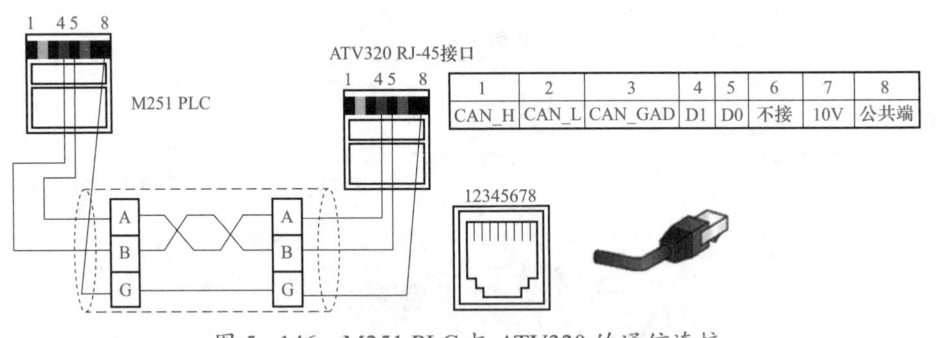

图 5-146 M251 PLC 与 ATV320 的通信连接

四、项目创建和硬件添加与组态

1. 创建项目和硬件组态

在 SoMachine 编程软件中创建新项目，再添加 PLC TM251，如图 5-147 所示。

添加设备的操作如图 5－148 所示。

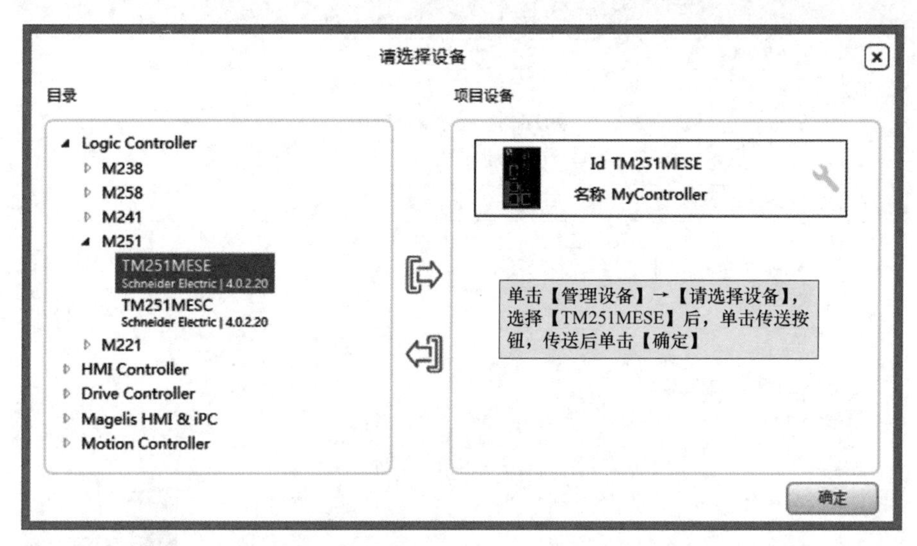

图 5－147　添加 PLC TM251

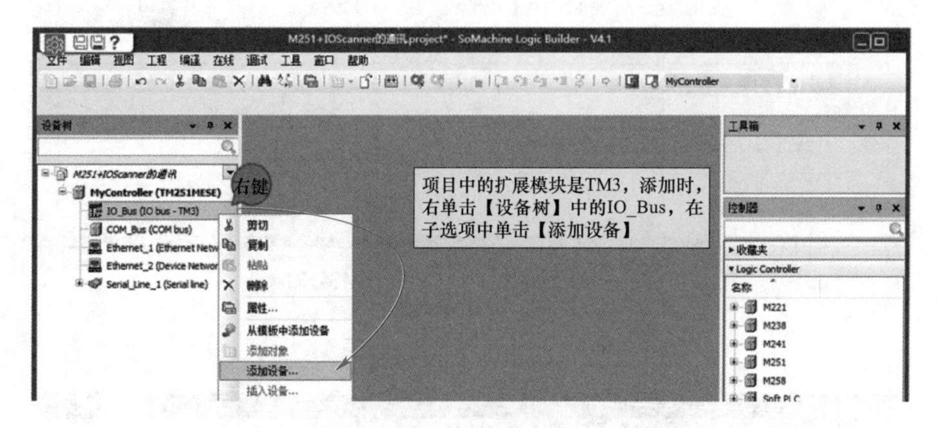

图 5－148　添加设备的操作

在【添加设备】中，输入要添加的输入模块【TM3DI8A】，单击【添加设备】。添加输入模块【TM3DI8A】，如图 5－149 所示。

用同样的方法添加输出模块 TM3DQ8R。

2. Modbus 网络添加

原网络的删除如图 5－150 所示。

添加 Modbus 网络，如图 5－151 所示。

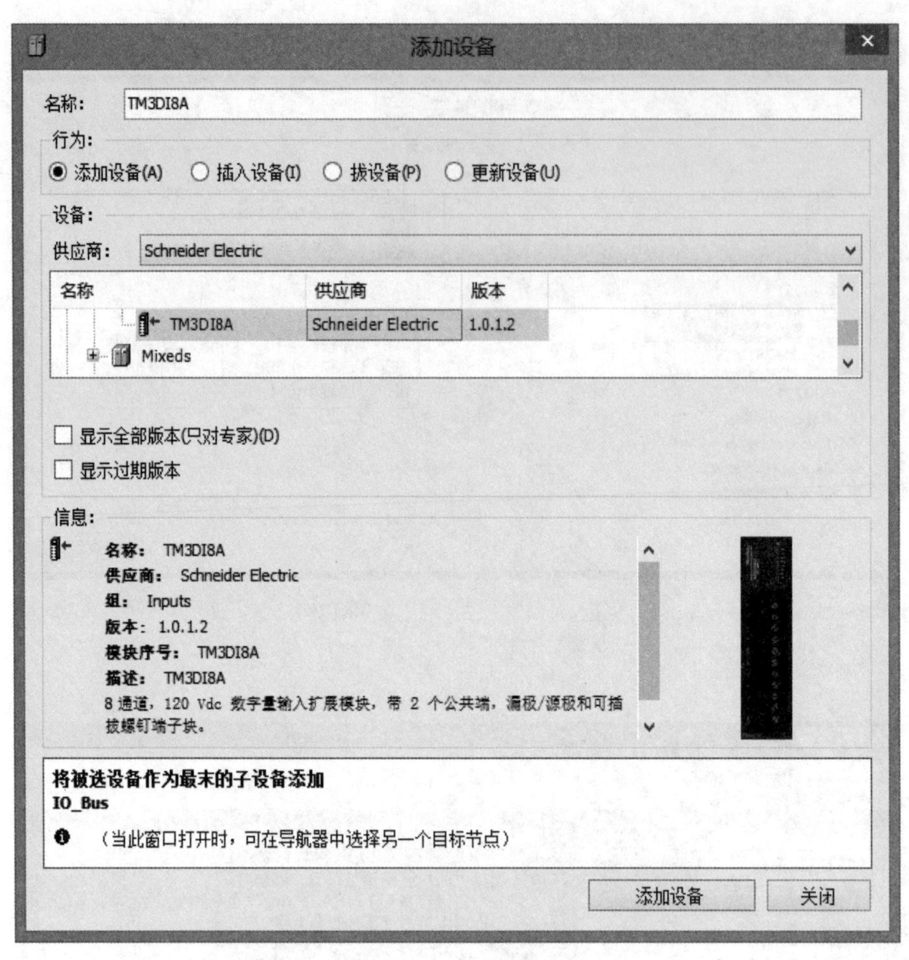

图 5－149　添加输入模块 TM3DI8A

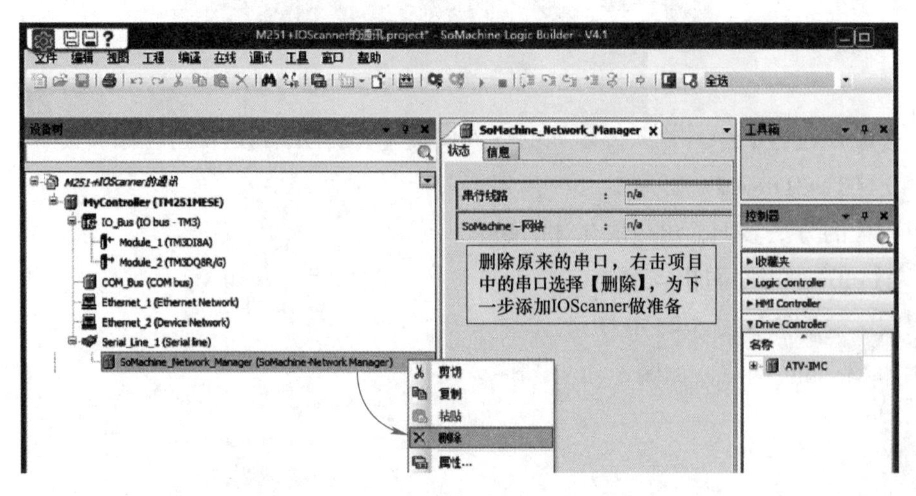

图 5－150　原网络的删除

图 5－151　添加 Modbus 网络

左键双击 SoMAchine 控制平台中的串口，在【Serial_Line_1】（串口线路 1）中设置参数，如图 5－152 所示。

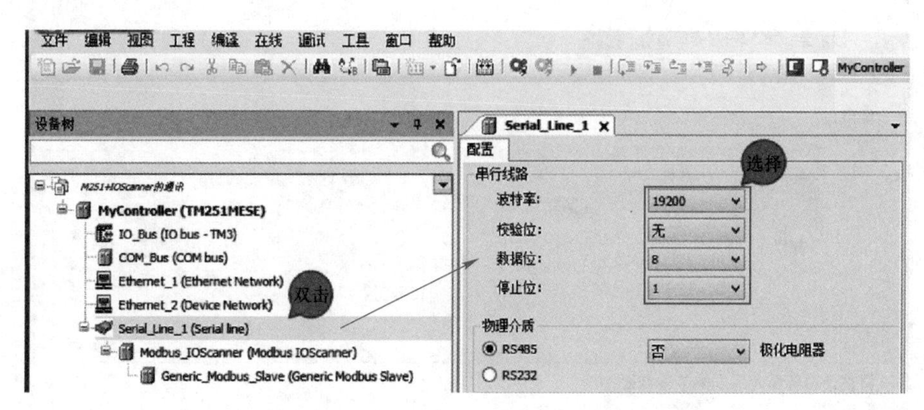

图 5－152　在【Serial_Line_1】中设置参数

在设备树中添加设备，如图 5－153 所示。

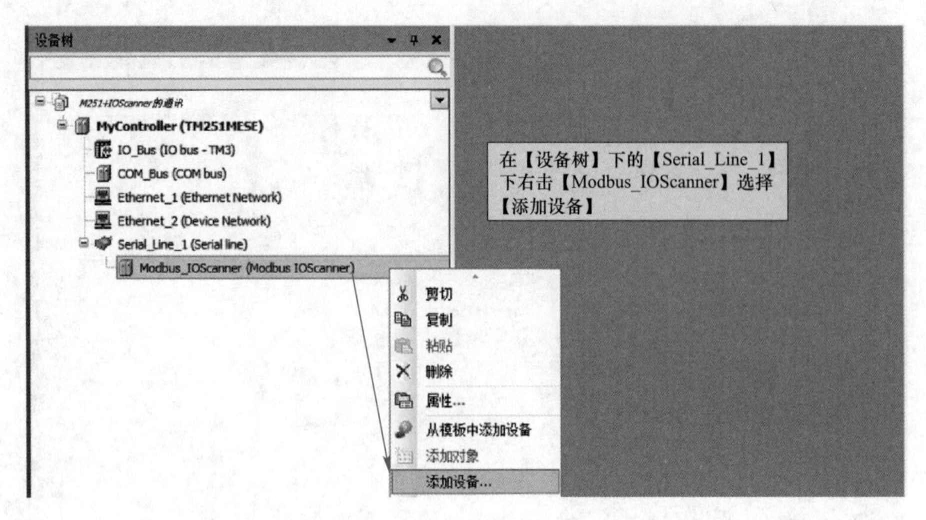

图 5－153　添加设备图示

在 Modbus_IOScanner 处添加 Modbus 从站，选择【GenericModbusSlave】→【添加设备】，如图 5－154 所示。

图 5－154　在 Modbus_IOScanner 处添加 Modbus 从站

3. Modbus 从站地址

设置 Modbus 从站地址，此处的从站 ATV320 的地址是 1，如图 5－155 所示。

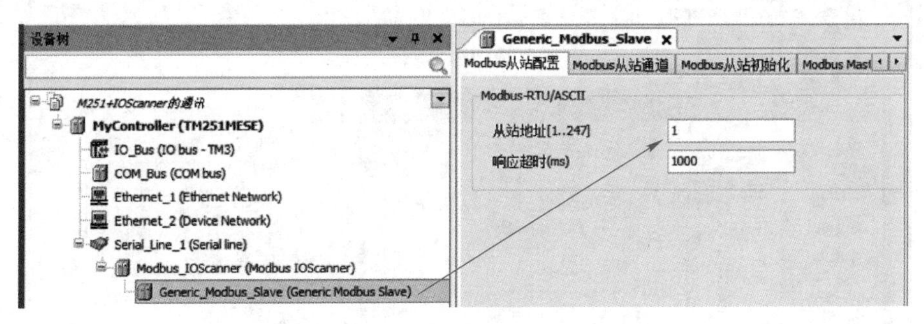

图 5－155　设置 Modbus 从站地址

设置 Modbus 从站时，ATV320 要读取变量的起始地址 12741 开始的两个连续地址。设置 Modbus 从站地址的读变量如图 5－156 所示。

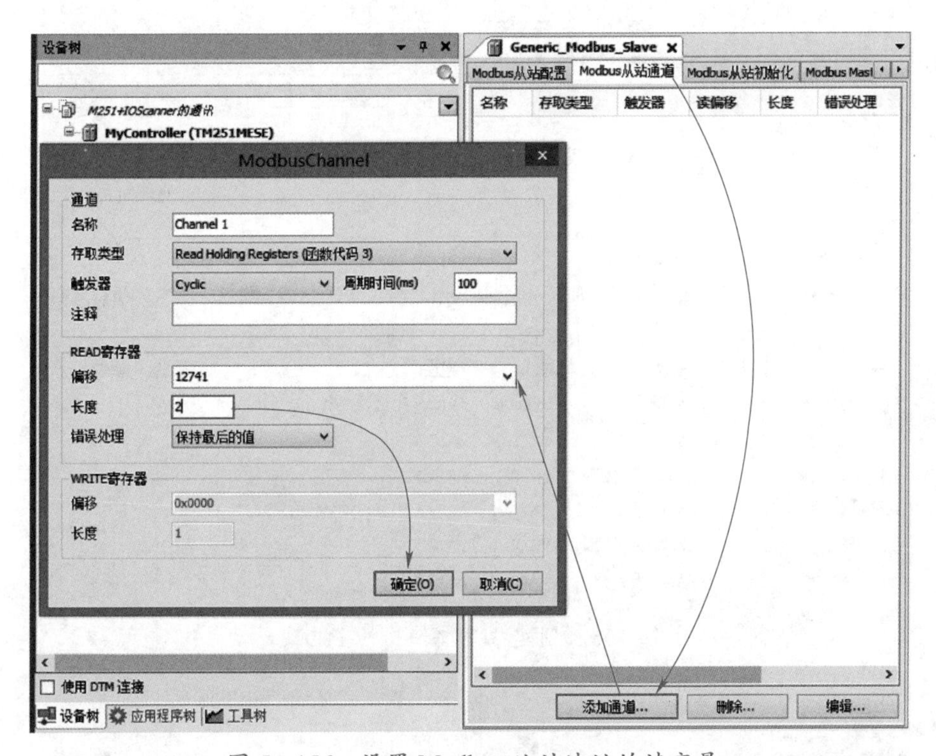

图 5－156　设置 Modbus 从站地址的读变量

设置 Modbus 从站地址的写变量如图 5－157 所示。

五、创建全局变量

在 Modbus Master I/O 映射中创建程序要使用的全局变量，如图 5－158 所示。

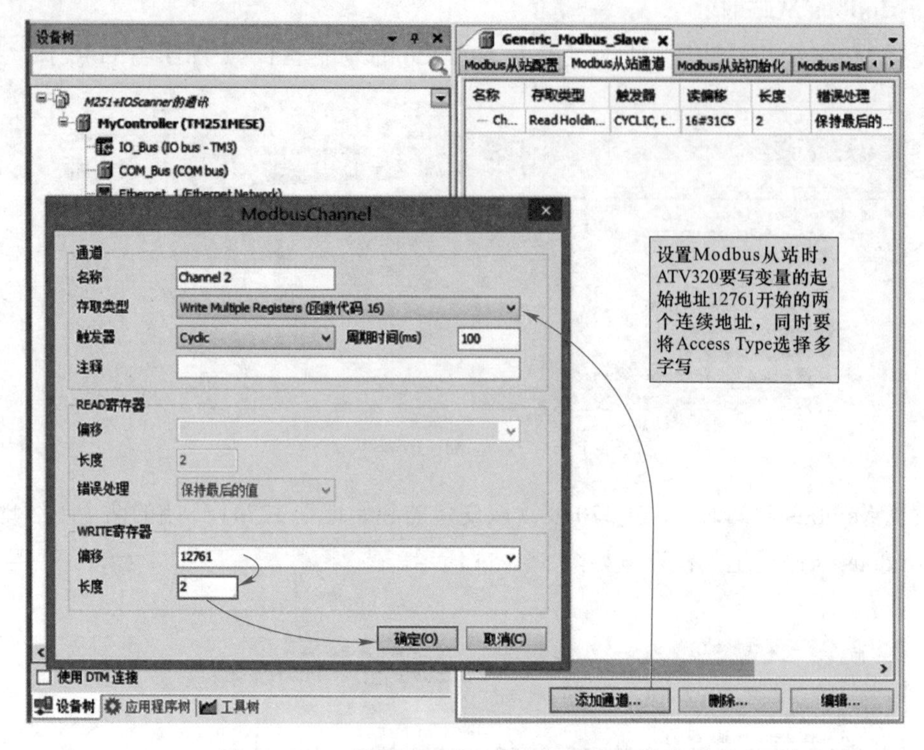

图 5－157　设置 Modbus 从站地址的写变量

Generic_Modbus_Slave

Modbus从站配置 | Modbus从站通道 | Modbus从站初始化 | Modbus Master I/O映射 | 状态 | 信息

通道

变量	映射	通道	地址	类型	缺省值	单位
		Channel 1	%IW0	ARRAY [0..1] OF WORD		
		Channel 1[0]	%IW0	WORD		
		Channel 1[1]	%IW1	WORD		
		Channel 2	%QW0	ARRAY [0..1] OF WORD		
		Channel 2[0]	%QW0	WORD		
		Channel 2[1]	%QW1	WORD		

图 5－158　创建程序要使用的全局变量

六、编程

1. 创建 POU

当所有的必要的通信设置完成后，进行通信程序的编程，首先右击【AppDIcation】，选择【添加对象】→【POU】，如图 5－159 所示。

在【添加 POU】对话框中输入名称，类型选择【功能块】，编程语言选择【梯形图】。创建 ATV_320_DriveCOM 如图 5－160 所示。

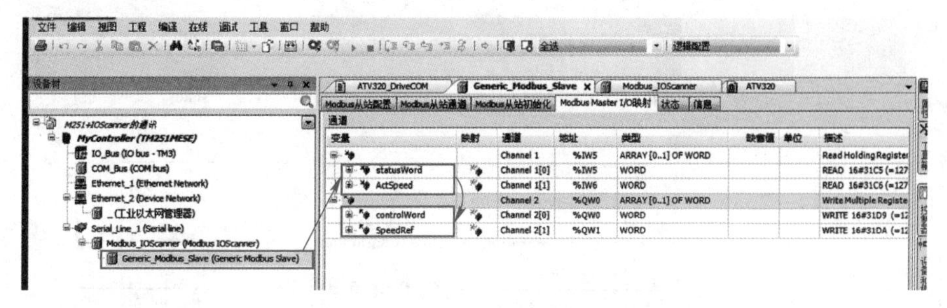

图 5－159　添加对象的流程

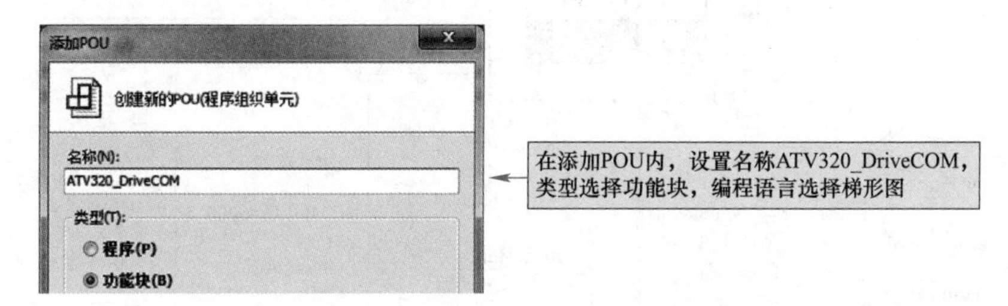

图 5－160　创建 ATV_320_DriveCOM

2. DriveCOM 流程和功能块的声明

在介绍功能块的编程之前，首先介绍编程的思路。基于 ATV320 的 DriveCOM 流程图如图 5－161 所示，此流程由国际标准 IEC61800－7 所规定。

Drivecom 流程的核心将 ETA3201 与 16#FF 屏蔽掉高字节，根据低字节的数值判断变频器的状态，再根据变频器的状态给控制字地址 8501 或 8601 赋值，使变频器从 Switch on Disabled 一步步到达 Operation enabled。

可以看到正转启动时控制字写入 16#F，反转时控制字写 16#80F，快停时控制字写入 16#2。

功能块的变量声明如下：

```
FUNCTION_BLOCKATV320_drivecom
VAR_INPUT
  status_word:WORD;
  Run_Forward:BOOL;
  Run_Reverse:BOOL;
  faultReset:BOOL;
  quickstop:BOOL;
  speed_ref:INT;
END_VAR
VAR_OUTPUT
  fault:BOOL;
  speed_word:WORD;
```

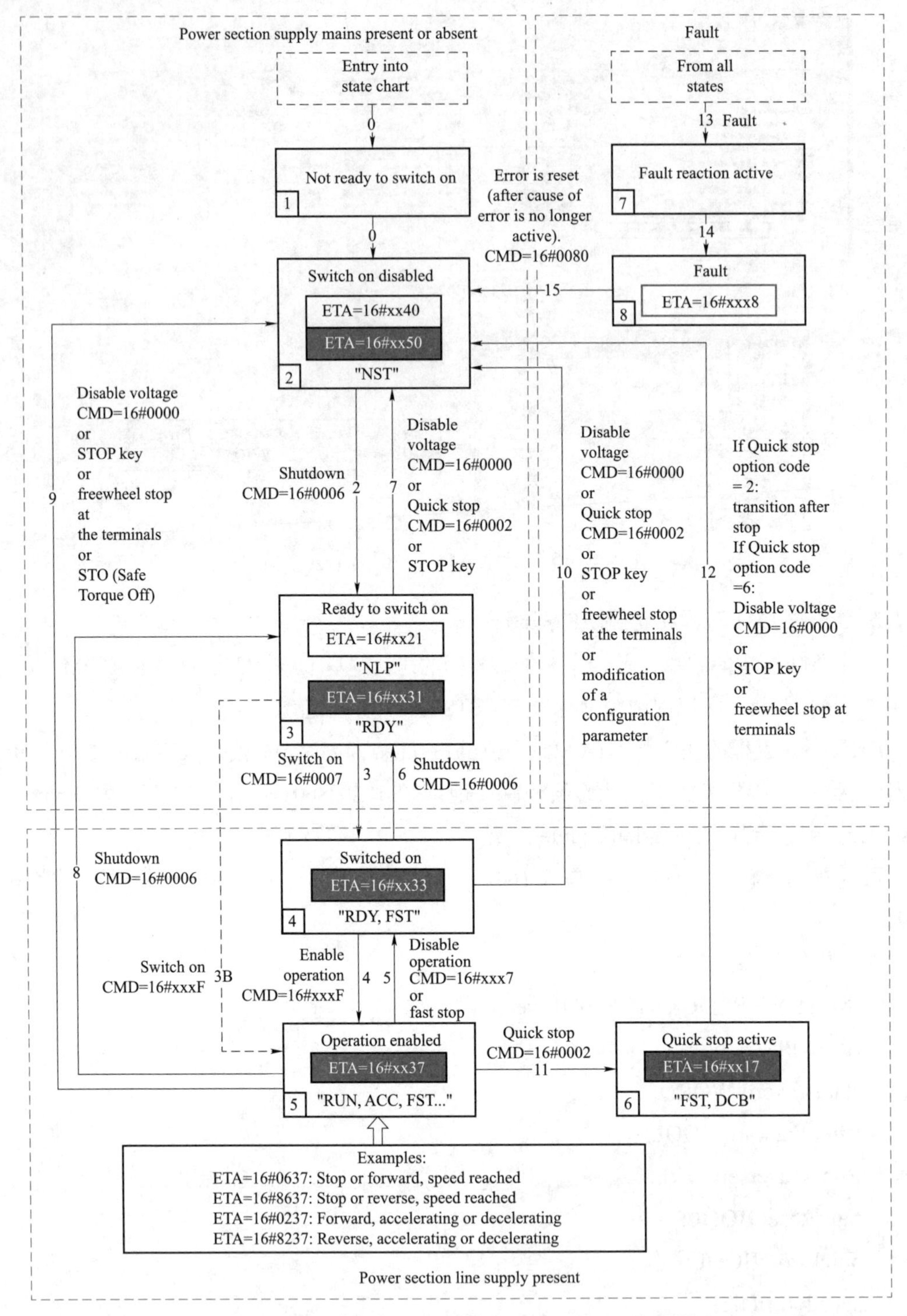

图 5-161 基于 ATV320 的 DriveCOM 流程图

```
    Qstop_active:BOOL;
    ControlWord:WORD;
driveStatusID:WORD;
```

```
END_VAR
VAR
  driveState:WORD;
  faultState:WORD;
END_VAR
VAR_IN_OUT
END_VAR
```

3. 变频器状态低字节的判断

在 ATV320_DriveCOM 的程序编制中，首先把通过通信读取的 ATV320 状态字和 16 进制的 00FF 相与，结果放到功能块的局部变量 driveState 当中，同样的，将 ATV320 状态字和 16 进制的 000F 相与，结果放到 faultState 中。

faultState 的值为 8 时，ATV320 当前存在故障，并且按照 DriveCOM 流程的将变频器状态 ID 设置为 8，当 ATV320 出现故障时，操作人员按下故障复位按钮 faultReset 时，将控制字的第 7 位置 1 来复位 ATV320 的故障。状态字相与并判断和复位 ATV320 故障的程序如下：

```
1   driveState:=status_word AND 16#FF;//获取状态字的低字节
2   faultState:=status_word AND 16#F;//获取状态字的低四位
3
4   fault:=faultState=8;//故障状态等于8则变频器处于故障状态
5   IF fault THEN
6       driveStatusID:=8;//变频器状态ID号为8，符合drivecom 流程
7   END_IF
8
9   ControlWord.7:=faultReset;//按下故障复位按钮后，将控制位的第七位置1，此处需要上升沿
10
```

4. 变频器的使能、准备好和停车程序

如果经过复位，ATV320 故障产生的原因已经消除，并且故障可以通过通信复位，ATV320 的状态 driveState 就会回到 16 进制的 40 或 50 中。ATV320 的使能、准备好和停车程序如下：

```
15  IF (driveState=16#40) OR (driveState=16#50) AND quickstop THEN
16      driveStatusID:=2;
17      ControlWord:=6;
```

当ATV320状态等于16#40或16#50时，需要将控制字写6，使ATV320的状态切换到准备好，变频器的状态ID值为2，即Switch on Disabled，通电被禁止

```
18      ELSIF  (driveState=16#21) OR (driveState=16#31) AND quickstop THEN
19      driveStatusID:=3;
20      ControlWord:=7;
```

当ATV320切换到准备好或ATV320已经切换到操作允许且没有给出运行命令，则将控制字写入7，状态ID为3，变频器处于通电准备就绪

5. 正反转和运行停车程序

ATV320 的正转和反转程序如下：

```
20      ControlWord:=7;
21          ELSIF  (driveState=16#33)  THEN
22           driveStatusID:=4;
23          IF Run_Forward AND NOT Run_Reverse AND quickstop THEN
24           ControlWord:=16#F;
25          END IF
```

当控制字发7，ATV320的主回路也已经合闸，则ATV320将处于通电状态，此时状态字的低字节为16#33

如果ATV320状态已经到达运行激活，则根据外部命令启动变频器正转，正转控制字写入16#F

```
26      IF Run_Reverse AND NOT Run_Forward  AND quickstop THEN
27       ControlWord:=16#80F;
28      END_IF
```

如果ATV320状态已经运行激活了，则根据外部命令启动ATV320反转，反转写A80F

当 ATV320 处于运行状态时，断开正转和反转时控制字发 16#10F（暂停）。ATV320 速度降为 0，ATV320 的状态字仍然为 16#37#，程序如下：

```
29      ELSIF  (driveState=16#37)     THEN
30       driveStatusID:=5;
31       IF Run_Forward AND NOT Run_Reverse AND quickstop THEN
32        ControlWord:=16#F;
33      END_IF
34      IF Run_Reverse AND NOT Run_Forward  AND quickstop THEN
35       ControlWord:=16#80F;
36      END_IF
37      IF NOT  Run_Reverse AND NOT Run_Forward  AND quickstop THEN
38     ControlWord:=16#10F;
39     END_IF
```

6. 急停和速度给定程序

当 ATV320 处于急停状态时进行输出，为保证 ATV320 能够正常启动，必须在变频器正反转运行前，将 ATV320 速度给定通过通信发送到 ATV320 上。急停和速度给定程序如下：

```
40              ELSIF  (driveState=16#17) THEN
41               driveStatusID:=6;
42  END_IF
43    IF NOT quickstop THEN
44            ControlWord:=16#2;//急停为常闭(动断触点)按钮，触发急停时控制字发2
45     END_IF
46    Qstop_active:=driveState=16#17;
```

ATV320变频器的状态ID为6，急停激活

当外部的急停信号到来时，将控制字写入2，进入紧急停车状态，并在功能块中输出变频器紧急停止的状态位


```
40              ELSIF  (driveState=16#17) THEN
41               driveStatusID:=6;
42  END_IF
43    IF NOT quickstop THEN
44            ControlWord:=16#2;//急停为常闭(动断触点)按钮，触发急停时控制字发2
45     END_IF
46    Qstop_active:=driveState=16#17;
```


```
47
48  speed_word:=INT_TO_WORD(speed_ref);
```

在 POU（ATV320）中调用 ATV320_DriveCOM 功能块，变量说明如下：

```
PROGRAM ATV320
VAR
 ATV320_DriveCOM_0:ATV320_DriveCOM;
 resetButton:BOOL;
 E_stop:BOOL;
 forwardSwitch:BOOL;
 RevSwitch:BOOL;
 fault:BOOL;
 speedMachine:INT;
 EStop_State:BOOL;
 dsID:WORD;
END_VAR
```

ATV320 的 DriveCOM 功能块调用如图 5－162 所示。

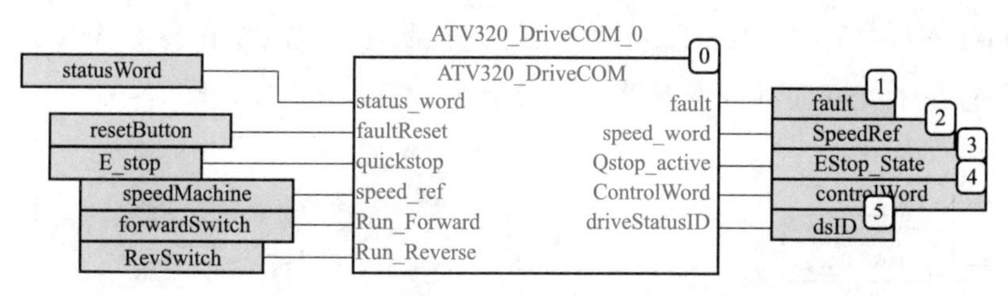

图 5－162　ATV320 的 DriveCOM 功能块调用

七、ATV320 的参数设置

Modbus 地址设为 1，其余保持出厂设置，设置后要将变频器断电再上电，使修改的参数生效，ATV320 的通信参数设置如图 5－163 所示。

Modbus Fieldbus		
ADD	Drive Modbus Address	1
AMOC	Mdb add comm. Module	Off
TBR	Modbus baud rate	19200 bps
TWO	Terminal Modbus: Word order	Modbus Word Order ON
TFO	Modbus format	8 bits even parity 1 stop bit
TTO	Modbus timeout	10
COM1	Modbus com. status	R0T0

图 5－163　ATV320 的通信参数设置

在程序中使用了 ATV320 的 IOscanner，读取数据起始 Modbus 地址 12741，写入数据的起始 Modbus 地址 12761，ATV320 的 IOscanner 参数设置如图 5－164 所示。

Com. scanner input		
NMA1	Scan input 1 address	3201
NMA2	Scan input 2 address	8604
NMA3	Scan input 3 address	0
NMA4	Scan input 4 address	0
NMA5	Scan input 5 address	0
NMA6	Scan input 6 address	0
NMA7	Scan input 7 address	0
NMA8	Scan input 8 address	0
Com. scanner output		
NCA1	Scan output 1 address	8501
NCA2	Scan output 2 address	8602
NCA3	Scan output 3 address	0
NCA4	Scan output 4 address	0
NCA5	Scan output 5 address	0
NCA6	Scan output 6 address	0
NCA7	Scan output 7 address	0
NCA8	Scan output 8 address	0

图 5－164　ATV320 的 IOscanner 的参数设置

八、Modubus 中用 ATV320 替换 ATV312 的要点

ATV312 的 DriveCom 与 ATV320 并不相同，两者的差别很大，ATV312 和 ATV320 的 DriveCOM 对比如图 5－165 所示。如果不修改程序，ATV320 替代 ATV312 后，会因为状态字此时是 16#50 而导致变频器一直锁定在 NST，无法启动。

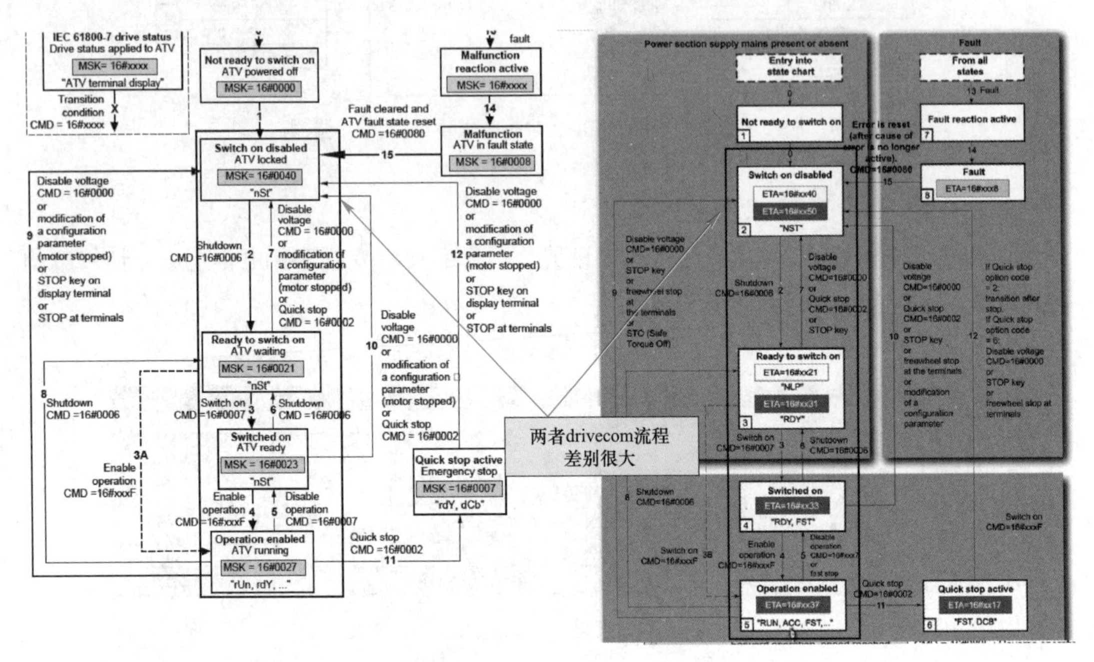

图 5－165　ATV312 和 ATV320 的 DriveCOM 对比

依据 ATV320 的 DriveCOM 流程，本节给出了 ATV320 的 Modbus 启动方法，可以参考下面的程序和参数设置方法，就能让变频器正常启动。

除下面例子提供的方法以外，还可以将组合模式 CHCF 设置为 IO 模式，命令通道 1 也设成 IO 模式，这样可以在控制字中写 1 启动，写 0 停止，反转时写 2 启动，写 0 停止。

因为在修改【组合通道模式设置】到【IO 模式】时，变频器会做【回到出厂设置】的操作，故应做好参数备份，并最先更改这个参数。IO 模式下给定通道相关参数的设置如图 5－166 所示。

Modbus 通信参数的修改如图 5－167 所示，修改后将变频器断电再上电使设置生效。

九、注意事项

本案例中 ATV320 的启动和速度给定都是由 Modbus 进行控制的，FR1 给定通道 1 为 Modbus，CHCF 通道模式采用默认设置组合模式。

代码	长标签	Conf0	缺省值
▶ 电机控制			
▼ 输入/输出设置			
TCC	2或3线控制	2线控制	2线控制
TCT	2线控制	边沿触发	边沿触发
RUN	变频器运行	NO	NO
FRD	正转分配	CD00	CD00
RRS	反转输入	C101	LI2
BSP	给定模板选择	标准	标准
▶ LI1设置			
▶ LI2设置			
▶ LI3设置			
▶ LI4设置			
▶ LI5设置			
▶ LI6设置			
▶ LA1 配置			
▶ LA2 配置			
▶ AI1设置			
▶ AI2设置			
▶ AI3设置			
▶ 虚拟AI1			
▶ 虚拟AI2			
▶ V5_MenuEncoderConf			
▶ R1设置			
▶ R2设置			
▶ LO1设置			
▶ DO1配置			
▶ AO1设置			
▼ 命令			
FR1	给定1通道	Modbus	AI1给定
RIN	反向禁止	No	No
PST	图形终端上的停止按钮优先有效	Yes	Yes
CHCF	组合通道模式设置	I/O模式	组合通道
CCS	控制通道切换	CD1	CD1
CD1	命令通道1设置	Modbus	端子排
CD2	命令通道2设置	Modbus	Modbus
RFC	激活给定2的切换功能	FR1	FR1
FR2	给定2通道	未设置	未设置

图 5－166　IO 模式下给定通道相关参数的设置

代码	长标签	Conf0	缺省值
LAC	访问等级	标准权限	标准权限
▶ 简单起动			
▶ 设置			
▶ 电机控制			
▶ 输入/输出设置			
▶ 命令			
▶ 功能块			
▶ 应用功能			
▶ 故障管理			
▼ 通信			
▶ COM.SCANNER INPUT			
▶ COM.SCANNER OUTPUT			
▼ 网络MODBUS			
ADD	Modbus地址	1	OFF
AMOC	通信卡地址	OFF	OFF
TBR	Modbus比特率	19.2 Kbps	19.2 Kbps
TFO	Modbus格式	8-E-1	8-E-1
TTO	Modbus超时	10 s	10 s
COM1	MODBUS通讯状态	R0T0	R0T0
▶ 蓝牙			
▶ CANopen			
▶ 强制本地			

图 5－167　Modbus 通信参数的修改

变频器的 ATV320 的 IOscanner 使用了默认设置，也可以在 Com.Scanner input 和 Com.Scanner output 菜单中，设置最大 8 个 Modbus 读取字和 8 个 Modbus 写入字。如要写预置速度 2 中设置，即需在 NCA3 中设置 16#2C92（预置速度寄存器地址 11410 的 16 进制值）。

第六节 ATV320 的 EtherCAT 通信

EtherCAT（EtherNet for Control Automation Technology）是一种基于以太网开发构架的实时工业网络，在本例中实现的是 PLC 通过 EtherCAT 网络启动 ATV320，对速度进行给定，并编制了控制加减速的程序，还给出了如何使用功能块非周期的读写变频器参数的方法。

用户参照本例，一步一步地，就可以掌握 EtherCAT 网络项目中的硬件组态和程序编制，本例中的通信使用的是 ATV320，文中详细说明的通信要点同样也适用于 ATV340、ATV6xx 和 ATV9xx 系列变频器。

一、EtherCAT 通信简介

1. EtherCAT 通信协议

基于以太网开发构架的 EtherCAT 是一种实时工业现场总线通信协议。

（1）EtherCAT 是最快的工业以太网技术之一，精确同步能够达到纳秒级。相对于设置了相同循环时间的其他总线系统，EtherCAT 系统结构通常能减少 25%～30%的 CPU 负载。

（2）EtherCAT 在网络拓扑结构方面没有任何限制，最多 65535 个节点可以组成线型、总线型、树型、星型或者任意组合的拓扑结构。

（3）相对于传统的现场总线系统，EtherCAT 节点地址可被自动设置，无须网络调试，集成的诊断信息可以精确定位到错误。同时无须配置交换机，无须处理复杂的 MAC 或者 IP 地址。

（4）EtherCAT 主站设备无须特殊插卡，从站设备可以使用由多个供应商提供的高集成度、低成本的芯片。

（5）利用分布时钟的精确校准 EtherCAT 提供了有效的同步解决方案，在 EtherCAT 中，数据交换完全基于纯粹的硬件设备。由于通信利用了逻辑环网结构和全双工快速以太网而又有实际环网结构，“主站时钟”可以简单而精确地确定对每个“从站时钟”的运行补偿，反之亦然。分布时钟基于该值进行调整，这意味着它可以在网络范围内提供信号抖动很小、非常精确的时钟。

总体来说，EtherCAT 具有高性能、拓扑结构灵活、应用容易、低成本、高精度设备同步、可选线缆冗余和功能性安全协议、热插拔等特点。

2. 网络寻址原理

EtherCAT 网络是以以太网为基础，发送标准以太网数据帧。EtherCAT 主站发送的每一个数据帧经过所有节点，在数据帧向下游传输的过程中，每个节点读取寻址到该节点的数据，并将它的反馈数据写入数据帧。这种传输方式改善了带宽的利用率，使得每个周期通常用一个数据帧就足以实现数据通信，同时网络不再需要使用交换机和集线器。数据帧的传输延时，只取决于硬件传输延时，当某一个网段或者分支上的最后一个节点检测到开放端口（没有下一个从站）时，利用以太网技术的全双工特性将报文返回主站。

在数据传输的过程中 EtherCAT 根据不同的应用采用不同的寻址方式，有自增量寻址、固定地址寻址和逻辑寻址这 3 种不同的寻址方式，被分别应用到 EtherCAT 网络配置、邮箱通信和过程数据通信中。

3. 自增量寻址

（1）每个从站根据其所处位置的先后分配一个 16 位（16 bit）的负的自增量地址。

（2）当数据帧经过时，从站只处理自增量地址为零的子报文。

（3）在经过每个从站时数据帧中所有自增量地址加一。

（4）通常用于扫描硬件的配置信息。

自增量寻址一般用在启动阶段，主站通过自增量寻址对从站做一些配置。

4. 固定地址寻址

（1）每个从站有一个固定的地址（16 bit）。

（2）固定地址寻址通常在硬件配置扫描的过程中被分配。

（3）与从站的位置无关。

（4）当断电后固定地址丢失。

在经过启动配置之后每个从站分配一个固定的地址，以便用于固定地址寻址。固定地址寻址一般用于主站与从站以邮箱方式的通信中（如 SDO），在邮箱方式通信时 EtherCAT 主站根据从站的固定地址寻址到所要交换数据的从站，数据只在两者之间进行交换，适用于主站与某一个从站交换相对较大的数据。

5. 逻辑寻址

逻辑寻址方式要求快速、灵活，并且能够进行高效的传输。逻辑寻址方式如图 5－168 所示。

（1）从站在一个虚拟的 4GB 数据空间进行读写操作。

（2）逻辑地址映射到从站中减轻了控制系统的负担。

（3）数据根据应用程序所指定的逻辑地址被传输。

逻辑寻址特别适用于在过程数据的通信过程中，每个从站的物理地址通过 FMMU 被映射到一个逻辑地址中。主站通过操作逻辑地址控制从站，使用逻辑寻址可以灵活地组织控制系统，优化系统结构。

6. 倍福 PLC 的 EtherCAT 设备寻址方式

一个 EtherCAT 网段相当于一个以太网设备，主站首先根据以太网帧头，寻址到相应的网段，然后根据子报文头中的 32 位地址来寻址网段内的设备。

段内寻址方式有设备寻址和逻辑寻址两种。

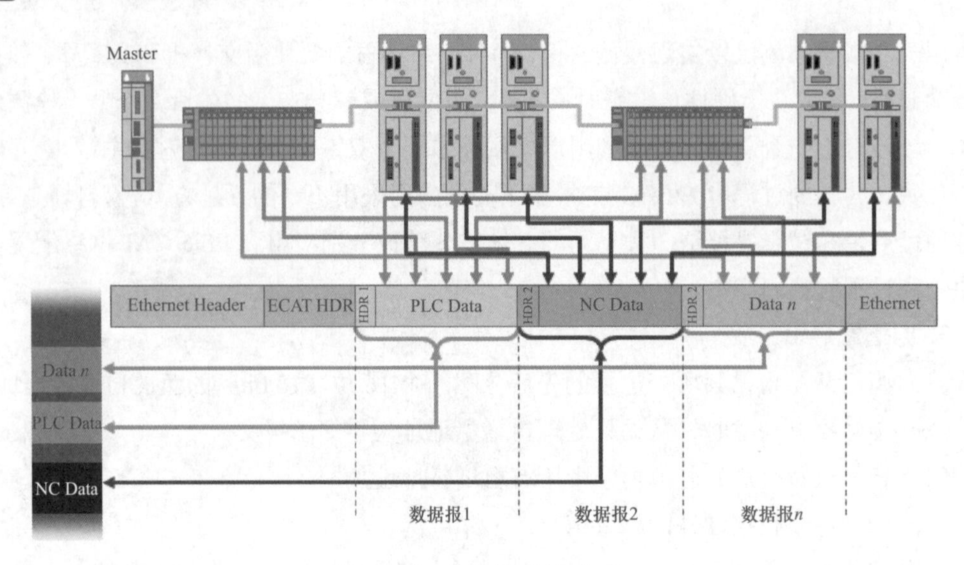

图 5-168　逻辑寻址方式

设备寻址模式：子报文头中的 32 位地址分为 16 位的从站设备地址和 16 的设备内物理存储地址，每个报文只能寻址唯一的一个从站设备。

设备寻址又有顺序寻址和设置寻址两种寻址方式。顺序寻址方式是根据从站的连接顺序，即物理位置实现的。在报文头的 32bit 地址中，前 16bit 的 PoSITion 用于存放地址值，Offset 用于存放 ESC 逻辑寄存器或者内存地址。报文每经过一个从站设备，其 PoSITion 中的地址值加 1。当一个从站接收到 EtherCAT 报文后，如果报文中的地址值为 0，则该报文就是这个从站要接收的报文。

EtherCAT 使用自增量寻址、固定地址寻址和逻辑寻址 3 种方式对设备进行寻址，在启动过程中，使用顺序寻址方式为从站分配节点地址，然后通过节点寻址方式配置从站寄存器，将逻辑地址与从站物理地址进行映射，之后就可以使用逻辑寻址方式进行过程数据交换了。

二、ATV320 通过 EtherCAT 网络与倍福 PLC 的通信控制架构

倍福 CX5010PLC 有两个以太网口，本例 EtherCAT 通信时只使用了一个网口，EtherCAT 网络通信示意图如图 5-169 所示。

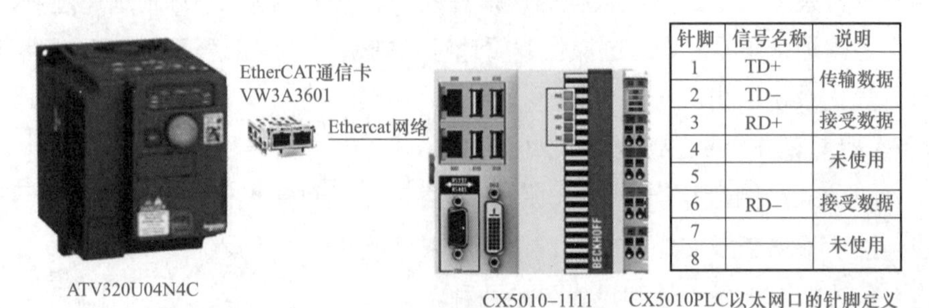

针脚	信号名称	说明
1	TD+	传输数据
2	TD−	
3	RD+	接受数据
4		未使用
5		
6	RD−	接受数据
7		未使用
8		

图 5-169　EtherCAT 网络通信示意图

三、EtherCAT 的以太网针脚定义和倍福 PLC 的配电说明

1. EtherCAT 通信的以太网针脚定义和通信线

ATV320 的 VW3A3601 EtherCAT 通信卡的接口是 2 个 RJ-45 的接头，EtherCAT 通信时，只使用 RJ-45 中的 4 根通信线，即针脚 1、2、3 和 6，为保证 EtherCAT 通信的可靠性，建议采用专用的 EtherCAT 通信线，总线电缆是绿色 4 芯的，标准为超五类（CAT5e）。

RJ-45 的针脚排布和 EtherCAT 通信线如图 5-170 所示。

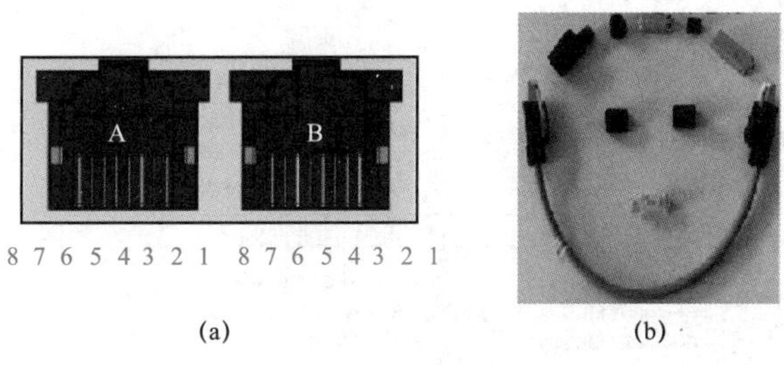

图 5-170 RJ-45 的针脚排布和 EtherCAT 通信线

（a）针脚排布；（b）EtherCAT 通信线

RJ-45 EtherCAT 通信的针脚定义见表 5-14。

表 5-14 RJ-45 EtherCAT 通信的针脚定义

针脚	信号	说明
1	Tx+	以太网发送正
2	Tx-	以太网发送负
3	Rx+	以太网接收正
6	Rx-	以太网接收负

2. 倍福 PLC 的电源配电

倍福 CX5010 PLC 的电源接线如图 5-171 所示。

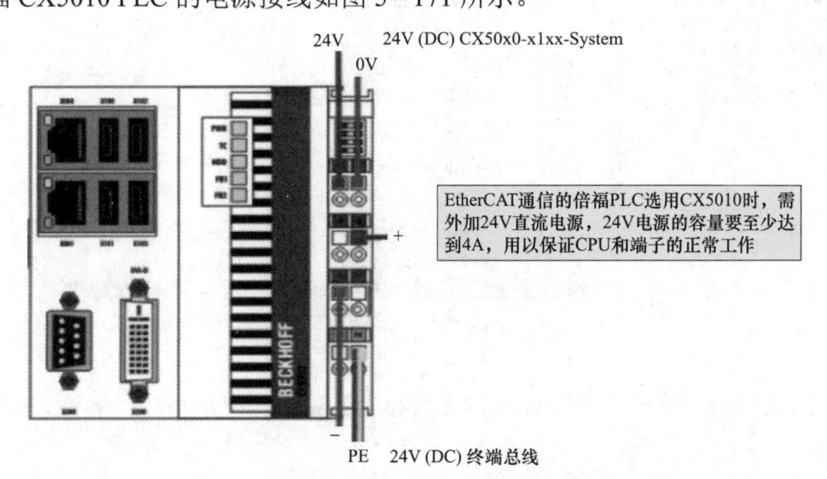

图 5-171 倍福 CX5010 PLC 的电源接线

四、EtherCAT 通信控制系统的项目配置

本例中使用 CX－5010－1111 的 PLC，其组态所使用的是 TwinCAT2 编程软件。

为了使组态软件在硬件的扫描过程中能够兼容到 ATV320 的通信卡，就需要在软件中导入 VW3A3601 的 EtherCAT 的 ESI 文件，它的下载地址为：

https://www.schneider－electric.com/en/download/document/EthCAT_VW3A3601_V109/

将下载好的 ESI 文件复制到软件的 EtherCAT 文件目录下，即复制 1.09 版本的 ESI 到 C：\TwinCAT\Io\EtherCAT 文件下，如图 5－172 所示。

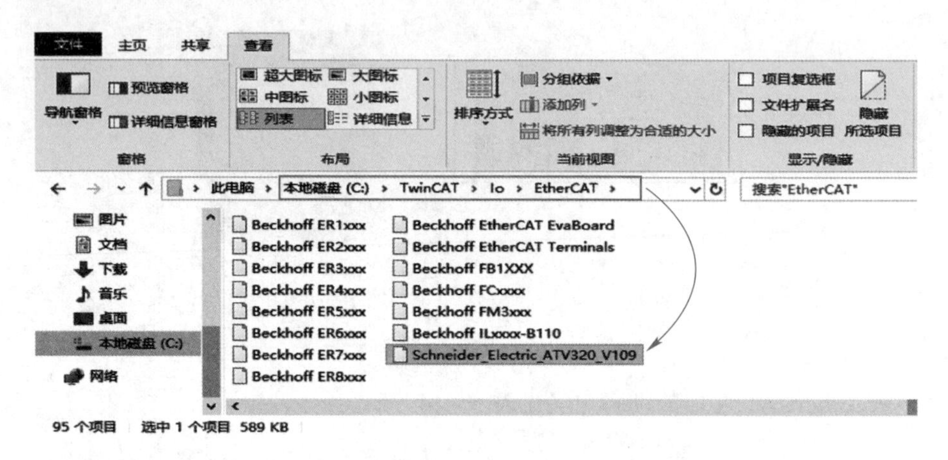

图 5－172　复制 1.09 版本的 ESI 到 C：\TwinCAT\Io\EtherCAT 文件下

倍福 PLC 使用【TwinCAT2 System Manager】编程软件进行编程，打开【TwinCAT2 System Manager】，单击【File】→【New】创建新的项目，如图 5－173 所示。

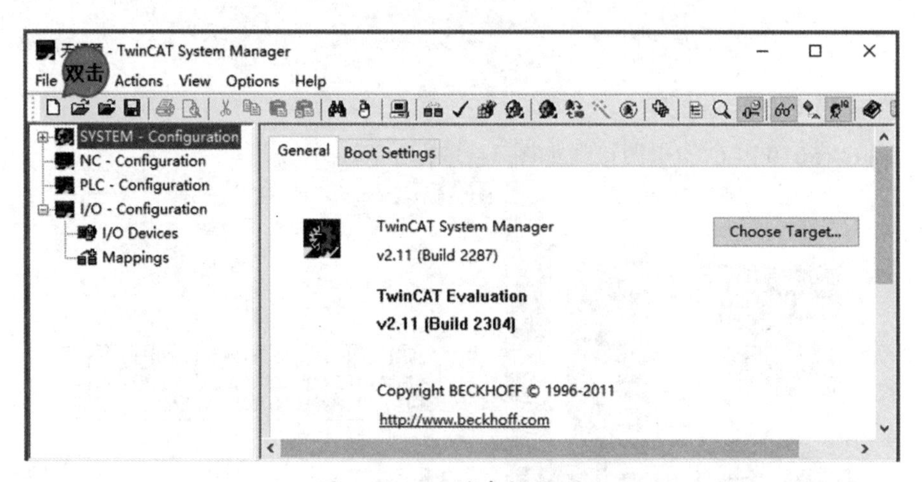

图 5－173　创建新的项目

单击菜单栏上的图标，在弹出的【另存为】对话框中填写项目名称，如图 5－174 所示。

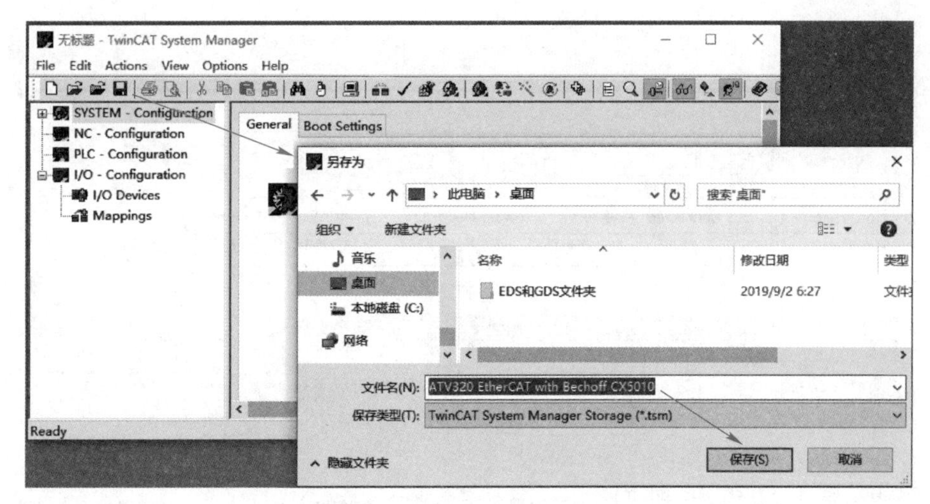

图 5－174　填写项目名称

为项目添加 PLC，首先要选择目标，如图 5－175 所示。

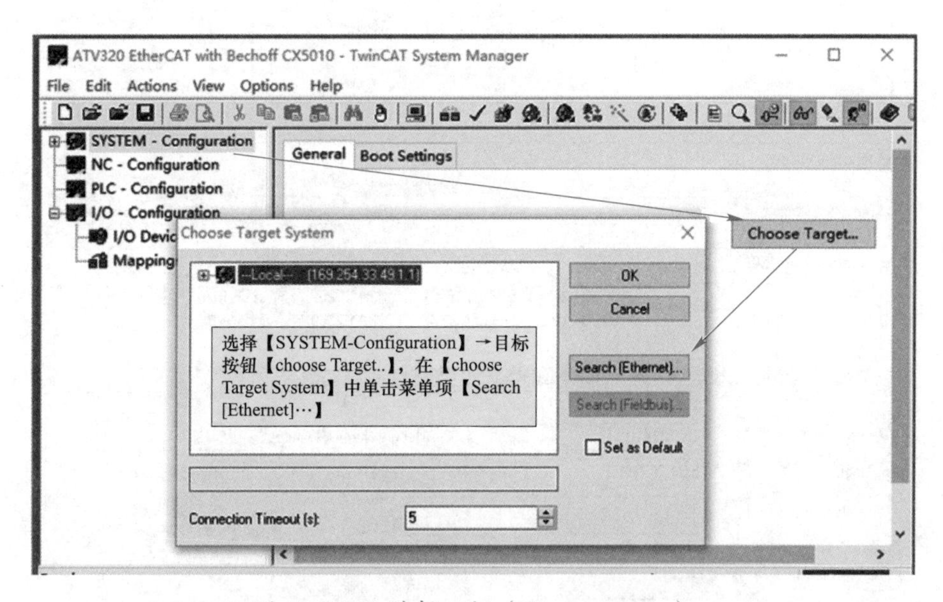

图 5－175　选择目标（Choose Target）

进行硬件连接，先把以太网线一端的 RJ－45 连接到电脑的网线口，另一端连接到 CX5010 PLC 的 X000 或 X001 任意一个网线口，连接可靠后，再选择【Broadcast Search】，PC 机将自动寻找 PLC，如果软件安装正确，网线连接也正常的话，会在对话框中显示出 PLC，【Host name】（主机名称）为 CX－361410，之后即可单击【Add Route】添加路径。寻找 PLC 的操作如图 5－176 所示。

单击【Add Route】添加路径时，必须要有 Administrator 的权限，添加完成后，如果连接成功，在【Connected】下方会出现一个 X，如图 5－177 所示。

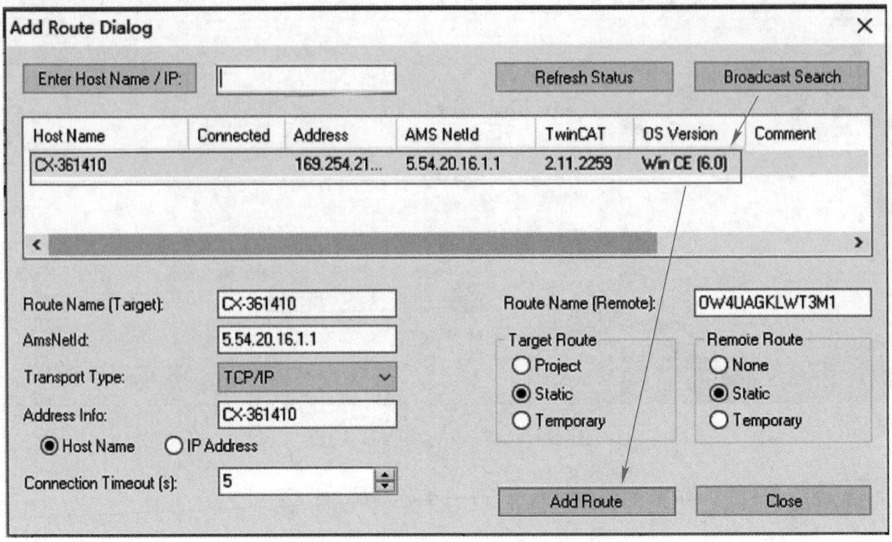

Add Route Dialog

Enter Host Name / IP:　Refresh Status　Broadcast Search

Host Name	Connected	Address	AMS NetId	TwinCAT	OS Version	Comment
CX-361410		169.254.21...	5.54.20.16.1.1	2.11.2259	Win CE (6.0)	

Route Name (Target): CX-361410
AmsNetId: 5.54.20.16.1.1
Transport Type: TCP/IP
Address Info: CX-361410
Host Name　IP Address
Connection Timeout (s): 5

Route Name (Remote): OW4UAGKLWT3M1
Target Route: Project　Static　Temporary
Remote Route: None　Static　Temporary

Add Route　Close

图 5－176　寻找 PLC 的操作

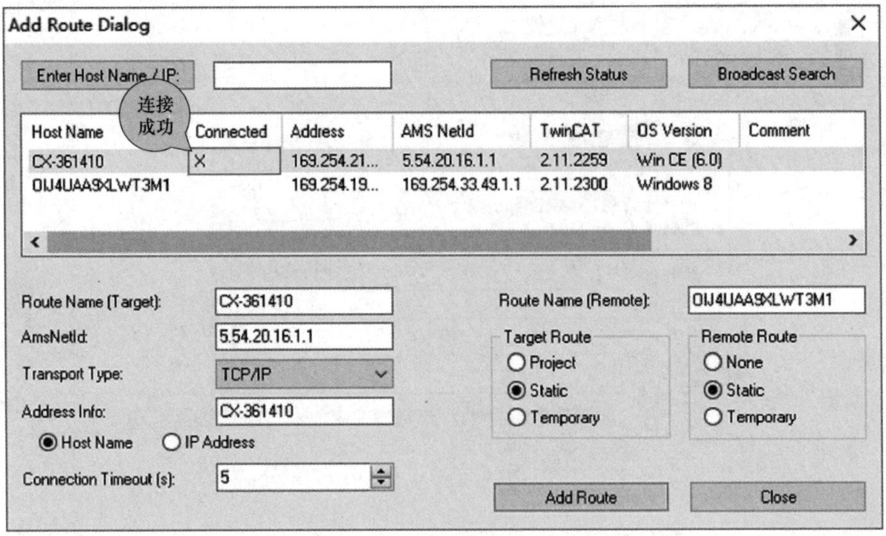

Add Route Dialog

Enter Host Name / IP:　Refresh Status　Broadcast Search

连接成功

Host Name	Connected	Address	AMS NetId	TwinCAT	OS Version	Comment
CX-361410	X	169.254.21...	5.54.20.16.1.1	2.11.2259	Win CE (6.0)	
OIJ4UAA9XLWT3M1		169.254.19...	169.254.33.49.1.1	2.11.2300	Windows 8	

Route Name (Target): CX-361410
AmsNetId: 5.54.20.16.1.1
Transport Type: TCP/IP
Address Info: CX-361410
Host Name　IP Address
Connection Timeout (s): 5

Route Name (Remote): OIJ4UAA9XLWT3M1
Target Route: Project　Static　Temporary
Remote Route: None　Static　Temporary

Add Route　Close

图 5－177　连接成功

添加好路径之后，选择 EtherCAT 的设备【Device 3（Ether CAT）_TP】，单击【OK】添加。添加 EtherCAT 的设备如图 5－178 所示。

设置 TwinCAT 的模式，单击图标，再弹出的对话框中单击【确定】，设置 TwinCAT 为配置模式，如图 5－179 所示。

扫描到 EtherCAT 设备的设置过程如图 5－180 所示。

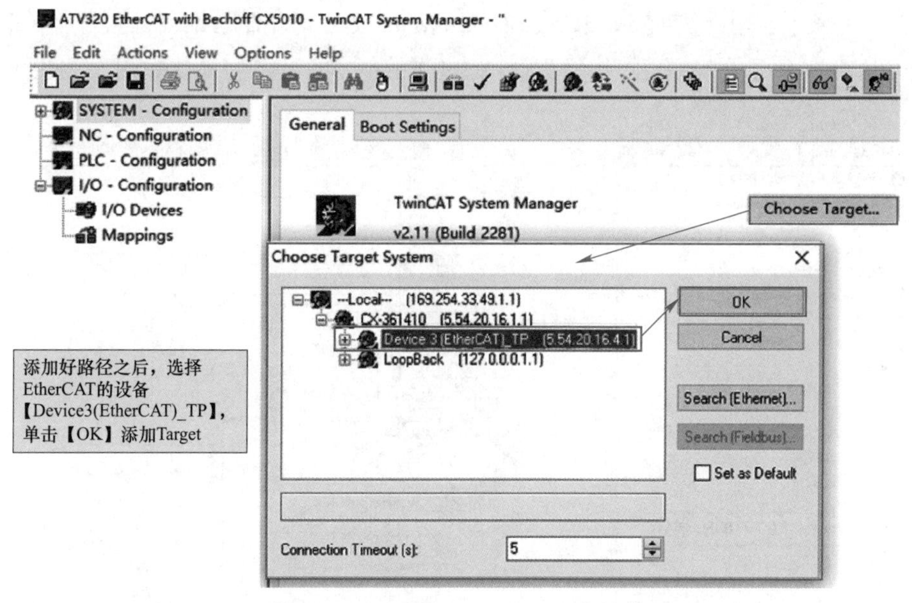

图 5－178　添加 EtherCAT 的设备

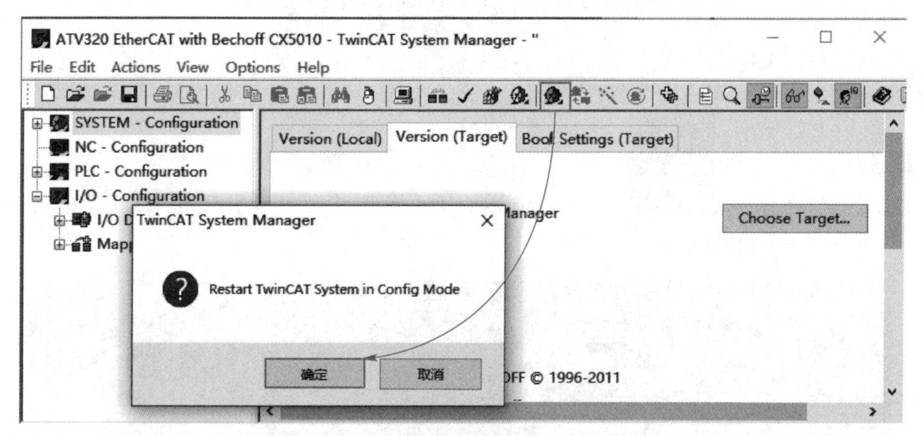

图 5－179　设置 TwinCAT 为配置模式

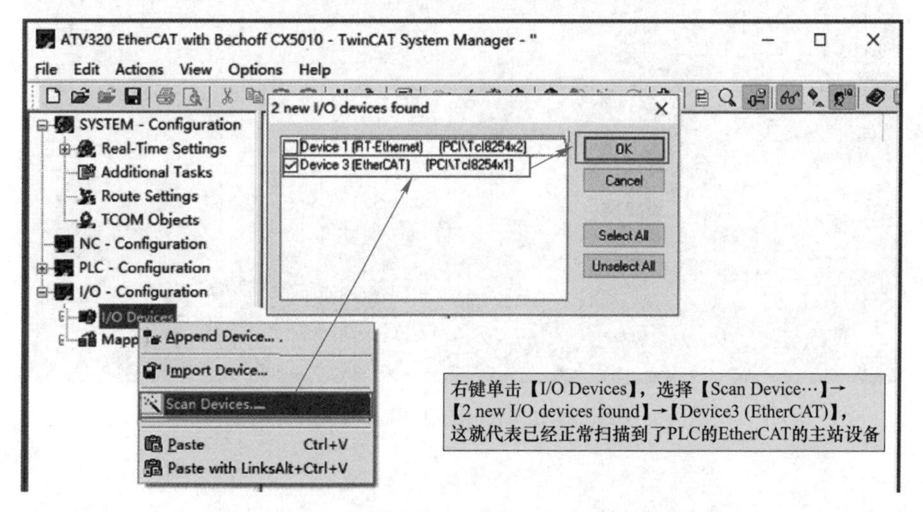

图 5－180　扫描到 EtherCAT 设备的设置过程

此时，系统会弹出一个【TwinCAT System Manager】对话框，询问是否选择【Scan for boxes】，这里选择【是（Y）】。扫描到 ATV320 EtherCAT 设备的操作如图 5-181 所示。

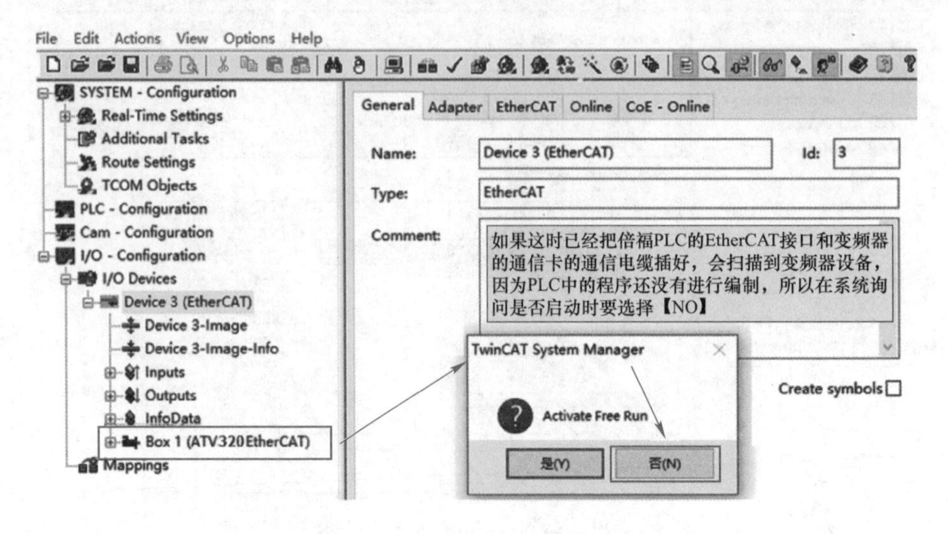

图 5-181　扫描到 ATV320 EtherCAT 设备的操作

五、创建 EtherCAT 的新项目

双击桌面快捷图标或在 windows 开始菜单里双击【TwinCAT PLC Control】打开软件，如图 5-182 所示。

图 5-182　打开 TwinCAT PLC Control 软件

单击图标新建项目，在弹出的对话框选择目标类型。新建项目后并选择目标类型如图5-183所示。

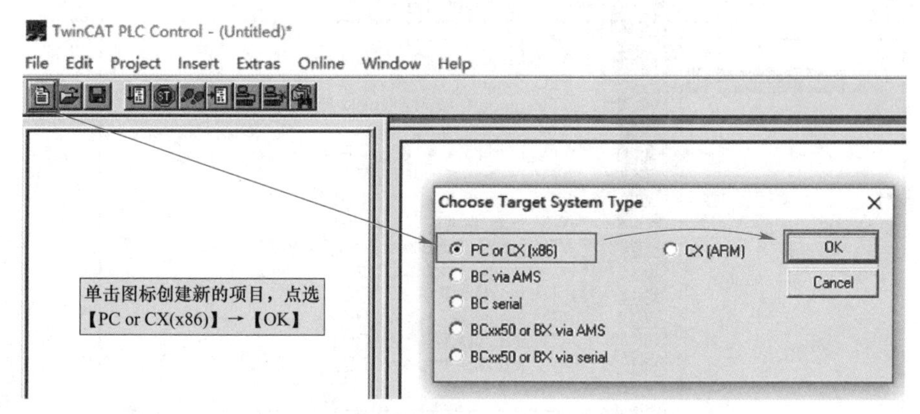

图5-183 新建项目并选择目标类型

六、新建POU和CIA402的状态图

右击【POUs】选择【Add Object】，在弹出的【New POU】对话框中设置POU的语言为ST，如图5-184所示。

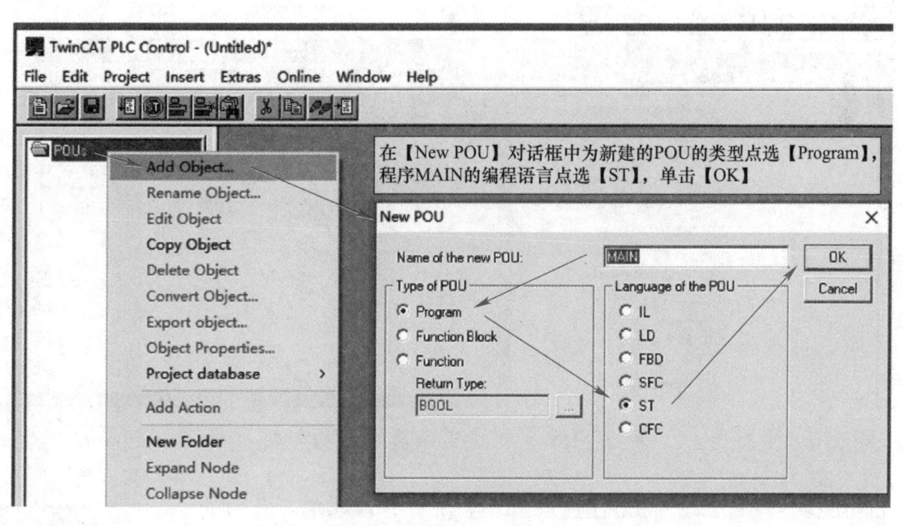

图5-184 设置POU的语言为ST

在全局变量中编辑输入输出变量。PLC程序中要使用的全局变量如图5-185所示。

创建变频器控制功能块，如图5-186所示。

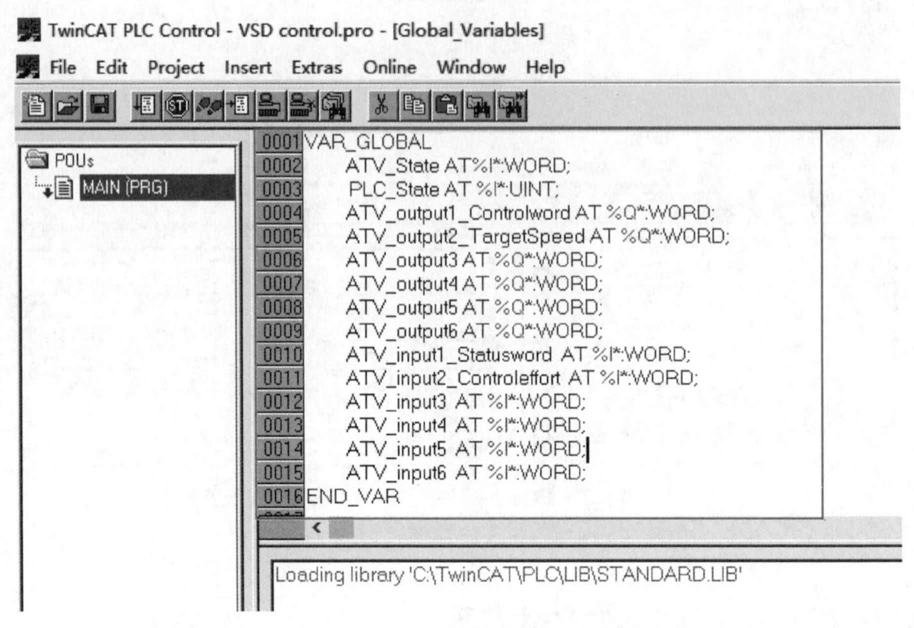

图 5-185 PLC 程序中要使用的全局变量

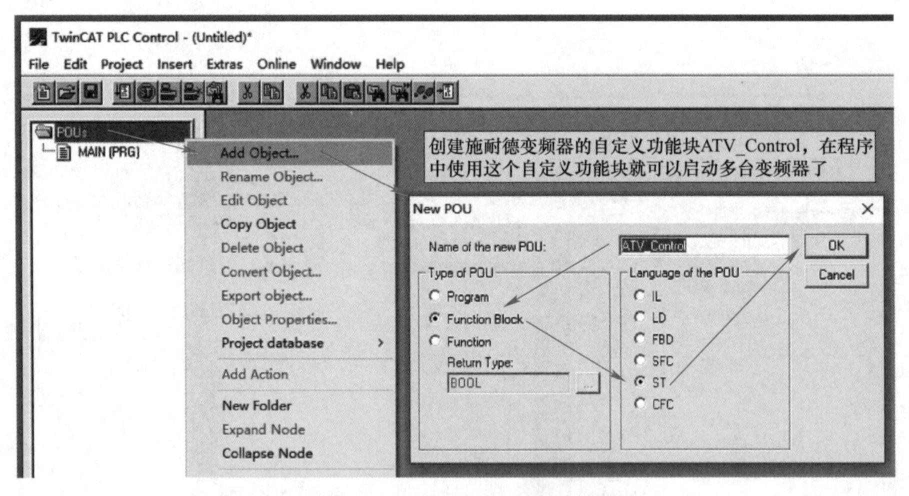

图 5-186 创建变频器控制功能块

这个功能块对应 ATV320 的组合模式设置为组合通道，采用的是 CIA402 的状态图，编程的思路是根据状态字的值去写控制字的值，从而实现变频器的启动、停止、急停、自由停车和故障复位等功能，CIA402 的状态图如图 5-187 所示。其控制字有关通信的使用技巧请扫二维码了解。

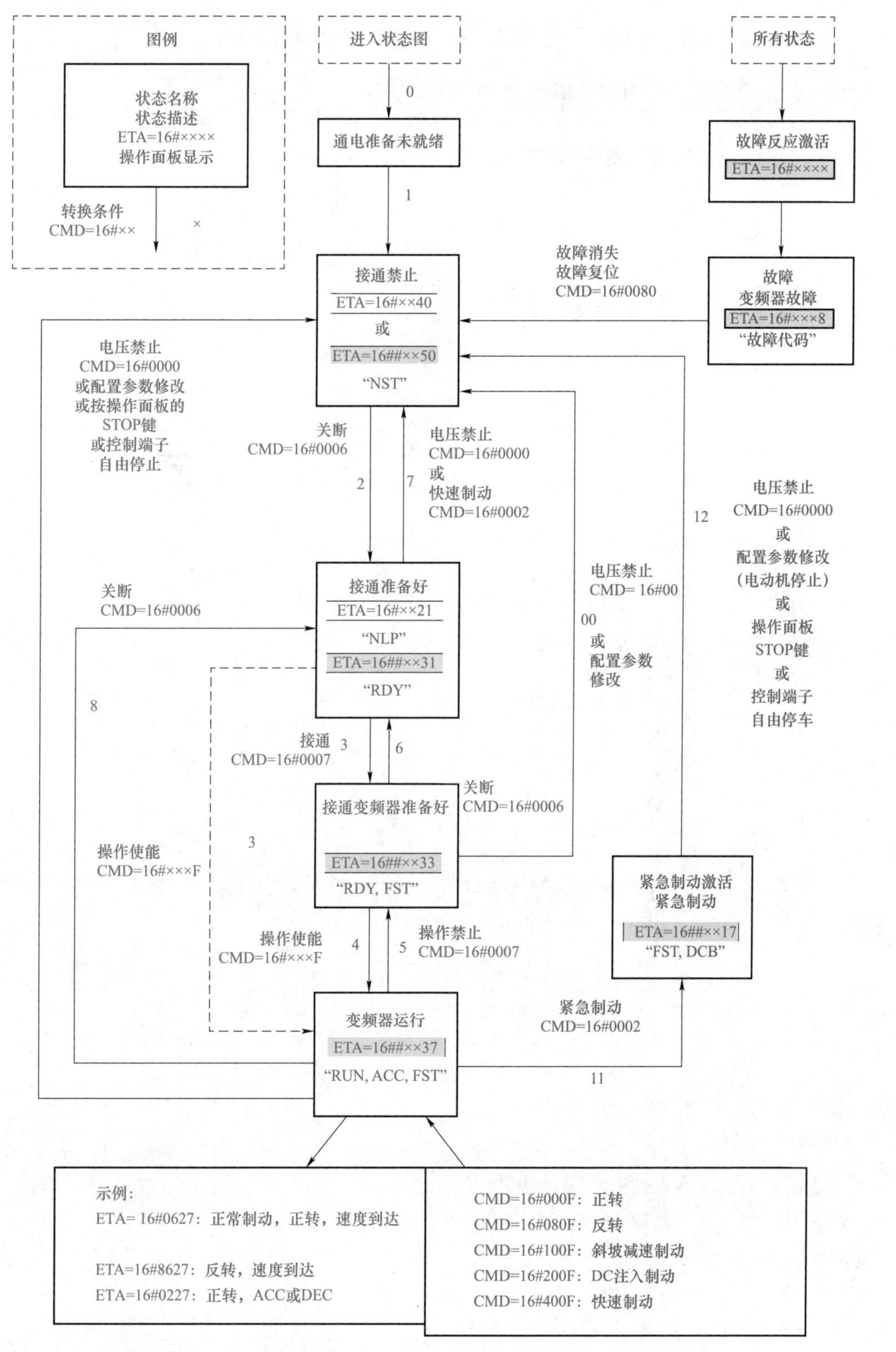

图 5－187　CIA402 的状态图

ATV_Control 功能块的输入/输出引脚变量如图 5–188 所示。

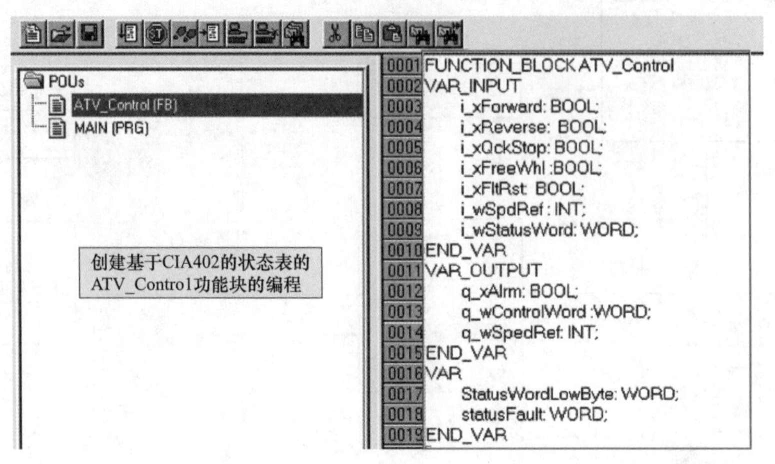

图 5–188 ATV_Control 功能块的输入/输出引脚变量

ATV_Control 功能块的输入引脚变量表见表 5–15。

表 5–15 ATV_Control 功能块的输入引脚变量表

i_xForward	BOOL	值范围：FALSE，TRUE； 默认值：FALSE； ● FALSE：停止正方向运动； ● TRUE：如果没有将 i_xRev 设为真，则以速度参考值 i_wSpdRef 运动
i_xReverse	BOOL	值范围：FALSE，TRUE； 默认值：FALSE； ● FALSE：停止负方向运动； ● TRUE：如果没有将 i_xFwd 设为真，则以速度参考值 i_wSpdRef 运动
i_xQckStop	BOOL	值范围：FALSE，TRUE； 默认值：FALSE； ● FALSE：如果存在电动机运动，则驱动器触发“快速停止”； ● TRUE：不触发“快速停止”，必须停用“快速停止”（将 i_xQckStop 设置为 TRUE）以重启运动
i_xFreeWhl	BOOL	值范围：FALSE，TRUE； 默认值：FALSE； ● FALSE：如果存在电动机运动，则驱动器触发“自由停车”； ● TRUE：不触发“自由停车”
i_xFltRst	BOOL	值范围：FALSE，TRUE； 默认值：FALSE； ● FALSE：不触发“故障复位”； ● TRUE：驱动器触发“故障复位”
i_wSpdRef	INT	驱动器的参考速度 值范围： 默认值：0
i_wStatusWord	Word	变频器的状态字

ATV_Control 功能块的输出引脚变量见表 5－16。

表 5－16 ATV_Control 功能块的输出引脚变量表

q_xAlrm	BOOL	值范围：FALSE，TRUE； 默认值：FALSE； 当功能块已停用且当驱动器过渡到“已禁用打开”时设置为 FALSE； 当驱动器检测到错误（状态字的位 3）时设置为 TRUE
q_wControl Word	Word	变频器的状态字，需设置到变频器的全局变量
q_wSpedRef	INT	速度给定，对于默认的电动机参数设置 1500r/min 对应 50Hz

七、程序的编制

功能块的程序如下：

```
0001 StatusWordLowByte:=i_wStatusWord AND 16#FF;(*取状态字的低字节*)
0002 IF (StatusWordLowByte=16#40) OR (StatusWordLowByte=16#50) THEN
0003  q_wControlWord:=6;
0004  ELSIF (StatusWordLowByte=16#21) OR (StatusWordLowByte=16#31) AND i_xQckStop AND i_xFreeWhl THEN
0005   q_wControlWord:=7;
0006    ELSIF (StatusWordLowByte=16#33) AND i_xForward AND NOT i_xReverse AND i_xQckStop AND i_xFreeWhl THEN
0007     q_wControlWord:=15;
0008     ELSIF (StatusWordLowByte=16#33) AND NOT i_xForward AND i_xReverse AND i_xQckStop AND i_xFreeWhl THEN
0009       q_wControlWord:=16#80F;
0010      ELSIF (StatusWordLowByte=16#37) AND NOT i_xForward AND NOT i_xReverse AND i_xQckStop AND i_xFreeWhl THEN
0011       q_wControlWord:=16#7;
0012
0013 END_IF;
0014  IF NOT i_xQckStop THEN
0015          q_wControlWord:=2;
0016 END_IF;
0017 IF  i_xQckStop AND NOT i_xFreeWhl THEN
0018           q_wControlWord:=16#0;
0019 END_IF;
0020 statusFault:=i_wStatusWord AND 16#F;(*取状态字的low4 bit*)
0021 q_xAlrm:=(statusFault=16#8);(*故障输出*)
0022 IF statusFault=16#8  AND i_xFltRst THEN
0023            q_wControlWord:=16#80;
0024 END_IF;
0025
0026 q_wSpedRef:=i_wSpdRef;
0027
```

由于ATV_Contro1功能块是基于CIA402的状态表的，程序先将状态字与16#FF相与，然后判断变频器处于CIA402的哪一个状态，再写流程对应的控制字，使变频器进入下一个状态，直到变频器能够正常启动

调用 ATV_Control 功能块程序如下：

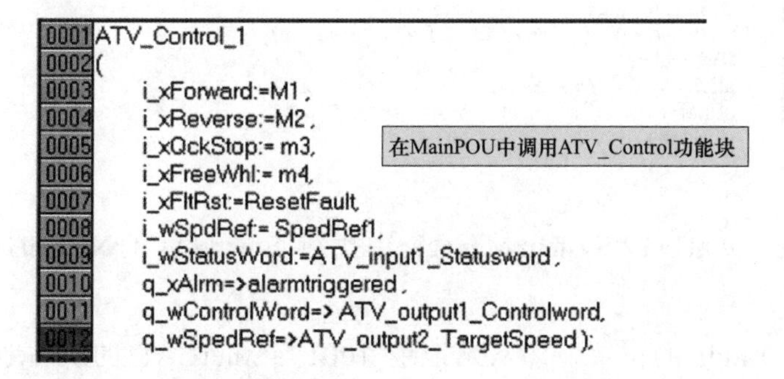

```
0001 ATV_Control_1
0002 (
0003      i_xForward:=M1,
0004      i_xReverse:=M2,
0005      i_xQckStop:= m3,
0006      i_xFreeWhl:= m4,
0007      i_xFltRst:=ResetFault,
0008      i_wSpdRef:= SpedRef1,
0009      i_wStatusWord:=ATV_input1_Statusword,
0010      q_xAlrm=>alarmtriggered,
0011      q_wControlWord=> ATV_output1_Controlword,
0012      q_wSpedRef=>ATV_output2_TargetSpeed);
```


单击【Resource manager】→【library manager】→【Additional Library…】，添加非周期读写参数库【TcEtherCAT.lib】，单击【打开】将调用 Lib 库文件中的功能块，来完成对变频器参数的非周期读写。添加 TcEtherCAT.lib 的流程如图 5－189 所示。

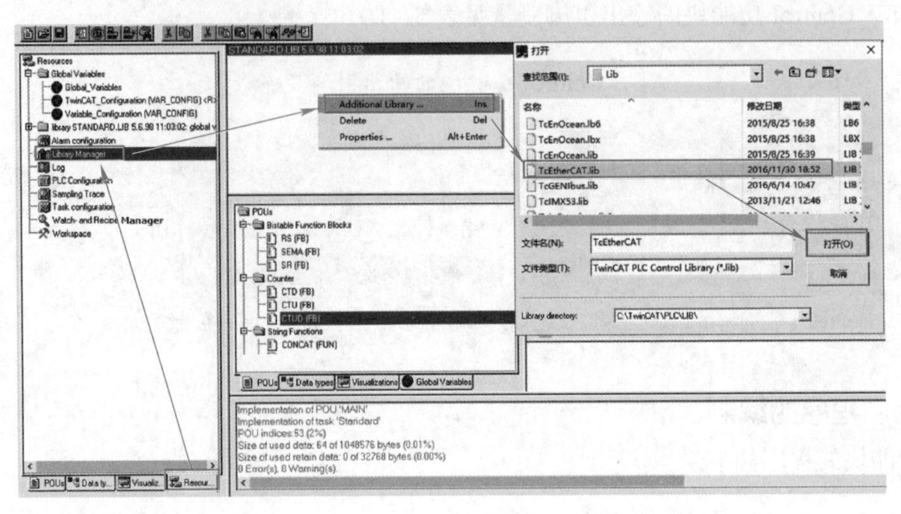

图 5－189　添加 TcEtherCAT.lib 的流程

周期读写参数的程序如下：

```
0017
0018 FB_EcCoESdoRead_ATV(
0019      sNetId:='5.54.20.16.4.1',
0020      nSlaveAddr:= 1001,
0021      nSubIndex:= 2,
0022      nIndex:=16#203C,
0023      pDstBuf:= ADR(Read_Value_ATV),
0024      cbBufLen:=SIZEOF(Read_Value_ATV),
0025      bExecute:= ATV_Read AND NOT ATV_Read_Busy,
0026      tTimeout:= ,
0027      bBusy=> ATV_Read_Busy,
0028      bError=> ,
0029      nErrId=> );
0030 FB_EcCoESdoWrite_ATV(
0031      sNetId:= '5.54.20.16.4.1',
0032      nSlaveAddr:= 1001,
0033      nSubIndex:=2 ,
0034      nIndex:= 16#203C,
0035      pSrcBuf:=ADR(Write_Value_ATV) ,
0036      cbBufLen:= SIZEOF(Write_Value_ATV),
0037      bExecute:= ATV_Write AND NOT ATV_Write_Busy,
0038      tTimeout:= ,
0039      bBusy=>ATV_Write_Busy ,
0040      bError=> ,
0041      nErrId=> );
0042
```

EtherCAT的非周期通信读写参数采用的是CANOpen的通信地址，读参数使用的功能块是COE下面的FB_EcCoESdoRead功能块，写参数用的是FB_EcCoESdoWrite功能块，在程序中读写的参数是加速时间，它的地址是16#203C/2

NetId 可以在 TwinCAT2 System Manager 中找到。EtherCAT 的 NetId 的位置如图 5－190 所示。

网络 nSlaveraddr 的位置，即从站地址 1001。EtherCAT 的从站地址如图 5－191 所示。

八、编译执行

程序编制完成后，就可以进行编译执行了。

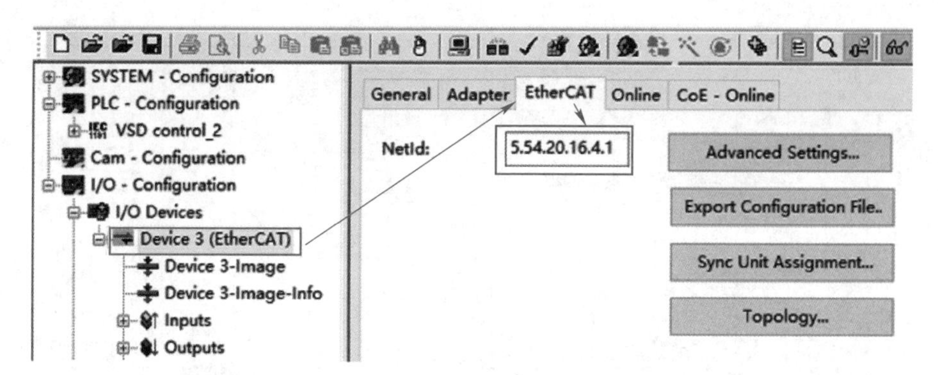

图 5－190　EtherCAT 的 NetId 的位置

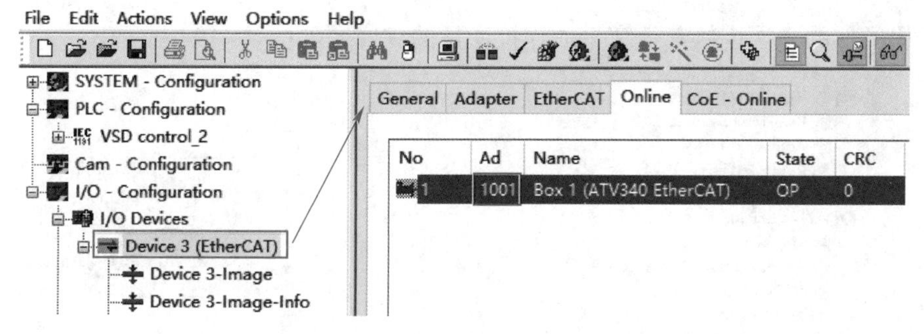

图 5－191　EtherCAT 的从站地址

首先在 System Manager 中添加 PLC 配置文件，用户需要再回到 TwinCAT2 System Manager 软件。在 System Manager 中添加 PLC 配置文件如图 5－192 所示。

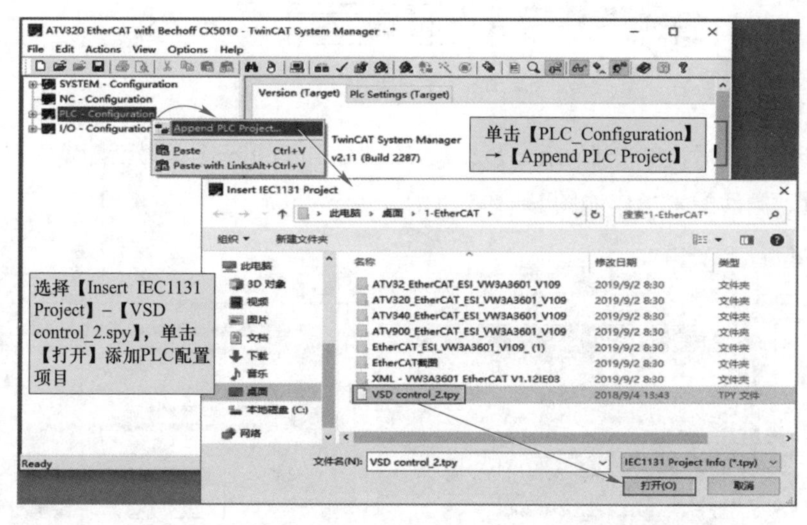

图 5－192　在 System Manager 中添加 PLC 配置文件

建立倍福 PLC 编程中的全局变量与 ATV320 EtherCAT 的配置变量之间的连接，选择要配置的变量【ATV_inpu1_Statusword】→【Change link】，在【Attach Variable ATV_input1_Statusword (Input)】中选择【Status word】，单击【OK】。连接变量的过程如图 5－193 所示。

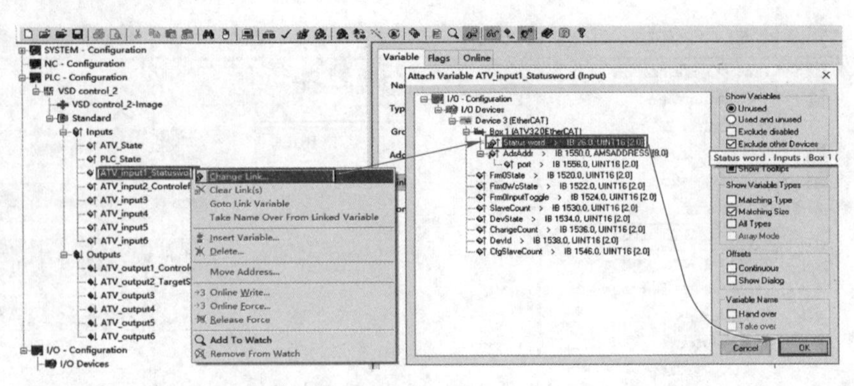

图 5－193　连接变量的过程

采用类似的方法连接其他变量，连接变量的完成图如图 5－194 所示。

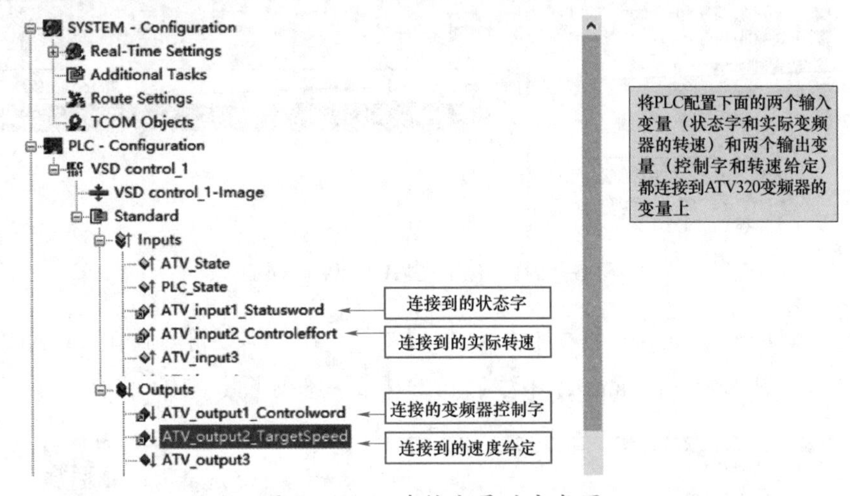

图 5－194　连接变量的完成图

变量连接完成后，单击【Action】→【Active Cofiguration】来激活配置，再选择【是】覆盖旧配置。激活配置操作如图 5－195 所示。

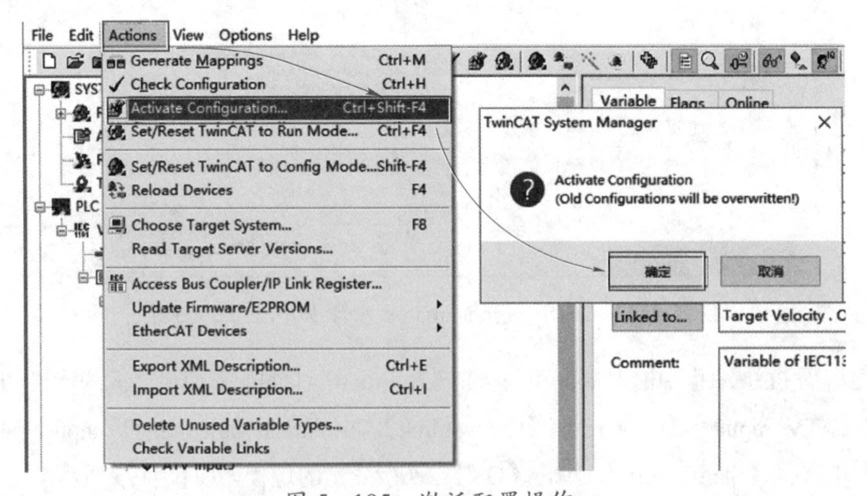

图 5－195　激活配置操作

配置激活后，单击【Action】→【Set/Reset Twin CAT to Run mode】进入运行模式。

随后切换回 TwinCAT PLC Control 软件，选择【Online】→【Choose Run－Time System】运行系统，如图5－196所示。

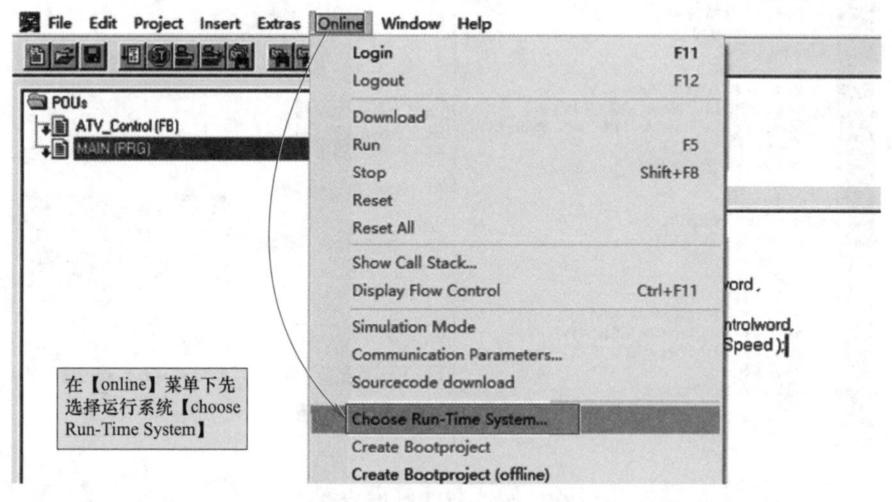

图5－196 运行系统

单击【Online】→【Login】登录，系统会提示控制器上没有项目，选择【是】即可。程序下载完毕后，按【F5】运行程序。

九、EtherCAT通信控制系统的调试

启动前的画面如图5－197所示。

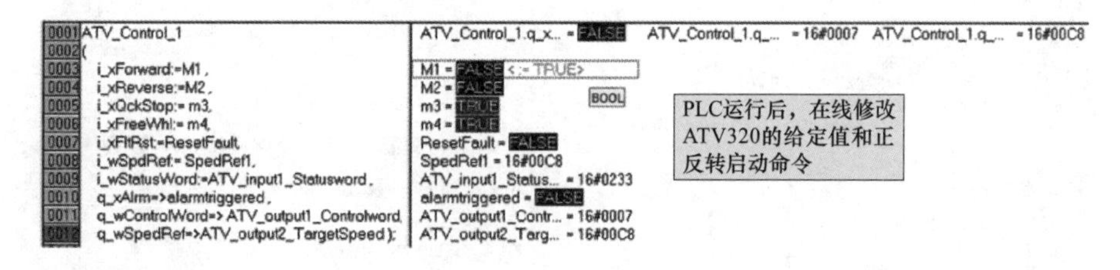

图5－197 启动前的画面

启动后的画面如图5－198所示。

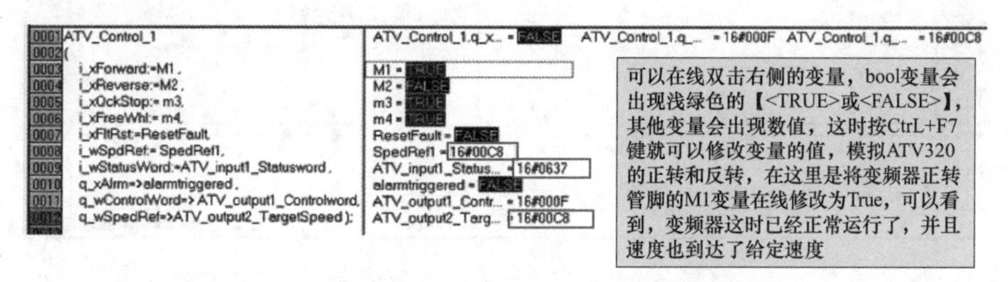

图5－198 启动后的画面

修改加速时间为 5s 的画面如图 5－199 所示。

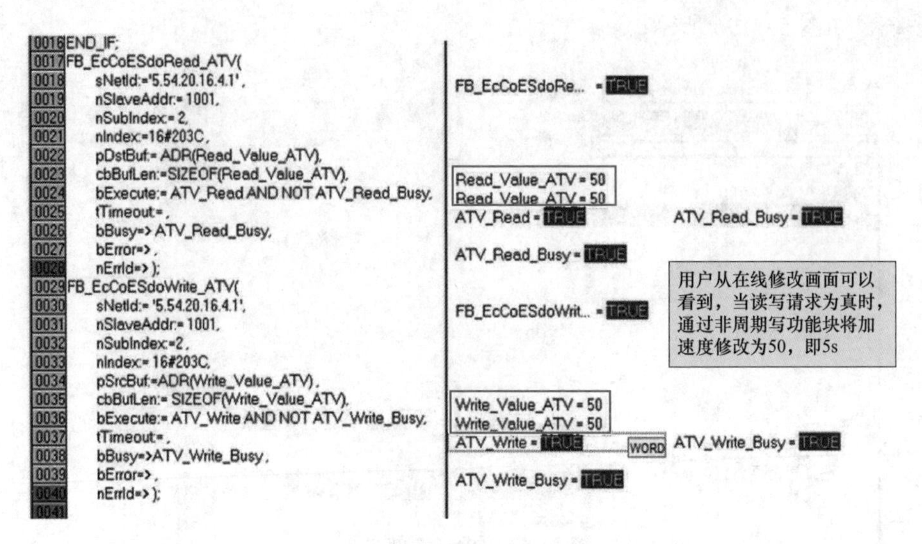

图 5－199　修改加速时间为 5s 的画面

与此类似，也可以将加速时间修改为 7s，即将 Write_Value 修改为 70，会看到 Read_Value 也会变为 70，如图 5－200 所示。在面板的【简单启动】菜单下的加速时间也会变为 7s。

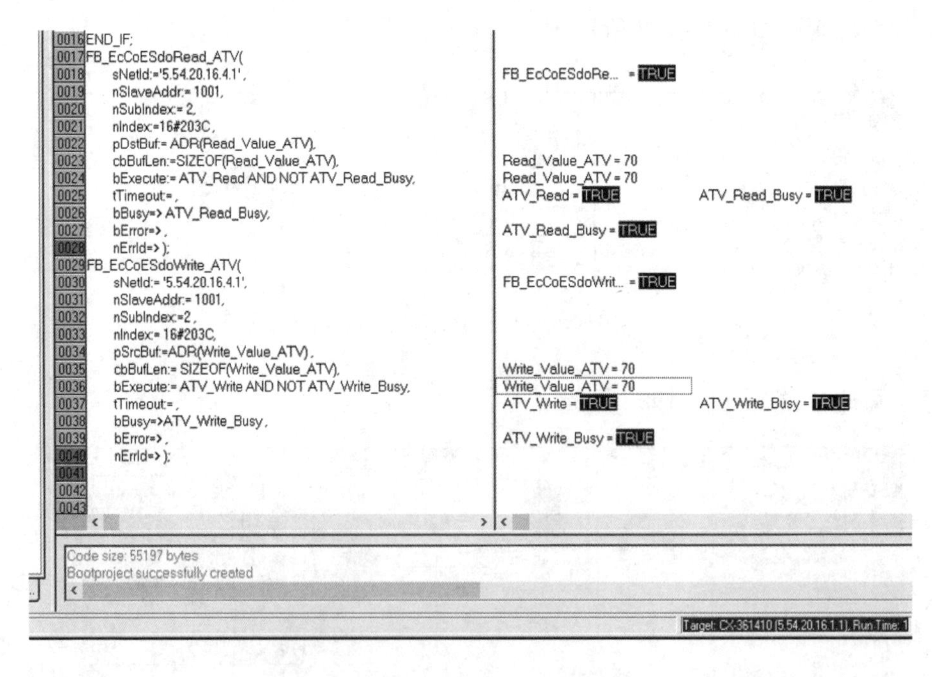

图 5－200　修改加速时间为 7s

单击【Online】→【Create Bootproject】创建启动应用，如图 5-201 所示。

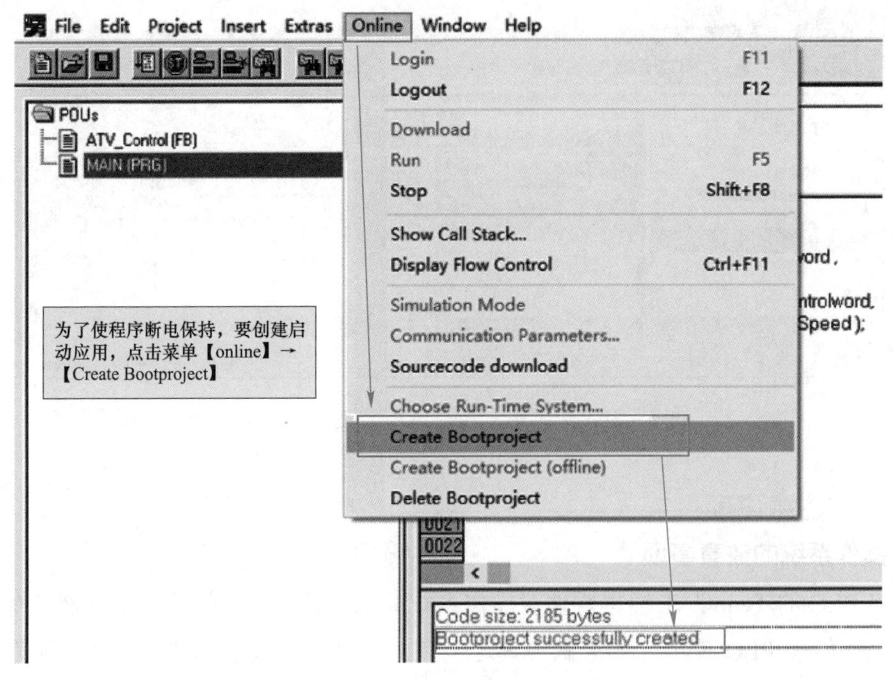

图 5-201 创建启动应用

十、ATV320 的参数设置

ATV320 EtherCAT 的通信设置仅需修改两个参数，一个是给定 1 通道设为通信卡，另一个是 EtherCAT 地址为 1，设置参考频率通道 1 为通信频率给定。ATV320 的参数设置如图 5-202 所示。

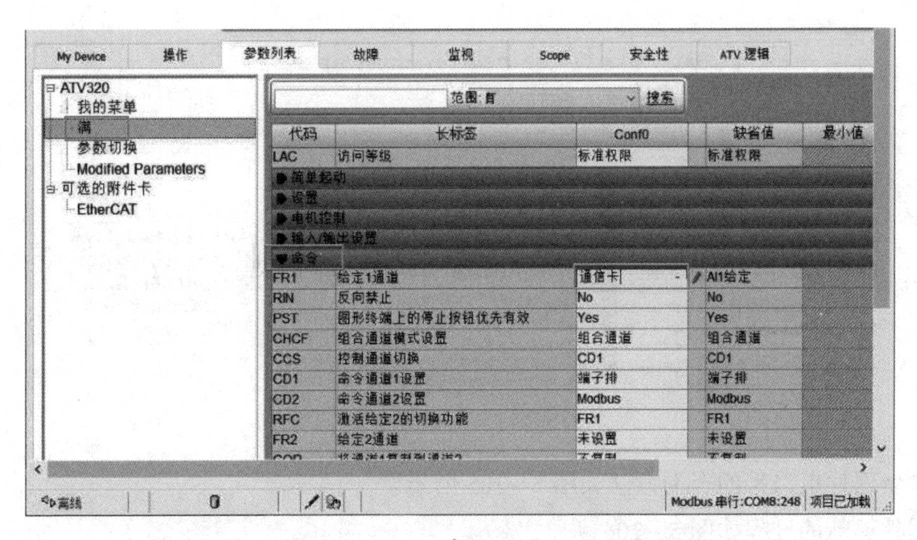

图 5-202 ATV320 的参数设置如图 5-201 所示

设置 EtherCAT 模块的第二地址为 1，如图 5-203 所示。

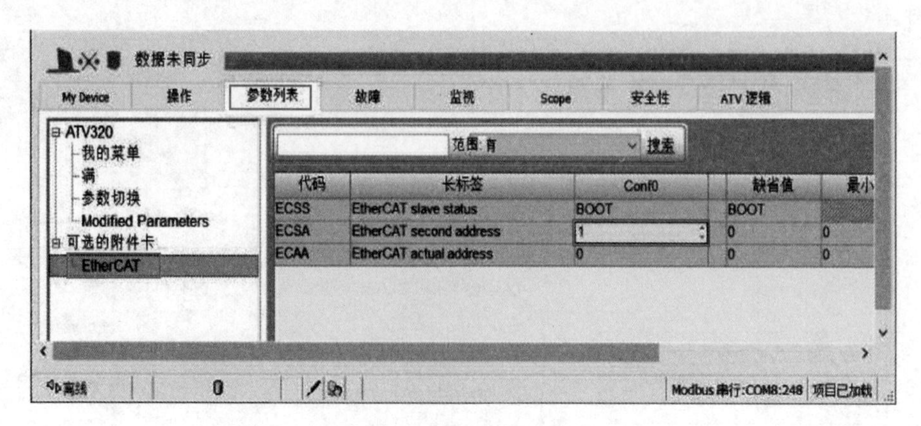

图 5-203 设置 EtherCAT 模块的第二地址

十一、注意事项

1. 操作系统的注意事项

倍福 PLC 的 TwinCAT 编程软件对操作系统要求比较高，因此最好在电脑中有独立的操作系统给倍福 PLC 使用，如果做不到这一点，可以在电脑上安装虚拟机，因为在软件的操作过程中要求 Adminstrator 权限。

2. ATV320 与 TwinCAT 通信卡的配合问题

在实际项目应用中发现 V1.09 版本是比较稳定的版本，不会出现在扫描时在 ATV320 的下方显示不出来 Input 和 Output 变量的问题，如果用户没有这个版本，可以将 TwinCAT 通信卡插到 ATV32 或 ATV320 的通信插槽上，使用通信卡固件升级软件，来更新 TwinCAT 通信卡的固件，刷固件的 EXE 文件，如图 5-204 所示。

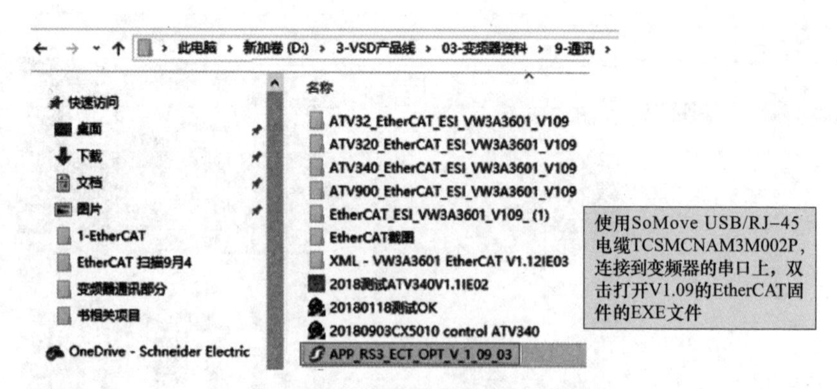

图 5-204 刷固件的 EXE 文件

刷新固件串口号的查询方法如图 5-205 所示。

固件更新的过程如图 5-206 所示。

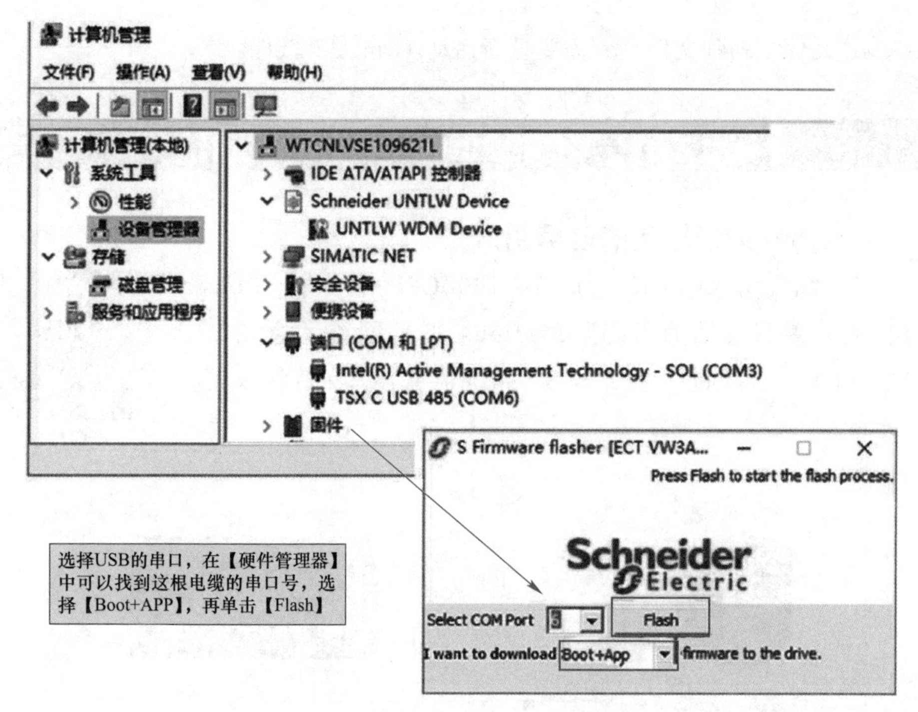

图 5-205　刷新固件串口号的查询方法

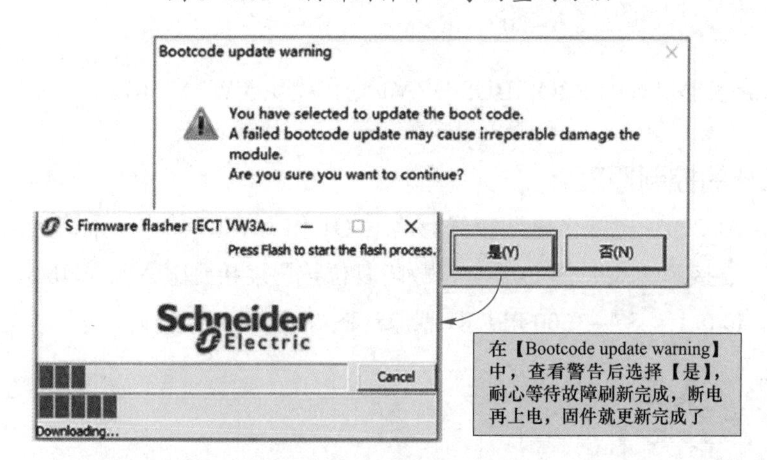

图 5-206　固件更新的过程

3. TwinCAT V2 和 V3 版本复制 XML 文件的区别

TWINCAT 有 V2 和 V3 两个版本。ATV320 的 XML 在 TwinCAT 文件夹上的安装将取决于 TwinCAT 版本。

－TwinCAT2：将变频器 XML 安装在用于插入 TWINCAT V2.xx 的 XML 文件设备的文件夹，即：

C:\ TwinCAT \ Io \ EtherCAT

－TwinCAT3：将驱动器 XML 安装在用于插入 TWINCAT V3.xx 的 XML 文件设备的文件夹中，即：

C:\ TwinCAT \ 3.1 \ Config \ Io \ EtherCAT

将 XML 文件复制到文件夹后需要重新启动 TwinCAT 软件。

第七节　ATV320 的 Profibus 通信

一、Profibus 通信控制的任务引入

本节将详细说明 ATV 320 与 S7－1200CPU 进行 Profibus 通信的参数设置和从站的组态，Profibus 通信网络示意图如图 5－207 所示。若想进一步了解 S7－1200 通信口支持协议请扫描二维码。

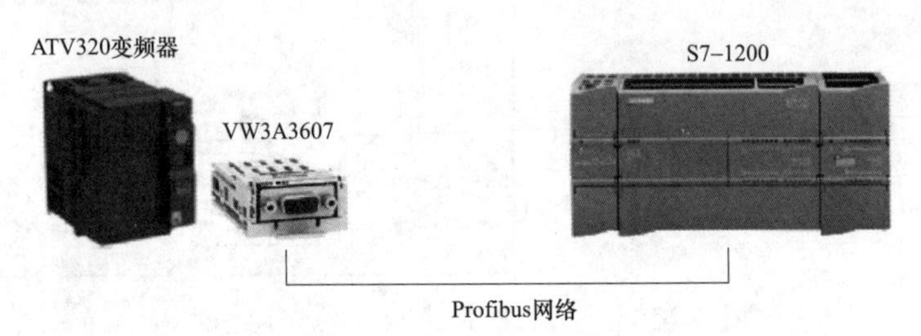

图 5－207　Profibus 通信网络示意图

ATV320 通信模块选配 PROFIBUS DP V1 通信模块 VW3A3607。

二、PLC 的控制原理

本例采用 AC220V 电源供电，空气断路器 Q1 作为 PLC 的电源隔离短路保护开关，启停拨钮 ST1 连接到输入端子 I0.2 上，故障复位按钮连接到输入端子 I0.3，急停按钮连接到输入端子 I0.0 上。S7－1200 PLC 控制原理图如图 5－208 所示。

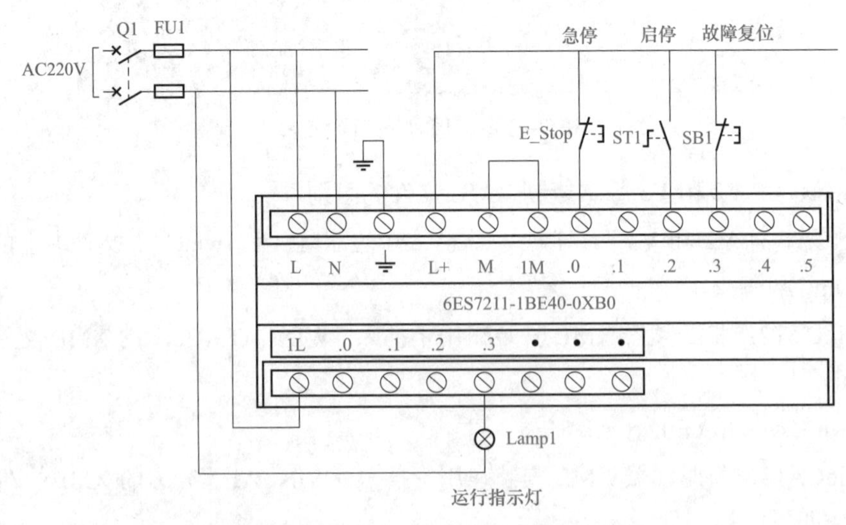

图 5－208　S7－1200 PLC 控制原理图

三、Profibus 通信的项目创建和硬件组态

在西门子 V15 博途编程平台中创建新项目，输入项目名称【ATV 320Profibus 通信】，单击【添加新设备】→【添加新设备】→【控制器】→【6ES7211－1BE40－0XB0】，添加西门子 S7－1200，选择版本 V4.2，单击【添加】。

双击【设备组态】，选择【通信模块】下的 Profibus 主站【CM1243－5】，将其拖放至 CPU 的【101】处。添加 Profibus 主站模块如图 5－209 所示。

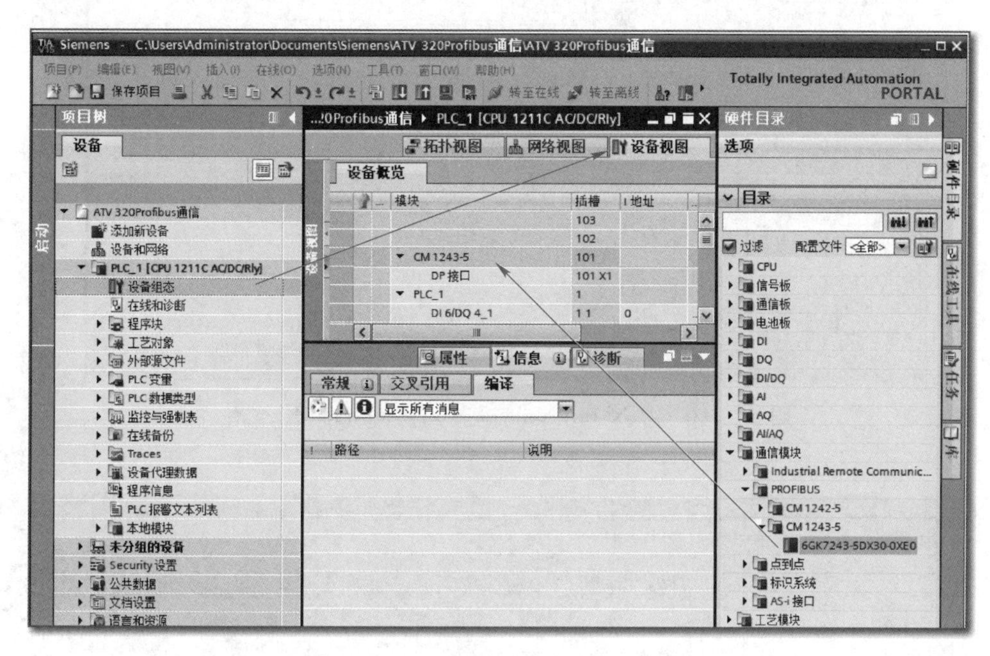

图 5－209　添加 Profibus 主站模块

四、安装 ATV 320 的 GSD 文件

ATV320 的 Profibus 的 GSD 安装文件的下载地址如下：

https://download.schneider－electric.com/files?p_enDocType=GSD+files&p_File_Name=PROFIBUS_DP_GSD_VW3A3607_V1.14.zip&p_Doc_Ref=PROFIBUS_DP_GSD_VW3A3607

单击【选项】→【管理通用站描述文件（GSD）】导入 ProFibus 通信用的 GSDXML 文件，选择【源路径】右侧的【…】，选择 GSDXML 文件所在路径，勾选文件，单击【安装】。导入 ProFibus 通信用的 GSDXML 文件如图 5－210 所示。

GSDXML 文件安装成功后，软件会提示安装完成，单击【关闭】关闭对话框。GSD 文件安装后，TIA 软件会提示成功完成，并自动更新硬件目录。

五、Profibus 网络操作

在项目视图的【设备】下，单击【设备组态】，在【设备视图】中选择 1243－5Profibus 口，单击【常规】→【PROFIBUS 地址】→【添加新子网】，地址为 2，波特率为 1.5Mbit/s

（1.5Mbps）。添加 Profibus 子网如图 5－211 所示。

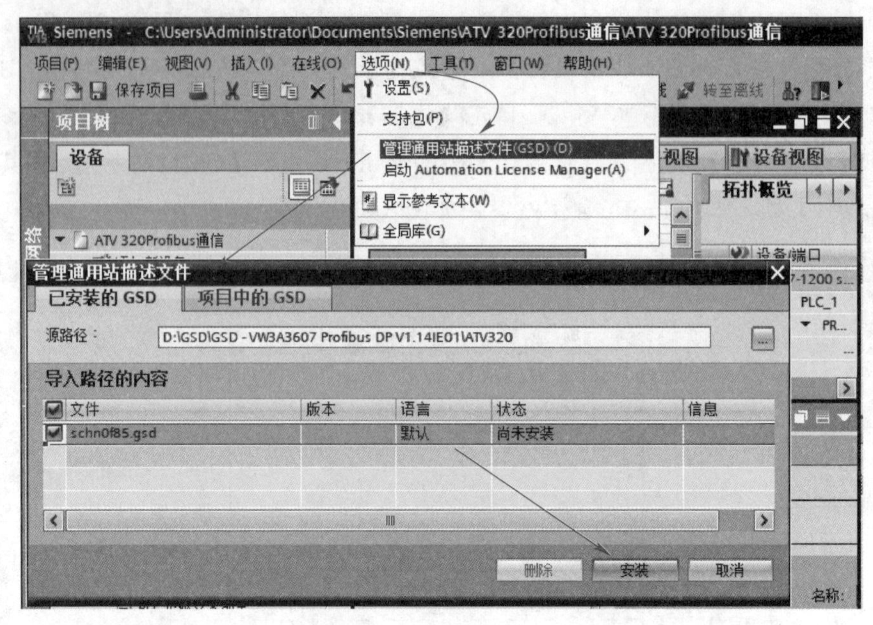

图 5－210　导入 ProFibus 通信用的 GSDXML 文件

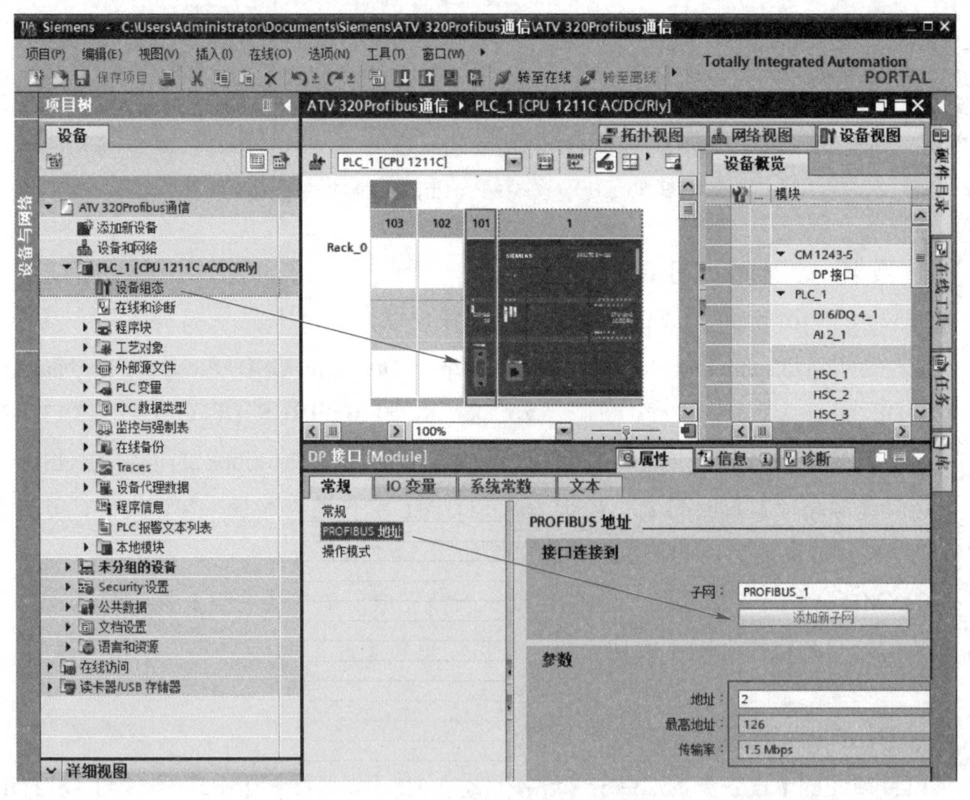

图 5－211　添加 Profibus 子网

组态 Profibus 网络，选择【设备和网络】→【网络视图】，在【硬件目录】中，按以下路径【其他以太网设备】→【PROFIBUS DP】→【Schneider Electric】找到【ATV320】双击添加。将 ATV320 添加到 Profibus 网络中的操作如图 5-212 所示。

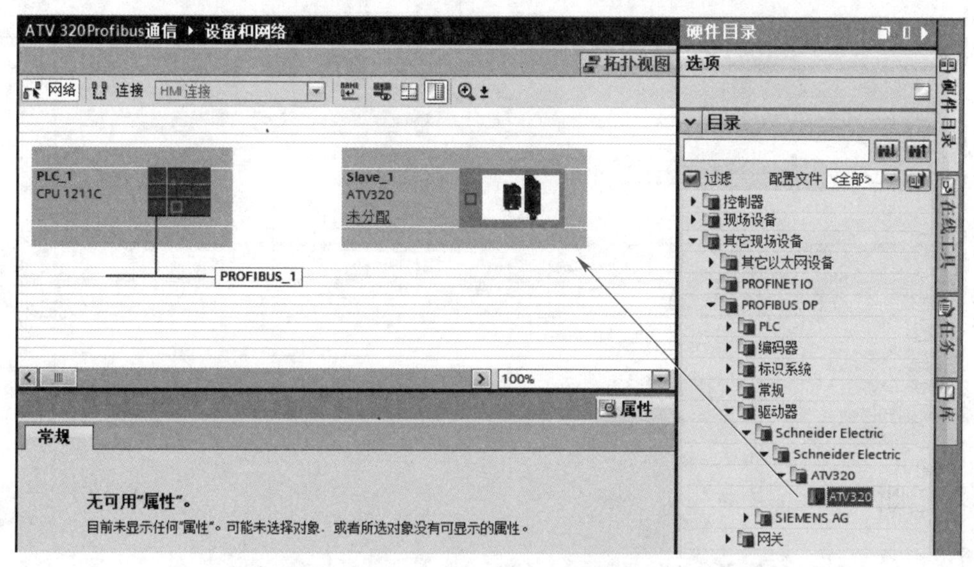

图 5-212 将 ATV320 添加到 Profibus 网络中的操作

选择 ATV 320 上的【未分配】，选择【PLC_1.CM1243-5DP 接口】，也可以采用单击 PROFIBUS 网络线然后拖拽到 ATV320 DP 接口的端口上。连接过程和完成图如图 5-213 所示。

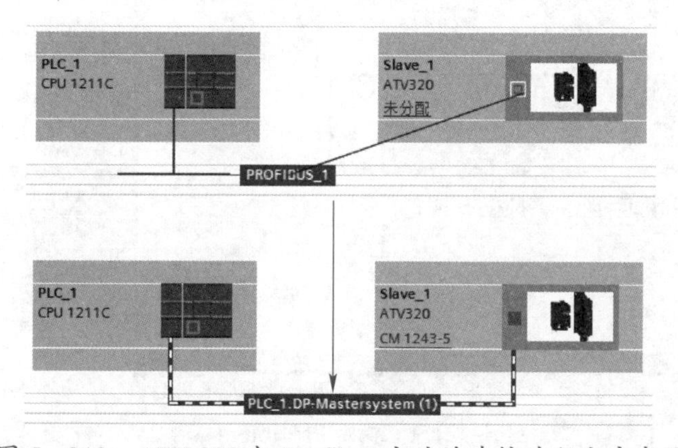

图 5-213 ATV 320 与 Profibus 主站的连接过程和完成图

双击【网络视图】中的 ATV320 的 DP 接口，在 ATV 320 从站 1（Slave_1）的【常规】选项卡中可查看到 DP 的 PROFIBUS 地址为 3，如图 5-214 所示。

用户也可以根据需要添加 Profibus 从站 2，方法与添加从站 1 相同。添加 Profibus 从站 2 如图 5-215 所示。

图 5-214　ATV 320 从站 1 的 PROFIBUS 地址

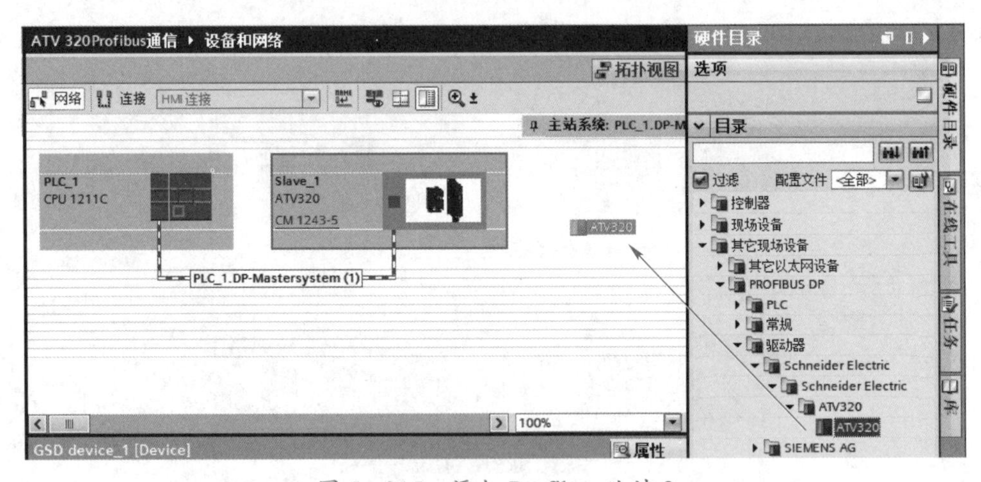

图 5-215　添加 Profibus 从站 2

Profibus 从站 2 的网络连接，单击 DP 通信口将 Profibus 网络线连接到从站 1 的 DP 口即可，如图 5-216 所示。

设置完毕后，Profibus 主站地址为 2，Profibus 从站 1 的网络地址为 3，Profibus 从站 2 的地址为 4。

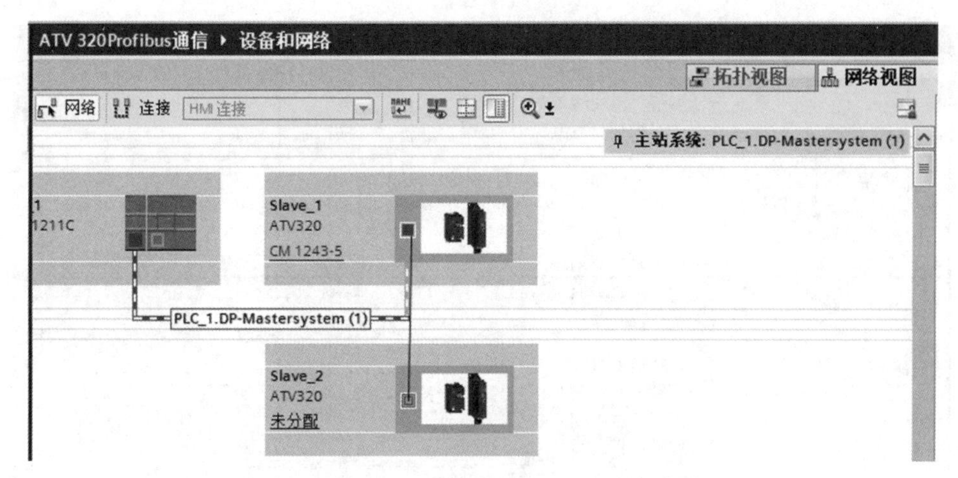

图 5-216　Profibus 从站 2 的网络连接

六、选择 ATV320 使用的报文

ATV 320 的报文说明如下。

（1）报文 100，4 个 PKW 用于参数通道，2 个 PZD 用于过程通道。

（2）报文 101，4 个 PKW 用于参数通道，6 个 PZD 用于过程通道。

（3）报文 102，6 个 PZD 用于过程通道。

双击 ATV 320 选择使用的报文为 101，如图 5-217 所示。

图 5-217　双击 ATV 320 选择使用的报文为 101

报文中，PZD 的使用的变量参数在 ATV 320 的报文中配置，双击【Telegram101】，选择【常规】→【设备待定参数】，在 OCA3～6 设置需要的参数变量地址，在本例中配置的变量为加速时间为 9001；减速时间为 9002；读取的变量是 3204，为电动机电流；变频器的主电源电压为 3007。变频器通信变量的配置如图 5-218 所示。

七、程序的编制

本示例采用组合模式，在 OB1 中调用 ATV_Control 功能块，其中，驱动器的状态字

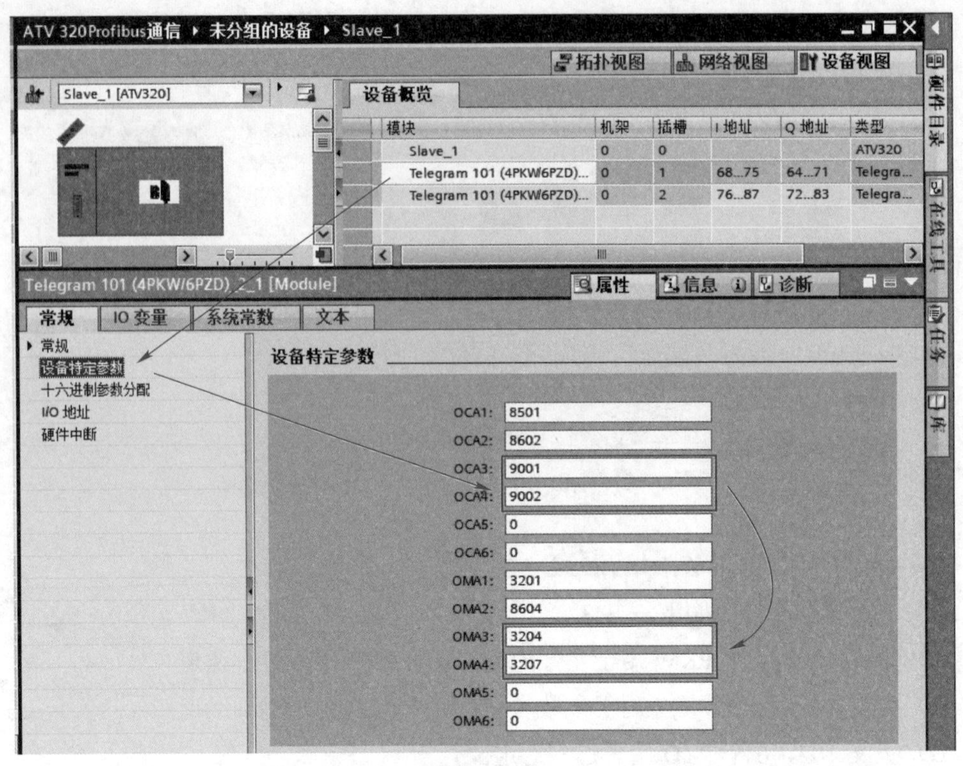

图 5-218　变频器通信变量的配置

是%IW76，时间速度% IW 78，控制字是%QW72，速度给定是%QW74，I0.0 是急停，I0.2 是变频器启动，I0.3 是变频器故障复位，程序中保留了反转的功能块端子，此处为 I0.4，将电动机给定速度设置到 ATV 320 的电动机速度给定上，出厂设置是 1500 对应 50Hz，实际的速度给定与电动机的极对数有关。变频器启动功能块如图 5-219 所示。

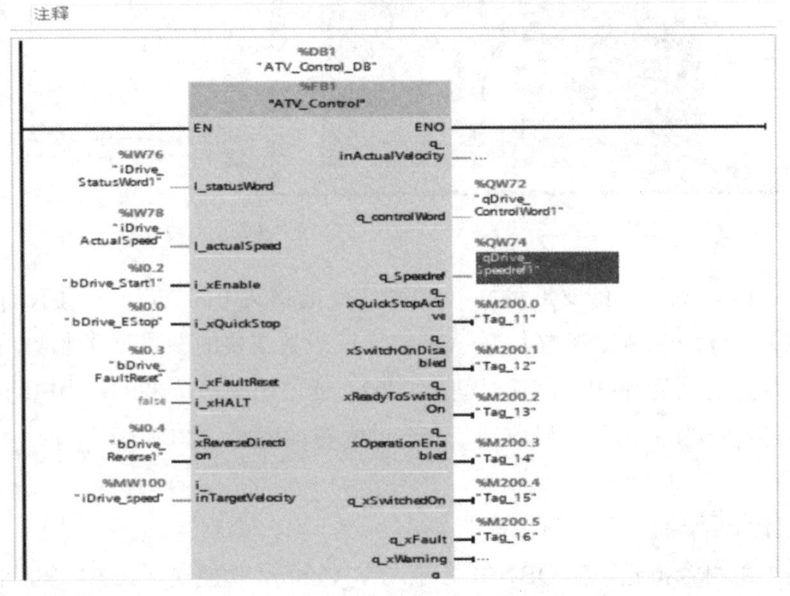

图 5-219　变频器启动功能块

ATV320 控制功能块使用的 FB 块，使用的是 SCL 编程语言，程序首先读取变频器的状态字，将其与 16#7F 相与（CIA402 流程时不考虑伺服的报警位），在每个功能块执行的开始，将功能块的输出位清零。状态字的预处理和功能块的输出清零程序如下：

```
1
2  // ***********************************************************************
3  // 读取ATV的状态字
4
5  #inTempDriveStatus := WORD_TO_INT(#I_statusWord AND 16#007F);
6
7  (* Reset outputs each cycle *)
8  #q_xQuickStopActive := 0;
9  #q_xSwitchOnDisabled := 0;
10 #q_xReadyToSwitchOn := 0;
11 #q_xOperationEnabled := 0;
12 #q_xSwitchedOn := 0;
13 #q_xFault := 0;
14
```

进入 CIA402 状态图的处理过程，程序使用 CASE 语句判断驱动器处于哪个状态，再做相应的处理，驱动器处于 16#40，50 禁止合闸状态时要将控制字写 6 进入准备合闸状态，在准备合闸状态，等待变频器启动的信号，信号到来后控制字发 7。ATV 320 的禁止合闸和准备合闸状态如下：

```
15 CASE #inTempDriveStatus OF
16
17     16#0040:    (* 禁止合闸无动力电 *)
18         #q_xSwitchOnDisabled := 1;
19         #inDummy := #inControlWord AND 16#FFF0;
20         #inControlWord := #inDummy + 16#0006;
21
22     16#0050:    (* 禁止合闸有动力电 *)
23         #q_xSwitchOnDisabled := 1;
24         #inDummy := #inControlWord AND 16#FFF0;
25         #inControlWord := #inDummy + 16#0006;
26
27
28         16#0021,16#0031:    (* 准备合闸 *)
29         #q_xReadyToSwitchOn := 1;
30         IF #i_xEnable THEN
31             #inDummy := #inControlWord AND 16#FFF0;
32             #inControlWord := #inDummy + 16#0007;
33         END_IF;
```

当 ATV 320 的状态字变为 16#33 合闸状态后，如果使能断开，则控制字写 7，把 ATV 320 停止，如果使能接通则发送控制字为 16#F，然后变频器将进入 16#37 运行状态，在此状态中，如果断开使能信号则发送状态 7 停止变频器，如果在运行过程中按下急停，则 ATV 320 状态变为 16#17 急停状态，当急停信号断开后发送 16#0，使 ATV 320 进入禁止合闸状态。CIA 状态图的程序如下：

```
35     16#0033:    (* 合闸 *)
36         #q_xSwitchedOn := 1;
37         IF NOT #i_xEnable THEN
38             #inDummy := #inControlWord AND 16#FFF0;
39             #inControlWord := #inDummy + 16#0007;
40         ELSE
41             #inDummy := #inControlWord AND 16#FFF0;
42             #inControlWord := #inDummy + 16#000F;
43         END_IF;
44
45     16#0037:    (* 运行 *)
46         #q_xOperationEnabled := 1;
47         IF NOT #i_xEnable THEN
48             #inDummy := #inControlWord AND 16#FFF0;
49             #inControlWord := #inDummy + 16#0007;
50         END_IF;
51
52     16#0017:    (* 急停 *)
53         #q_xQuickStopActive := 1;
54         IF NOT #i_xQuickStop THEN
55             #inDummy := #inControlWord AND 16#FFF0;
56             #inControlWord := #inDummy + 16#0000;
57         END_IF;
58
59
60
61     ELSE
62         #q_xFault := 0;
63         #inControlWord := 0;
64         #inTempDriveStatus := 0;
65 END_CASE;
```

程序还提取状态字的故障位用于功能块的输出，提示 ATV320 已经报警，在按下急停按钮后，将发送控制字 2，使 ATV320 进入急停状态。

当按下故障复位按钮，则程序发送控制字的值 16#80 对 ATV320 的故障进行复位。急停和故障处理程序如下：

```
66  (*故障的显示*)
67  #inTempDriveStatus_1 := WORD_TO_INT(#I_statusWord AND 16#000F);
68 ⊟IF #inTempDriveStatus_1 = 16#0008 THEN   (* 故障 *)
69      #q_xFault := 1;
70  ELSE
71      #q_xFault := 0;
72  END_IF;
73
74  (* 急停的处理 *)
75 ⊟IF #i_xQuickStop THEN
76      #inDummy := #inControlWord AND 16#FFF0;
77      #inControlWord := #inDummy + 16#0002;
78
79
80
81  END_IF;
82
```

```
83    (* 故障复位 *)
84  IF #i_xFaultReset THEN // Bit 7
85      #inControlWord := #inControlWord OR 16#0080;// 1;
86  ELSE
87      #inControlWord := #inControlWord AND 16#FF7F;//0;
88  END_IF;
89
90    (* HALT *)
91  IF #i_xHALT THEN
92      #inControlWord := #inControlWord OR 16#0100;
93  ELSE
94      #inControlWord := #inControlWord AND 16#FEFF;
95  END_IF;
96
97    (* 反转 *)
98  IF #i_xReverseDirection THEN // Bit 11
99      #inControlWord :=#inControlWord OR 16#0800;
100 ELSE
101     #inControlWord := #inControlWord AND 16#F7FF;
102 END_IF;
```

功能块还对状态字的其他位状态进行了提取。ATV320 其他状态的程序如下：

```
104 // 其他状态字信息
105 // 警告位7
106 #woDummy:=#I_statusWord AND 16#0080;
107 IF #woDummy > 0 THEN
108     #q_xWarning := TRUE;
109 ELSE
110     #q_xWarning := FALSE;
111 END_IF;
112 // 远程位bit9
113 #woDummy := #I_statusWord AND 16#0200;
114 IF #woDummy > 0 THEN
115     #q_xRemote := TRUE;
116 ELSE
117     #q_xRemote := FALSE;
118 END_IF;
119 // 速度到达bit10
120 #woDummy := #I_statusWord AND 16#0400;
121 IF #woDummy > 0 THEN
122     #q_xTargetReached := TRUE;
123 ELSE
124     #q_xTargetReached := FALSE;
125 END_IF;
126 // 内部限位激活 11
127 #woDummy := #I_statusWord AND 16#0800;
128 IF #woDummy > 0 THEN
129     #q_xInternalLimitActive := TRUE;
130 ELSE
131     #q_xInternalLimitActive := FALSE;
132 END_IF;
133 // 停止按键 Bit 14
134 #woDummy := #I_statusWord AND 16#4000;
135 IF #woDummy > 0 THEN
136     #q_xStopViaStopKey := TRUE;
137 ELSE
138     #q_xStopViaStopKey := FALSE;
139 END_IF;
140 // 旋转方向bit 15
141 #woDummy := #I_statusWord AND 16#8000;
142 IF #woDummy > 0 THEN
143     #q_xDirectionOfRotation := TRUE;
144 ELSE
145     #q_xDirectionOfRotation := FALSE;
146 END_IF;
147
148 //  ATV速度给定带符号
149 #q_controlWord := #inControlWord;
150 #q_Speedref := #i_inTargetVelocity;
```

八、ATV320 的参数设置

将【完整菜单】→【命令】下的参数【给定 1 通道】设置为【通信卡】。ATV 320 给定通道的参数设置如图 5-220 所示。

代码	名称 / 说明	调节范围	出厂设置
FuLL	[全部](续)		
CtL-	[命令]		
Fr1	[给定 1 通道]		[AI1](A11)
A11	[AI1](A11)：模拟输入 A1		
A12	[AI2](A12)：模拟输入 A2		
A13	[AI3](A13)：模拟输入 A3		
LCC	[图形终端](LCC)：图形显示终端或远程显示终端源		
Mdb	[Modbus](Mdb)：集成的 Modbus		
CAn	[CANopen](CAn)：集成的 CANopen®		
nEt	[通信卡](nEt)：通信卡(如果插入)		
PI	[RP 脉冲输入](PI)：脉冲输入		
AIu1	[虚拟 AI1](AIu1)：使用微调刻度盘的虚拟模拟输入 1(仅在[组合模式](CHCF)没有被设置为[组合通道](SIM)时才可用)		
OA01	[OA01](OA01)：功能块：模拟输出 01		
...	...		
OA10	[OA10](OA10)：功能块：模拟输出 10		

图 5-220　ATV 320 给定通道的参数设置

在【通信】→【Profibus】设置 Profibus 的从站地址为 3，设置完成后将 ATV320 断电再上电。如果系统中配置了第二台 ATV320，建立了第二个从站，那么 Profibus 的从站地址【地址】为 4。从站 2 的 Profibus 地址如图 5-221 所示。

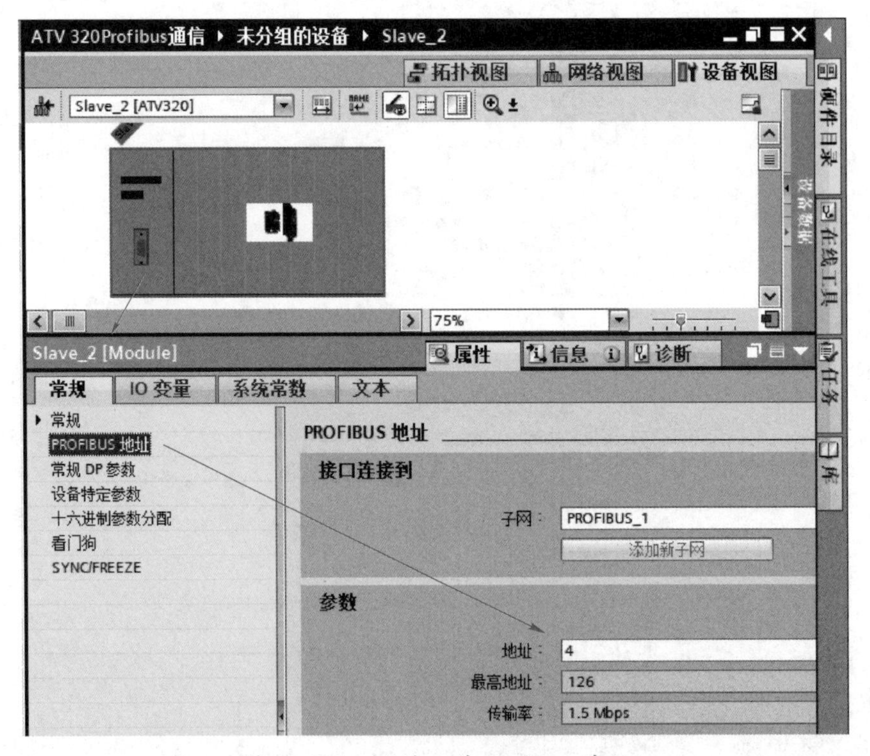

图 5-221　从站 2 的 Profibus 地址

九、Profibus 通信控制系统的调试

连接好线后，将泵启动的逻辑输入端子 I0.2 接通，同时将急停按钮 I0.0 保持为高电平，同时将 ATV 320 的速度给定设为 500，此时可以看到变频器的给定频率为 16.7Hz，变频器将启动时间输出频率达到给定频率，断开将泵启动的逻辑输入端子 I0.2，变频器将停止。

当ATV320出现故障，如缺相故障时，可以通过按下故障复位按钮I0.3，来复位ATV320的故障。

十、注意事项

1. ATV320 变量的类型

ATV 320 通信变量的访问类型有只读 R、在停止时可读写 R/W/S 和在任何时候都可读写 RW 这 3 种，如图 5－222 所示。

1	Code	Name	Logic address	CANopen	DeviceNet path	Category	Access
724	ETAD	DRIVECOM : Status word	16#219B = 8603	16#2038/4	16#8C/01/04 = 140/01/04	Status parameters	R
725	FTO	Ovld time Before Restart	16#3857 = 14423	16#2072/18	16#A9/01/18 = 169/01/24	Configuration and settings	R/W
726	FTU	Unld Time Before Restart	16#384D = 14413	16#2072/E	16#A9/01/0E = 169/01/14	Configuration and settings	R/W
727	HSC	High Speed Counter	16#33FC = 13308	16#2067/9	16#A3/01/6D = 163/01/109	History parameters	R
728	IL1I	Logic inputs physical image (bit0 = LI1 ...)	16#1451 = 5201	16#2016/2	16#7B/01/02 = 123/01/02	I/O parameters	R
729	IPAD	Detected fault code	16#FB18 = 64280			Communication parameters	R
730	LOC	Ovld Threshold Detection	16#3859 = 14425	16#2072/1A	16#A9/01/1A = 169/01/26	Configuration and settings	R/W
731	PFL	U/F Profile	16#2598 = 9624	16#2042/19	16#91/01/19 = 145/01/25	Configuration and settings	R/W
732	SPD	Motor speed	16#2EE4 = 12004	16#205A/5	16#9D/01/05 = 157/01/05	Actual values parameters	R
733	TQB	Pulse without Run delay	16#3910 = 14608	16#2074/9	16#AA/01/09 = 170/01/09	Configuration and settings	R/WS

图 5－222　ATV320 的通信变量的访问类型

（1）只读型变量在变量表中的标志是 R，这类变量一般是变频器的状态，如变频器的电压、电流、实际速度、实际运行频率等，这类变量只能读取，不能写入。值得注意的是读取变量 OMA 的参数选择没有限制，但是在写入变量 OCA 的参数选择中，要注意不要使用只读类型或者在停止时可读写变量类型，使用只读类型的变量会报通信错误（因为只读型变量是不允许写入的），严重的会使通信中断。

（2）在停止时可以读写 R/W/S 这类变量，包括电动机的额定电流、额定功率、额定转速等参数，这些参数在变频器运行时是不能写入的。因此，不能在 OCA 写入 PZD 过程数据配置停止型读写变量，因为 PZD 写入过程数据在每一个通信数据交换中都会由 PLC 写入到驱动器，如果在 OCA 中设置了这些数据会导致通信出错，如果需要写入这些输入，应使用 PKW 非周期读写方式，并且应在判断变频器处于停止的基础上，使用参数通道 PKW 进行这类参数的写入工作。

（3）最后一类是任何时候都可读写 RW，这部分变量因为在运行时也可以写入，比较典型的包括加速时间、减速时间等，在应用中这类变量碰到的问题比较少，主要是重复设置出现的问题。

2. ATV320 的通信卡的固件版本和 GSD 文件

ATV320 的 GSD 文件应与通信卡的固件版本相同，目前最新的通信卡的版本是 V1.14IE01 或 1.EIE01，如果通信卡的版本低于 V1.14，可以使用 SoMove 连接线将 Profibus 卡升级。

使用 VW3A3607V1.4 固件刷新软件可以将卡升级，在停止状态下，选择 APP+Boot 刷新通信卡。刷新固件版本的界面如图 5－223 所示。

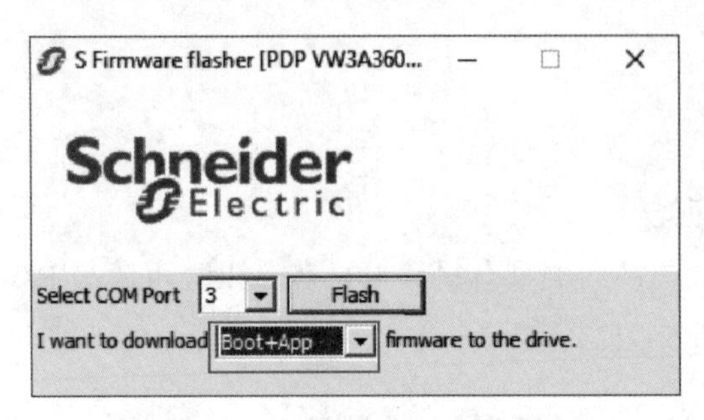

图 5－223　刷新固件版本的界面

3. ATV320 替换 ATV32 的参数

当使用 ATV320 替换 ATV32 时，从 ATV320 V2.9ie34 固件版本以后，变频器新增了一个参数可以让 ATV320 在 Profibus 作为 ATV32 来使用，需要使用参数 ntID 设为 ATV32，设置后断电再上电使设置生效。ATV320 替换 ATV32 的参数如图 5－224 所示。

代码	名称 / 说明	调节范围	出厂设置
CoM-	[通信]（续）		
ntid	[现场总线标识符选择] • 使用此参数，可通过网络将 ATV320 变频器识别为 ATV320 或 ATV32。 • 对设置值进行的更改在变频器重启后生效。 • 此参数不是变频器配置的一部分，无法传输此参数。 • 出厂设置不会修改此参数的设置值。		-
320	[ATV320]（320）：网络将变频器识别为 ATV320。		
32	[ATV32]（32）：网络将变频器识别为 ATV32。		

图 5－224　ATV320 替换 ATV32 的参数

第一节 ATV320 的调试

一、ATV320 安装前的操作

（1）检查变频器。首先检查印刷在标签上的变频器型号是否与订货单中变频器型号相符，然后从包装箱中取出 ATV320，检查是否在运输过程中发生了损坏。扫描二维码可进一步了解变频器的安装和散热相关内容。

（2）检查线电压。检查 ATV320 的电源电压范围是否与供电电压相同。

（3）安装变频器。确认 ATV320 处于断电状态下，然后按照说明书安装变频器，安装所有必需的选件。

（4）连接变频器线路。连接电动机，确保与进线电压匹配，确保动力线的电动机输出侧和电源进线侧没有装反。确保电源断开后连接电源，连接控制部件。

二、ATV320 上电前的操作

ATV320 在上电时，为防止出现变频器意外启动，上电前必须确保变频器所有的逻辑输入端子都没有接通 DC24V 电源，并且在接通主电源后不要发出运行命令。扫描二维码可进一步了解安装前的安全提醒。

三、强制本地模式

强制本地模式一般用于将通信控制强制到端子控制，也可作为给定通道和命令通道切换的一种方法，它的参数在【通信】菜单中设置。

这里需要注意的是，如果【组合模式】的设置是【I/O 模式】，则强制本地模式不能使用。

当【组合模式】的设置是【组合通道】或【隔离通道】时，可使用变频器本体或 I/O 扩展点的逻辑输入激活强制本地模式，这样可实现从通信控制变频器到逻辑 I/O 点控制变频器的转换。

强制本地模式激活后，变频器的速度给定由【强制本地给定】参数中的设置决定。

【强制本地超时】用来设置离开强制本地模式后，通信监视重新开始之前的延时。

四、ATVlogic 启动程序

ATVlogic 可以在编程界面中的工具栏中使用启动/停止（运行）按钮。工具栏中的启动/停止按钮如图 6-1 所示。

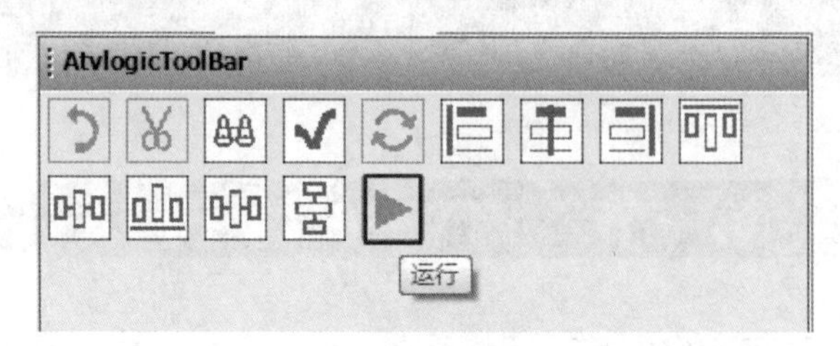

图 6-1　工具栏中的启动/停止按钮

可以将 FB 启动模式设置为 yes，在编程界面启动功能块后，变频器的功能块将在下次上电自动运行。也可以将功能块启动方式设置为某个逻辑输入点，功能块将在该逻辑输入点为真时功能块运行，详细的功能块启动行为表见表 6-1。

表 6-1　　功能块启动行为表

	FbCd [FB 命令]	FbrM [FB 启动模式]	FB 行为
上电	停止	No	停止
	停止	Yes	自动运行
	停止	LIx	在逻辑输入点的上升沿运行
修改 FbrU	停止	XX → No	停止
	停止	XX → Yes	没影响，仅在下次启动时考虑
	停止	XX → LIx	在逻辑输入点的上升沿运行
FbCd 启动	停止 → 启动	No	运行
	停止 → 启动	Yes	运行
	停止 → 启动	LIx	在 LI 的上升沿运行
FbCd 停止	启动 → 停止	XX	停止
下载结束/工厂默认设置	停止	No	停止
	停止	Yes	停止
	停止	LIx	在逻辑输入点的上升沿运行
逻辑 LI 的下降沿	启动	LIx	停止

值得注意的是，当功能块运行后，变频器在运行时不能修改的参数将不允许修改，如电动机参数等，也不允许回到出厂设置。如果希望修改这些参数，必须先停止功能块的执行。

第二节 ATV320 的故障处理和报警与检修

一、故障和报警的分类

一般来说，ATV320 故障或报警可以分为变频器故障或报警、安全类故障或报警、变频器接口故障和电动机故障 4 种。

二、变频器的运行不正常与解决方案

电动机不转、电动机反转、转速与给定偏差太大、变频器加速/减速不平滑、电动机电流过高、转速不增加是调试时最常碰到的问题。常见故障与解决方案见表 6-2。

表 6-2 常见故障与解决方案

故障点	变频器和相关的检查内容
电动机不转	1. 变频器供电是否正确、电动机接线正确，变频器的电源指示灯是否正常，检查启动前，变频器是否在准备好 rdy； 2. 检查 STO 安全回路接线、检查端正上是否有自由停车、快速停车等设置； 3. 运行信号检查，如果未上电前，就接通运行端子，要将【2 线类型】(tCt) 设为【0/1 电平】(LEL)；检查正反转是否同时给出；采用什么方式控制变频器，运行信号是否到达；模拟量接线是否正确、通信给定是否正确； 4. 电动机状态检查，负载是否过大、电流限幅是否过小导致电动机卡死； 5. 确认变频器的状态；是否存在未处理的故障
电动机反转	1. 可通过调整电动机的 U、V、W 的其中两相来调整电动机的旋转； 2. 果与其他控制要求不冲突，更换正反转接线也可以使用； 3. 如果是通信控制，修改正反转程序； 4. 使用 ATVlogic 修改正反转（对人员的要求比较高）
转速与给定偏差太大	1. 频率给定是否正确； 2. 频率给定是否有干扰； 3. 参数设定是否有问题；检查高速频率、低速频率的设置； 4. 负载是否太重；检查电动机电流确认
变频器加减速不平滑	1. 加减速设置是否太小； 2. 电动机铭牌参数是否没有设定，是否没做自整定； 3. 如果是标准控制模式，可将 SPGU、SLP 设成 0 看看是否为参数问题； 4. 如果设置的是矢量控制模式，可以尝试调整速度环比例、积分和滤波； 5. 减速自适应设为 No； 6. 检查是否 UFR 是否设置得过大； 7. 选型是否有问题，负载是否过大

续表

故障点	变频器和相关的检查内容
电动机电流太大	1. 负载是否过重、卡死； 2. 变频器或电动机是否选型过小； 3. UFR 设置值是否太高
转速不增加	1. 上限频率设置是否不正确； 2. 负载是否过大； 3. UFR 设置值是否太高，是否未做电动机自整定

三、通过参数设置来排除故障和报警

变频器检测到故障信号，即进入故障报警显示状态，闪烁显示故障代码。

由于变频器的很多故障或报警是源于参数设置不当，典型的例子就是没有输入电动机铭牌参数并做自整定，当使用矢量模式时要根据速度环参数进行优化，因此通过参数设置来消除故障报警这是一种最简单的办法。

如果电动机启动前不是静止状态，要在故障菜单中激活【飞车启动】。

当设置了自动重启动功能时，由于电动机会在故障停止后突然再启动，所以用户应远离设备。

使用中文操作面板上的【STOP】键（默认情况已经被设定有效）可以停止变频器，但是特殊情况仍应使用紧急停止开关，并将急停开关连接的端子功能设为快速停车。

如果故障复位是使用外部端子进行设定，两线制类型设成【0/1 电平】，当故障被复位后，运行命令如果为真，变频器将会发生启动。用户需要提前检查运行命令是否已经断开，否则可能发生机械伤人或损坏设备等事故。ATV320 电压相关门限列表见表 6-3。

表 6-3　　ATV320 电压相关门限列表

ATV320	VMAX	OBF	OBR	BRA	OSFH	OSFL	USFH	USFL
200V AC	448V DC	415V DC	395V DC	385V DC	380V DC	375V DC	195V DC	160V DC
400V AC	921V DC	880V DC	820V DC	800V DC	790V DC	780V DC	370V DC	300V DC

四、ATV320 的日常维护和定期检查

由于温度、湿度、尘埃、振动等使用环境的影响，变频器会因为内部零部件长年累月的变化、寿命降低等原因而发生故障，为了防患于未然，必须进行日常维护和定期检查。变频器的日常维护和定期检查内容见表 6-4。另外，变频器的冷却风扇一般寿命要低于变频器本体，要及时检查，发现问题及时更换。

表 6－4　　　　变频器的日常维护和定期检查内容

检查地点	检查项目	检查内容	周期			检查方法	标准	测量仪表
			每天	1年	2年			
全部	周围环境	是否有灰尘； 环境温度和湿度是否足够	0			参数注意事项	温度：-10～+40℃； 湿度：50%以下没有露珠	温度计 湿度计
	设备	是否有异常振动或者噪声	0			看，听	无异常	
	输入电压	主电路输入电压是否正常	0			测量在端子R、S、T之间的电压		数字万用表/测试仪
主电路	全部	高阻表检查（主电路和地之间）：有固定部件活动； 每个部件有无过热的迹象		0	0	变频器断电，将端子R、S、T、U、V、W短路，在这些端子和地之间测量；紧固螺钉；肉眼检查	超过5MΩ；没有故障	直流 500V类型高阻表
	导体配线	导体是否生锈；配线外皮是否损坏		0		肉眼检查	没有故障	
	端子	有无损坏		0		肉眼检查	没有故障	
	IGBT 模块/二极管	检查端子间阻抗			0	松开变频器的连接和用测试仪测量R、S、T<->P、N和U、V、W<->P、W之间的电阻	符合阻抗特性	数字万用表/模拟测量仪
	电容	是否有液体渗出；安全针是否突出；有没有膨胀	0	0		肉眼检查/用电容测量设备测量	没有故障，超过额定容量的85%	电容测量设备
	继电器	在运行时是否有抖动噪声；触点有无损坏		0		听检查/肉眼检查	没有故障	
	电阻	电阻的绝缘有无损坏；在电阻器中的配线有无损坏（开路）		0		肉眼检查； 断开连接中的一个。用测试仪测量	没有故障；误差必须在显示电阻值的±10%以内	数字万用表/模拟测试仪
控制电路保护电路	运行检查	输出三相电压是否不平衡：在执行预设错误动作后是否有故障显示		0		测量输出端子U、V、W之间的电压短路和打开变频器保护电路输出	对于200V（400V）类型来说，每相电压差不能超过4V（6V）；根据次序，故障电路起作用	数字万用表/校正伏特计
冷却系统	冷却风扇	是否有异常振动或者噪声连接区域是否有松动	0	0		关断电源后用手旋转风扇，并紧固连接	必须平滑旋转，且没有故障	
显示	表	显示的值正确否	0	0		检查在面板外部的测量仪的读数	检查指定和管理值	伏特计/电能表等
电机	全部	是否有异常振动或者噪声；是否有异常气味	0			听/感官/肉眼检查过热或者损坏	没有故障	
	绝缘电阻	高阻表检查（在输出端子和接地端子之间			0	松开U、V、W连接和坚固电机配线	超过5MΩ	500V 类型高阻表

五、变频器的检修方法

1. 测量电动机和电动机电缆的绝缘

使用绝缘电阻表（摇表）检查电动机电缆和电动机的绝缘，400V 电动机的绝缘电阻要求至少 1MΩ，比较好的电动机都能达到 10MΩ以上。

2. 变频器的主电路

（1）ATV320 本身测绝缘方法。一般情况下，不推荐测量变频器的绝缘。如果怀疑变频器的绝缘有问题，要将变频器到电动机的连接线断开，并将变频器的电源进线断开，然后将电源输入端子和电机线端子和直流母线端子 PA、PC 都连接起来，再用绝缘电阻表测量绝缘电阻，测量绝缘电阻的电路如图 6－2 所示。

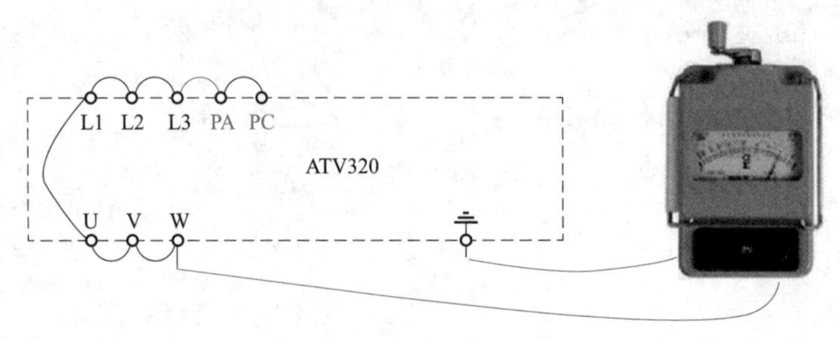

图 6－2　测量绝缘电阻的电路

绝缘电阻表的电压不要超过 500V DC，测量的阻值高于 0.5MΩ为合格。

（2）测电流。ATV320 的输入和输出电流都含有各种高次谐波成分，所以建议选用专用的可以测量谐波含量的专用仪表。

（3）测电压。ATV320 输入侧的电压是电网的正弦波电压，可以使用任意类型的仪表进行测量，输出侧的电压是方波脉冲序列，也含有许多高次谐波成分，由于电动机的转矩主要和电压的基波有关，所以测量时最好专用示波器或者采用整流式仪表。

（4）测波形。测波形用示波器，当测量主电路电压和电流波形时，必须使用高压探头，如果使用低压探头，必须使用互感器或其他隔离器进行隔离。

3. 测量变频器的控制电路

（1）仪表选型。由于控制电路的信号比较微弱，各部分电路的输入阻抗较高，所以必须选用高频（100kΩ以上）仪表进行测量，如使用数字式仪表等。如果使用普通仪表进行测量，读出的数据将会偏低。

（2）示波器选型。测量波形时，可以使用 50～100MHz 的示波器，如果测量电路的过渡过程，则应该选用 200MHz 以上的示波器。

（3）公共端的位置。控制电路有许多公共端，理论上说，这些公共端都是等电位的，但为了使测量结果更为准确，应该选用与被测点最为接近的公共端。

4. 模块测量

在检查电力电子设备之前，确保在直流母线上没有危险的电压。所以请注意以下安全提示：① 断开主电源电压；② 等待电容放电。

查电源部件时，建议采用以下步骤：① 断开电源线和电动机线；② 使用具有二极管测试功能的万用表测试二极管，晶闸管和 IGBT。

（1）整流二极管、IGBT 的测量。整流二极管、IGBT 的测量使用数字万用表在二极管测试模式下进行，以检查整流二极管和 IGBT 有没有短路。仪表测量所得的绝对值并不重要，因为测量值与使用的万用表密切相关，测量值的均匀性更为重要。可以通过测量 24 项包括输入的二极管与直流正负的通断以及直流母线正负与输出 U、V、W 的阻值来检测变频器的二极管和 IGBT。检测整流二极管和 IGBT 的电路如图 6－3 所示。

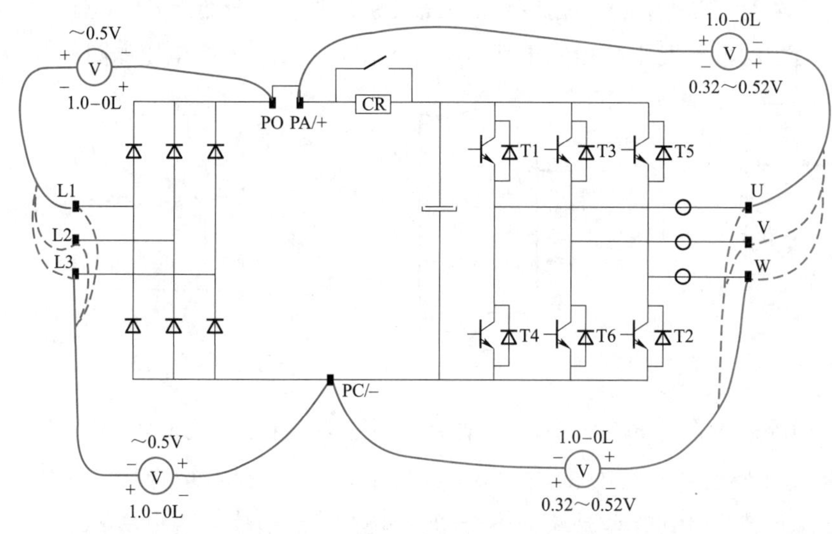

图 6－3　检测整流二极管和 IGBT 的电路

（2）逆变模块的电路中的反并联二极管的测量。测量 ATV320 的逆变模块电路中的反并联二极管 VD12 时，使用万用表的红表笔连接变频器的+10V 端，黑表笔连接到变频器直流电源的 PC－端，VD12 正常没有损坏时的检测过程和检测状态如图 6－4 所示。

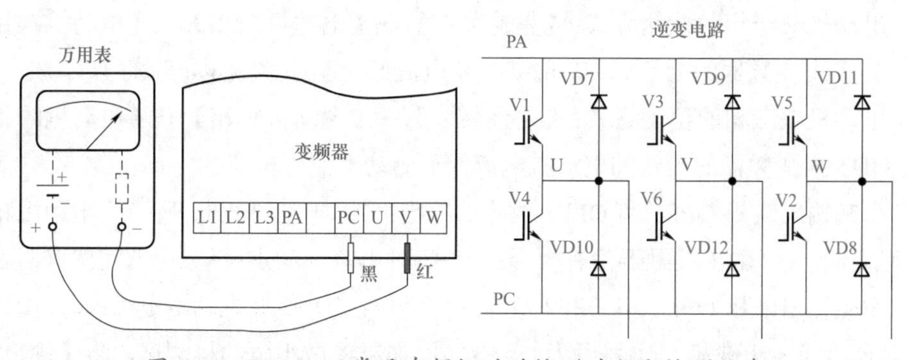

图 6－4　VD12 正常没有损坏时的检测过程和检测状态

（3）直流侧电容的测量。只有在变频器整流桥和逆变桥接测试良好时才进行直流电容测试。在终端 PC 和 PA 之间使用电阻表模式的万用表测试电容器。该电阻应该从比较低的值开始，然后逐渐增加（如电容器充电）。如果阻值的变化规律不符合此规律，则可以判断充电电阻或电容器有故障。

（4）变频器模拟给定电源的测量。测量 ATV320 的模拟给定电源时，将万用表选择直流电压测量挡，然后将万用表的红表笔连接+10V 和 24V 端，使用黑表笔连接 COM 端，表针指向 10V 或 24V 即可。测量 ATV320 的模拟给定电压电路如图 6－5 所示。

5. 故障与处理

（1）输入缺相故障 PHF。缺相故障原因是因为变频器产品中主要有单相 220V 与三相 380V 的区分，当然输入缺相检测只存在于三相的产品中。图所示为变频器主电路，R、S、T 为三相交流输入，当其中的一相因为熔断器或断路器的故障而断开时，便认为是发生了缺相故障。当变频器不发生缺相的正常情况下工作时，U_{DC} 上的电压如图 6－6 所示。

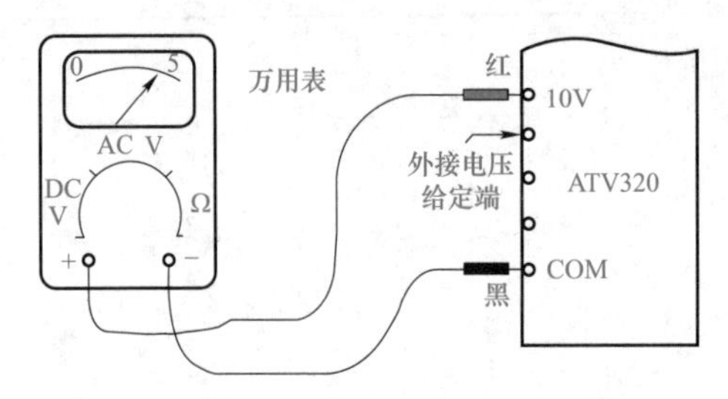

图 6－5　测量 ATV320 的模拟给定电压电路

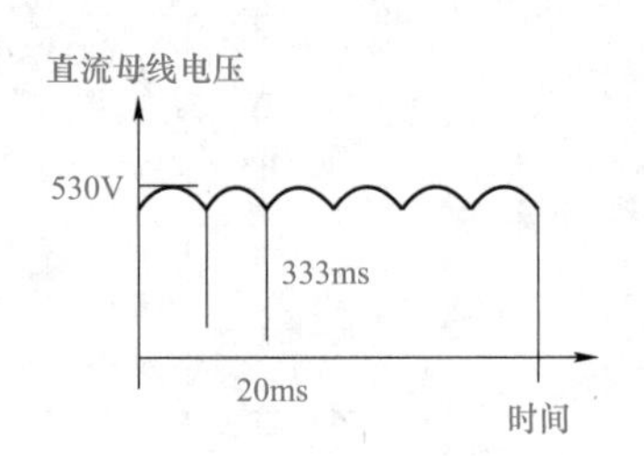

图 6－6　U_{DC} 上的电压

一个工频周期内将有 6 个波头，此时直流电压 U_{DC} 将不会低于 470V，实际上对于一个 7.5kW 的变频器而言，其 C 的值大小一般为 900μF，当满载运行时，可以计算出周期性的电压降落大致为 40V，纹波系数不会超过 7.5%。而当输入缺相发生时，一个工频周期中只有 2 个电压波头，且整流电压最低值为零。此时在上述条件下，可以估算出电压降落大致为 150V，纹波系数要达到 30%左右。

（2）输出缺相 OPF1 和 OPF2。ATV320 的输出缺相分为电动机缺一相 OPF1 和电动机缺三相 OPF2。

1）电动机缺一相的检测方式：【完整菜单】→【电动机缺相】→【电动机缺相检测时间】，ODT 内变频器的 U、V、W 的某一相电流低于驱动器额定电流的 1/4。

2）电动机缺三相的检测方式：【完整菜单】→【电动机缺相】→【电动机缺相检测时间】，ODT 内变频器的测量的电动机电流低于驱动器额定电流的 1/16。

3）引起输出缺相 OPF1 和 OPF2 故障的原因：① 电动机线断开；② 电动机相比变频器功率太低；③ 输出接触器没有吸合；④ 瞬时电流不稳定；⑤ 电流互感器问题。

4）发生输出缺相 OPF1 和 OPF2 故障后的操作：① 检查电动机电缆；② 如果使用输出接触器将【输出缺相】OPL 设为 OAC；③ 如果在做小电动机测试，将【输出缺相】OPL 设为 No；④ 输入电动机参数，做自整定；⑤ 延长【缺相检测时间】ODT。

（3）电动机过流 OCF。电动机的瞬间电流过大，已经超过变频器的硬件电流门槛 LIC，维持时间超过 100ms。OCF 门槛的图示如图 6－7 所示，其中 LIC 是硬件过电流门槛，CLI 是变频器的电流限幅值，InVar 是变频器的额定电流。

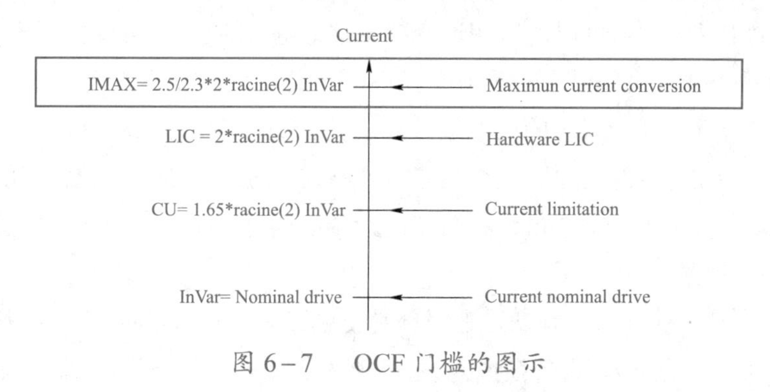

图 6－7　OCF 门槛的图示

1）引起电动机过流 OCF 故障的原因如下：① 电动机参数不正确，没有做自整定；② 机械负载过大；③ 加速时间过短；④ 机械卡死；⑤ IR 补偿设置得过大。

2）发生电动机过流 OCF 故障后的操作：① 检查电动机负载；② 检查机械是否有问题；③ 输入正确的电动机参数，并做自整定；④ 延长加速时间。

（4）电动机过热 OLF。电动机因为过载或者自冷却电动机在低频时运行的电流比较大，导致电动机的热状态超过 118%。

1）引起电动机过热 OLF 故障的原因如下：① 电动机的热保护电流设置过小；② 变频器或电动机相比负载过小；③ 电动机的冷却方式选择的不对。

2）发生电动机过热 OLF 故障后的操作：① 检查电动机热保护电流是否设为电动机的额定电流；② 增大变频器和电动机的功率；③ 变频器电动机应选为强制冷却；④ 延长加速时间；⑤ 如果出现电动机过载，检查电动机热保护的电流设置是否过小，检查电动机负载是否过大，在重启动前应等电动机冷却下来；⑥ 电动机的热状态由运行电流除以电动机的热保护电流，以及电动机电流的持续时间算出。

（5）变频器过热 OHF。变频器温度太高，变频器的热状态超过 118%。

1）引起变频器过热 OHF 故障的原因如下：① 机械负载过大；② 变频器风道堵死；③ 环境温度太高；④ 风扇故障；⑤ 变频器的温度检测元件坏。

2）发生变频器过热 OHF 故障后的操作：① 检查电动机负载；② 检查变频器通风；③ 检查环境温度；④ 在重启动时，应该等变频器冷却下来。

（6）电动机接地短路 SCF3。故障显示为电动机接地短路 SCF3 时，代表电动机电缆的对地绝缘过低。

1）引起电动机接地短路 SCF3 故障的原因如下：① 电动机电缆或电动机绕组的对地绝缘不好；② 电动机电缆过长、导致变频器的漏电流过大；③ 直流母线连接时导致对地绝缘不好。

2）发生电动机接地短路 SCF 故障的操作：① 检查、更换电动机电缆；② 变频器输出侧加电动机电抗；③ 将变频器的 IT 滤波开关断开；④ 缩短电动机电缆长度。

（7）变频器电压相关故障 OSF、OBF、USF。

1）高压 OSF 报警。当供电电压超过变频器供电电压的上限，且变频器没有运行时（如果运行时超压将报制动过速），变频器会报高压报警，变频器刚上电时的故障门槛值是 OSFH，启动完成后非运行状态的门槛值是 OBF，当直流侧电压低于 OSFL，故障可以被复位。引起高压 OSF 报警的原因：进线电压过高或者进线电压有比较剧烈的波动。发生高压 OSF 报警后的处理：OSF 报警不会使变频器进线电压断开，应通过压敏电阻或外部接触器来保护变频器。

2）OBF 制动过速。OBF 制动过速报警是变频器运行时，直流侧电压到达 OBF 门槛。引起 OBF 制动过速的原因：设备惯性太大、减速时间过短、制动电阻过小或者过大（5.5kW 的 ATV320 最小阻值是 27Ω），在夜间偶尔出现也与晚上供电电压比较高有关、内置的制动晶体管损坏、制动电阻接线错误等。发生 OBF 制动过速报警后的操作：延长减速时间，检查制动电阻的接线，更换变频器，如果没有制动电阻，将减速斜坡自适应设为【是】；如果用了制动电阻，要更换阻值更小的功率更大的制动电阻，将减速斜坡自适应设为【否】。

3）USF 欠压故障。USF 制动过速故障报警代表直流侧电压低于 USL 欠压故障电压的设置值。引起 USF 报警的原因：进线电压值过低，变频器的供电主回路断开。发生 USF 制动过速故障报警的处理：检查进线电压，检查变频器的供电回路，如果有漏电保护开关，请更换可以与变频器一起使用的种类。

六、ATV320 的 INF6 报警原因与处理

ATV320 出现 INF6 报警的主要原因之一是把驱动器或者卡的插针插弯了，驱动器的插针变形弯曲或者 Profibus 卡的插针损坏都会出现此报警。

用户检查后如果插针没有问题，并且现场还有其他 ATV320 和合格的通信卡，可以进行交叉测试确认 INF6 的报警问题是在驱动器上还是在通信卡上。

INF6 报警的另一个可能的原因是卡的固件版本过低，这个原因在 ATV 610 上更常见，此时可以在 ATV32、ATV320 上升级卡的固件，刷通信卡的固件可以向施耐德技术人员索取。

第三节　ATV320 的干扰与处理

随着变频器应用的普及，由变频器产生的干扰问题也变得越来越突出。由于安装和使用上的不规范等，在项目执行中，变频器干扰导致 PLC、现场仪表等等出了各种各样的问题，轻则导致模拟量给定值不准、通信报错，设备报出各种奇怪的故障，严重的会导致 PLC 死机、PLC 或变频器通信口烧毁，甚至出现设备伤人事故，因此。EMC 问题必须得

到电气工程人员和设备安装人员足够的重视，规范设计、安装和接线。

本节将为最终用户详述 EMC 的相关知识，解决一些工程设备在工厂测试时一切正常，但安装到现场就会出现和干扰相关的问题的原因，针对这些干扰现象将给出相对应的解决方案。扫描二维码可了解 ATV320 的 EMC 处理方法。

一、电磁兼容的概念

电磁兼容（ElectromagneticCompatibility，EMC）是指设备或系统在其电磁环境中符合要求运行，并不对其环境中的任何设备产生无法忍受的电磁干扰的能力。

因此，EMC 包括两个方面的要求：① 设备在正常运行过程中对所在环境产生的电磁干扰不能超过一定的限值；② 设备对所在环境中存在的电磁干扰具有一定程度的抗扰度，即电磁敏感性。

在国际电工委员会标准 IEC 中，对 EMC 的定义为系统或设备在所处的电磁环境中能正常工作，同时不会对其他系统和设备造成干扰。

EMC 包括 EMI（电磁干扰）及 EMS（电磁耐受性）两部分，所谓 EMI 电磁干扰，是机器本身在执行应有功能的过程中所产生不利于其他系统的电磁噪声；而 EMS 则是指机器在执行应有功能的过程中不受周围电磁环境影响的能力。

EMC 在我们生活、工业设备等是非常普遍的，可以说是无处不在，比如，我们在打座机电话时如果附近有手机在接收短信时，听筒有时会出现嗞啦嗞啦的噪声，这就是常见的 EMC 现象；还有日常使用的微波炉，在前面板和外壳必须使用电磁屏蔽；还有大自然界中的闪电和人手上的静电等。这些都是常见的 EMC 现象。

另外，EMC 还包括工业现场中的变频器、整流器、电焊机等设备对 PLC 设备的干扰，步话机对其他设备的干扰等。

系统要发生 EMC 问题，必须存在 3 个因素，即电磁干扰源、耦合途径、敏感设备。所以，在遇到 EMC 问题时，要从这 3 个因素入手，找到造成干扰的根本原因，在工程实践中，往往要采取多种措施，才能解决电磁兼容问题。

1. 电磁干扰源

电磁干扰源分为自然的和人为的两种。

（1）自然干扰源。自然干扰源主要包括大气中发生的各种现象，如雷电等产生的噪声。自然干扰源还包括来自太阳和外层空间的宇宙噪声，如太阳噪声、星际噪声、银河噪声等。

（2）人为干扰源。在生产生活实践中，人为干扰源是多种多样的，如中间继电器、电铃、晶闸管、气体整流器、手机、变频器、电热器、步话机、软启动器、伺服、整流器、接触器、开关、荧光灯、发动机点火系统、电弧焊接机、逆变器、电晕放电、各种工业、科学和医用高频设备、电气铁道引起的噪声以及由核爆炸产生的核电磁脉冲等。

2. 耦合途径

EMC 耦合途径的详细划分如图 6－8 所示。

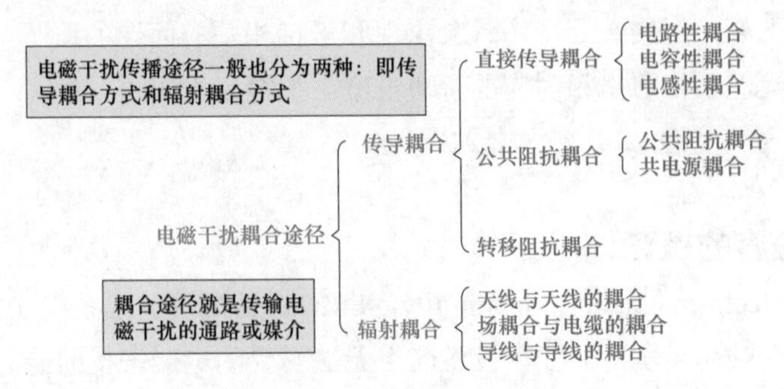

图 6－8　EMC 耦合途径的详细划分

（1）传导耦合。传导耦合是干扰源与敏感设备之间的主要耦合途径之一。传导耦合必须在干扰源与敏感设备之间存在有完整的电路连接，电磁干扰沿着这一连接电路从干扰源传输电磁干扰至敏感设备，产生电磁干扰。传导耦合的连接电路包括互连导线、电源线、接地导体、设备的导电构件、公共阻抗、信号线、电路元器件等。传导耦合按其耦合方式可以分为电路耦合、电容耦合和电感耦合 3 种基本方式。实际工程中，这 3 种耦合方式往往同时存在、互相联系。

1）电路耦合。电路耦合是最常见、最简单的传导耦合方式，如图 6－9 所示。

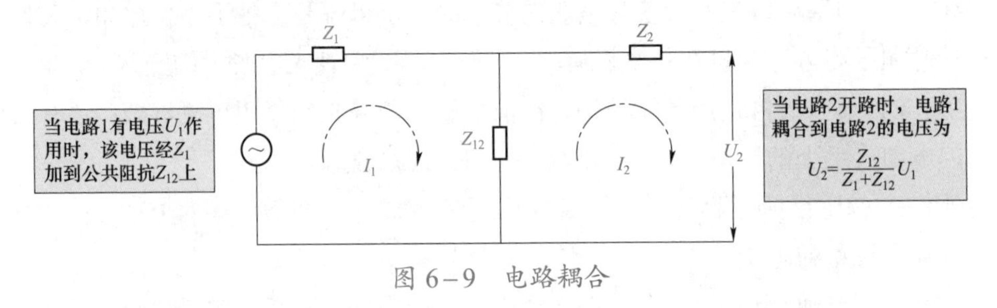

图 6－9　电路耦合

两个设备同时接一个公共地线时会出现公共阻抗干扰。通过公共地线阻抗的耦合（共阻抗耦合）如图 6－10 所示。

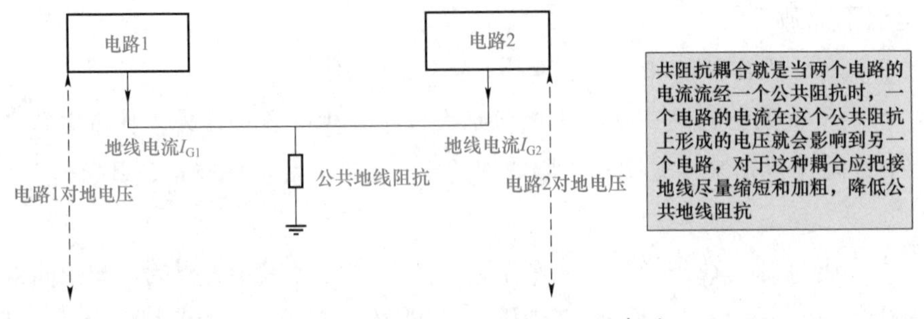

图 6－10　通过公共地线阻抗的耦合

多个 ATV320 的一点接地示意图如图 6－11 所示。

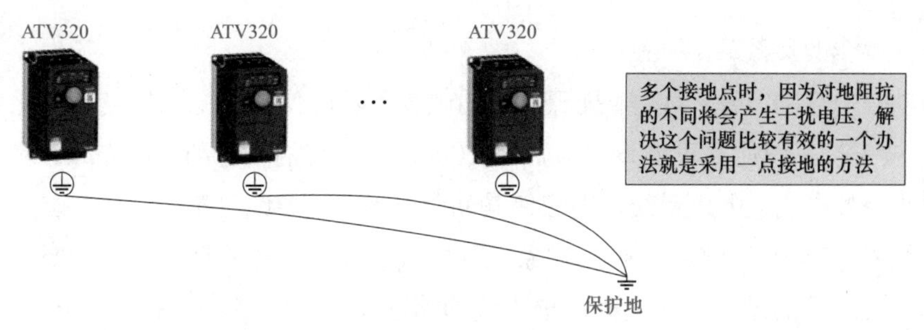

图 6-11　多个 ATV320 的一点接地示意图

共阻抗耦合的解决方法：让两个电流回路或系统彼此无关。信号相互独立，避免电路的连接，以避免形成电路性耦合。① 限制耦合阻抗，使耦合阻抗愈低愈好，当耦合阻抗趋于零时，称为电路去耦。为使耦合阻抗小，必须使导线电阻和导线电感都尽可能小。② 电路去耦，即各个不同的电流回路之间仅在唯一的一点作电的连接，在这一点就不可能流过电路性干扰电流，于是达到电流回路间电路去耦的目的。③ 隔离，电平相差悬殊的相关系统，常采用隔离技术，如信号传输设备和大功率电气设备之间，就要采用隔离技术。

2）电容耦合。电容性耦合也称为电耦合，它是由两电路间的电场相互作用所引起。一对平行导线所构成的两电路间的电容性耦合模型及其等效电路如图 6-12 所示。

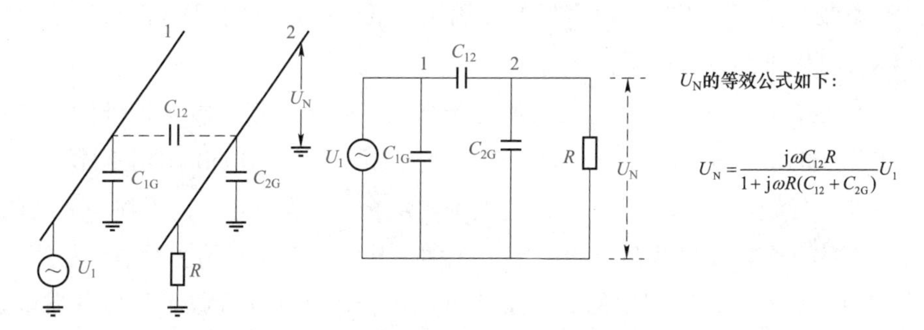

图 6-12　电容性耦合模型及其等效电路

U_N 的等效公式为

$$U_N = \frac{j\omega C_{12}R}{1+j\omega R\left(C_{12}+C_{2G}\right)}U_1 \tag{6-1}$$

如果 R 为低阻抗，且满足 $R \ll \frac{1}{j\omega\left(C_{12}+C_{2G}\right)}$ 那么，式（6-1）可简化为

$$U_N \approx j\Omega C_{12}RU_1 \tag{6-2}$$

电容性耦合的干扰作用相当于在导体 2 与地之间连接了一个幅度为 $I_N = j\Omega C_{12}U_1$ 的电流源。

式（6-2）是描述两导体之间电容性耦合的重要公式，它清楚地表明了拾取（耦合）的电压依赖于相关参数。假定干扰源的电压 U_1 和工作频率 f 不能改变，这样只留下两个减小电容性耦合的参数 C_{12} 和 R。

减小耦合电容的方法：① 干扰源系统的电气参数应使电压变化幅度和变化率尽可能地小；② 被干扰系统应尽可能设计成低阻；③ 两个系统的耦合部分的布置，应该使耦合电容尽量小，如电线、电缆系统，则应使其间距尽量大，导线尽量短，还要避免采用平行的方式走线；④ 可对干扰源的干扰对象进行电气屏蔽，屏蔽的目的在于切断干扰源的导体表面和干扰对象的导体表面之间的电力线通路，使耦合电容变得最小。

3）电感耦合。电感耦合也称为磁耦合，一般是由两电路间的磁场相互作用所引起的。当电流 I 在闭合电路中流动时，这个电流就会产生与此电流成正比的磁通量。电感的值取决于电路的几何形状和干扰源和敏感电路的环路面积、方向、距离以及干扰源和敏感有无屏蔽。电动势的计算为

$$e = -L\mathrm{d}i/\mathrm{d}t \tag{6-3}$$

抑制电感耦合的方法：① 干扰源系统的电气参数应使电流变化的幅度和速率尽量小；② 减少两个系统的互感，为此让导线尽量短，间距尽量大，避免采用平行方式走线，采用双线结构时应缩小电流回路所围成的面积；③ 被干扰系统应该具有高阻抗；④ 采用平衡措施，使干扰磁场以及耦合的干扰信号大部分相互抵消，如使被干扰的导线环在干扰场中的放置方式处于切割磁力线最小，两根导线垂直，则耦合的干扰信号最小；另外如将干扰源导线平衡绞合，可将干扰电流产生的磁场相互抵消；⑤ 对于干扰源或干扰对象设置磁屏蔽，这样可以抑制干扰磁场。

（2）辐射耦合。辐射干扰一般是当敏感设备离干扰源比较远时，该干扰通过其周围的媒介以电磁波的形式向外传播，干扰电磁能量按电磁场的规律向周围空间发射。辐射耦合的途径主要有导线、天线、机壳、电缆的发射对组合，一般可划分为天线与天线的耦合、场耦合与电缆的耦合以及导线与导线的耦合 3 种。其中，工业现场主要是场与线的耦合，指的是空间电磁场对存在于其中的导线实施感应耦合，从而在导线上形成分布电磁干扰源。另外，设备的电缆线一般是由电源回路的供电线、信号回路的连接线以及地线一起构成，其中每一根导线都由输入端阻抗、输出端阻抗和返回导线构成一个回路。因此，设备电缆线是设备内部电路暴露在机箱外面的那部分，这部分最容易受到干扰源辐射场的耦合而感应出干扰电压或干扰电流，沿导线进入设备形成辐射干扰。对于导线比较短、电磁波频率比较低的情况，可以把导线和阻抗构成的回路看作为理想的闭合回路。电磁场通过闭合回路引起的干扰属于闭合回路耦合。对于电缆比较长、电磁波频率比较高的情况，导线上的感应电压是不均匀一致的，需要将感应电压等效成许多分布电压源，采用传输线理论来处理比较适宜。

抑制辐射干扰的措施：① 辐射屏蔽，在干扰源和干扰对象之间插入一个金属屏蔽物，从而就能够阻挡干扰的传播；② 距离隔离，拉开干扰源与被干扰对象之间的距离，这是由于在近场区，场量强度与距离平方或立方成比例，当距离增大时，场衰减变得很快。对于场对电缆的辐射干扰一般要采取屏蔽的方法，对于变频器等设备来说，使用 RFI 滤波

器就可以削弱传导干扰，同时削弱辐射干扰，接线也要遵守变频器的接线规则。

3. 敏感设备

在实际工程中，敏感设备受到电磁干扰侵袭的耦合途径是辐射耦合、传导耦合、感应耦合以及它们的组合。敏感设备是指当受到电磁干扰源所发出的电磁能量的作用时，会受到因外部干扰导致的功能异常，导致性能降级或失效。许多器件、设备既是电磁干扰源又是敏感设备。工业现场常见的敏感设备包括 PLC、触摸屏、现场仪表等。

二、工业现场常见的干扰的类型

工业现场常见的干扰类型有谐波干扰、浪涌、静电干扰、快速脉冲群干扰和辐射干扰等。

1. 浪涌

浪涌也叫突波，通俗点说就是超出正常工作电压的瞬间过电压。从本质上讲，浪涌是发生在仅仅几百万分之一秒时间内的一种剧烈脉冲。

可能引起浪涌的原因有快速脉冲群干扰、重型设备、短路、快速脉冲群干扰、电源切换或大型发动机。含有浪涌阻绝装置的产品是可以有效地吸收突发的巨大能量，以保护连接设备免于受损的。

其中，雷击引起的电涌危害最大，在雷击放电时，以雷击点为中心的 1.5～2km 范围内，都可能产生危险的过电压。雷击引起（外部）电涌的特点是单相脉冲型，能量巨大。按 ANSI/IEEE C62.41—1991 说明，雷电浪涌的瞬间电压高达 20000V，瞬间电流可达 10000A。根据统计，系统外的电涌主要来自雷电和其他系统的冲击。雷电的浪涌电压波形如图 6－13 所示。

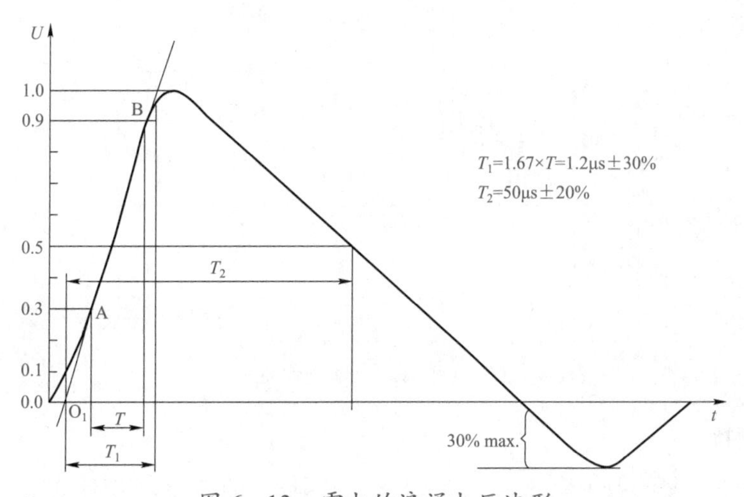

图 6－13　雷电的浪涌电压波形

雷击过电压分为直接雷击电涌过电压、雷击传导电涌过电压和感应雷击电涌过电压。

（1）直接雷击电涌过电压。直接落雷在电网上，由于瞬间能量巨大，破坏力极强，还没有一种设备能对直接落雷进行保护。

（2）雷击传导电涌过电压。由远处的架空线传导而来，由于接于电力网的设备对过电压有不同的抑制能力，因此传导过电压能量随线路的延长而减弱。

（3）感应雷击电涌过电压：雷击闪电产生的高速变化的电磁场，闪电辐射的电场作用于导体，感应很高的过电压，这类过电压具有很陡的前沿并快速衰减。振荡电涌过电压：动力线等效一个电感，并于大地及临近金属物体间存在分布电容，构成并联谐振回路，在TT、TN供电系统，当出现单相接地故障的瞬间，由于高频率的成分出现谐振，在线路上产生很高过电压，主要损坏二次仪表。

因此，对于雷暴日大于15日的地点，必须加装防雷装置。对于变频器应加装压敏电阻，可有效防止浪涌和供电的过电压对设备的损坏。

由于断路器的操作、负荷的投入和切除或系统故障等系统内部的状态变化，而使系统参数发生变化，从而引起的电力内部电磁能量转换或传输过渡过程，将在系统内部出现过电压。在电力系统引起的内部过电压的原因大致可分为：① 电力大负荷的投入和切除；② 感性负荷的投入和切除；③ 功率因素补偿电容器的投入和切除；④ 短路故障。

另外，在接触器线圈断开时会引起过电压，在接触器闭合期间，存储在线圈中的电磁能在断开时会出现浪涌，其斜率和幅度可能会上升到几千伏，此高电压对电子设备形成干扰，甚至会损坏某些敏感组件，推荐用户在这些设备上加装浪涌抑制元件，如RC、双向峰值二极管等，线圈电压以非常陡峭的斜率放电之后，出现阻尼振荡，线圈的浪涌电压如图6－14所示。

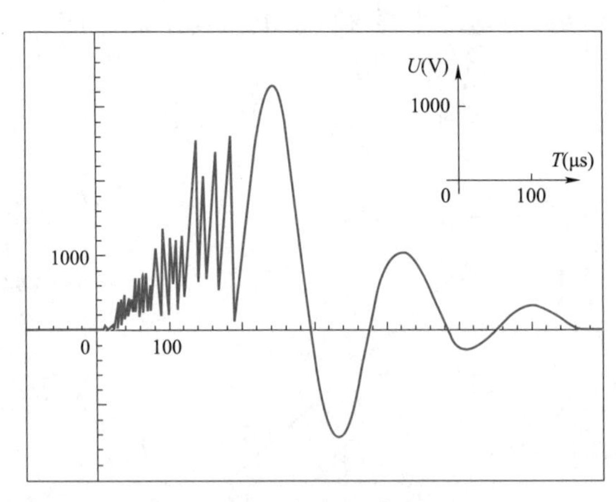

图6－14　线圈的浪涌电压

2. 谐波干扰

变频器的主电路一般由交—直—交组成，外部输入的380V/50Hz的工频电源经三相桥路晶闸管整流成直流电压信号后，经滤波电容滤波及大功率晶体管开关器件逆变为频率可变的交流信号。

在整流回路中，输入电流的波形为不规则的矩形波，波形按傅立叶级数分解为基波和各次谐波，其中的高次谐波将干扰输入供电系统。在逆变输出回路中，输出电流信号是受 PWM 载波信号调制的脉冲波形，目前低压变频器普遍使用 IGBT 大功率逆变器件，其 PWM 的载波频率为 2.5～20kHz，同样，输出回路电流信号也可分解为只含正弦波的基波和其他各次谐波，而高次谐波电流对负载直接干扰。另外高次谐波电流还通过电缆向空间辐射，干扰邻近电气设备。变频器输入的电压和电流波形如图 6－15 所示。

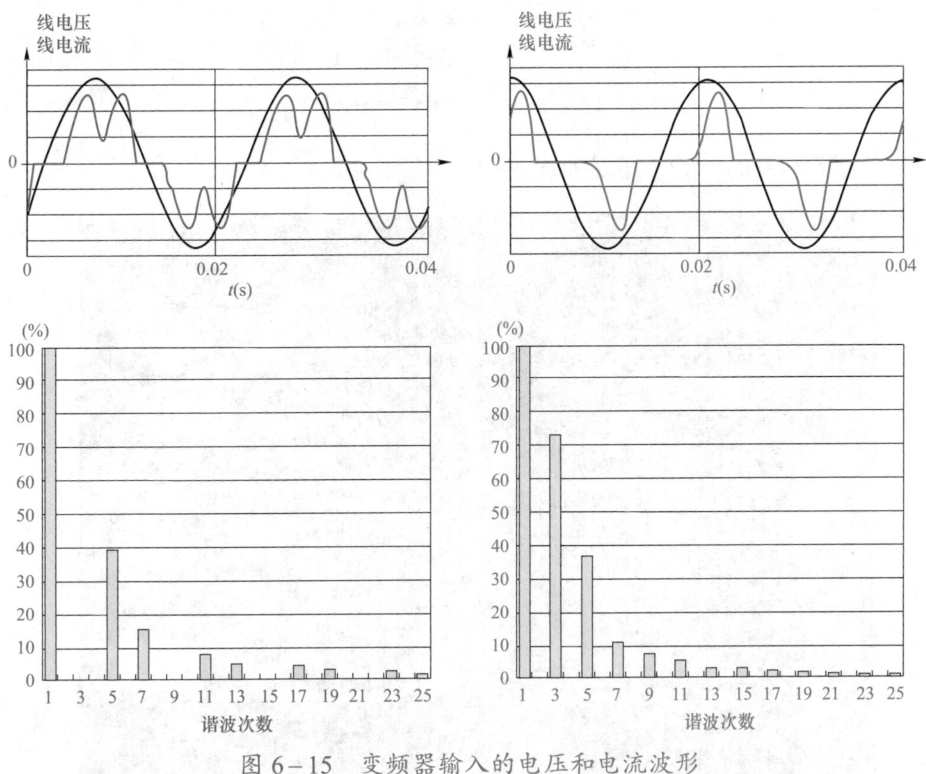

图 6－15　变频器输入的电压和电流波形

可通过加装变频器的进线电抗器、直流电抗器、无源滤波器等设备降低变频器产生的谐波。

3. 快速脉冲群干扰

EFT 是电快速瞬变脉冲群抗扰度试验的简称。快速脉冲群干扰是指由闪电、接地故障、电源开关动作、或电路中继电器等电感性负载动作引起的瞬时扰动，而在整个控制回路中产生的干扰，如对控制箱和 PLC 等设备的干扰。这类干扰的特点是脉冲成群出现、脉冲波形的上升时间短暂、脉冲的重复频率较高、单个脉冲的能量较低。所以有可能会因为某路电路中，机械开关对电感性负载的切换，对同一电路的其他电气和电子设备产生干扰。在触点的吸合和断开时的瞬态电压，快速脉冲群的产生示意图如图 6－16 所示。

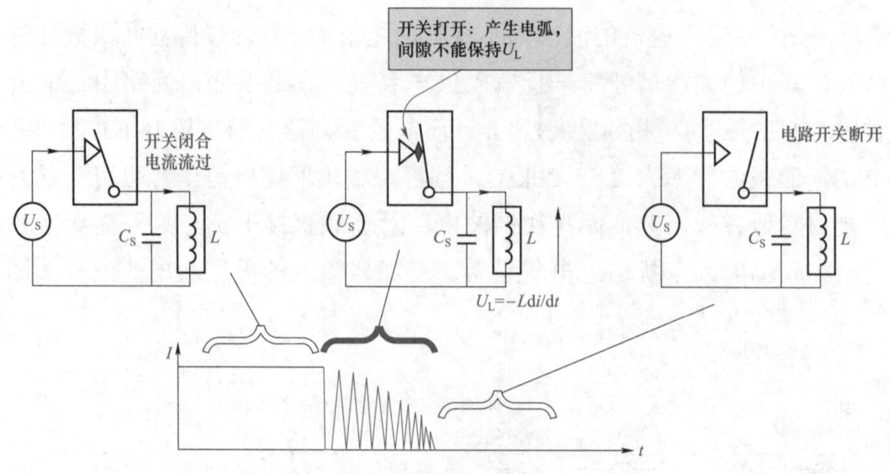

图 6-16　快速脉冲群的产生示意图

实测接触器触点的示波器图形如图 6-17 所示。

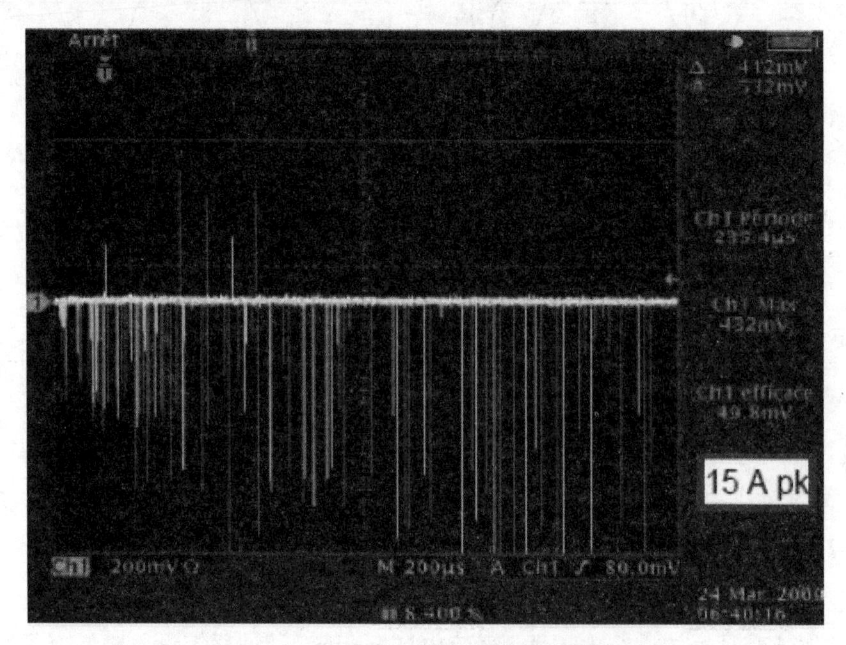

图 6-17　实测接触器触点的示波器图形

由于脉冲群的单个脉冲波形前沿 t_r 达到 5ns，脉宽达到 50ns，这就注定了脉冲群干扰具有极其丰富的谐波成分。

幅度较大的谐波频率至少可以达到 $1/\pi t_r$，也可以达到 64MHz 左右，相应的信号波长为 5m。对于一根载有 60MHz 以上频率的电源线来说，如果长度有 1m，由于导线长度已经可以和信号的波长可比，不能再以普通传输线来考虑，信号在线上的传输过程中，部分依然可以通过传输线进入受试设备（传导发射），部分要从线上逸出，成为辐射信号进入受试设备（辐射发射）。因此，受试设备受到的干扰实际上是传导与辐射的结合。

传导和辐射的比例是和电源线的长度有关的，线路越短，其传导成分越多，辐射比例也就越小；反之，辐射比例就会越大。这正是同等条件下，为什么金属外壳的设备要比非金属外壳设备更容易通过测试的原因，因为金属外壳的设备抗辐射干扰能力较强。

EFT 干扰的传输过程中，会有一部分干扰从传输的线缆中逸出，这样设备最终受到的是传导和辐射的复合干扰。但由于传导的量占绝大部分，可控可观，所以针对脉冲群的干扰来说，抑制办法主要采用滤波（电源线和信号线的滤波）及吸收（用铁氧体磁环来吸收）。

其中，采用铁氧体磁环吸收的方案非常便宜也非常有效。而辐射的量可以通过改变传输线缆的位置尽量地减小，最有效的是将滤波器和铁氧体磁芯用在干扰的源头和设备的入口处。前者是对干扰源的彻底处理，后者是把紧抑制干扰的大门，使经过滤波器和铁氧体磁芯处理后的电源线和信号线，是不再含有辐射成分的。

4. 静电干扰

静电的本质是电势差引起的电荷转移。任何物质都是由原子组合而成，而原子的基本结构为质子、中子及电子。科学家们将中子定义为不带电，质子定义为正电，电子带负电。在正常状况下，一个原子的质子数与电子数量相同，正负电平衡，所以对外表现出不带电的现象。但是由于外界作用如摩擦或以各种能量如动能、位能、热能、化学能等的形式作用会使原子的正负电不平衡。

在日常生活中所说的摩擦实质上就是一种不断接触与分离的过程，比如，北方冬天天气干燥，人体容易带上静电，当接触他人或金属导电体时就会出现放电现象。人会有触电的针刺感，夜间能看到火花，这是化纤衣物与人体摩擦人体带上正静电的原因。

有些情况下不摩擦也能产生静电，如亥姆霍兹层、感应静电起电，热电和压电起电、喷射起电等。任何两个不同材质的物体接触后再分离，即可产生静电，而产生静电的普遍方法，就是摩擦生电。材料的绝缘性越好，越容易产生静电。因为空气也是由原子组合而成，所以在人们生活的任何时间、任何地点都有可能产生静电。要完全消除静电几乎是不可能的，但可以采取一些措施去控制静电，让这些静电不再产生危害。

在静电危险物资的储存场所及静电敏感材料生产、使用、运输过程中，构成静电危害的条件比较容易形成，有时仅仅一个火花就能引发一次严重的灾害。

静电危害应以预防为主，静电接地、防静电服、腕带、使用防静电鞋可以降低静电的危害，用手拿电路板时，应先把手的静电通过金属导体放掉，防止电路板因静电发生损坏。

5. 辐射干扰

辐射干扰，顾名思义就是由于变频器辐射产生的干扰。

变频器到电动机电缆如果没有使用屏蔽线的话，将是最典型的辐射干扰源，由于变频器的输出采用的是 PWM 输出，载波频率几 kHz 到十几 kHz。变频器的辐射干扰原理如图 6－18 所示。

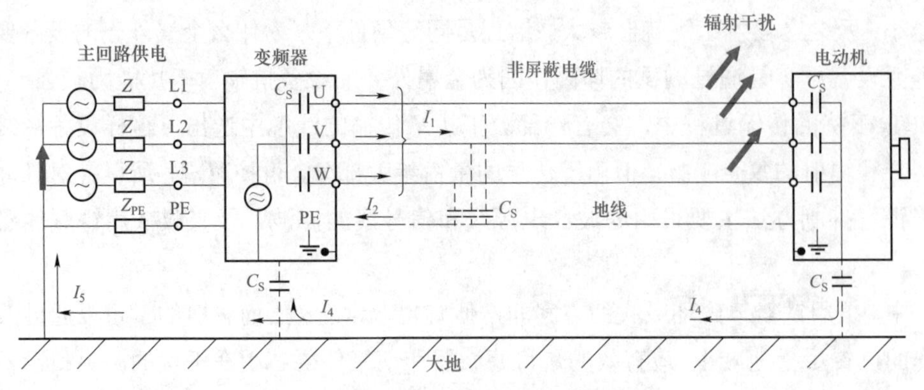

图 6-18 变频器的辐射干扰原理图

抑制变频器辐射干扰的办法如下。

（1）用户在实际的工程项目中，需要购买带有集成滤波器的变频器、采用屏蔽电缆或者选购附加的 EMC 滤波器。

（2）电动机电缆加装屏蔽线或金属管，变频器安装时使用 EMC 安装板，在电动机侧使用专用的 EMC 电缆接头，都是抑制变频器电动机线的辐射干扰的好方法。

三、工业设备的接地

接地的首要目的是安全，接地线的作用是将电气设备或电柜电箱等带电设备的金属外壳导电部分和大地连接形成等电位体。

安全接地线的电阻很小，这样即使电气设备外壳因意外漏电，也会因为电流经过接地线流向大地，和大地电势相通，这样电箱外壳和大地之间的电压很低，可以忽略不计，所以当发生人体接触电箱外壳的情况，因为电压很低，通过人体的电流要远远小于是人体触电的电流，人体不会触电，从而保护人员的安全。

工作接地是由电力系统运行需要而设置的（如中性点接地），因此在正常情况下就会有电流长期流过接地电极，但是只是几安培到几十安培的不平衡电流。

防雷接地是为了消除过电压危险影响而设的接地，如避雷针、避雷线和避雷器的接地。防雷接地只是在雷电冲击的作用下才会有电流流过，流过防雷接地电极的雷电流幅值可达数十至上百千安培，但是持续时间很短。

屏蔽接地是消除电磁场对人体危害的有效措施，也是防止电磁干扰的有效措施。高频技术在无线电广播、电热、医疗、通信、电视台和导航、雷达等方面得到了广泛应用，人体在电磁场作用下，吸收的辐射能量将发生生物学作用，对人体造成伤害，如皮肤划痕、手指轻微颤抖、视力减退等。对产生磁场的设备外壳设屏蔽装置，并将屏蔽体接地，不仅可以降低屏蔽体以外的电磁场强度，达到减轻或消除电磁场对人体危害的目的，还可以保护屏蔽接地体内的设备免受外界电磁场的干扰影响。

防静电接地可以释放静电，防止静电危害影响，是静电防护中重要的一环。

接地用在 EMC 方面的作用包括使用等电位体来实现与地线可靠的连接，可以在很宽的频率范围内保持等电位，另外，尽可能低的接地阻抗可以使电源故障电流和高频电流不经过设备，降低了对设备干扰。

目前国内的接地系统采用的是防雷接地、动力接地和数字地分离的方法，这样的单独接地系统在国内是最多见的，但是这种接地系统高频特性不够好，单独接地系统如图 6－19 所示。

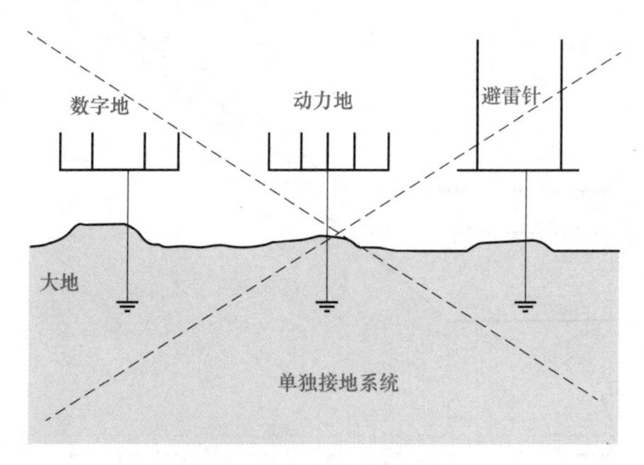

图 6－19 单独接地系统

可以通过多处的等电位体将动力、通信接地形成接地网络，通过多层复合接地与防雷接地连接，这样的接地系统仅在接地系统的阻值低于 1Ω时方能采用。多点接地的接地系统如图 6－20 所示。

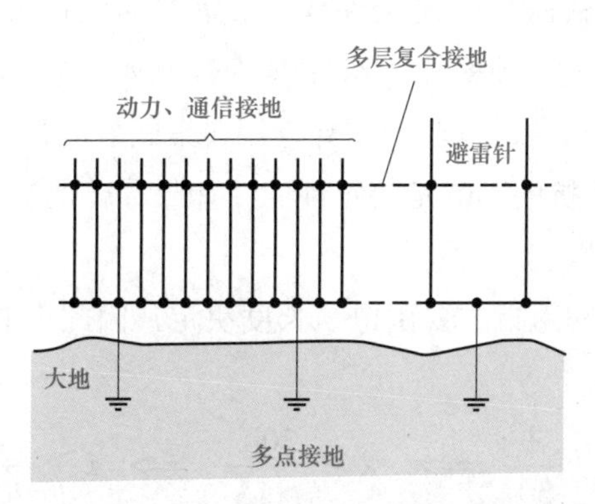

图 6－20 多点接地的接地系统

对于工业的接地系统，要求接地电阻越小越好，在 1000V 以下中性点直接接地系统中，接地电阻应小于或等于 4Ω，重复接地电阻应小于或等于 10Ω。而电压 1000V 以下的中性点不接地系统中，一般规定接地电阻为 4Ω。但是在很多的客户现场发现往往达不到接地电阻小于或等于 4Ω的要求，这时应对接地进行整改。

长度为 1m 电缆在不同频率下的阻抗如图 6－21 所示，电缆的阻抗与频率密切相关，在低频下，直径大的电流阻抗低，$35mm^2$ 的阻抗 0.5mΩ，$1mm^2$ 的可以达到 18mΩ，两者相差 36 倍，但在高频下，如 100kHz，$35mm^2$ 的电缆比 $1mm^2$ 的电阻的一半还多，也就是说两个 $1mm^2$ 的电缆并联将比一个 $35mm^2$ 的电缆的阻抗还小，这也是为什么要使用网状连接进行接地的原因。

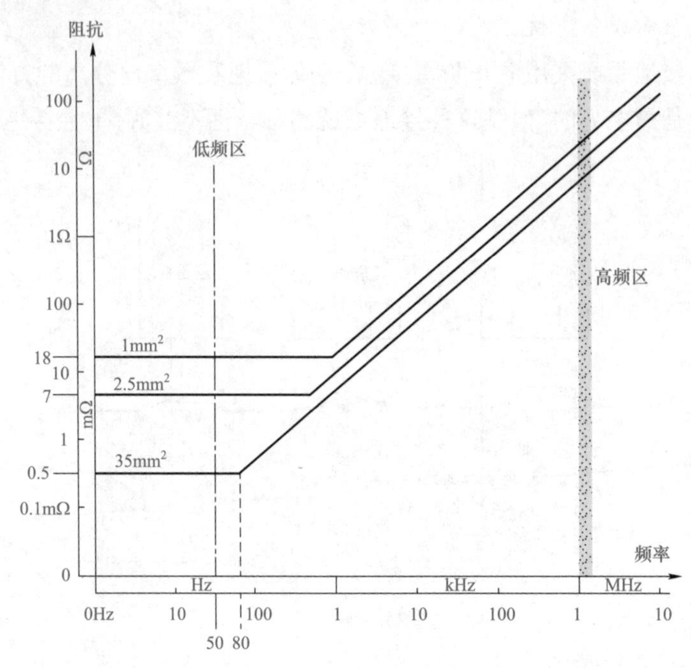

图 6-21 长度为 1m 电缆在不同频率下的阻抗

在高频环境下，导体的阻抗主要取决于其与单位长度成正比的每单位长度的电感，该电感从 1kHz 开始对电缆的阻抗起决定性作用。电缆的阻抗影响因素如下：① 直流或低频（LF）下为几毫欧；② 频率约 1MHz 时为几欧姆；③ 高频下为几百欧姆（HF）（≫100MHz）；④ 导体横截面的周长起主导作用（集肤效应），导体的横截面积相对不重要；⑤ 电缆的长度对于阻抗的影响是决定性的，如果导体的长度超过信号波长的 1/30，电缆的阻抗将变为“无限”。

由于在高频下，电缆的阻抗主要由电缆长度决定，因此不能把屏蔽拧成“猪尾巴”，否则将降低屏蔽的效果。

$$L_{(m)} > \frac{\lambda}{30} \implies \lambda > \frac{300}{f_{(MHz)}} \implies L > \frac{10}{f_{(MHz)}}$$

高频环境下同样长度物体阻抗的排列如图 6-22 所示。

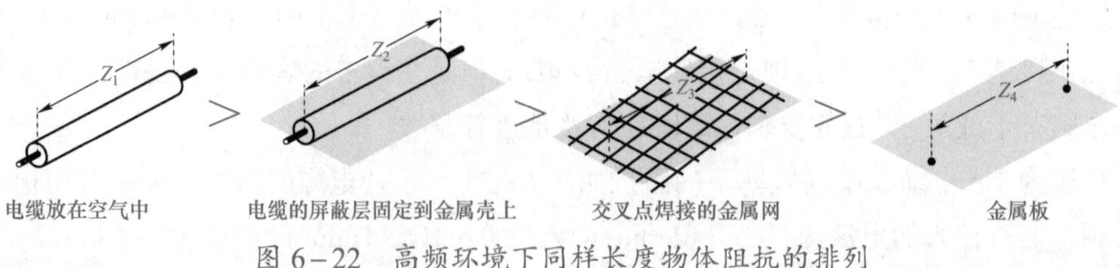

图 6-22 高频环境下同样长度物体阻抗的排列

几种电缆屏蔽接地的比较如图 6-23 所示。

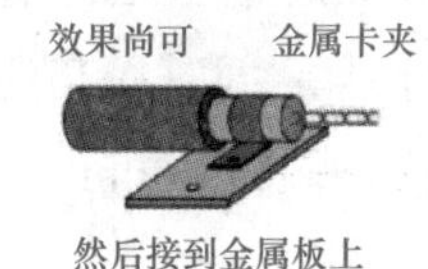

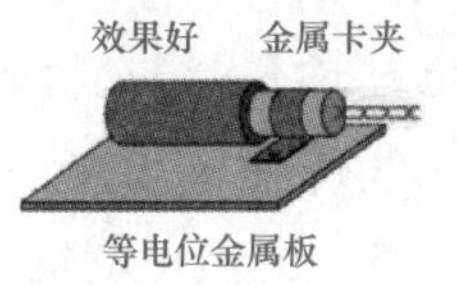

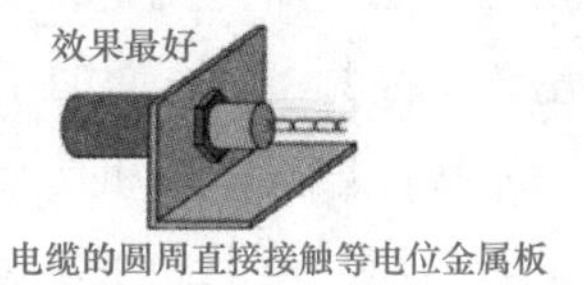

图 6－23　几种电缆屏蔽接地的比较

四、变频器的滤波器和磁环

ATV320 的内置或外加 EMC 滤波器采用同样的结构，滤波器由相间的 X 电容，相和地之间的 Y 电容以及共模扼流圈组成。滤波器使用的模扼流圈，与环形变压器相比使用了环形铁氧体，并在其上面绕线形成电感。

变频器集成 EMC 滤波器的目的是使变频器能够符合 IEC61800－3 的 C2 标准的要求，

ATV320 产品 200V 单相的产品，当变频器的开关频率设置值是 2～4kHz 时，电动机电缆的最长距离可达 10m；当开关频率设置值是 4～12kHz 时，电动机电缆的最长距离为 5m。

ATV320 产品 400V 三相范围（EMC 滤波器），当变频器的开关频率设置值是 4～12kHz 时，电动机电缆的最长距离为 5m。

如果加装了附加 EMC 滤波器，在保证符合 C2 标准的前提下，变频器到电动机的电缆长度更长，还有可能符合更高的标准 C1。

滤波器接线时，需注意将滤波器的输入和输出分开，防止滤波器的输入对“干净”的滤波器输出线产生干扰，降低滤波器的效果。滤波器的安装建议如图 6－24 所示。

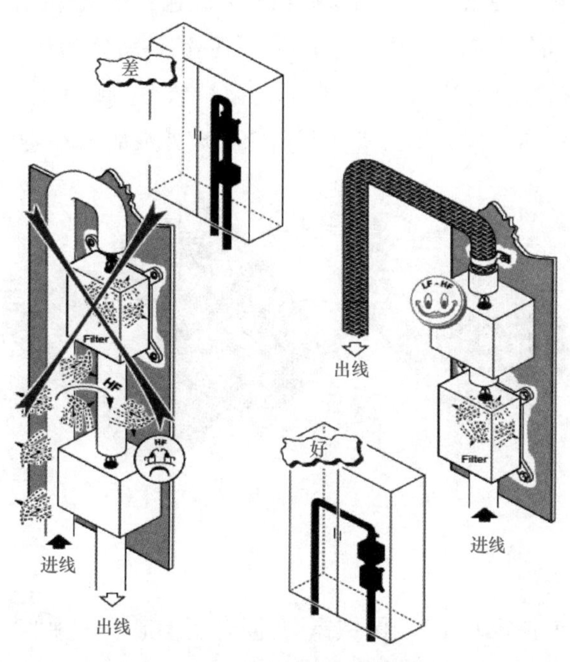

图 6－24　滤波器的安装建议

正弦波滤波器，就是将变频器 SPWM 调制波滤成近似正弦的电压波形，由于变频器的输出含有高频谐波，增加了动力电缆及电动机的损耗；同时极高的 d*u*/d*t* 会引起数 MHz 的辐射干扰；如果电动机需要长线传输时（电动机线缆超过 50m），回波反射可引起电动机端电压叠加，使电动机绝缘破坏，导致电动机的烧毁。

正弦波滤波器将变频器的输出波形滤波成正弦波后，延长了电动机电缆的最大长度，降低了变频器的干扰，正弦波滤波器可以延长电动机寿命、保护电动机绝缘、对电磁干扰的抑制效果好。

抗干扰磁环，又称铁氧体磁环，简称磁环，它是电子电路中常用的抗干扰元件，可以抑制低频干扰和高频噪声。磁环的匝数越多抑制低频干扰效果越好，但抑制高频噪声作用也就越弱。

在实际使用当中，磁环匝数要根据干扰电流频率特点进行调整。当干扰信号频带较宽时，可以在电缆上套两个磁环，每个磁环绕不同的匝数，这样可以同时用一种磁环抑制高频和低频两种干扰。并不是阻抗越大对干扰信号的抑制效果越好，因为实际磁环上存在寄生电容，这个寄生电容与电感并联，但遇到高频干扰信号时，这个寄生电容就会将磁环的电感短路，从而失去作用。

选择抗干扰磁环时，主要考虑两个方面的因素，即磁环的阻抗特性和被滤波电路的干扰特性。外观上来看，优先的选择是尽量长、尽量厚、内径尽量小、电感尽量小的磁环。

使用磁环的最大优点是与被滤波的电路没有电气连接，最大缺点是磁环易碎，所以建议使用带塑胶外壳的磁环，并且固定在被滤波的电源线或控制线缆上。

根据干扰信号的频率特点可以选用镍锌铁氧体或锰锌铁氧体的磁环，前者的高频特性优于后者，锰锌铁氧体的磁导率在几千至上万，而镍锌铁氧体为几百至上千，磁环铁氧体的磁导率越高，其低频时的阻抗越大，高频时的阻抗越小，所以在抑制高频干扰时，选用镍锌铁氧体，反之则用锰锌铁氧体。工业常用的磁环外观如图 6－25 所示。

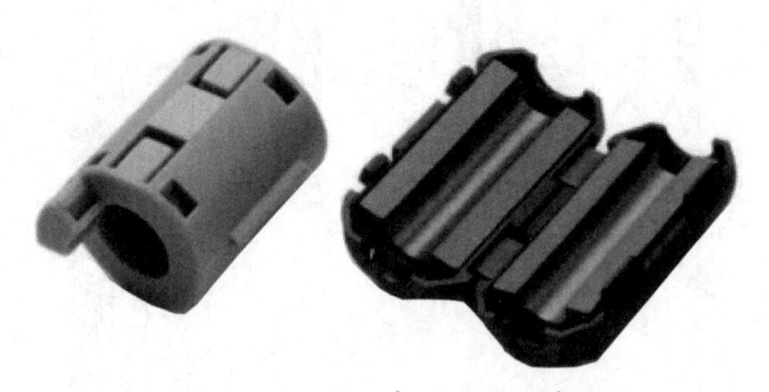

图 6－25　工业常用的磁环外观

五、机柜的布局

设计控制柜体时要注意 EMC 的区域原则，同时要保证给变频器留出足够的散热空间。

机柜中的变频器功率超过 4.5kW 或变频器的个数比较多超过 10 个的情况下（变频器

个数比较多的情况下推荐加装变频器进线电抗器），要求变频器与 PLC 之间加装金属隔板，推荐 PLC 和变频器分柜安装。机柜布局的分区原则如图 6-26 所示。

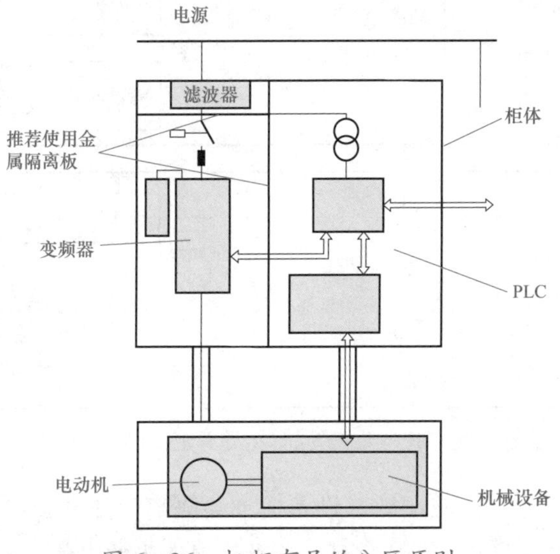

图 6-26 机柜布局的分区原则

机柜应可靠接地，并将柜内绝缘的漆磨掉。

（1）机柜的一次回路（主电路）布线要点。

1）变频器等强电设备的保护接地的电缆线直径应至少达到 $10mm^2$，推荐为动力线直径的一半。

2）接地线应单独接到接地铜排上而不要与其他地线并联后再到同一个接地铜排上，要求一个线一个接地铜排连接。接地线的接法如图 6-27 所示。

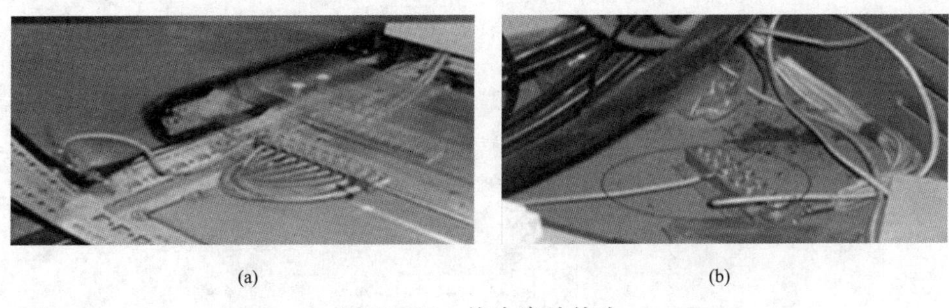

(a) (b)

图 6-27 接地线的接法

（a）正确；（b）错误

3）ATV320C 的控制部分的 PE 接地。除正常的变频器接地以外，ATV320C 变频器控制部分的 PE 接地也是降低通信、模拟量等干扰的重要措施，应尤其注意此接地的连接。

4）干扰源与敏感的供电应分开，这样可以避免敏感设备受干扰，敏感设备和干扰源设备的供电应分开，如图 6-28 所示。

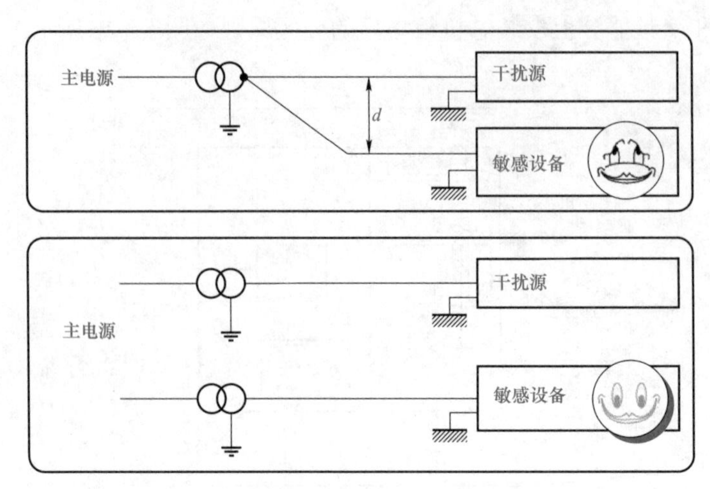

图 6－28　敏感设备和干扰源设备的供电应分开

5）如果供电不能分开，应在敏感设备前加装隔离变压器，隔离变压器只能在低频（LF）下确保满意的电气隔离，为了保证 HF 上确保适当的电气隔离，则需要加装双屏蔽隔离变压器。不同种类变压器的隔离效果见表 6－5。

表 6－5　　不同种类变压器的隔离效果

变压器种类	符号	隔离效果	
		低频	高频
标准	一次侧　二次侧	OK	无效
单屏蔽	一次侧　二次侧	OK	一般
双屏蔽	一次侧　共模屏蔽　TN-S　中性点　PE	OK	好

6）变频器的电缆建议采用 3 相+3PE 的屏蔽电缆，并在电控柜内套钢管或金属软管抑制变频器电动机线的干扰。

（2）机柜的二次回路布线要点。

1）如果变频器的输出线没有屏蔽，变频器输出线、变频器的进线、控制线必须隔开 20cm 以上，当线路发送交叉时，不同种类的电缆必须垂直。

2）模拟量线、通信线、编码器线都属于敏感信号线路，必须使用屏蔽线，屏蔽层必须接地，在干扰信号比较严重的情况下，要使用双绞双屏蔽的专用线。

3）不得将多余的线盘成环形然后捆扎在一起。

六、抑制变频器干扰降低开关频率和断开 ATV320IT 开关

降低变频器的开关频率可以降低对其他设备的干扰，但是在工程实践中发现降低开关频率有效但是效果并不显著。

ATV320IT 开关用于在 IT 接地系统断开 EMC 滤波器的接地，同样的，将 IT 开关断开对抑制 ATV320 对其他设备的干扰有一定的作用，所以，在调试中碰到干扰问题，可考虑将 IT 开关断开。断开此开关也可以减少对地的漏电流。ATV320 的 IT 开关位置如图 6－29 所示。

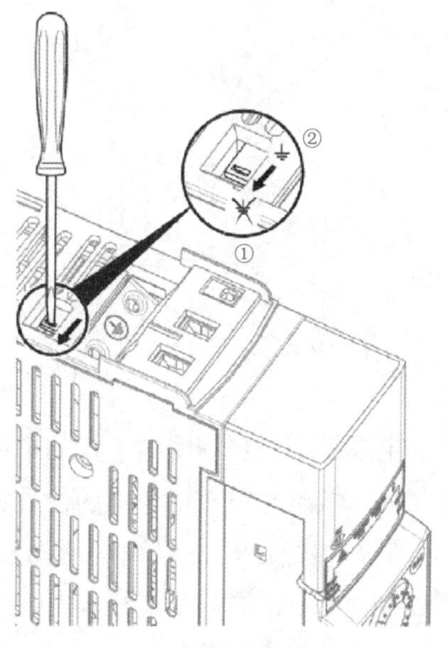

图 6－29 ATV320 的 IT 开关位置

七、工业设备的桥架、电缆沟和布线

电缆布线时必须使用金属材质的桥架，使用电缆沟布线时应将不同电压等级的电缆、变频器电动机电缆、动力回路、220V 回路、控制线路、测量信号回路分开，严禁将各种电缆不加区分的混在一起。电缆桥架的分开走线如图 6－30 所示。

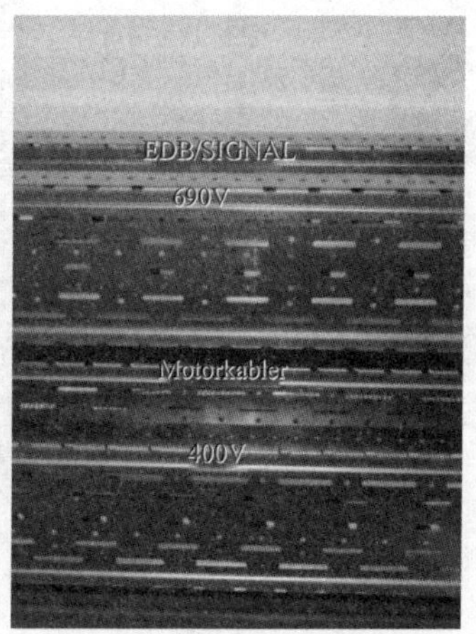

图 6－30 电缆桥架的分开走线

电缆桥架在衔接、交汇、转弯，以及穿墙时，都要保证接地的连续性。保证电缆桥架接地的连续性如图 6－31 所示，电缆桥架穿墙时的连接方式如图 6－32 所示。

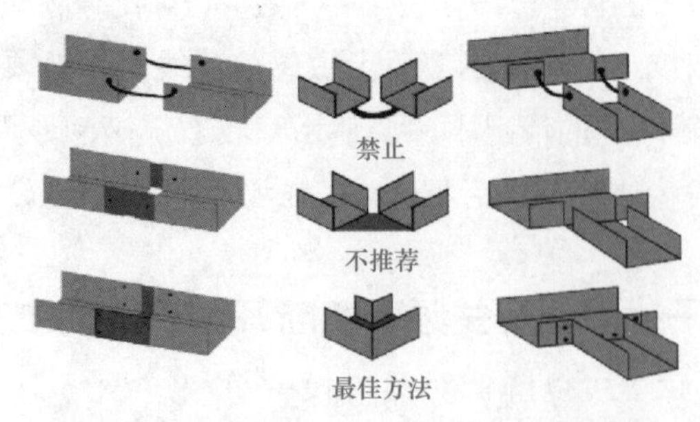

图 6－31　保证电缆桥架接地的连续性

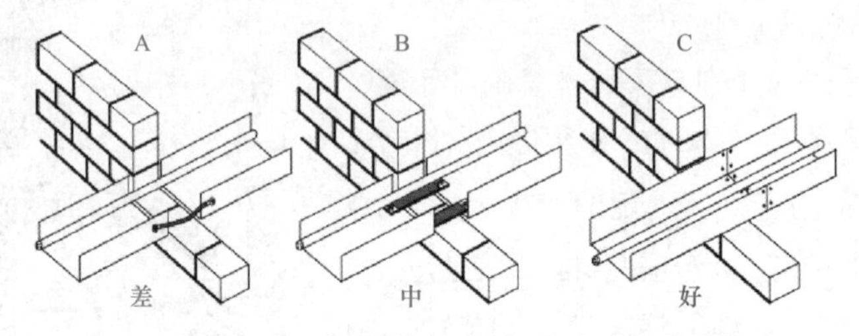

图 6－32　电缆桥架穿墙时的连接方式

电缆桥架中容易受到干扰的电缆，如编码器电缆、通信电缆等要尽量安装在桥架的阴影部分。敏感电缆在桥架中的位置如图 6－33 所示。

最好的做法是在电缆沟的布线时，将动力线、AC220V、控制回路和测量回路按图 6－34 中所示的分开走线，禁止将各种电缆不加区分地走到一起。电缆桥架和电缆沟的布线如图 6－34 所示。

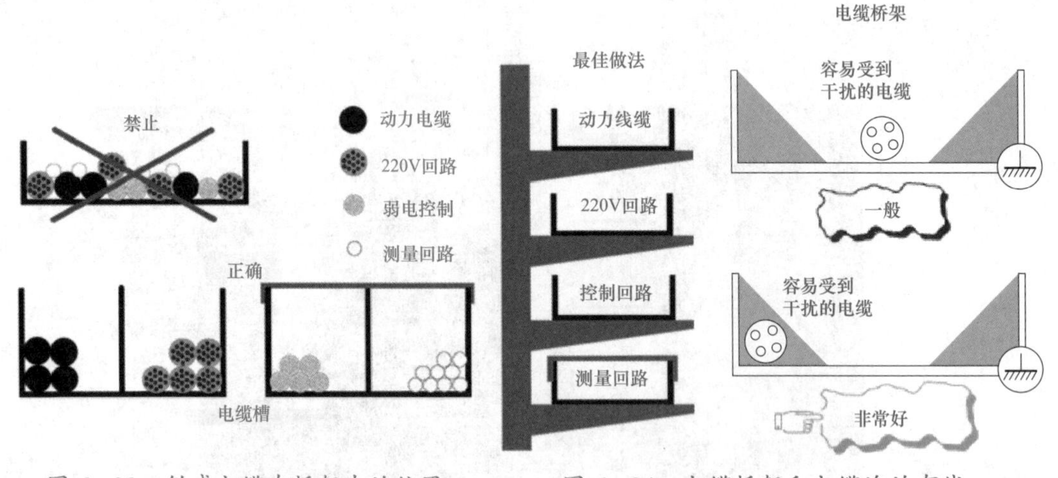

图 6－33　敏感电缆在桥架中的位置　　　　图 6－34　电缆桥架和电缆沟的布线

八、电动机轴承的损坏问题

当变频拖动电动机时，变频器的输出是包含很多高频成分的，变频器的 PWM 输出波形如图 6－35 所示。

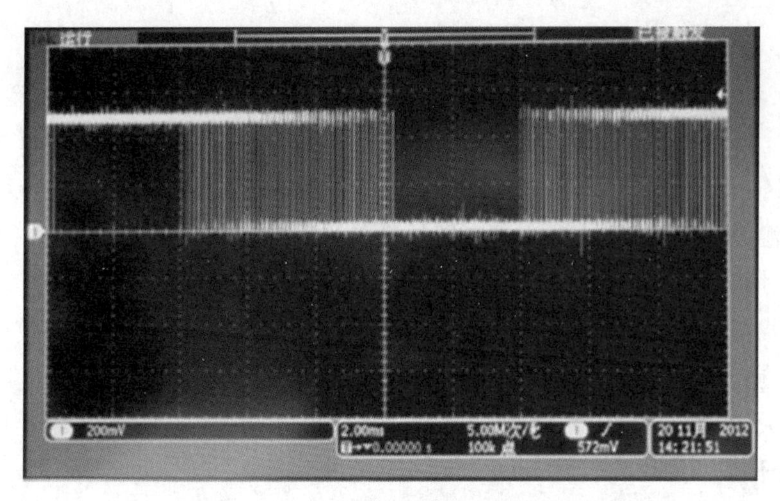

图 6-35 变频器的 PWM 输出波形

变频器输出电缆上有共模电压，共模电压就是对地之间的电压，这个尖峰电压中包含了丰富的高频成分，当它施加在电动机的定子绕组上，通过定子绕组与电动机轴杆之间的杂散电容耦合到电动机轴杆上，电动机轴杆与电动机外壳之间通过轴承连接，电动机的外壳与地连接就形成一个电流回路。

轴承放电需要轴承（转子和定子之间）的电压差，这个电压差可以通过电容耦合、感性耦合、由于接地阻抗高而造成的电动机支架的电压和外部耦合能量这 4 种不同的方式产生。

这种高频电流通过轴承流到地上，称为轴承电流。在轴承中添加有润滑油，起到绝缘作用，然而，在轴承高速旋转时，绝缘强度时高时低，有时甚至彻底导通，故会导致由于轴杆与轴瓦之间的导电通路时通时断，引起电火花，这个过程类似于机械式开关的通断过程，会产生电弧，烧蚀轴杆、滚珠、轴碗的表面，形成凹坑。运行时如果没有外部振动，小凹坑不会产生过大的影响，但是如果有外部振动时，会产生凹槽，这对电动机的运转影响很大。电动机轴承上形成的小坑如图 6-36 所示。

图 6-36 电动机轴承上形成的小坑

解决轴承损伤的方法有两种：① 机械的方法，就是在电动机轴杆上安装一个接地刷，每时每刻都保证轴杆与电动机外壳连接，或者使用绝缘轴承或者改用可导电的轴承润滑油，就不会出现打火花了；② 从电气的角度解决，降低变频器的开关频率，或者在变频器的输出端安装正弦波滤波器和共模干扰滤波器。

九、共模干扰和差模干扰

任何电源线上传导干扰信号，都可用差模和共模信号来表示。差模干扰在两导线之间传输，属于对称性干扰；共模干扰在导线与地（机壳）之间传输，一般指在两根信号线上产生的幅度相等，相位相同的噪声，属于非对称性干扰。在一般情况下，差模干扰幅度小、频率低、所造成的干扰较小；共模干扰幅度大、频率高，还可以通过导线产生辐射，所造成的干扰较大。

1. 共模干扰

共模干扰（Common－mode Interference）定义为任何载流导体与参考地之间的不希望有的电位差，共模干扰的原理图如图6－37所示，U是共模电压，i_1和i_2是共模电流，两者方向相同，大小不一定相同。

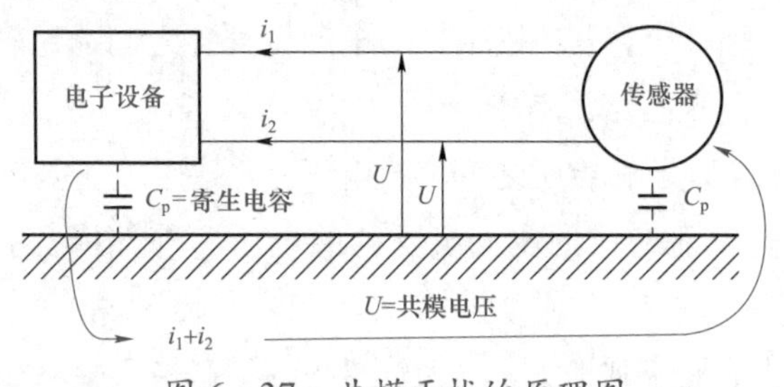

图6－37　共模干扰的原理图

共模干扰产生的原因很多，如雷电、设备电弧、不屏蔽的变频器电动机线在信号线上感应出共模干扰、多个接地点接地阻抗不同，导致地电位差异引入共模干扰。

共模干扰有时可高达100V以上，另外，共模电压可通过不对称的电路转换成差模电压，直接影响传感器信号、造成元件损坏，这种干扰可以是直流或交流。

消除共模干扰的方法如下：① 采用屏蔽双绞线并有效接地；② 强电场的地方还要考虑采用镀锌管屏蔽；③ 布线时远离高压线，更不能将高压电源线和信号线捆在一起走线；④ 不要和电控所共用同一个电源；⑤ 采用线性稳压电源或高品质的开关电源（纹波干扰小于50mV）。

2. 差模干扰

差模干扰（Differential－mode Interference）定义为任何两个载流导体之间的不希望有的电位差，差模干扰原理图如图6－38所示，图中U是差模电压，i是差模电流，大小相同，方向相反。

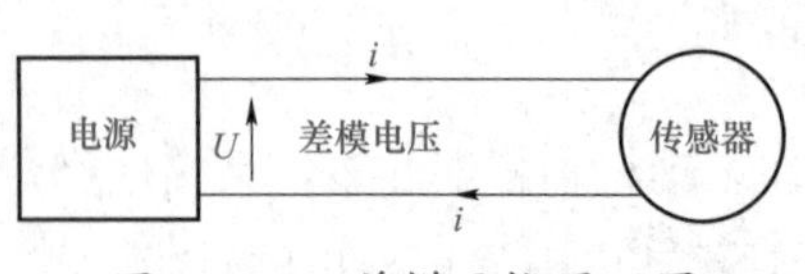

图6－38　差模干扰原理图

差模干扰的起因是同一个线路工作的电动机、开关电源、晶闸管等，它们工作时产生的尖峰电压、电压跌落等产生的干扰就是差模干扰。

十、干扰实例及处理

下面用几个案例来分析工程现场的EMC干扰的产生，并给出不同的干扰的解决方案。

1. 电动机安装不当产生 EMC 干扰的案例

某地铁风机采用变频器+风机的形式，风机的安装如图 6－39 所示。

（1）现场存在的问题。

1）从图 6－39 中可明显地看到电缆的屏蔽层过长，降低了接地的效果。

2）屏蔽层盘成了一个环形再接地，这样地线的作用降低，并且在高频干扰下的阻抗变大。

（2）解决方案。将环形线和屏蔽层剪短后接地。修改后，问题解决。

2. 电缆沟的走线布置不当产生的 EMC 干扰案例

某厂装配生产线的电缆沟走线如图 6－40 所示。

图 6－39　风机的安装

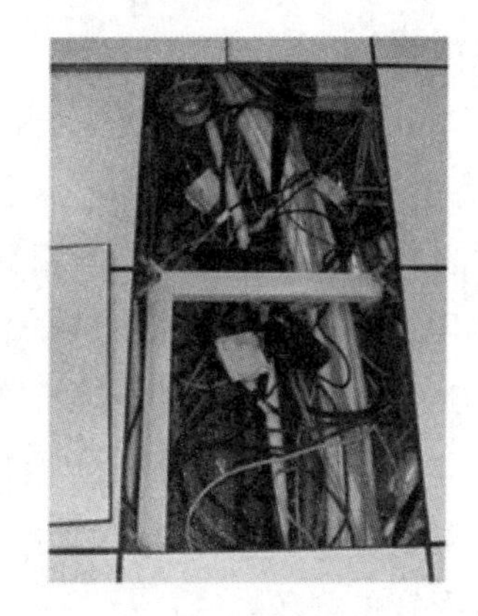

图 6－40　某厂装配生产线的电缆沟走线

（1）现场存在的问题。

1）此车间的电缆走线混乱，动力线、通信线、控制线走到一起。

2）没有安装线槽。

（2）解决方案。

1）将动力供电线、变频器输出线、控制线、通信线分别配置线槽。

2）将动力供电线、变频器输出线、控制线、通信线分开走线，间隔距离至少分开 20cm，而不是绞成一团。

按上述的方案进行修改后，问题解决。

3. 机柜的地线接线不当引起的 EMC 干扰案例

现场机柜的地线接线如图 6－41 所示。

（1）现场存在的问题。

1）地线太细而且被盘成环形。地线截面应至少有 $10mm^2$，且地线要尽量短。

2）地线排有太多松动的地方，包括面板、门等，这会导致地线阻值过高，不仅会导致 EMC 问题，更有可能出现人员安全的问题。

图 6-41 现场机柜的地线接线

（2）解决方案。

1）使用 10mm² 以上的保护接地线。

2）将所有的地线重新紧固一遍。

按照上述的方案进行修改后，问题解决。

4. 不当的电缆槽布线引发的 EMC 干扰案例

图 6-42 所示为某水泵用变频器的电缆桥架布线，从左到右电缆依次是通信线、左侧变频器的供电电源线、左侧变频器的电动机线、右侧变频器的电动机线、右侧变频器的电源线、右侧变频器的通信线，现在两台变频器的通信始终不能正常工作。

（1）现场存在的问题。

1）通信线没有屏蔽，并且与动力线走到一个套管里。

2）电动机线、动力线和通信线使用同一个线槽。

3）电动机线、动力线、通信线没有分开 20cm 以上。

（2）解决方案。

1）使用两个线槽，通信线单独走线，使用屏蔽线并将屏蔽层接地。

2）通信线和动力线、电动机线分开 20cm 以上。

3）电动机线使用屏蔽线，并将屏蔽层接地。

按照上述的方案进行修改后，问题解决。

5. 线圈浪涌和主触点的脉冲群引起的干扰问题

某地铁现场的通信安装图如图 6-43 所示，用户发现接触器一启动，电动机保护器的通信就会报警。

（1）现场存在的问题。

1）接触器的功率比较大，并且没有安装防浪涌装置。

2）接触器与通信 TAP 距离太近。

（2）解决方案。

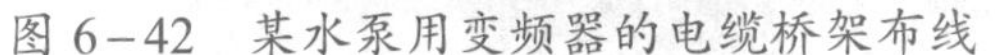

图 6-42　某水泵用变频器的电缆桥架布线　　　　图 6-43　某地铁现场的通信安装图

1）接触器线圈加装 RC 组件。

2）将通信线与接触器线分开走线。

按照上述的方案进行修改后，问题解决。

6. 走线错误引起的干扰问题

无溶剂复合机的变频器采用闭环控制，变频器开环运行正常，但是闭环运行时经常报反馈信号丢失、现场调试工程师已经意识到这是干扰问题，在变频器的动力线和编码器线上加装了磁环，情况有了改善，但还是偶尔会报反馈信号丢失 SPF。图 6-44 所示为该无溶剂复合机现场，其中灰色电缆线是电动机的动力线，绿色线是编码器线。出于美观方面的考虑，将电动机的动力线与编码器线用扎带绑到了一起。现场的接地线如图 6-45 所示。

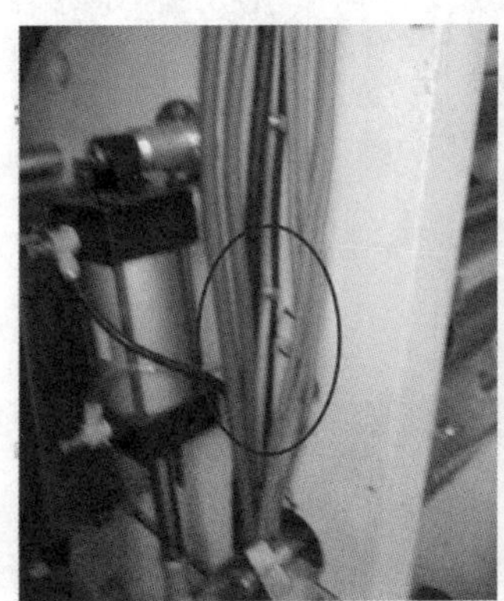

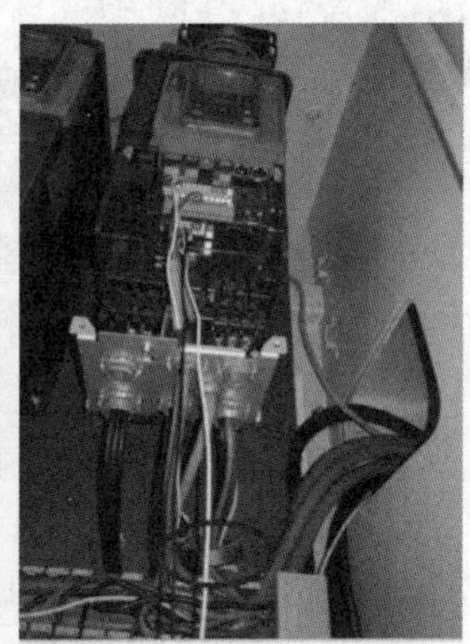

图 6-44　无溶剂复合机现场

（1）现场存在的问题。

1）尽管在动力线上绕接了磁环，但是却将编码器线和动力线捆扎在一起。

2）现场的接地的线径过细，使用的是 $3\times1mm^2$ 的线，而按接地的要求，此电缆最小要求 $10mm^2$ 的接地电缆。

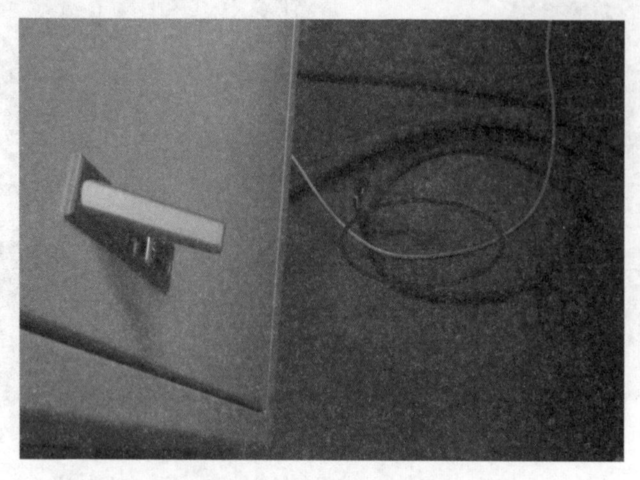

图 6－45　现场的接地线

3）现场的电动机线没有屏蔽，虽然使用了磁环，但明显不能解决问题，使用示波器检查也印证了这一点，整改前的示波器输出波形如图 6－46 所示。

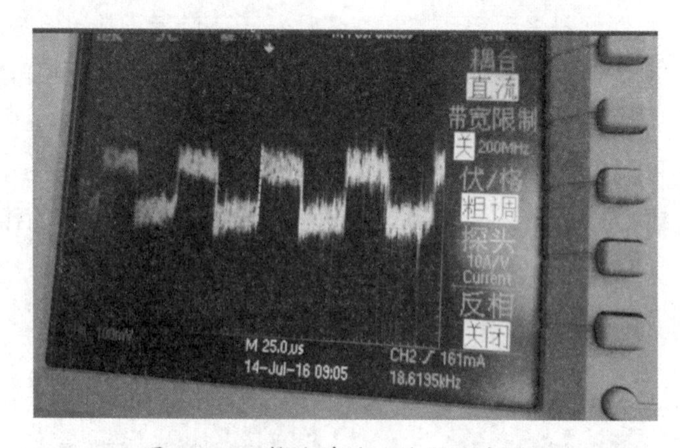

图 6－46　整改前的示波器输出波形

（2）解决方案。

1）更换了所有的变频器编码器电缆，使用双绞双屏蔽的电缆作为编码器电缆，并将屏蔽层可靠接地。

2）重新焊接了屏蔽和变频器编码器电缆接头，在变频器侧将编码器与动力线尽量远离。

3）由于编码器电缆和电动机电缆不能完全分开，并且短时间内买不到变频器的屏蔽动力电缆，所有现场将编码器电缆的外面又套上了金属软管，并将此金属软管可靠接地。

4）将现场的地线加粗，改善了 PLC 和变频器的整体 EMC。

整改后，现场问题解决。整改后的示波器输出波形已经变成了干净的方波，如图 6－47 所示。

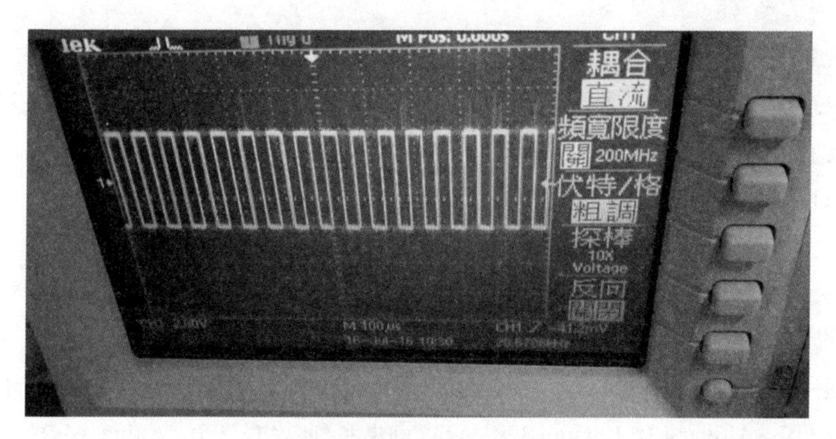

图 6-47　整改后的示波器输出波形

这个现场还有另一个抑制 EMC 干扰的方法，就是电动机线缆采用屏蔽线，并将屏蔽线的屏蔽层可靠接地，缺点是成本比较高。

第四节　ATV320 的固件升级

一、多功能下载器 VW3A8121

多功能下载器 VW3A8121 用于从一个驱动器/PC 向另一个驱动器复制设备中的配置，VW3A8121 内部装有一个 2GB 的 SD 卡，依据被存储参数文件的大小可以存储多套参数，需要时可连上电脑将文件改名，以免被新的文件覆盖。VW3A8121 的结构和按键如图 6-48 所示。

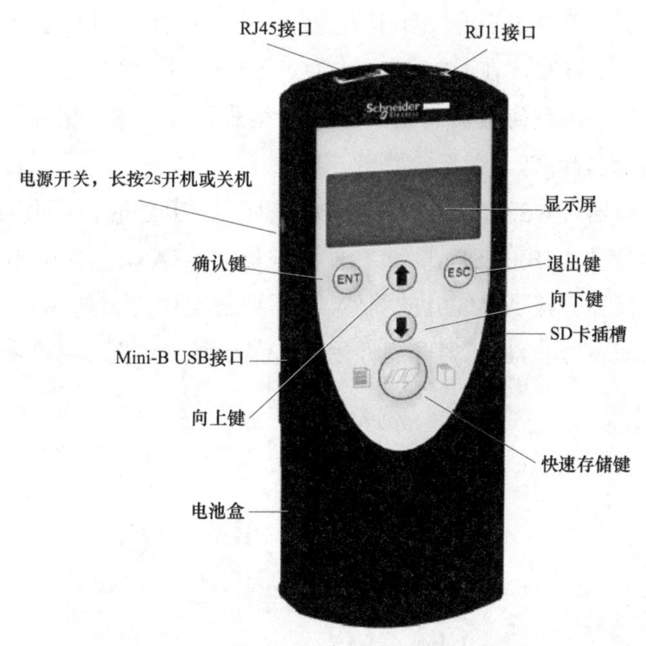

图 6-48　VW3A8121 的结构和按键

（1）Mini－B USB 接口，该接口可通过一根标准 USB type A to Mini－B 电缆与电脑连接。

（2）RJ－45 接口。多功能下载器通过 RJ－45 接口和设备连接，可对设备进行移载配置文件或更新应用程序。

（3）RJ－11 接口。RJ－11 接口含盖子。

（4）电源开关。长按 2s 可以开机或关机。

（5）快速存储键。当多功能下载器完成了一台设备固件设计时，按下此键，可以对多台相同的设备进行固件升级。

多功能下载器 VW3A8121 适用的设备包括 Lexium 28、Altivar 71Q、Altivar 71、Lexium 32、Altivar 310、Altivar 12、Lexium 32i、ATV 御卓系列、ATV320、Altivar 61Q、Altivar 32、Altivar 212、Altivar 61、Altivar 31C、Altivar 312 太阳能、Altivar 312、Altivar 310L 等设备。

目前的 VW3A8121 多功能下载器是不支持 ATV6XX/ATV9XX 变频器的，ATV6XX/ATV9XX 的调试和固件升级可以使用网线和 PC。订购 VW3A8122 特殊电缆也可以对 ATV6XX/ATV9XX 变频器进行固件升级。VW3A8122 与 ATV320 连接时，需要将变频器的保护盖打开，然后把插针插入，另一端连接到 8121 上。

多功能下载器 VW3A8121 在用于 ATV31，ATV312，ATV61，ATV71，ATV212 系列变频器时，只能在上电时进行；在用于 ATV12，ATV303，ATV310，ATV32、ATV320 系列变频器时，可以在上电和没有上电的情况下进行。VW3A8121 多功能下载器 3.17 版本以上才支持 ATV310，但 3.14 版本也可通过固件升级到 3.17 版本。

二、升级 ATV320 的固件

多功能下载器支持 FAT 格式的 SD 卡类型，但不支持格式为 FAT32 的 SDHC 卡。

如果卡的格式是 FAT32，在 VW3A8121 通过 USB 连接到 WIN 10 电脑后，系统会提示格式化，否则无法访问到磁盘。对 SD 卡进行格式化时，选择格式为 FAT，格式化后 SD 卡的存储容量会大幅降低，甚至会降低一半。

使用多功能下载器 VW3A8121 对 ATV320 进行固件升级时，不要对变频器上电。一般推荐使用最大容量是 2GB 的 SD 卡，多功能下载器 VW3A8121 使用 4 节 5 号电池供电。

使用多功能下载器升级 ATV320 的固件，只需要将文件复制到 SD 卡，开机就可以了。

菜单里的 firmware 是给变频器升固件用的，菜单显示如图 6－49 所示。

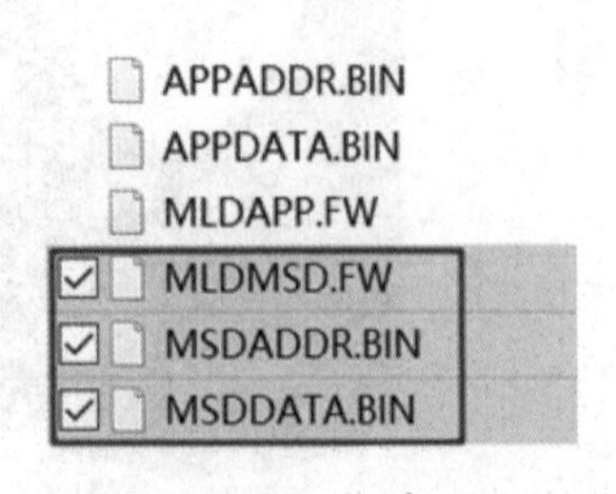

图 6－49　菜单显示

参 考 文 献

[1] 王兆宇．施耐德 PLC 电气设计与编程自学宝典．北京：中国电力出版社，2014．

[2] 王兆宇．彻底学会施耐德 PLC、变频器、触摸屏综合应用．北京：中国电力出版社，2012．

[3] 王兆宇．施耐德 SoMachine 系列 PLC、变频器、触摸屏的实物操作与案例精讲．北京：中国电力出版社，2016．

[4] 王兆宇，沈伟峰．施耐德 TM241 PLC、触摸屏、变频器应用设计与调试．北京：中国电力出版社，2019．

[5] 王兆宇．一步一步学施耐德 SoMachine．北京：中国电力出版社，2013．

[6] 王兆宇．施耐德电气变频器原理与应用技术．北京：机械工业出版社，2009．

[7] 王兆宇．施耐德 UnityPro PLC 变频器触摸屏的实物操作与案例精讲．北京：中国电力出版社，2017．

[8] 王兆宇．深入理解施耐德 TM241/M262 PLC 及实战应用．北京：中国电力出版社，2020．